环境影响评价原理与技术

主　编　徐圣友　徐殿木

副主编　陈　然　韩　蔚　胡淑恒

主　审　王在高　俞志敏

合肥工业大学出版社

前　　言

　　近年来,生态环境部更新发布了一系列新的评价标准和技术导则,《中华人民共和国环境影响评价法》《规划环境影响评价技术导则　总纲》《建设项目环境影响评价技术导则　总纲》《建设项目环境保护管理条例》等法律法规及重要技术导则相继进行了修订。中国的环境影响评价在理论、方法和技术上都取得了一定的进展。"环境影响评价"作为环境领域一门重要的学科,无论是在技术方法上,还是在法规与管理体制上都有了长足的进步。随着这些新标准、新导则的发布,环境影响评价课程的教学内容也必须进行更新。相比较而言,目前高校使用的环境影响评价教材在内容上已显陈旧,不能反映学科的发展水平,也难以满足当前环境管理的要求以及我国环境影响评价实际工作的需要。基于此,本着理论与实际相结合的原则,突出实用性,及时把握环评新的要求,编写一本满足高等院校教学和环境影响评价科技工作者需要的教材已迫在眉睫。

　　本书由多所高校和科研院所的教师、科研人员共同编写,内容上紧紧把握新标准、新导则的内容和要求,力求讲解透彻,并配以实际案例帮助读者加深理解,为"环境影响评价"课程的教学提供教材支持。为此,《环境影响评价原理与技术》教材成立了编写委员会,成员由多所应用型本科院校、安徽省生态环境科学研究院及资深环评机构富有教学与实践经验的专家组成。编委会收集了近年来国家关于环境保护的相关法律法规,环境影响评价最新修订的技术导则;同时吸纳了国内外最新科研成果,经过一年多的努力,编写完成此书,奉献给读者。本书保持注重知识性与实用性的编写原则。在内容上,依据新颁布修订的法律法规及环境影响评价技术方法确定编写内容,精选了重要章节的环境影响评价案例,并按照新导则要求进行了解析。同时,书中主要章节增加了电子版的阅读材料及参考资料,均以二维码的形式呈现给读者。本书既可作为应用型高等学校环境类本科专业学生教材,也可作为环境影响评价工程师及广大环境科技工作者的参考资料。

　　本书由徐圣友教授、徐殿木高工担任主编,各章节编写分工如下:黄山学院徐圣友教授负责编写第一章及第三章;安徽省环协环境规划设计研究院有限公司徐殿木高工负责编写第七章、第十三章及第十四章,合肥合大环境检测股份有限公司韩蔚高级工程师负责编写第七章与第十四章;合肥工业大学胡淑恒副教授,研究生何婉霞、于志维负责编写第二章及第五章;安徽省生态环境科学研究院王在高教授级高工负责编写第十一章及第十五章;合肥大学巫杨副教授负责编写第四章及第十二章;黄山学院陈然博士负责编写第六章、第八章及第九章;合肥大学丁海涛讲师负责编写第十章。全书由安徽省生态环境科学研究院教授级高工王在高、合肥大学俞志敏教授担任主审。何婉霞、于志维协助做了大量的编校工作。

本书编写过程中得到合肥工业大学出版社张择瑞博士的大力支持,同时,也得到安徽省环保联合会环评分会、安徽省一流教材项目的资助,在此一并表示诚挚的谢意。

由于编者水平有限,书中难免存在疏漏和不妥之处!敬请读者批评指正。编写过程中引用了环境影响评价技术导则等资料和国内出版的多本环境影响评价教材及参考资料,向上述文献作者深表谢意。

编 者

2024 年 3 月

目　　录

第一章 绪 论

本章要点：环境影响评价作为一项科学方法和技术手段，已为我国环境保护与管理工作作出重要贡献。本章主要介绍环境影响评价的概念、意义与作用，中国环境影响评价制度的形成、发展与特点，最后对国外环境影响评价作了简要的介绍，旨在为环境科学与工程专业学生学习提供指导，也可为广大环评工作者提供参考。

第一节 环境影响评价的基本概念

一、环境的概念

环境是一个相对的概念，是指与某一中心事物有关的周围事物，它因中心事物的不同而不同。

《中华人民共和国环境保护法》明确提出："本法所称环境，是指影响人类生存和发展的各种天然的和经过人工改造的自然因素的总体，包括大气、水、海洋、土地、矿藏、森林、草原、湿地、野生生物、自然遗迹、人文遗迹、自然保护区、风景名胜区、城市和乡村等。"

总之，环境是指以人为主体的外部世界的总和。这里所说的外部世界主要是指：人类已经认识到的直接或间接影响人类生存与社会发展的各种自然因素和社会因素，包括自然环境和社会环境，其中自然环境是指自然因素的总体，如高山、大海、江河、湖泊、天然森林、野生动植物等。

二、环境的基本特性

（一）整体性与区域性

1. 环境的整体性

环境的整体性又称环境的系统性，是指各环境要素或环境各组成部分之间，因有其相互确定的数量与空间位置，并以特定的相互作用而构成的具有特定结构和功能的系统。

环境的整体性体现在环境系统的结构与功能上。环境系统的结构，因各环境要素或各组成部分之间通过物质、能量流动网络以及彼此关联的变化规律，在不同的时刻呈现出不同的状态。

整体性是环境的最基本特性，正是由于环境具有整体性，才会表现出其他特性，这是因为人类或生物的生存是受多种因素综合作用的结果。另一方面,两种或两种以上的环境因素同时产生作用,其结果不一定等于各因素单独作用之和。所以,在环境影响评价时经常采用多因素的影响作为评价的依据。

2. 环境的区域性

环境的区域性指的是环境特性的区域差异。具体来说,就是环境因地理位置的不同或空间范围的差异,会有不同的性质。环境的区域性不仅体现了环境在地理位置上的变化,而且还反映了区域经济、社会、文化、历史等的多样性。

(二)变动性和稳定性

1. 环境的变动性

环境的变动性是指在自然的、人类社会行为的或两者共同作用下,环境的内部结构与外部状态始终处于不断变化之中。

2. 环境的稳定性

所谓环境的稳定性是指环境系统具有一定的自我调节功能的特性,也就是说,环境结构与状态在自然和人类社会行为作用下,所发生的变化不超过一定限度时,环境可以借助自身的调节功能使这些变化逐渐消失,环境结构与状态逐渐趋于稳定,得以恢复到变化前的状态。

环境的变动性与稳定性是相对的。变动是绝对的,稳定是相对的。一般来说,环境组成越复杂,环境承受干扰的"限度"越大,环境的稳定性越强。

(三)资源性与价值性

1. 资源性

环境具有资源性。人类社会的生存与发展需要环境有一定的付出,环境是人类生存与发展的必不可少的投入,为人类社会生存发展提供必要的条件。这就是环境的资源性。

环境资源包括物质性与非物质性两方面。生物资源、矿产资源、淡水资源、海洋资源、土地资源、森林资源等,都是环境方面的重要组成部分,属于物质性资源。非物质性方面,比如环境状态,就是一种非物质性资源。

2. 价值性

环境具有资源性,当然就具有价值性。人类生存与发展离不开环境,从这个意义上说,环境具有不可估量的价值。

环境的经济价值是环境价值的一种形式。在环境影响评价中,环境的经济价值常常被用作环境的损益分析。

三、环境影响的概念

(一)环境影响

环境影响是指人类活动对环境的作用和导致的环境变化以及由此引起的对人类社会和经济的效应。它包括人类活动对环境的作用和环境对人类社会的反作用,这两个方面的作用可能是有益的,也可能是有害的。这一概念既强调人类活动对环境的作用所引起的变化,又强调这种变化对人类的反作用。

（二）环境影响的分类

1. 按影响的来源分类

按来源分类可分为直接影响、间接影响和累积影响。直接影响是指由于人类活动的结果而对人类社会或其他环境的直接作用。间接影响是指由直接作用诱发的其他后续结果。累积影响是指当一项活动与其他过去、现在及可以合理预见的将来的活动综合在一起时，因影响的增加而产生的对环境的影响。

2. 按影响的效果分类

按效果分类可分为有利影响和不利影响。有利影响指对人群健康、社会经济发展或其他环境的状况有积极的促进作用的影响。不利影响指对人群健康、社会经济发展或其他环境的状况有消极的阻碍或破坏作用的影响。

3. 按影响程度分类

按程度分类可分为可恢复影响和不可恢复影响。一般认为，在环境承载力范围内对环境造成的影响是可恢复的，超出了环境承载力范围，则为不可恢复影响。

此外，根据不同的分类标准，环境影响还可分为：短期影响和长期影响，间歇影响和连续影响，地方、区域、国家或全球影响，建设阶段影响和运行阶段影响，单个影响和综合影响，等等。

四、环境影响评价的概念

环境影响评价作为一种环保手段和方法，是 20 世纪中期提出来的。第二次世界大战以后，全球经济加速发展，由此带来的环境问题也越来越严重，环境公害事件频繁发生，人们开始关注人类活动对环境的影响，并运用各个学科的研究成果，预测和评估人类活动可能会给环境带来的影响和危害，且有针对性地提出相应的防治措施。

（一）环境影响评价的基本概念

根据《中华人民共和国环境影响评价法》第二条规定，环境影响评价，是指对规划和建设项目实施后可能造成的环境影响进行分析、预测和评估，提出预防或者减轻不良环境影响的对策和措施，进行跟踪监测的方法与制度。环境影响评价的根本目的是鼓励在决策中考虑环境因素，最终达到更具环境相容性的人类活动。

（二）环境影响评价的类型

1. 按照环境要素可分为大气环境影响评价、地表水环境影响评价、声环境影响评价、土壤环境影响评价、生态坏境影响评价、固体废物环境影响评价等。

2. 按照评价对象可分为规划环境影响评价和建设项目环境影响评价。

3. 按照时间顺序可分为环境质量现状评价、环境影响预测评价、建设项目环境影响后评价（或规划环境影响跟踪评价）。

4. 按照空间域差异可分为局地环境影响评价、区域环境影响评价和全球环境影响评价。

（三）与环境影响评价的有关的几个重要概念

《中华人民共和国环境保护法》要求，根据建设项目特征和所在区域的环境敏感程度，综合考虑建设项目可能对环境产生的影响，对建设项目的环境影响评价实行分类管理。建设单位应当按照《建设项目环境影响评价分类管理名录(2021 年版)》(以下统称 2021 年版名录)规定,分别组织编制建设项目环境影响报告书、环境影响报告表或者填报环境影响登记表。

1. 环境影响报告书

环境影响报告书是环境影响评价工作的书面总结。它提供了评价工作中的有关信息和评价结论。评价工作每一步骤的方法、过程和结论都清楚、详细地包括在环境影响报告书中。

报告书内容一般包括概述、总则、建设项目工程分析、环境现状调查与评价、环境影响预测与评价、环境保护措施及其可行性论证、环境影响经济损益分析、环境管理与监测计划、环境影响评价结论和附录附件等内容。具体而言:

(1)概述可简要说明建设项目的特点、环境影响评价的工作过程、分析判定相关情况、关注的主要环境问题及环境影响、环境影响评价的主要结论等。总则应包括编制依据、评价因子与评价标准、评价工作等级和评价范围、相关规划及环境功能区划、主要环境保护目标等。附录和附件应包括项目依据文件、相关技术资料、引用文献等。

(2)报告书应概括地反映环境影响评价的全部工作成果,突出重点。工程分析应体现工程特点,环境现状调查应反映环境特征,主要环境问题应阐述清楚,环境影响预测方法应科学,预测结果应可信,环境保护措施应可行、有效,评价结论应明确。

(3)文字应简洁、准确,文本应规范,计量单位应标准化,数据应真实、可信,资料应翔实,应强化先进信息技术的应用,图表信息应满足环境质量现状评价和环境影响预测评价的要求。

2. 环境影响报告表

环境影响报告表应采用规定格式。可根据工程特点、环境特征,有针对性地突出环境要素或设置专题开展评价。内容涉及国家秘密的,按国家涉密管理有关规定处理。

3. 环境影响登记表

环境影响登记表是指对环境影响很小,不需要进行环境影响评价的建设项目,应当填报环境影响登记表。具体要求参见《建设项目环境影响评价分类管理名录(2021 版)》。

4. 环境背景值

环境中的水、土壤、大气、生物等要素,在其自身的形成与发展过程中,还没有受到外来污染影响下形成的化学元素组分的正常含量。又称环境本底值。

第二节　环境影响评价的功能与作用

一、环境影响评价的功能

(一)判断功能

以人的需求为尺度,对已有的客体作出价值判断。通过这一判断,可以了解客体的当前状态,并揭示客体与主体之间的满足关系是否存在以及在多大程度上存在。

（二）预测功能

以人的需求为尺度，对将形成的客体作出价值判断。即在思维中构建未来的客体，并对这一客体与人的需要的关系作出判断，从而预测未来客体的价值。人类通过这种预测可以确定自己的实践目标，哪些是应当争取的，哪些是应当避免的。

（三）选择功能

将同样都具有价值的课题进行比较，从而确定其中哪一个是更具有价值、更值得争取的，这是对价值序列（价值程度）的判断。

（四）导向功能

人类活动的理想是目的性与规律性的统一，其中目的的确立要以评价所判定的价值为基础和前提，而对价值的判断是通过对价值的认识、预测和选择这些评价形式才得以实现的。所以说人类活动目的的确立应基于评价，只有通过评价，才能确立合理的合乎规律的目的，才能对实践活动进行导向和调控。

二、环境影响评价的作用

通过环境影响评价工作，从以下几方面降低了环境污染与生态破坏等问题。

（一）指导环境保护措施的设计，强化环境管理

环境影响评价是环境管理的主要技术手段。作为建设项目审批的前置程序，发挥了把关作用，杜绝了设备工艺落后、环境污染与生态破坏严重的项目，通过"以新带老"、污染物总量控制等措施实现污染物总量的削减。

（二）保证建设项目选址和布局的合理性，为区域的社会经济发展提供导向

通过环境资源承载能力的综合分析，从保证环境安全和资源可持续利用的角度出发，对建设项目选址选线进行优化，在降低对生态环境影响的同时，促进了区域或行业合理确定发展定位、布局、结构和规模。

（三）作为建设项目竣工验收的重要依据

建设单位采用的工艺和设备是否为环评中分析的工艺和设备，是否严格按照环评的要求配套建设了相应的污染治理设施，是否达到了环评中的运行效果，污染物排放是否达标，是否配有相应的环境管理机构和监测仪器等，在建设项目竣工验收时都要以环评为重要依据。

（四）促进环境科学技术的创新发展

通过执行清洁生产标准限制了高能耗、高物耗建设项目的发展，提高了资源能源的利用效率，同时推动了工艺技术的革新。

在全球环境问题日益突出的背景下，低碳经济和温室气体减排成了我国环保工作面临的新难题与新机遇，只有统筹规划、合理安排才能实现面对新形势的环保战略转变。未来，随着规划环评进一步实施，特别是规划环评条例的颁布，实现对土地利用规划、区域、流域和海域的建设、开发利用规划，以及一些专项规划进行环境影响评价将是一个新的趋势。

第三节 中国环境影响评价制度的形成与发展

一、环境影响评价制度的产生

中国的环境影响评价工作自 20 世纪 70 年代后才大规模地开展起来,在这期间开展了北京、沈阳、上海、南京等数个城市的环境影响评价工作。在大量的实践工作中,促进了理论工作的开展,为完善我国的环境影响评价工作起到了推动作用。在法制建设方面,我国也将环境影响评价工作以法律的形式肯定下来。1979 年公布的《中华人民共和国环境保护法(试行)》中规定:"一切企业、事业单位的选址、设计……改建和扩建工程时,必须提出对环境影响的报告书,经环境保护部门和其他有关部门审查批准后才能进行设计。"在 1989 年颁布的经过修改后的《中华人民共和国环境保护法》中,重申了环境影响评价制度。从此以后我国的环境影响评价工作走上了法治化的健康发展轨道。

进入 20 世纪 90 年代,因为先后接受亚洲开发银行和世界银行对中国建设影响评价培训的技术援助项目,从而为中国的环境影响评价与国际社会接轨打下了基础。同时环境影响评价工作发展较快。1990 年颁布了《建设项目环境保护管理程序》。1995 年以后,对建设项目的环境影响进行分类管理,分为编制环境影响报告书、编制环境影响报告表和填报环境影响登记表三类。我国环境影响评价经过概念引入、尝试性研究与实践、制度化及法治化等几个阶段,成为源头控制、推进经济发展与环境保护双赢的重要工具和手段。

总之,环境影响评价制度是国家通过法定程序,以法律或者规范性文件形式确立的对环境影响评价活动进行规范的制度。经过 30 余年的发展,我国已建立了一套具有中国特色的环境影响评价立法体系。完善的立法体系为实现环境影响评价促进决策科学化与民主化、为科学发展保驾护航这个更高层次的功能提供了制度保障。

二、环境影响评价制度的发展历程

我国的环境影响评价是一项强制性制度,其建立和发展与特定阶段社会经济背景和环境管理工作的重点密切相关。

(一)环境影响评价初步尝试与规范建设准备阶段(1973—1979 年)

1973 年第一次全国环境保护会议后,环境影响评价的概念开始引入我国。此时,我国的环境保护工作正处于起步阶段。在恢复生产、大力发展经济的背景下,拉动经济增长的重工业发展迅速,由此产生的大量废水、废气和废渣成为环境保护工作的焦点,我国的环境管理以"工业三废管理"为重点。各类建设项目是经济发展的"发动机"和污染排放的源头,成为环境影响评价的出发点。

1977 年,中国科学院召开"区域环境保护学术交流研讨会议",一定程度上推动了大中城市环境质量现状评价和重要水域的环境质量现状评价。1978 年 12 月 31 日,国务院环境保护领导小组《环境保护工作汇报要点》中,首次提出了环境影响评价的含义。1979

年 4 月,国务院环境保护领导小组在《关于全国环境保护工作会议情况的报告》中,把环境影响评价作为一项方针政策再次提出。同时,北京师范大学等单位率先在江西永平铜矿开展了我国第一个建设项目的环境影响评价工作。

(二)环境影响评价制度的规范建设和发展阶段(1979—1989 年)

1979 年出台的《中华人民共和国环境保护法(试行)》规定新建、改建和扩建工程必须提出对环境影响的报告书,由此确立了我国的建设项目环境影响评价制度;1981 年,国务院环境保护领导小组等四部委联合颁布的《基本建设项目环境保护管理办法》,明确把环境影响评价制度纳入基本建设项目审批程序,并对环境影响报告书的基本内容、建设单位、主管部门与环境保护部门的职责进行了初步规定;1986 年,国务院环境保护委员会发布的《建设项目环境保护管理办法》,又对相关内容进行了补充和完善。第三部委此后颁布的部分环境保护单行法,均有对建设项目开展环境影响评价的要求,完善建设项目环境影响评价操作和管理程序的部门规章也陆续颁布,建设项目环境影响评价的技术导则不断完备。但在建设项目环境影响评价制度确立之初,尚未涉及战略环境评价。

1986 年,国家环保局发布的《对外经济开放地区环境管理暂行规定》是我国最早的有关区域环境影响评价的规定。开展区域环境影响评价可从宏观角度为区域开发的合理布局、入区项目的筛选提供决策依据,推动实施区域总量控制和建立区域环境保护管理体系。

(三)环境影响评价制度的强化和完善阶段(1990—1998 年)

1989 年 12 月 26 日,第七届全国人民代表大会常务委员会第十一次会议通过《中华人民共和国环境保护法》,其中,第二十六条明确规定建设项目中防治污染的设施,必须与主体工程同时设计、同时施工、同时投产使用。防治污染的设施必须经原审批环境影响报告书的环境保护行政主管部门验收合格后,该建设项目方可投入生产或者使用。1993 年,国家环保局印发《关于进一步做好建设项目环境保护管理工作的几点意见》,对区域环境影响评价的审批权限和收费原则进行了规定,同时提出开发区污染物要实行总量控制与集中治理。为了推动环境影响评价制度向更高层次发展,1998 年,国务院颁布《建设项目环境保护管理条例》,以行政法规的形式明确了区域环境影响评价的对象和时段,体现出规划环境影响评价的性质。

(四)环境影响评价制度的提高和拓展阶段(1999—2014 年)

进入 21 世纪,我国工业化、城市化进程加快,如何在保持国民经济和社会长期快速发展的同时,努力追求经济、社会、环境的协调成为我国社会经济发展及环境保护工作的重点。"三废"控制和末端治理的环境管理策略已无法满足要求,预防为主、源头和全过程控制成为环境管理新需要。

2002 年,国家环保总局发布的《关于加强开发区区域环境影响评价有关问题的通知》是一部专门针对区域环境评价的部门规章。2003 年 9 月 1 日实施的《中华人民共和国环境影响评价法》是我国环境影响评价领域的第一部专门法律,将我国环境影响评价制度从建设项目延伸到规划,中国环境影响评价制度由此确立。继"环评法"后,国家环保总局又出台了如《规划环境影响评价技术导则(试行)》《专项规划环境影响报告书审查办法》《编制环境影响报告书的规划的具体范围(试行)》和《编制环境影响篇章或说明的规划的具体范围(试行)》等若干规章。2009 年,国务院颁布的《规划环境影响评价条例》成为规划环评领域的一部专门行政法规。由此形成了一套以环境保护基本法、环境影响评价单行法、行政法规、部门规章为层次的规划环评的法律体系。地方也相应出台了规划环评的地方性法规和政府规章,上海、陕西、山东、四川等省市分别制订了《实施〈中华人民共和国环境影响评价法〉办法》,重庆、杭州等城市分别制定了《关于开展规划环境影响评价工作的实施意见》。

(五)环境影响评价制度的改革和优化发展新阶段(2015 年至今)

2014 年 4 月 24 日,中华人民共和国第十二届全国人民代表大会常务委员会第八次会议修订通过了新的《中华人民共和国环境保护法》,标志着环境影响评价制度走向发展新阶段。新的《中华人民共和国环境保护法》于 2015 年 1 月 1 日起施行,被称"史上最严"的环保法,其中,"按日计罚上不封顶"是新法的一大亮点。另外,"人人参与环保"是此次修法的亮点之一。在新增的"信息公开和公众参与"专章中,新环保法首次确立的环境公益诉讼制度无疑成为公众参与监督的有效途径,也是社会各界多年来一直呼吁法律予以明确的内容。同时,环保法修改后增加了一个起引导作用的规定,即针对罚款的数额、幅度或标准,确定了几个要素:一是污染防治设施的运行成本;二是违法行为造成的直接损失和违法所得。将来单行法将根据这些因素来确定罚款数额,也就是说,如果说新环保法没有上限,是指这部法没有确定罚款封顶线是多少,但是具体单行法要给出具体标准。

随着新的《中华人民共和国环境保护法》的实施,环境影响后评价也将会逐步实施,作为环境影响评价的继续和深入,是对已投产使用的建设项目进行验证和评价,是环境整体评价的重要环节。

随后,2017 年 7 月国务院对《建设项目环境保护管理条例》进行了修订,自 2017 年 10 月 1 日起施行。2018 年 12 月 29 日,十三届全国人大常委会第七次会议对《中华人民共和国环境影响评价法》作出修订,主要包括以下几方面:一是删除"环评单位资质"条款,取消了资格证书审查制度的要求。二是取消竣工环保验收行政许可,将竣工验收的主体由环保部门调整为建设单位。三是增加"不予审批情形"条款,明确环评审批要求,规范了环保审批管理,审批环节更加透明,从环境质量改善、环保措施有效性、环境影响报告书(表)质量等方面提出了审批要求。建设单位可对照清单进行自检,对不符合审批条件的建设项目事先研判,避免因盲目投资带来损失。四是明确环境影响技术评估法律地位。五是取消"试生产期间要求"。对于在环评工作中出现的弄虚作假、资料不实现象,明确责任主体,提高违法成本与代价。

为保障环评工作质量,维护环评资质取消后技术市场服务水平,2019 年 9 月,生态环境部出台了《建设项目环境影响评价报告书(表)编制监督管理办法》,强化事中事后监督与重点行业、单位的靶向监管,突出建设单位主体责任,强化环评过程管理。

2023 年 9 月,生态环境部印发了《关于进一步优化环境影响评价工作的意见》(以下简称《意见》),分为总体要求、加强制度衔接联动、深化环评改革试点、牢牢守住生态环保底线、加强基层能力建设五个部分,共提出十八方面具体要求:

在加强环评与生态环境分区管控制度衔接方面,一是发挥生态环境分区管控的指导作用,依托信息化加强落地应用,服务规划编制和项目招商引资;二是结合生态环境分区管控优化产业园区规划环评,简化法律法规、政策及规划的符合性和协调性分析内容,衔接关于重大生态环境问题识别和制约因素分析、资源与环境承载力分析等内容。

在加强环评与排污许可制度衔接方面,探索推进项目环评、排污许可"两证审批合一"。对生产工艺单一、环境影响较小、建设周期短,且应编制环境影响报告表的农副食品加工业等十二类建设项目探索实施"两证审批合一",在项目开工建设前,接续办理环评与排污许可手续。建设过程中发生环评重大变动的,依法重新办理环评和排污许可;不属于重大变动的,无需重新办理环评,排污前一次性变更排污许可证即可。

在深化环评改革方面,通过"四个一批"试点深化项目环评改革,即试点一批报告表项目"打捆"审批、试点一批登记表项目免予备案手续、简化一批报告书(表)项目环评内容、优化完善一批项目环评总量指标审核管理。此外,要求省级生态环境部门因地制宜有序推进改革试点工作。鼓励温室气体环评试点工作,探索污染物与温室气体管理统筹融合的环评技术方法和管理制度。

《意见》充分吸纳各地探索实践经验,在满足一定条件的产业园区内,实施"四个一批"改革试点。

一是试点推广一批报告表项目"打捆"审批,总结改革经验,对试点园区内家具制造等九类报告表项目实施环评"打捆"审批,并明确各企业的环保责任。此外,对试点园区内生产设施、环保设施不变,仅原辅料、产品变化的生物药品制造及其研发中试类项目优化环评管理,经有审批权的生态环境部门论证污染物种类和排放量未超过原环评的,无需重新环评。

二是试点推进一批登记表项目免予办理备案手续,主要针对试点园区内城市道路、管网管廊、分布式光伏发电、基层医疗卫生服务、城镇排涝河流水闸及排涝泵站等五类环境影响较小的项目。

三是简化一批报告书(表)项目环评内容,一方面衔接规划环评,对纳入园区规划和煤炭矿区、港口、航运、水利、水电、轨道交通等专项规划环评管理的建设项目,简化项目环评内容;另一方面衔接入河排污口设置审批论证,适当简化项目环评相关分析内容。

四是试点优化完善一批项目环评总量指标审核管理,一方面做好重大投资项目环评保障,有关重点项目可在省级行政区域内统筹调配指标来源,"先立后改"煤电项目指标可来源于非电行业;另一方面优化试点园区内部分中小微企业项目总量指标管理,氮氧化物、化学需氧量、挥发性有机污染物的单项新增年排放量小于 0.1 吨,氨氮小于 0.01 吨的,可免予提交总量指标来源说明。

第四节　中国环境影响评价制度及特点

环境影响评价是一项技术,是强化环境管理的有效手段,对确定经济发展和保护环境等一系列重大决策都有重要作用。环境影响评价制度为我国环保"八项制度"之一,贯彻了"预防为主"的基本原则,是符合可持续发展理念的管理模式。经历了 50 余年的发展,环境影响评价作为一项行之有效的环境管理制度,在环境保护工作中发挥了巨大的作用。

一、中国的环境影响评价制度

(一)环境影响评价制度概念

环境影响评价制度是指把环境影响评价工作以法律法规或行政规章的形式确定下来从而必须遵守的制度。一般来说,环境影响评价制度不管是以明确的法律形式确定,还是以其他形式存在,都有一个共同的特点,就是强制性。建设项目必须进行环境影响评价,对环境可能产生重大影响的必须作出环境影响报告书,报告书的内容包括开发项目对自然环境、社会环境及经济发展将会产生的影响,拟采取的环境保护措施及其经济、技术论证等。我国环境影响评价制度由《中华人民共和国环境保护法》规定为一切建设项目必须遵守的法律制度,其目的是防止环境污染与破坏。

(二)环境影响评价范围

我国现行的《中华人民共和国环境影响评价法》(以下简称《环境影响评价法》)关于环境影响评价制度的适用范围比较广泛。根据本法的有关规定,应当依照本法进行规划环境影响评价的,包括国务院有关部门、设区的市级以上地方人民政府及其有关部门编制的土地利用规划,区域、流域、海域的建设、开发利用规划,以及工业、农业、畜牧业、林业、能源、水利、交通、城市建设、旅游、自然资源开发的有关专项规划,具体范围由国务院环保部门会同国务院有关部门规定,报国务院批准。

《环境影响评价法》将环境影响评价制度的范围确立为对有关规划进行环境影响评价的法律制度,使我国的环境影响评价制度更趋完善。该法第七条规定:国务院有关部门、设区的市级以上地方人民政府及其有关部门,对其组织编制的土地利用的有关规划,区域、流域、海域的建设、开发利用规划,应当在规划编制过程中组织进行环境影响评价,编写该规划有关环境影响的篇章或者说明。规划有关环境影响的篇章或者说明,应当对规划实施后可能造成的环境影响作出分析、预测和评估,提出预防或者减轻不良环境影响的对策和措施,作为规划草案的组成部分一并报送规划审批机关。

《环境影响评价法》第十六条规定:国家根据建设项目对环境的影响程度,对建设项目的环境影响评价实行分类管理。建设单位应当按照下列规定组织编制环境影响报告书、环境影响报告表或者填报环境影响登记表(以下统称环境影响评价文件):(1)可能造成重大环境影响的,应当编制环境影响报告书,对产生的环境影响进行全面评价;(2)可能造成轻度环境影响的,应当编制环境影响报告表,对产生的环境影响进行分析或者专项评价;(3)对环境影响很小、不需要进行环境影响评价的,应当填报环境影响登记表。建设项目的环境影响评价分类管理名录,由国务院生态环境主管部门制定并公布。

(三)环境评价单位

按照《环境影响评价法》第十九条规定:建设单位可以委托技术单位对其建设项目开展环境影响评价,编制建设项目环境影响报告书、环境影响报告表;建设单位具备环境影响评价技术能力的,可以自行对其建设项目开展环境影响评价,编制建设项目环境影响报告书、环境影响报告表。编制建设项目环境影响报告书、环境影响报告表应当遵守国家有关环境影响评价标准、技术规范等规定。……接受委托为建设单位编制建设项目环境影响报告书、环境影响报告表的技术单位,不得与负责审批建设项目环境影响报告书、环境影响报告表的生态环境主管部门或者其他有关审批部门存在任何利益关系。

对于规划的环境影响评价,本法规定由拟定部门组织进行,即分两种情况:一种是自己编写环境影响报告书,自我进行评价,主要适用于那些有较强的环境影响评价能力,保密程度又比较高的机关和文件;另一种是由其组织专门的评价机构进行评价并编写环境影响报告书,主要适用于业主不具备环境影响评价的能力且保密程度不高的机关和文件。这样规定具有较强的可操作性。

(四)环境评价时机

依照《环境影响评价法》规定,专项规划的环境影响评价应在该专项规划草案上报审批前组织进行,具体开始时间可由规划编制机关根据规划的不同情况确定。一般来说,对这类专项规划的环境影响评价可以从规划形成初步方案的开始进行,同时在规划编制阶段就应当考虑环境可能造成的影响,在经济技术可行的条件下,选择对保护环境尽可能有利的规划方案,将环境保护的要求贯穿于规划编制过程的始终。有些可以提前进行的工作,如规划区域环境状况的调查等,也可以在规划初步方案形成以前就开始着手进行,以缩短环境影响评价的时间,提高效率。建设项目的环境影响评价应当避免与规划的环境影响评价相重复。作为一项整体建设项目的规划,按照建设项目进行环境影响评价,不进行规划的环境影响评价。已经进行了环境影响评价的规划包含具体建设项目的,规划的环境影响评价结论应当作为建设项目环境影响评价的重要依据,建设项目环境影响评价的内容应当根据规划的环境影响评价审查意见予以简化。

(五)环境评价中的公众参与

《环境影响评价法》总则第五条规定,"国家鼓励有关单位、专家和公众以适当方式参与环境影响评价",这对公众参与环境评价做了原则规定,借鉴了国际上的先进经验。本法第十一条规定,"编制机关应当认真考虑有关单位、专家和公众对环境影响报告书草案的意见,并应当在报送审查的环境影响报告书中附具对意见采纳或不采纳的说明。"将公众参与环境影响评价直接规定于我国《环境影响评价法》中,在制定路线、方针、政策的过程中重视征求和听取群众意见,有利于体现环境影响评价的客观性、公正性,有利于保证政府决策的科学性、正确性,也有利于事先平衡好规划实施过程中与公众的关系,保证规划的顺利实施。

公众参与应遵循全过程参与的原则,即公众参与应贯穿于环境影响评价工作的全过程中。涉密的建设项目按国家相关规定执行。要充分注意参与公众的广泛性和代表性,参与对象应包括可能受到建设项目直接影响和间接影响的有关企事业单位、社会团体、非政府组织、居民、专家和公众等。可根据实际需要和具体条件,采取包括问卷调查、座谈会、听证会、论证会及其他形式在内的一种或者多种形式,征求有关团体、专家和公众的意见。

二、中国环境影响评价制度的特点

我国的环境影响评价制度是借鉴国外经验并结合中国的实际情况逐渐形成的,现将我国的环境影响评价制度归纳以下主要特点,以便进一步研究。

(一)评价对象偏重于工程项目建设

评价对象以建设项目环境影响评价为主。现行法律法规中都规定建设项目必须执行环境影响评价制度,包括区域开发、流域开发、工业基地的发展计划、开发区建设等。对环境有重大影响的决策行为和经济发展规划、计划的制订,应该按照《中华人民共和国环境影响评价法》的规定开展环境影响评价。

(二)具有法律强制性

中国的环境影响评价制度是国家《环境保护法》明令规定的一项法律制度,以法律形式约束人们必须遵照执行,具有不可违背的强制性,所有对环境有影响的建设项目都必须执行这一制度。

(三)纳入基本建设程序

改革开放以来,我国虽然实行社会主义市场经济,但在固定资产投资上国家仍有较多的审批环节和产业政策控制,强调基建程序。多年来,建设项目的环境管理一直纳入基本建设程序管理中。

(四)分类管理

国家根据建设项目对环境的影响程度,即根据建设项目特征和所在区域的环境敏感程度,综合考虑建设项目可能对环境产生的影响,对建设项目的环境影响评价实行分类管理。建设单位应当按照《建设项目环境影响评价分类管理名录(2021 年版)》的规定,分别组织编制建设项目环境影响报告书、环境影响报告表或者填报环境影响登记表。

"2021 年版名录"未作规定的建设项目,不纳入建设项目环境影响评价管理;省级生态环境主管部门对本名录未作规定的建设项目,认为确有必要纳入建设项目环境影响评价管理的,可以根据建设项目的污染因子、生态影响因子特征及其所处环境的敏感性质和敏感程度等,提出环境影响评价分类管理的建议,报生态环境部认定后实施。

建设项目的环境影响评价分类管理名录,由国务院环境保护行政主管部门制定并公布。详情可参考《建设项目环境影响评价分类管理名录(2021 年版)》。

三、建设项目环境影响评价资格认定

为确保环境影响评价工作质量,自 1986 年起,中国建立了评价单位的资格审查制度,强调评价机构必须具有法人资格,具有与评价内容相适应的固定在编的各专业人员和测试手段,能够对评价结果负起法律责任。评价资格经审核认定后,发给环境影响评价证书。1998 年,国务院颁发的《建设项目环境保护管理条例》第十三条明确规定:"国家对从事建设项目环境影响评价工作的单位实行资格审查制度"。1999 年,国家环境保护总局发布《建设项目环境影响评价资格证书管理办法》,规定凡从事建设项目环境影响评价工作的单位,必须按照本办法的规定取得国家环境保护总局颁发的《建设项目环境影响评价资格证书》(以下简称"评价证书"),并按照评价证书规定的等级和范围,从事环境影响评价工作。2017 年 10 月,国务院对《建设项目环境保护管理条例》进行了修订,删去第十三条关于"环评单位资质"条款,取消了资格证书审查制度的要求。但是,环境影响评价工程师必须通过国家环境影响评价工程师职业资格考试,取得人力资源和社会保障部、生态环境部印发的《中华人民共和国环境影响评价工程师职业资格证书》。

四、环境影响评价工程师职业资格制度

为确保环境影响评价工作质量,自 2005 年起,中国建立了环境影响评价工程师职业资格制度,环境影响评价工程师必须通过国家环境影响评价工程师职业资格考试,取得人力资源和社会保障部、生态环境部印发的《中华人民共和国环境影响评价工程师职业资格证书》。环境影响评价工程师职业资格实行定期登记制度。登记有效期为3年,有效期满前,应按有关规定办理再次登记。生态环境部或其委托机构为环境影响评价工程师职业资格登记管理机构。人社部对环境影响评价工程师职业资格的登记和从事环境影响评价业务情况进行检查、监督。

(一)环境影响评价工程师职业资格考试及要求

环境影响评价工程师职业资格考试指的是国家为选拔环境影响评价工程师而组织的考试。参加考试人员考试合格后,取得《中华人民共和国环境影响评价工程师职业资格证书》,并经登记后,可以从事环境影响评价工作。

1. 报考条件

凡遵纪守法,恪守职业道德,并具备以下条件之一者,均可申请参加环境影响评价工程师职业资格考试:

(1)取得环境保护相关专业大专学历,从事环境影响评价工作满7年;或取得其他专业大专学历,从事环境影响评价工作满8年。

(2)取得环境保护相关专业学士学位,从事环境影响评价工作满5年;或取得其他专业学士学位,从事环境影响评价工作满6年。

(3)取得环境保护相关专业硕士学位,从事环境影响评价工作满2年;或取得其他专业硕士学位,从事环境影响评价工作满3年。

(4)取得环境保护相关专业博士学位,从事环境影响评价工作满1年;或取得其他专业博士学位,从事环境影响评价工作满2年。

(5)2003年12月31日前,长期在环境影响评价岗位上工作,并符合下列条件之一的,可免试"环境影响评价技术导则与标准"和"环境影响评价技术方法"两个科目,只参加"环境影响评价案例分析"和"环境影响评价相关法律法规"两个科目的考试。

① 受聘担任工程类高级专业技术职务满3年,累计从事环境影响评价相关业务工作满15年。

② 受聘担任工程类高级专业技术职务,并取得原环保总局核发的"环境影响评价上岗培训合格证书"。

2. 考试科目设置

环境影响评价工程师职业资格考试时间定于每年的第二季度,一般在5月中下旬。共设4个科目:"环境影响评价相关法律法规""环境影响评价技术导则与标准""环境影响评价技术方法"和"环境影响评价案例分析"。前3科为客观题,在答题卡上作答,"环境影响评价案例分析"为主观题。考试分4个半天进行,各科考试时间均为3小时。环境影响评价工程师职业资格考试为滚动考试,两年为一个滚动周期。参加全部4个科目考试的人员必须在连续两个考试年度内通过应试科目;符合免试条件,参加2个科目考试的人员,须在一个考试年度内通过应试科目,方能取得环境影响评价工程师职业资格证书。

(二)环境影响评价工程师职责要求及从业情况管理

环境影响评价工程师主要负责环境影响评价项目的组织、协调和管理;进行环境影响评价的现场调查、数据收集和分析;编制环境影响评价报告,提出环境保护建议和措施;参与环境影响评价的审查和评估工作;提供环境保护技术咨询和服务;参与环境监测和污染治理等工作。总之,环境影响评价工程师需要具备一定的环境保护和评价方面的专业知识和技能,能够独立完成环境影响评价项目,并提出合理的环境保护建议和措施。

环境影响评价工程师可根据自身专业能力和特长,选择确定其中一个类别作为本人的专业类别,并按照从事专业类别进行分类管理,详情参见《建设项目环境影响评价分类管理名录(2021 年版)》。环境影响评价工程师可根据自身专业能力和特长,选择确定其中一个类别作为本人的专业类别。

环境影响评价工程师应当申报从业情况,主要包括本人全日制专职工作的机构名称和专业类别。环境影响评价工程师从业机构和专业类别发生变更的,应当及时申报相应变更情况。生态环境部建立环境影响评价工程师从业情况信息管理系统,记录环评机构中的环境影响评价工程师申报信息,为其核发登记编号,并及时向社会公开。登记编号包括环境影响评价工程师从业的环评机构和专业类别等信息,按统一格式编排。

五、环境影响评价行业发展概述

(一)环境影响评价行业发展

2019 年 11 月,信用管理新时代开启,环境影响评价信用平台(以下简称"信用平台")正式上线,标志着环评进入信用管理的新时代,成为建设项目环评领域首个全国统一的信用管理系统。该平台自 2019 年 11 月 1 日上线启用以来,共有 6626 家环评编制单位和13290 名环评工程师在环评信用平台进行了登记。

1. 编制单位登记和增长情况

从登记数量来看,在广东省和山东省注册的环评编制单位均超过 500 家,在江苏省和四川省注册的环评编制单位均超过 400 家,在河北省注册的环评编制单位超过 300家,在其余大部分省(自治区、直辖市)注册的环评编制单位为 100～300 家(图 1-1)。

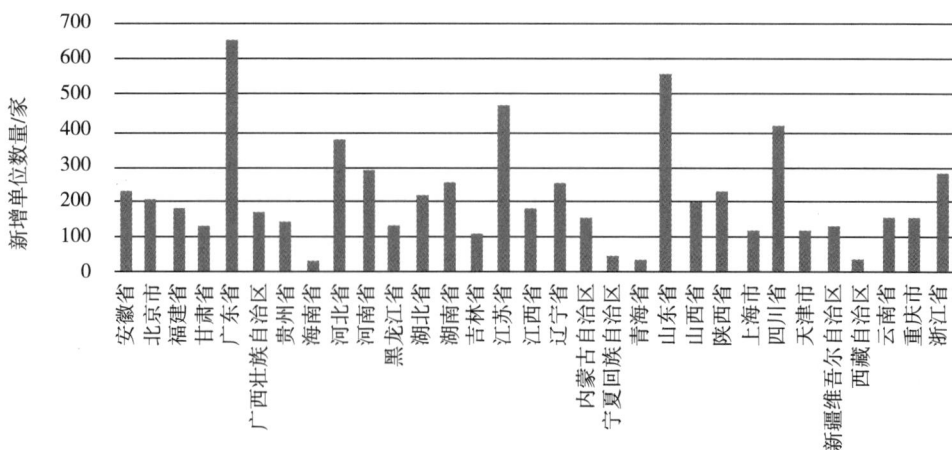

图 1-1　各地环评编制单位注册登记数量

环评信用平台自 2019 年 11 月启用以来,除最初几个月登记注册的环评编制单位数量较多外,从 2020 年 1 月以后,每个月新登记的单位数量逐步平稳,基本稳定在 200 家左右。

2. 环评工程师在编制单位分布情况

截至 2020 年 1 月,在 6626 家环评编制单位中,有 1162 家环评编制单位没有环评工程师,占比 17%;3486 家环评编制单位有 1 名环评工程师,占比 53%;仅有 250 家环评编制单位有 10 名以上环评工程师,占比仅为 4%(图 1-2)。详情见本章末辅助材料二维码。

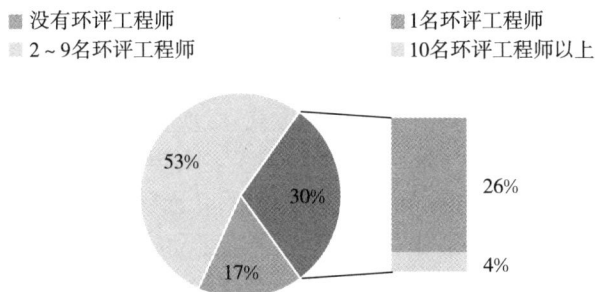

图 1-2　环评工程师在编制单位分布情况

(二)环境咨询(环保管家)服务认证情况

为规范市场秩序,优化市场环境,进一步促进环境咨询服务机构服务质量和品牌信誉的提升,中国环境保护产业协会(北京)认证中心制定了《环境咨询(环保管家)服务认证实施规则》(CCAEPI-RG-ES-015-2020)。2020 年 7 月正式启动环境咨询(环保管家)服务认证一级试点工作。认证范围包括 10 个领域,分别是环境规划与区划服务、排污许可服务、环境问题排查诊断与解决方案服务、生态环境工程监理服务、竣工环境保护验收服务、环境应急与保障服务、生态环境修复调查与方案服务、损害鉴别与法律服务、清洁生产服务、排污权交易服务。目前,23 家咨询机构通过了环境咨询(环保管家)认证,主要分布在北京、天津、江苏、浙江、河北、湖北、四川、陕西、广西、吉林、辽宁等 11 个省(自治区、直辖市)。

环评是约束项目与规划环境准入的法制保障,是在发展中守住绿水青山的第一道防线,对协同推进经济高质量发展和生态环境高水平保护发挥着重要作用。伴随着我国"十四五"规划的实施,预期环境咨询市场将进一步扩大。环保管家将对保障经济高质量发展发挥更大作用,环境咨询(环保管家)服务认证工作的开展将为市场提供更多优质的服务机构。

第五节　国外环境影响评价简介

环境影响评价作为一种环保手段和方法,是 20 世纪中期提出来的。第二次世界大战以后,全球经济加速发展,由此带来的环境问题也越来越严重,环境公害事件频繁发生。人们开始关注人类活动对环境的影响,并运用各个学科的研究成果,预测和评估计划中的人类活动可能会给环境带来的影响和危害,并有针对性地提出相应的防治措施。1964 年,"环境影响评价"概念在加拿大召开的国际环境影响评价会议上首次提出。而在世界范围内,首开环境影响评价制度先河的是美国,1966 年 10 月,在一份报告中,美国首次正式采用了"环境评价"这一术语,并首次创立了环境影响评价(EIA)制度。

目前,世界大多数国家和地区以及有关国际组织,已通过立法或国际条约采纳和实施环境影响评价,评价对象和范围已经涉及具体的建设项目以及立法、规划、计划、重大经济技术政策的制定和开发区的建设等宏观活动。

一、美国环境影响评价制度

环境影响评价是重要的环境管理手段和方式,是实现经济和环境统一协调发展的最直接有效的途径,是环境法重要的法律体系内容。在人类开发建设活动和进行战略决策时,将经济和环境协调发展的原则和要求纳入其中,从而警醒人们在开发建设活动之前,要先充分考虑可能造成的环境后果,预测人类建设活动行为可能带来的环境影响,识别对环境的可持续发展可能造成的破坏,避免因为无知和利益驱动所带来不可挽回的后果。环境影响评价帮助协调人类活动和环境之间的互生关系,从制度上提供支持和保障,实现二者的协调统一发展。

1969 年,美国率先在世界上开创了环境影响评价的立法,《国家环境政策法》(NEPA)首创的环境影响评价法律制度,其精髓是强调政府行为特别是重大联邦行为对环境的影响及其评价和审查。其中,第 102 条规定,在对人类环境具有重大影响的每一个立法提案或报告和其他重大联邦行为中,均应进行环境影响评价,并编制环境影响报告书。美国政府还设立了环境质量委员会(CEQ),是为了有效执行和落实环境影响评价制度,监督环境影响评价执行情况的专门机构。为了使《国家环境政策法》的内容更加完善、可操作性更强,继环境质量委员会这一代表性机构成立后,美国还制定了《确定环境影响评价范围的导则》《国家环境政策法实施条例》,并对环境影响评价实施的基本原则作出了明确的规定,即包括早期介入、充分考虑替代方案以及公众参与等三项内容。美国的环境影响评价制度,不仅为实施国家环境政策提供了手段,而且为实现国家环境目标提供了法律保障。

环境影响评价制度是美国环境政策的核心制度,在美国环境法中占有特殊的地位。美国自 20 世纪 70 年代初至今,不论是联邦一级还是州一级法律都建立了较完备的环境影响评价法律体系。实践证明,NEPA 自颁布至今,对美国的环境保护一直发挥着重要作用,它规定的环境影响评价制度迫使行政机关将对环境价值的考虑纳入决策过程,使行政机关能正确对待经济发展和环境保护两方面利益和目标,改变了过去重经济轻环保的行政决策方式。美国在 20 世纪 80 年代做了许多环境保护评价工作,其环保局、能源部、住房与城市发展部、交通部及林业署等都成为环境评价的主要部门或主要完成者,仅美国环保局在 20 世纪 80 年代平均每年完成约 40 项战略环境影响评价。

二、加拿大环境影响评价制度

1973 年,加拿大开始以政府政策规定的形式实行环境影响评价制度。此阶段加拿大以自我评价的方式进行环评,政府各部门制定并采用内部审查程序,如果条件许可,还会安排集会征询公众意见,具有重大影响的项目还要向加拿大环境部提交评价小组审查申请,审查小组由环境部的官员组成。1977 年,政府规定要将非政府人员添加到审查小组中。虽然政府发布了有关环境评价的相关命令,但其实施方法和具体实践方面的局限性也十分明显。1984 年,加拿大出台了《环境评价与审查程序指南命令》,将 1977 年政府政策中大量不成文、含糊的过程以成文发布,以法律的形式确定了环境评价制度,并任命联邦环境评价审查办公室负责对环境评价进行管理。之后,加拿大部分省份也以法律的形式确立了环境评价制度。1991 年《加拿大政策环境评估指令》要求政府在审批所有新的联邦政策和方案时,必须考虑到其对环境的影响。1992 年,加拿大颁布了《加拿大环境评价法》,详细规定了环境评价适用的条件、评价程序、评价方式、公众参与方式等方面的内容。1999 年,在《加拿大环境评价法》的基础上,又制定了《加拿大港口管理局环境评价规则》。同年,加拿大还制定了专门针对战略环境评价的《政策和规划的环境评价程序》及《关于政策、规划和提案的环境评价内阁指令》。2012 年发布的最新修订版的《加拿大环境评价法》,较之前的版本增加了近一半的内容。可见,加拿大环境评价的严谨度越来越高。涉及加拿大环境评价制度的其他法律法规还包括《加拿大境外项目环境评价规则》以及 2006 年实施的《联邦授权的合作项目的环境评价程序和要求规则》,2012 年实施的《拟定建设项目规章条例》《成本回收条例》等。此外,《渔业法》《国家能源委员会法》《加拿大石油天然气操作法》《候鸟公约法》《核安全管理法》等法律中也规定了环境评价的相关内容。在专门的污染防治法和自然资源法中,也对相关环境影响评价做出了规定。

三、欧盟环境影响评价制度

1987 年,《欧共体关于环境的第四次行动计划》明确规定,应该将环评的范围扩大,内容应该包括政策和规划项目。1990 年,欧洲提出了《战略环境影响评价指令》初步建议,在分别经过 1996 和 1999 年的修订之后,2001 年正式出台了《欧盟战略环境影响评价指令》,该指令明确规定农、林、渔、工业、电子信息行业、旅游、土地开发等相关规划和计划必须进行环评。可以看出,《欧盟环境影响评价指令》规定欧盟成员国在实施环境影响评价时必须将规划和计划纳入其中,但政策没有做硬性的要求。每个国家国情不一样,也使得成员国在制定环评时要求不一样,目前在指令的基础上通过国内立法明确要求实施政策层面的环境影响评价的国家有英国、荷兰和丹麦。

欧盟各成员国在具体实施政策环评时的方式不尽相同,这与各国的法律体系和国情息息相关。对于欧盟的政策环评的经验,本书主要结合荷兰的做法进行分析研究。荷兰是欧盟成员国中少数在法律中明确规定了开展政策环评的国家,并且对环评程序还做了详细的规定,其中评价程序主要为首先对政策环评的目标进行确定分析;其次,是在政策制定之前,综合考量各个方面的因素进行评估,制定可供选择的方案;第三,就是将政策再加入程序和规划中,一并进行环境影响评价;第四,便是最后得出结果并进行环境监测。荷兰的程序性规定在实践中已经非常完善和成熟,虽然欧盟指令没有给其提供可供借鉴的建设性意见,但是根据自己的情况,荷兰较好地制定了环评的程序,本质上也与欧盟指令对于成员国在咨询程序方面、考虑替代方案选择方面,以及最后的监督方面等要求都是相符合的。

四、日本环境影响评价制度

日本的环境影响评价工作始于 1963 年的产业公害调查,当时是为了预防伴随工业开发所产生的公害,预测工业布局对环境的影响,并用以确定防止公害对策所进行的调查。日本颁布的《公害对策基本法》,对建立健全环境影响评价制度作了明确规定。1972年,内阁会议通过了政府制定的各种公共事业中的环境保全对策纲要,规定国家的行政机关在实施道路、港湾、公有水面的填埋等各种公共事业时,要预先进行包括其对环境带来的影响的内容及程度、环境破坏的防止方案、代替方案的比较研究等的调查研究,证明其结果并采取必要的措施的方针,对政府进行的公共事业在政府内部实施了事前的环境审查。1973 年,又制定修改了《公有水面填埋法》《港湾法》《工厂选址法》《濑户内海环境保护临时措施法》等法规,要求批准进行填埋公有水面、建设港湾设施、营造集团居住地、设置排水设施等的申请者提出环境事前调查书,依据法律对行为者赋予了实施环境影响事前评价的义务。但是,这时的环境调查范围仅限于典型公害,也没有公众参与机制,因而某种程度上讲还是很不完善的环境影响评价。1974 年,日本通过的《濑户内海环境保护临时措施法》和《国土利用规划法》规定,应把环境评价的运用和必要程序的事实作为当然的义务。1974 年 6 月,在中央公害对策审议会对防治计划部环境影响评价小组委员会所提出的环境影响评价在运用上的方针(中间报告)的报告中,阐明了环境影响评价的意义、评价和保护标准、预测等问题,并指出环境评价的若干问题和大致的基本方针,但未明确说明有关细节问题。1975 年,在中央公害对策审议会、防治计划部内组建了环境影响评价制度专门委员会,对环境影响评价程序和制度两方面的问题进行了审查研究,并根据研究结果,于同年 12 月公开发表了题为《关于环境影响评价制度的实际问题》的报告书。这样才首次使具有国家立法性质的环境评价在一定程度上得到了明确。同年发表关于根据对环境影响的预先评价,规定开发等的法律案,以及由社会党提出的环境影响审查方案,环境厅汇编了《环境影响评价法案纲要》。1976 年《川琦市环境影响评价条例》的颁布,标志着制度化、程序化的环境影响事前评价机制的真正建立。

此后,日本陆续有 6 个地方公共团体制定了《环境影响评价条例》,44 个地方公共团体制定了《环境影响评价纲要》,其余地方公共团体也在规划制定环境基本条例时涉及环境影响评价问题。其中,1993 年颁布的《环境基本法》规定了环境影响评价法律制度,标志日本已从法律层面规定实行环境影响评价制度。关于环境影响预测和评价中使用的技术方法,在 1987 年和 1991 年出版了两部重要的指南。一部是环境厅编辑的《环境影响评价通用基本技术指南》,另一部是《有关三洲——四国联络桥环境影响评价实施细目》。为尽快推出环境影响评价法,1994 年 7 月环境厅与通商产业省、建设省、国土厅就环境影响评价具体事项进行了沟通和协商,终于在 1995 年的内阁会议上达成一致。1997 年,日本制定并颁布了统一的《环境影响评价法》,这既是防止公害,又是处理各种环境问题的环境基本法。它标志着完善、统一的环境影响评价体系的建立。该法对环境影响评价的适用范围和对象,环境影响评价准备书制作前的程序(包括建设项目的确定、方法书的制作和环境影响评价的实施),环境影响评价准备书的制作、内容和提交,环境影响评价书的制作与修改,修改建设项目内容时的环境影响评价及其他程序,环境影响评价书的公布及审查,环境影响评价及意识提高和在这种需求下而促成的由政府组织、协调,逐步形成从立法到执法一系列具有法律地位的公众参与,可以说世界环保事业的最初推动力量来自公众,没有公众参与就没有环境运动,没有今天对保护环境的重视程度。其他程序的特例(包括城市规划中规定的对象项目,港湾规划的环境影响评价及其他程序),以及细则等都作了详细规定。

五、韩国环境影响评价制度

韩国的环境影响评价单行法主要有《环境影响评价法》和《环境·交通·灾害等相关影响评价法》两部法律。韩国于 1993 年制定了《环境影响评价法》,该法规定了对大规模建设项目进行环境影响评价、验收,从而将对环境的不良影响最小化,合理协调事业的开发和保护。之后,与环境、交通、灾害、人口相关的影响评价分别在其他法律中以其他途径实施。但在实施的过程中,程序上出现了重复,并且给事业者造成了经济上的负担。为了改善这种情况,韩国于 1999 年制定了《环境·交通·灾害等相关影响评价法》(一般被称为《综合影响评价法》),该法从 2001 年开始施行。该法以环境影响评价制度为中心,综合了交通影响评价、人口影响评价和灾害影响评价,规范了评价程序,统一了评价书格式。与现行环境影响评价制度有关的基本事项,在《综合影响评价法》中都有规定,同法施行令和施行规则中也规定了母法中委任的事项。

其他与环境影响评价有关的条款则分布在告示、训令、例规中。例如,与环境影响评价有关的规定有:与环境影响调查相关的规定(环境部令)、与环境影响评价书的制定相关的规定、环境影响评价书制定费用计算标准、环境影响评价制度运营方针、与环境影响协商内容管理相关的业务处理方针、与环境影响评价代理者相关的业务处理方针、与环境影响评价书验收及协商等相关的业务处理方针、超过协商标准的负担金事务处理规定、环境影响评价条例方针等。与交通影响评价有关的规定有:交通影响评价方针、交通影响评价代理费用计算标准等。与灾害影响评价有关的规定有:制定灾害影响评价书的规定、处理与灾害影响评价书进行讨论及协商等相关的业务的规定、运营灾害影响评价委员会的规定等。与人口影响评价有关的规定有:人口影响评价书的制定要点、人口影响评价代理费用的计算标准等。

而且除环境部掌管的环境影响评价相关法令外,与环境政策相关的法令、其他部门掌管的法令及告示等,都实行并探讨了环境影响评价程序。例如,在与事前环境性调查研讨协商制度相关的环境政策基本法、施行令、事前环境性调查研讨业务便览、相关个别法令等中,环境影响评价程序都有据可循。此外,《原子力法》《自然公园法》《国土利用管理法》《农渔村整顿法》《饮用水管理法》等个别法中也都包含有对环境影响进行评价的法令。详情见文后辅助材料二维码。

思 考 题

1. 名称解释:环境、环境影响、环境影响评价。

2. 简述环境的基本特征。

3. 简述环境影响评价的功能。

4. 简述环境影响评价的作用。

5. 简述中国环境影响评价制度的特点。

参考文献

[1] 刘佳佳. 我国政策环评法律制度的发展现状与制度展望[J]. 绥化学院学报,2024, 44(2):31 - 34.

[2] 张运顺. 我国环境影响评价发展现状及问题对策[J]. 黑龙江环境通报,2024,37 (2):72 - 74.

[3] Bergamini K,Pérezb C,吴成志,等. 环境影响评价后续跟进制度和监管框架:智利 经验的优缺点(上)[J]. 环境影响评价,2023,45(4):125 - 130.(下)环境影响评价, 2023,45(5):127 - 132.

[4] 韩利琳,王斌. 环境健康影响评价制度研究[J]. 南宁师范大学学报(哲学社会科学 版),2022,43(4):107 - 114.

[5] 苏艺.2020 年环境影响评价行业发展评述及展望[J]. 中国环保产业,2021, (2):28 - 29.

[6] 耿海清. 中国环境影响评价管理的现状、问题及展望[J]. 环境科学与管理,2008,33 (11):1 - 3,25.

[7] 丁玉洁,刘秋妹,吕建华,等. 我国环境影响评价制度化与法制化的思考[J]. 生态经 济,2010(6):156 - 159.

[8] 张学超,环境影响评价制度比较研究[J]. 哈尔滨工业大学学报(社会科学版),2002, 4(2):68 - 72.

[9] 陆书玉,环境影响评价[M]. 北京:高等教育出版社,2001.

[10] 李淑芹,孟宪林. 环境影响评价[M].3 版. 北京:化学工业出版社,2021.

[11] 陈广洲,徐圣友. 环境影响评价[M]. 合肥:合肥工业大学出版社,2015.

[12] 生态环境部环境工程评估中心. 环境影响评价技术导则与标准(2022 年版)[M]. 北京:中国环境出版社,2022.

第一章辅助材料

第二章 环境影响评价法律法规与相关标准简介

本章要点:介绍了我国环境影响评价相关法律法规体系与标准,阐述了环境影响评价法主要条款并进行解读;按照环境要素详细介绍了环境影响评价中常用的环境质量标准和污染物排放标准。

环境影响评价是对规划和建设项目实施后可能造成的环境影响进行分析、预测和评估,提出预防或者减轻不良环境影响的对策和措施,进行跟踪监测的方法与制度。在具体从事环境影响评价工作和编制、审查、审批环境影响评价技术文件时,应遵循国家的环境保护法律法规、环境政策与产业政策、生态环境标准和规范及其他相关规定,同时,以拟议中的规划和建设项目的技术文件为基础开展环境影响评价工作。这些环境保护法律法规、环境政策与产业政策、生态环境标准和规范,以及其他相关规定、拟议中的规划和建设项目的技术文件构成了环境影响评价的主要依据。

第一节 我国环境影响评价法律法规体系与标准概述

一、环境保护法律法规体系

环境保护法律法规体系是开展环境影响评价工作的重要依据。我国目前已经建立了由法律、国务院环境保护行政法规、政府部门规章、环境保护地方性法规和地方性规章、环境保护标准、环境保护国际公约等组成的比较完整的环境保护法律法规体系,为环境影响评价提供了法律依据和保障。

(一)法律

法律包括宪法中的环境保护条款、环境保护综合法、环境保护单行法和环境保护相关法。宪法是环境保护立法的依据,其中的环境保护条款具有最高法律效力。环境保护综合法是指《中华人民共和国环境保护法》(2015年),该法规定了环境保护的任务、对象、基本原则、监督管理体制、法律责任,以及国内法与国际法的关系等。其中第二章第十九条规定:"编制有关开发利用规划,建设对环境有影响的项目,应当依法进行环境影响评价。未依法进行环境影响评价的开发利用规划,不得组织实施;未依法进行环境影响评价的建设项目,不得开工建设"。环境保护单行法是指国家针对某个环境要素或某个领域而专门制定和颁布的法律,如《中华人民共和国环境影响评价法》《中华人民共和国水污染防治法》《中华人民共和国大气污染防治法》《中华人民共和国环境噪声污染防治法》

和《中华人民共和国固体废物污染环境防治法》等。环境保护相关法是指国家制定和颁布的一些自然资源保护和其他与环境保护相关的法律,如《中华人民共和国水法》《中华人民共和国土地管理法》《中华人民共和国矿产资源法》《中华人民共和国清洁生产促进法》《中华人民共和国水土保持法》《中华人民共和国城市规划法》《中华人民共和国节约能源法》和《中华人民共和国文物保护法》等。这些法律中均有与环境影响评价相关的规定,必须在环境影响评价中贯彻执行。

(二)环境保护行政法规

环境保护行政法规是指由国务院制定并公布的环境保护规范性文件,包含了两个主要方面,一是根据法律授权制定的环境保护法的实施细则或条例;二是针对环境保护的某个领域而制定的条例、规定和办法,如《建设项目环境保护管理条例》和《规划环境影响评价条例》等。

(三)政府部门规章

环境领域政府部门规章是指国务院生态环境主管部门单独发布或与国务院有关部门联合发布的环境保护规范性文件,以及政府其他有关行政主管部门依法制定的环境保护规范性文件,如《专项规划环境影响报告书审查办法》《建设项目环境影响评价分类管理名录》《建设项目环境影响报告书(表)编制监督管理办法》《建设项目环境保护事中事后监督管理办法》《环境影响评价公众参与办法》和《环境保护公众参与办法》等。

环境领域政府部门规章是以环境保护法律和行政法规为依据而制定的,或者是专门针对某些尚未有相应的环境保护法律和行政法规调整的领域作出的相应规定。

(四)环境保护地方性法规和地方性规章

环境保护地方性法规和地方性规章是享有立法权的地方权力机关和地方政府机关根据法律与环境保护行政法规制定和发布的环境保护规范性文件,如《安徽省环境保护条例》和《山东省环境保护条例》等。

需要注意的是,由于环境保护地方性法规和地方性规章是根据本地实际情况和特定环境问题制定的,并在本地行政辖区内实施,有较强的可操作性。环境保护地方性法规和地方性规章不能和法律及国务院环境保护行政法规相抵触。

(五)生态环境标准

生态环境标准是环境保护法律法规体系的一个组成部分,是环境执法和环境管理工作的技术依据。我国生态环境标准分为国家生态环境标准和地方生态环境标准。国家生态环境标准包括国家生态环境质量标准、国家生态环境风险管控标准、国家污染物排放标准、国家生态环境监测标准、国家生态环境基础标准和国家生态环境管理技术规范。国家生态环境标准在全国范围或者标准指定区域范围执行。地方生态环境标准包括地方生态环境质量标准、地方生态环境风险管控标准、地方污染物排放标准和地方其他生态环境标准。地方生态环境标准在发布该标准的省、自治区、直辖市行政区域范围或者标准指定区域范围执行。

(六)环境保护国际公约

环境保护国际公约是指我国缔结和参加的环境保护国际公约、条约和议定书。国际公约与我国环境法有不同规定时,优先适用国际公约的规定,但我国声明保留的条款除外。

（七）环境保护法律法规之间的关系

《中华人民共和国宪法》是建立健全环境保护法律法规体系的依据和基础，具有最高法律效力。其他不论是环境保护综合法、单行法还是相关法，其中对环境保护的要求，在法律效力上都是同等的。如果某些法律规定中有不一致的地方，应遵循"后法大于先法"的原则。

环境保护行政法规的地位仅次于法律。政府部门规章、环境保护地方性法规和地方性规章、环境保护标准均不得违背法律和环境保护行政法规的规定。享有立法权的地方权力机关和地方政府，可以根据当地环境保护实际情况和特定的环境问题，依据《中华人民共和国宪法》和相关法律制定的环境保护规范性文件，制定有利于当地环境保护的地方性法规和地方性规章。这些地方性法规和地方性规章只在制定和发布这些法规和规章的行政辖区内有效。

我国环境保护法律法规体系框架及各项法律法规之间的关系见图2-1。

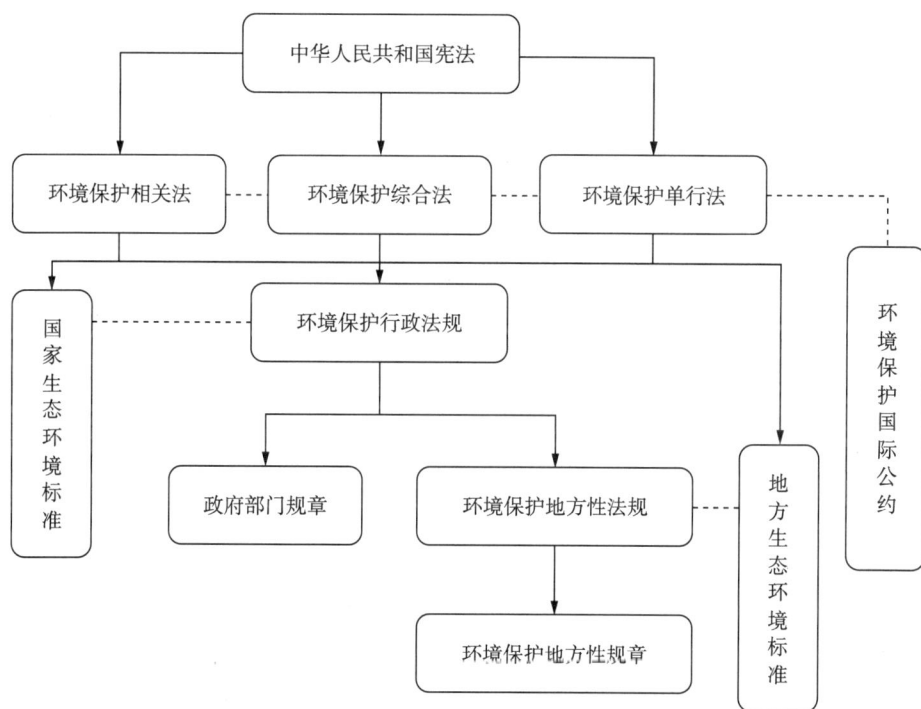

图2-1 我国环境保护法律法规体系框架结构示意图
注：实线代表直接关系；虚线代表间接关系

二、生态环境标准

（一）定义

生态环境标准（environmental standard）是为了防止环境污染，维护生态平衡，保护人群健康，由国务院环境保护行政主管部门和省、自治区、直辖市人民政府依据国家有关法律规定,对环境保护工作中需要统一的各项技术规范、技术要求和技术指南而制定和发布的技术规定。具体地讲,生态环境标准是国家为了保护人民健康,促进生态良性循环,实现社会经济发展目标,根据国家的环境政策和法规,在综合考虑本国自然环境特征、社会经济条件和科学技术水平的基础上,规定环境中污染物的允许浓度和污染源排放污染物的数量(包括总量)、浓度、时间和速率以及其他有关技术规范、技术要求和技术指南。

(二)作用

生态环境标准不仅是环境影响定量分析与评价的基准,也在环境保护的其他领域发挥着重要的作用。这些作用主要表现在以下几个方面:

(1)生态环境标准是国家环境保护法规的重要组成部分

生态环境标准具有的法规约束性是由我国环境保护法律法规所赋予的。在《中华人民共和国环境保护法》《中华人民共和国水污染防治法》《中华人民共和国大气污染防治法》《中华人民共和国环境噪声污染防治法》和《中华人民共和国固体废物污染环境防治法》等法律法规中,都规定了实施生态环境标准的条款,使生态环境标准成为执法必不可少的依据和环境保护法规的重要组成部分。

(2)生态环境标准是环境保护规划的体现

通过环境保护规划可以实施生态环境标准,生态环境标准又为环境保护规划提出了明确的目标和检验尺度,使得其更具可操作性。因此,可以认为生态环境标准是环境保护规划的具体体现。

(3)生态环境标准是环境保护行政主管部门依法行政的依据

依法建立的环境管理制度,其基本特征之一就是定量管理。这就要求在污染控制与环境管理目标之间建立起一种定量评价关系,并在此基础上进行综合分析。生态环境标准统一评价的基准和方法,是强化环境管理的有效途径。生态环境标准不仅为环境管理提供技术支撑,而且还可以提高环境管理的技术水平。

(4)生态环境标准是推动环境保护科技进步的一个动力

生态环境标准是以科学、技术和经验的综合成果为基础制定的,具有科学性和先进性,代表了今后一段时期内科学技术发展的趋势。生态环境标准在某种程度上就成为判断污染防治技术、生产工艺和设备是否先进可行的基本依据,以及筛选和评估环境保护科技成果的一个重要尺度,因而对技术进步起到推动和引导作用。

(5)生态环境标准是进行环境影响评价的准绳

无论是对拟议中的规划或建设项目进行环境影响程度、范围和趋势的定量预测,还是对其预测结果进行定量评价,都需要和依据生态环境标准。或者说,环境影响评价的技术过程和定量结果都是建立在生态环境标准的基础上的。没有或缺少生态环境标准,都难以对环境影响的程度、范围和趋势进行定量分析和评估。

(6)生态环境标准具有投资导向作用

生态环境标准中的技术指标是确定污染防治和生态保护资金投入的技术依据。技术指标的高与低或严与宽在很大程度上决定了污染防治和生态保护资金投入的多与少。生态环境标准对环境投资的导向作用是显而易见的,进而甚至可以影响到规划或建设项目的投资方向。

第二节　环境影响评价法

迄今为止我国环境影响评价法共经历了三次修订，2002 年 10 月 28 日第九届全国人民代表大会常务委员会第三十次会议通过；根据 2016 年 7 月 2 日《全国人民代表大会常务委员会关于修改〈中华人民共和国节约能源法〉等六部法律的决定》第二次修正；2018年 12 月 29 日第十三届全国人民代表大会常务委员会第七次会议《全国人民代表大会常务委员会关于修改〈中华人民共和国劳动法〉等七部法律的决定》第三次修订。

《环境影响评价法》共五章三十七条，立法目的是实施可持续发展战略，预防因规划和建设项目实施后对环境造成的不良影响，促进经济、社会和环境的协调发展。该法对环境影响评价的概念、原则、范围、程序及法律责任等都做出了明确规定。

一、主要修正条款解读

（一）环评审批不再作为核准的前置条件

第二十五条规定："建设项目的环境影响评价文件未依法经审批部门审查或者审查后未予批准的，建设单位不得开工建设。"环评行政审批不再作为可行性研究报告审批或项目核准的前置条件，将环评审批与可行性研究报告审批或项目核准同时进行，但仍须在开工前完成。

（二）将环境影响登记表审批改为备案

第二十二条规定："建设项目的环境影响报告书、报告表，由建设单位按照国务院的规定报有审批权的环境保护行政主管部门审批。"国家对环境影响登记表实行备案管理。

（三）不再将水土保持方案的审批作为环评的前置条件

为进一步简政放权、优化审批流程，修改后，不再将水行政主管部门对水土保持方案的审批作为环境影响评价的前置条件。

（四）取消行业预审

第二十二条规定："建设项目的环境影响报告书、报告表，由建设单位按照国务院的规定报有审批权的环境保护行政主管部门审批。"取消了环境影响报告书、环境影响报告表预审。

（五）增加了根据规划环评结论和审查意见对规划草案进行修改完善等规定

第十四条第一款规定："审查小组提出修改意见的，专项规划的编制机关应当根据环境影响报告书结论和审查意见对规划草案进行修改完善，并对环境影响报告书结论和审查意见的采纳情况作出说明；不采纳的，应当说明理由。"

第十八条第三款规定："已经进行了环境影响评价的规划包含具体建设项目的，规划的环境影响评价结论应当作为建设项目环境影响评价的重要依据，建设项目环境影响评价的内容应当根据规划的环境影响评价审查意见予以简化。"都是对规划草案修改完善作出了新的要求。

（六）"未批先建"最高罚款二十万元改为总投资额的 1% 至 5%

第三十一条规定："建设单位未依法报批建设项目环境影响报告书、报告表，或者未依照本法第二十四条的规定重新报批或者报请重新审核环境影响报告书、报告表，擅自开工建设的，由县级以上环境保护行政主管部门责令停止建设，根据违法情节和危害后果，处建设项目总投资额百分之一以上百分之五以下的罚款，并可以责令恢复原状；对建设单位直接负责的主管人员和其他直接责任人员，依法给予行政处分。"加大了处罚力度。

二、相关法律责任

违反环境保护法怎样处罚，要依据违法行为造成的后果而定，构成犯罪的追究刑事责任；不构成犯罪的，给予罚款、停产停业等处罚。

（一）《中华人民共和国环境保护法》相关规定

第五十九条 企业事业单位和其他生产经营者违法排放污染物，受到罚款处罚，被责令改正，拒不改正的，依法作出处罚决定的行政机关可以自责令改正之日的次日起，按照原处罚数额按日连续处罚。

前款规定的罚款处罚，依照有关法律法规按照防治污染设施的运行成本、违法行为造成的直接损失或者违法所得等因素确定的规定执行。

地方性法规可以根据环境保护的实际需要，增加第一款规定的按日连续处罚的违法行为的种类。

第六十条 企业事业单位和其他生产经营者超过污染物排放标准或者超过重点污染物排放总量控制指标排放污染物的，县级以上人民政府环境保护主管部门可以责令其采取限制生产、停产整治等措施；情节严重的，报经有批准权的人民政府批准，责令停业、关闭。

第六十三条 企业事业单位和其他生产经营者有下列行为之一，尚不构成犯罪的，除依照有关法律法规规定予以处罚外，由县级以上人民政府环境保护主管部门或者其他有关部门将案件移送公安机关，对其直接负责的主管人员和其他直接责任人员，处十日以上十五日以下拘留；情节较轻的，处五日以上十日以下拘留：

（1）建设项目未依法进行环境影响评价，被责令停止建设，拒不执行的；

（2）违反法律规定，未取得排污许可证排放污染物，被责令停止排污，拒不执行的；

（3）通过暗管、渗井、渗坑、灌注或者篡改、伪造监测数据，或者不正常运行防治污染设施等逃避监管的方式违法排放污染物的；

（4）生产、使用国家明令禁止生产、使用的农药，被责令改正，拒不改正的。

（二）《中华人民共和国环境影响评价法》相关规定

第二十九条 规划编制机关违反本法规定，未组织环境影响评价，或者组织环境影响评价时弄虚作假或者有失职行为，造成环境影响评价严重失实的，对直接负责的主管人员和其他直接责任人员，由上级机关或者监察机关依法给予行政处分。

第三十条 规划审批机关对依法应当编写有关环境影响的篇章或者说明而未编写的规划草案，依法应当附送环境影响报告书而未附送的专项规划草案，违法予以批准的，对直接负责的主管人员和其他直接责任人员,由上级机关或者监察机关依法给予行政处分。

第三十一条　建设单位未依法报批建设项目环境影响报告书、报告表,或者未依照本法第二十四条的规定重新报批或者报请重新审核环境影响报告书、报告表,擅自开工建设的,由县级以上生态环境主管部门责令停止建设,根据违法情节和危害后果,处建设项目总投资额百分之一以上百分之五以下的罚款,并可以责令恢复原状;对建设单位直接负责的主管人员和其他直接责任人员,依法给予行政处分。

建设项目环境影响报告书、报告表未经批准或者未经原审批部门重新审核同意,建设单位擅自开工建设的,依照前款的规定处罚、处分。

建设单位未依法备案建设项目环境影响登记表的,由县级以上生态环境主管部门责令备案,处五万元以下的罚款。

海洋工程建设项目的建设单位有本条所列违法行为的,依照《中华人民共和国海洋环境保护法》的规定处罚。

第三十二条　建设项目环境影响报告书、环境影响报告表存在基础资料明显不实,内容存在重大缺陷、遗漏或者虚假,环境影响评价结论不正确或者不合理等严重质量问题的,由设区的市级以上人民政府生态环境主管部门对建设单位处五十万元以上二百万元以下的罚款,并对建设单位的法定代表人、主要负责人、直接负责的主管人员和其他直接责任人员,处五万元以上二十万元以下的罚款。

接受委托编制建设项目环境影响报告书、环境影响报告表的技术单位违反国家有关环境影响评价标准和技术规范等规定,致使其编制的建设项目环境影响报告书、环境影响报告表存在基础资料明显不实,内容存在重大缺陷、遗漏或者虚假,环境影响评价结论不正确或者不合理等严重质量问题的,由设区的市级以上人民政府生态环境主管部门对技术单位处所收费用三倍以上五倍以下的罚款;情节严重的,禁止从事环境影响报告书、环境影响报告表编制工作;有违法所得的,没收违法所得。

编制单位有本条第一款、第二款规定的违法行为的,编制主持人和主要编制人员五年内禁止从事环境影响报告书、环境影响报告表编制工作;构成犯罪的,依法追究刑事责任,并终身禁止从事环境影响报告书、环境影响报告表编制工作。

第三十三条　负责审核、审批、备案建设项目环境影响评价文件的部门在审批、备案中收取费用的,由其上级机关或者监察机关责令退还;情节严重的,对直接负责的主管人员和其他直接责任人员依法给予行政处分。

第三十四条　生态环境主管部门或者其他部门的工作人员徇私舞弊,滥用职权,玩忽职守,违法批准建设项目环境影响评价文件的,依法给予行政处分;构成犯罪的,依法追究刑事责任。

三、相关典型案例

环境影响评价文件(以下简称"环评文件")质量是环评制度的"生命线",直接关系环评制度的公信力和有效性。各级生态环境部门坚持以环评文件质量为核心,持续加强审查审批环节把关,不断加大环评事中事后监管力度,坚决查处各类环评文件弄虚作假行为。

2022年8月26日,生态环境部公布3起环评文件弄虚作假典型案例,并对积极查办案件的江苏省南京市生态环境局、四川省绵阳市生态环境局、海南省琼海市综合行政执法局予以表扬。这些典型案例是:

(一)南京红太阳生物化学有限责任公司环评文件弄虚作假案

【案情简介】

2021年7月2日,江苏省南京市生态环境局执法人员对南京红太阳生物化学有限责任公司(以下简称建设单位)现场检查时发现,该公司补办的《80吨/天废水生化处理项目及500平方米危废仓库项目环境影响报告表》未如实反映污水处理站废气治理设施实际建设内容,引用的监测数据与原始监测报告中的数据不一致。

经查,建设单位废水生化污水处理站及其废气治理设施实际于2019年5月建成投用。2021年4月,该公司以4000元价格委托南京睿华勘察设计有限公司(以下简称环评编制单位)编制《80吨/天废水生化处理项目及500平方米危废仓库项目环境影响报告表》(补办环评手续),并于2021年5月26日取得环评批复。2020年8月至2021年1月期间,该建设单位陆续将综合治理车间8个百草枯工艺废水储罐含有氨和非甲烷总烃的呼吸尾气接入污水处理站废气处理装置内处理,补办环评手续编制的环评文件中未能如实反映工艺改造过程,仍按照原有工艺编写。同时,环评文件编制过程中,该建设单位委托南京某环境科技集团股份有限公司进行现状监测,原始监测报告显示废气处理装置出口非甲烷总烃第一次监测结果和均值监测结果分别为39.1毫克/立方米和13.5毫克/立方米,而环评编制单位出具的环评文件引用的监测数据与原始监测结果不一致。

【查处情况】

该建设单位和环评文件编制单位的上述行为违反了《中华人民共和国环境影响评价法》第十九条第二款的规定。根据《中华人民共和国环境影响评价法》第三十二条第一款规定,南京市生态环境局对该建设单位处以50万元罚款,并责令改正违法行为;对建设单位法定代表人赵某某和项目主要负责人陈某某各处5.2万元罚款。对环评文件编制单位南京睿华勘察设计有限公司处以1.2万元罚款,并责令改正违法行为。根据失信记分办法对环评编制单位予以失信记分,环境影响评价信用平台已注销编制主持人段某某的诚信档案。

目前,该建设单位及责任人、环评编制单位均按时缴纳了罚款,建设单位重新修订环评文件报审批部门并获批复后,组织开展了环境保护设施竣工验收。

【启示意义】

环境影响评价制度是约束项目与规划环境准入的法制保障,是在发展中守住绿水青山的第一道防线,对协同推进经济高质量发展和生态环境高水平保护发挥着重要作用。环境影响评价法明确规定对环评文件弄虚作假的建设单位及其有关责任人员、环评文件编制单位及其有关责任人员分别进行处罚。本案中,生态环境部门依法实施"双罚制",警示相关单位及责任人员依法依规编制环评文件。

(二)四川通垚新材料科技有限公司环评文件弄虚作假案

【案情简介】

2020年2月,四川通垚新材料科技有限公司(以下简称建设单位)委托绵阳青兴环保科技开发有限公司(以下简称环评编制单位)编制《年产10万吨高性能粉体材料生产线项目环境影响报告表》。2020年4月,绵阳市北川生态环境局在受理建设单位上报的环评文件并公示后,接到群众举报,反映环评文件中的房屋租赁合同系伪造资料。绵阳市生态环境综合行政执法支队执法人员随即对建设单位开展现场调查。经查,建设单位拟建项目有关防护距离内有13户村民房屋不符合相关标准,建设单位拟通过租用村民房屋作为建设项目附属用房的方式解决这一问题,并将租房工作交由环评编制单位办理。环评编制单位负责人收集房主姓名后伪造了房屋租赁合同,环评报告编制主持人肖某未实地核实资料的真实性,便将房屋租赁合同作为环境影响报告表的附件送审。

【查处情况】

建设单位和环评编制单位的行为违反了《中华人民共和国环境影响评价法》第二十条第一款的规定。根据《中华人民共和国环境影响评价法》第三十二条第一款的规定,绵阳市生态环境局决定对建设单位四川通垚新材料科技有限公司处50万元罚款,对法定代表人邓某处5万元罚款。对环评编制单位绵阳青兴环保科技开发有限公司处10万元罚款。同时,根据失信记分办法对环评编制单位和编制主持人肖某分别予以处理。

目前,在绵阳市北川生态环境局的帮扶指导下,该公司及时改正违法行为,与13户村民签订了租房合同后不再用于居住用途,项目现已取得环评并通过验收。

【启示意义】

生态环境部门将群众举报线索作为发现违法问题的重要途径,及时启动调查程序,锁定环评文件造假的事实并依法处罚,体现了生态环境部门严格环境准入和加强监管执法的坚决态度。

(三)海南智创再生资源回收有限公司环评文件弄虚作假案

【案情简介】

根据《海南省生态环境厅关于依法调查处理环评文件涉嫌存在违法行为的通知》,琼海市综合行政执法局于2022年2月25日,对海南智创再生资源回收有限公司废旧铅酸蓄电池回收与暂存项目进行核查。发现,该公司委托广西泰胜环保科技有限公司编制的建设项目环境影响报告表,存在抄袭琼海市《海南佳祥康庆再生资源回收有限公司环境影响报告表》的情况,其报告表中出现与本项目无关的"筒库排气筒颗粒物估算""二氧化硫""二氧化氮"等参数。琼海市综合行政执法局对该公司环境影响报告表涉嫌弄虚作假行为立案调查。

【查处情况】

海南智创再生资源回收有限公司环境影响报告表抄袭和编造与项目无关的污染物参数数值的行为,违反《中华人民共和国环境影响评价法》第二十条第一款的规定。根据

《中华人民共和国环境影响评价法》第三十二条第一款的规定,参照《海南省生态环境行政处罚裁量基准规定》,琼海市综合行政执法局于 2022 年 4 月 29 日,对该公司处 60 万元罚款,对该公司法定代表人处 8.6 万元罚款。海南省生态环境厅对编制人员张某失信记分 20 分。琼海市生态环境局撤销了环评批复文件。目前,该公司已按时缴纳罚款,项目已停止建设,并重新编制环评文件,正在报批中。

琼海市综合行政执法局同步对受委托编制该报告表的广西泰胜环保科技有限公司立案调查。

【启示意义】

建设单位要切实履行主体责任,加强对受委托编制单位的约束,明确各方责任,不能"一委了之",当"甩手掌柜",避免"赔了夫人又折兵"。

第三节 环境影响评价相关法律法规

一、《中华人民共和国环境保护法》相关规定

《中华人民共和国环境保护法》于 1989 年 12 月 26 日第七届全国人民代表大会常务委员会第十一次会议通过,2014 年 4 月 24 日第十二届全国人民代表大会常务委员会第八次会议修订,自 2015 年 1 月 1 日起施行。它是我国环境保护法律体系中综合性的实体法,是为保护和改善生活环境与生态环境,防治污染和其他公害,保障公众健康,促进社会主义现代化建设的发展而制定的。该法对于环境保护方面的重大问题进行了全面综合调整,对环境保护的目的、范围、方针政策、基本原则、重要措施、管理制度、组织机构、法律责任等作出了原则规定。

第十九条 编制有关开发利用规划,建设对环境有影响的项目,应当依法进行环境影响评价。未依法进行环境影响评价的开发利用规划,不得组织实施;未依法进行环境影响评价的建设项目,不得开工建设。

第四十一条 建设项目中防治污染的设施,应当与主体工程同时设计、同时施工、同时投产使用。防治污染的设施应当符合经批准的环境影响评价文件的要求,不得擅自拆除或者闲置。

第四十二条 排放污染物的企业事业单位和其他生产经营者,应当采取措施,防治在生产建设或者其他活动中产生的废气、废水、废渣、医疗废物、粉尘、恶臭气体、放射性物质以及噪声、振动、光辐射、电磁辐射等对环境的污染和危害。

排放污染物的企业事业单位,应当建立环境保护责任制度,明确单位负责人和相关人员的责任。

重点排污单位应当按照国家有关规定和监测规范安装使用监测设备,保证监测设备正常运行,保存原始监测记录。

严禁通过暗管、渗井、渗坑、灌注或者篡改、伪造监测数据,或者不正常运行防治污染设施等逃避监管的方式违法排放污染物。

第六十一条 建设单位未依法提交建设项目环境影响评价文件或者环境影响评价文件未经批准,擅自开工建设的,由负有环境保护监督管理职责的部门责令停止建设,处以罚款,并可以责令恢复原状。

二、《规划环境影响评价条例》相关规定

2009年8月17日,国务院公布了《规划环境影响评价条例》,自2009年10月1日起施行。条例规定,国务院有关部门、设区的市级以上地方人民政府及其有关部门,对其组织编制的土地利用的有关规划,区域、流域、海域的建设、开发利用规划,应当在规划编制过程中组织进行环境影响评价,编写该规划有关环境影响的篇章或者说明。

规划有关环境影响的篇章或者说明,应当对规划实施后可能造成的环境影响作出分析、预测和评估,提出预防或者减轻不良环境影响的对策和措施,作为规划草案的组成部分一并报送规划审批机关。未编写有关环境影响的篇章或者说明的规划草案,审批机关不予审批。国务院有关部门、设区的市级以上地方人民政府及其有关部门,对其组织编制的工业、农业、畜牧业、林业、能源、水利、交通、城市建设、旅游、自然资源开发的有关专项规划(以下简称专项规划),应当在该专项规划草案上报审批前,组织进行环境影响评价,并向审批该专项规划的机关提出环境影响报告书。

《规划环境影响评价条例》第八条明确规定了对规划进行环境影响评价,应当分析、预测和评估的主要内容:

(一)规划实施可能对相关区域、流域、海域生态系统产生的整体影响;

(二)规划实施可能对环境和人群健康产生的长远影响;

(三)规划实施的经济效益、社会效益与环境效益之间以及当前利益与长远利益之间的关系。

《规划环境影响评价条例》第十二条规定:"环境影响评价篇章或者说明、环境影响报告书(以下称"环境影响评价文件"),由规划编制机关编制或者组织规划环境影响评价技术机构编制。规划编制机关应当对环境影响评价文件的质量负责。"规划环境影响评价文件可由规划编制机关编制,也可由规划编制机关组织规划环境影响评价技术机构编制,但无论规划环境影响评价文件由谁编制完成,规划环境影响评价的责任主体都是规划编制机关。

《规划环境影响评价条例》第九条规定:"对规划进行环境影响评价,应当遵守有关环境保护标准以及环境影响评价技术导则和技术规范。规划环境影响评价技术导则由国务院环境保护主管部门会同国务院有关部门制定;规划环境影响评价技术规范由国务院有关部门根据规划环境影响评价技术导则制定,并抄送国务院环境保护主管部门备案。"

三、建设项目环境影响评价相关规定

《中华人民共和国环境影响评价法》第十六条规定,国家根据建设项目对环境的影响程度,对建设项目的环境影响评价实行分类管理。建设单位应当按照下列规定组织编制环境影响报告书、环境影响报告表或者填报环境影响登记表(以下统称环境影响评价文件):

(一)可能造成重大环境影响的,应当编制环境影响报告书,对产生的环境影响进行全面评价；

（二）可能造成轻度环境影响的，应当编制环境影响报告表，对产生的环境影响进行分析或者专项评价；

（三）对环境影响很小、不需要进行环境影响评价的，应当填报环境影响登记表。

建设项目的环境影响评价分类管理名录，由国务院生态环境主管部门制定并公布。

环境影响报告表和环境影响登记表的内容和格式，由国务院生态环境主管部门制定。

第十八条 建设项目的环境影响评价，应当避免与规划的环境影响评价相重复。

作为一项整体建设项目的规划，按照建设项目进行环境影响评价，不进行规划的环境影响评价。

已经进行了环境影响评价的规划包含具体建设项目的，规划的环境影响评价结论应当作为建设项目环境影响评价的重要依据，建设项目环境影响评价的内容应当根据规划的环境影响评价审查意见予以简化。

第十九条 建设单位可以委托技术单位对其建设项目开展环境影响评价，编制建设项目环境影响报告书、环境影响报告表；建设单位具备环境影响评价技术能力的，可以自行对其建设项目开展环境影响评价，编制建设项目环境影响报告书、环境影响报告表。

编制建设项目环境影响报告书、环境影响报告表应当遵守国家有关环境影响评价标准、技术规范等规定。

国务院生态环境主管部门应当制定建设项目环境影响报告书、环境影响报告表编制的能力建设指南和监管办法。

接受委托为建设单位编制建设项目环境影响报告书、环境影响报告表的技术单位，不得与负责审批建设项目环境影响报告书、环境影响报告表的生态环境主管部门或者其他有关审批部门存在任何利益关系。

第二十条 建设单位应当对建设项目环境影响报告书、环境影响报告表的内容和结论负责，接受委托编制建设项目环境影响报告书、环境影响报告表的技术单位对其编制的建设项目环境影响报告书、环境影响报告表承担相应责任。

设区的市级以上人民政府生态环境主管部门应当加强对建设项目环境影响报告书、环境影响报告表编制单位的监督管理和质量考核。

负责审批建设项目环境影响报告书、环境影响报告表的生态环境主管部门应当将编制单位、编制主持人和主要编制人员的相关违法信息记入社会诚信档案，并纳入全国信用信息共享平台和国家企业信用信息公示系统向社会公布。

任何单位和个人不得为建设单位指定编制建设项目环境影响报告书、环境影响报告表的技术单位。

第二十一条 除国家规定需要保密的情形外，对环境可能造成重大影响、应当编制环境影响报告书的建设项目，建设单位应当在报批建设项目环境影响报告书前，举行论证会、听证会，或者采取其他形式，征求有关单位、专家和公众的意见。

建设单位报批的环境影响报告书应当附具对有关单位、专家和公众的意见采纳或者不采纳的说明。

第二十二条　建设项目的环境影响报告书、报告表,由建设单位按照国务院的规定报有审批权的生态环境主管部门审批。

海洋工程建设项目的海洋环境影响报告书的审批,依照《中华人民共和国海洋环境保护法》的规定办理。

审批部门应当自收到环境影响报告书之日起六十日内,收到环境影响报告表之日起三十日内,分别作出审批决定并书面通知建设单位。

国家对环境影响登记表实行备案管理。

审核、审批建设项目环境影响报告书、报告表以及备案环境影响登记表,不得收取任何费用。

第二十三条　国务院生态环境主管部门负责审批下列建设项目的环境影响评价文件:

(一)核设施、绝密工程等特殊性质的建设项目;

(二)跨省、自治区、直辖市行政区域的建设项目;

(三)由国务院审批的或者由国务院授权有关部门审批的建设项目。

前款规定以外的建设项目的环境影响评价文件的审批权限,由省、自治区、直辖市人民政府规定。

建设项目可能造成跨行政区域的不良环境影响,有关生态环境主管部门对该项目的环境影响评价结论有争议的,其环境影响评价文件由共同的上一级生态环境主管部门审批。

第二十四条　建设项目的环境影响评价文件经批准后,建设项目的性质、规模、地点、采用的生产工艺或者防治污染、防止生态破坏的措施发生重大变动的,建设单位应当重新报批建设项目的环境影响评价文件。

建设项目的环境影响评价文件自批准之日起超过五年,方决定该项目开工建设的,其环境影响评价文件应当报原审批部门重新审核;原审批部门应当自收到建设项目环境影响评价文件之日起十日内,将审核意见书面通知建设单位。

第二十五条　建设项目的环境影响评价文件未依法经审批部门审查或者审查后未予批准的,建设单位不得开工建设。

第二十六条　建设项目建设过程中,建设单位应当同时实施环境影响报告书、环境影响报告表以及环境影响评价文件审批部门审批意见中提出的环境保护对策措施。

第二十七条　在项目建设、运行过程中产生不符合经审批的环境影响评价文件的情形的,建设单位应当组织环境影响的后评价,采取改进措施,并报原环境影响评价文件审批部门和建设项目审批部门备案;原环境影响评价文件审批部门也可以责成建设单位进行环境影响的后评价,采取改进措施。

第二十八条　生态环境主管部门应当对建设项目投入生产或者使用后所产生的环境影响进行跟踪检查,对造成严重环境污染或者生态破坏的,应当查清原因、查明责任。对属于建设项目环境影响报告书、环境影响报告表存在基础资料明显不实,内容存在重大缺陷、遗漏或者虚假,环境影响评价结论不正确或者不合理等严重质量问题的,依照本法第三十二条的规定追究建设单位及其相关责任人员和接受委托编制建设项目环境影响报告书、环境影响报告表的技术单位及其相关人员的法律责任;属于审批部门工作人员失职、渎职,对依法不应批准的建设项目环境影响报告书、环境影响报告表予以批准的,依照本法第三十四条的规定追究其法律责任。

四、与环境影响评价相关的其他法律法规规定

与环境影响评价相关的其他法律法规规定很多,包括《中华人民共和国大气污染防治法》《中华人民共和国水污染防治法》《中华人民共和国噪声污染防治法》《中华人民共和国固体废物污染环境防治法》《中华人民共和国土壤污染防治法》《中华人民共和国海洋环境保护法》《中华人民共和国放射性污染防治法》《中华人民共和国清洁生产促进法》《中华人民共和国水法》《中华人民共和国防沙治沙法》和《中华人民共和国草原法》等,以下简介主要相关法律法规的颁布执行情况以及适用范围。

(一)《中华人民共和国大气污染防治法》的有关规定

1987 年我国制定了《中华人民共和国大气污染防治法》,于 2000 年、2015 年分别进行了两次修订,于 1995 年、2018 年分别进行了两次修正。现行的《中华人民共和国大气污染防治法》由中华人民共和国第十二届全国人民代表大会常务委员会第十六次会议于 2015 年 8 月 29 日修订通过,于 2016 年 1 月 1 日起正式施行,2018 年 10 月 26 日修正。

新法从修订前的七章六十六条,扩展到现在的八章一百二十九条。从内容上看,不仅实现了与新修订的《环境保护法》的衔接,也将"大气十条"中的有效政策转化为法律制度,除总则、法律责任和附则外,分别对大气污染防治标准和限期达标规划、大气污染防治的监督管理、大气污染防治措施、重点区域大气污染联合防治、重污染天气应对等内容作了规定。

第十二条 大气环境质量标准、大气污染物排放标准的执行情况应当定期进行评估,根据评估结果对标准适时进行修订。

第十八条 企业事业单位和其他生产经营者建设对大气环境有影响的项目,应当依法进行环境影响评价、公开环境影响评价文件;向大气排放污染物的,应当符合大气污染物排放标准,遵守重点大气污染物排放总量控制要求。

第十九条 排放工业废气或者本法第七十八条规定名录中所列有毒有害大气污染物的企业事业单位、集中供热设施的燃煤热源生产运营单位以及其他依法实行排污许可管理的单位,应当取得排污许可证。排污许可的具体办法和实施步骤由国务院规定。

(二)《中华人民共和国水污染防治法》的有关规定

《中华人民共和国水污染防治法》经 1984 年 5 月 11 日第六届全国人民代表大会常务委员会第五次会议通过,自 1984 年 11 月 1 日起施行。根据 1996 年 5 月 15 日第八届全国人民代表大会常务委员会第十九次会议《关于修改〈中华人民共和国水污染防治法〉的决定》第一次修正。2000 年 3 月 20 日,国务院又颁布了《中华人民共和国水污染防治法实施细则》。

2008 年 2 月 28 日,第十届全国人民代表大会常务委员会第三十二次会议再次修订了《中华人民共和国水污染防治法》,并于 2008 年 2 月 28 日以中华人民共和国主席令第 87 号公布,自 2008 年 6 月 1 日起施行。根据 2017 年 6 月 27 日第十二届全国人民代表大会常务委员会第二十八次会议《关于修改〈中华人民共和国水污染防治法〉的决定》第二次修正,决定自 2018 年 1 月 1 日起施行。

第十九条 新建、改建、扩建直接或者间接向水体排放污染物的建设项目和其他水上设施,应当依法进行环境影响评价。建设单位在江河、湖泊新建、改建、扩建排污口的,应当取得水行政主管部门或者流域管理机构同意;涉及通航、渔业水域的,环境保护主管部门在审批环境影响评价文件时,应当征求交通、渔业主管部门的意见。建设项目的水污染防治设施,应当与主体工程同时设计、同时施工、同时投入使用。水污染防治设施应当符合经批准或者备案的环境影响评价文件的要求。

第二十九条 国务院环境保护主管部门和省、自治区、直辖市人民政府环境保护主管部门应当会同同级有关部门根据流域生态环境功能需要,明确流域生态环境保护要求,组织开展流域环境资源承载能力监测、评价,实施流域环境资源承载能力预警。县级以上地方人民政府应当根据流域生态环境功能需要,组织开展江河、湖泊、湿地保护与修复,因地制宜建设人工湿地、水源涵养林、沿河沿湖植被缓冲带和隔离带等生态环境治理与保护工程,整治黑臭水体,提高流域环境资源承载能力。从事开发建设活动,应当采取有效措施,维护流域生态环境功能,严守生态保护红线。

(三)《中华人民共和国噪声污染防治法》的有关规定

《中华人民共和国环境噪声污染防治法》由第八届全国人民代表大会常务委员会第二十二次会议于 1996 年 10 月 29 日通过,自 1997 年 3 月 1 日起施行。根据 2021 年 12 月 24 日第十三届全国人民代表大会常务委员会第三十二次会议,《中华人民共和国噪声污染防治法》于 2022 年 6 月 5 日起施行。

第十七条 声环境质量标准、噪声排放标准和其他噪声污染防治相关标准应当定期评估,并根据评估结果适时修订。

第二十四条 新建、改建、扩建可能产生噪声污染的建设项目,应当依法进行环境影响评价。

(四)《中华人民共和国固体废物污染环境防治法》的有关规定

《中华人民共和国固体废物污染环境防治法》于 1995 年 10 月 30 日由第八届全国人民代表大会常务委员会第十六次会议通过,自 1996 年 4 月 1 日起施行。2004 年 12 月 29 日第十届全国人民代表大会常务委员会第十三次会议修订,自 2005 年 4 月 1 日起施行。2013 年 6 月 29 日第十二届全国人民代表大会常务委员会第三次会议通过修改,自 2013 年 6 月 29 日起施行。2015 年 4 月 24 日第十二届全国人民代表大会常务委员会第十四次会议通过修改,自 2015 年 4 月 24 日施行。2016 年 11 月 7 日第十二届全国人民代表大会常务委员会第二十四次会议对《固体废物污染环境防治法》第四十四条第二款和第五十九条第一款等两个条款作出了修改。2020 年 4 月 29 日第十三届全国人民代表大会常务委员会第十七次会议第二次修订,自 2020 年 9 月 1 日起实施。

第十七条 建设产生、贮存、利用、处置固体废物的项目,应当依法进行环境影响评价,并遵守国家有关建设项目环境保护管理的规定。

第十八条 建设项目的环境影响评价文件确定需要配套建设的固体废物污染环境防治设施,应当与主体工程同时设计、同时施工、同时投入使用。建设项目的初步设计,应当按照环境保护设计规范的要求,将固体废物污染环境防治内容纳入环境影响评价文件,落实防治固体废物污染环境和破坏生态的措施以及固体废物污染环境防治设施投资概算。建设单位应当依照有关法律法规的规定,对配套建设的固体废物污染环境防治设施进行验收,编制验收报告,并向社会公开。

五、环境影响评价的分类

(1)按照评价对象,环境影响评价可以分为:规划环境影响评价和建设项目环境影响评价。

(2)按照环境要素和专题,环境影响评价可以分为:大气环境影响评价、地表水环境影响评价、地下水环境影响评价、声环境影响评价、生态环境影响评价、固体废物环境影响评价、土壤环境影响评价和建设项目环境风险评价。

(3)按照时间顺序,环境影响评价一般分为:环境质量现状评价、环境影响预测评价、规划环境影响跟踪评价和建设项目环境影响后评价。

六、环境影响评价应遵循的技术原则

环境影响评价是一种过程,这种过程重点在决策和开发建设活动开始前,体现出环境影响评价的预防功能。决策后或开发建设活动开始后,通过实施环境监测计划和持续性研究,环境影响评价还在延续,不断验证其评价结论,并反馈给决策者和开发者,从而进一步修改和完善其决策和开发建设活动。为体现实施环评的这种作用,在环境影响评价的组织实施中必须坚持可持续发展战略、清洁生产和循环经济理念,严格遵守国家的有关法律法规和政策,做到科学、公正和实用,并应遵循以下基本技术原则:

(1)与拟议规划或拟建项目的特点相结合,规划环评与建设项目环评联动。

(2)符合"生态保护红线、环境质量底线、资源利用上线和环境准入负面清单"的要求。

(3)符合国家的产业政策、环保政策和法规。

(4)符合流域、区域功能区划、生态保护规划和城市发展总体规划,布局合理。

(5)符合国家有关生物化学、生物多样性等生态保护的法规和政策。

(6)符合国家土地利用的政策。

(7)符合污染物达标排放、区域环境质量功能和环境质量改善目标的要求。

(8)正确识别可能的环境影响。

(9)选择适当的预测评价技术方法。

(10)环境敏感目标得到有效保护,不利环境影响最小化。

(11)替代方案和环境保护措施、技术经济可行。

第四节　环境影响评价常用标准

一、生态环境标准体系

根据《生态环境标准管理办法》(生态环境部令第 17 号公布自 2021 年 2 月 1 日起施行),生态环境标准是指由国务院生态环境主管部门和省级人民政府依法制定的生态环境保护工作中需要统一的各项技术要求。

目前我国的环境标准从发布权限上分为国家生态环境标准和地方生态环境标准两大类。国家生态环境标准包括国家生态环境质量标准、国家生态环境风险管控标准、国家污染物排放标准、国家生态环境监测标准、国家生态环境基础标准和国家生态环境管理技术规范。国家生态环境标准在全国范围或者标准指定区域范围执行。地方生态环境标准包括地方生态环境质量标准、地方生态环境风险管控标准、地方污染物排放标准和地方其他生态环境标准。地方生态环境标准在发布该标准的省、自治区、直辖市行政区域范围或者标准指定区域范围执行。有地方生态环境质量标准、地方生态环境风险管控标准和地方污染物排放标准的地区,应当依法优先执行地方标准。

国家和地方生态环境质量标准、生态环境风险管控标准、污染物排放标准和法律法规规定强制执行的其他生态环境标准,以强制性标准的形式发布。法律法规未规定强制执行的国家和地方生态环境标准,以推荐性标准的形式发布。强制性生态环境标准必须执行。推荐性生态环境标准被强制性生态环境标准或者规章、行政规范性文件引用并赋予其强制执行效力的,被引用的内容必须执行,推荐性生态环境标准本身的法律效力不变。

国务院生态环境主管部门依法制定并组织实施国家生态环境标准,评估国家生态环境标准实施情况,开展地方生态环境标准备案,指导地方生态环境标准管理工作。省级人民政府依法制定地方生态环境质量标准、地方生态环境风险管控标准和地方污染物排放标准,并报国务院生态环境主管部门备案。机动车等移动源大气污染物排放标准由国务院生态环境主管部门统一制定。地方各级生态环境主管部门在各自职责范围内组织实施生态环境标准。

制定生态环境标准,应当遵循合法合规、体系协调、科学可行、程序规范等原则。制定国家生态环境标准,应当根据生态环境保护需求编制标准项目计划,组织相关事业单位、行业协会、科研机构或者高等院校等开展标准起草工作,广泛征求国家有关部门、地方政府及相关部门、行业协会、企业事业单位和公众等方面的意见,并组织专家进行审查和论证。具体工作程序与要求由国务院生态环境主管部门另行制定。

制定生态环境标准,不得增加法律法规规定之外的行政权力事项或者减少法定职责;不得设定行政许可、行政处罚、行政强制等事项,增加办理行政许可事项的条件,规定出具循环证明、重复证明、无谓证明的内容;不得违法减损公民、法人和其他组织的合法权益或者增加其义务;不得超越职权规定应由市场调节、企业和社会自律、公民自我管理的事项;不得违法制定含有排除或者限制公平竞争内容的措施,违法干预或者影响市场主体正常生产经营活动,违法设置市场准入和退出条件等。

生态环境标准中不得规定采用特定企业的技术、产品和服务,不得出现特定企业的商标名称,不得规定采用尚在保护期内的专利技术和配方不公开的试剂,不得规定使用国家明令禁止或者淘汰使用的试剂。生态环境标准发布时,应当留出适当的实施过渡期。

二、常用生态环境标准

(一)环境质量标准

一个国家或地区通常依据本国或本地区的社会经济发展需要,根据环境结构、状态和使用功能的差异,对不同区域进行合理划分,形成不同类别的环境功能区。环境质量标准与环境功能区类别一一对应,功能区类别高的区域所执行的浓度限值严于功能区类别低的区域。

(1)《环境空气质量标准》(GB 3095—2012)及其修改单依据环境空气的功能和保护目标,将环境空气质量分为两类,分别执行相应的环境质量标准。一类区为自然保护区、风景名胜区和其他需特殊保护的区域,适用一级浓度限值。二类区为居住区、商业交通居民混合区、文化区、工业区和农村地区,适用二级浓度限值。

《环境空气质量标准》(GB 3095—2012)环境空气污染物基本项目浓度限值见表 2-1。

表 2-1 环境空气污染物基本浓度限值

序号	污染物名称	取值时间	浓度限值		单位
			一级	二级	
1	二氧化硫（SO_2）	年平均	20	60	$\mu g/m^3$
		24 小时平均	50	150	
		1 小时平均	150	500	
2	二氧化氮（NO_2）	年平均	40	40	
		24 小时平均	80	80	
		1 小时平均	200	200	
3	一氧化碳（CO）	24 小时平均	4	4	mg/m^3
		1 小时平均	10	10	
4	臭氧（O_3）	日最大 8 小时平均	100	160	
		1 小时平均	160	200	
5	颗粒物（粒径小于 10 μm）	年平均	40	70	$\mu g/m^3$
		24 小时平均	50	150	
6	颗粒物（粒径小于 2.5 μm）	年平均	15	35	
		24 小时平均	35	75	

(2)《地表水环境质量标准》(GB 3838—2002)依据地表水水域环境功能和保护目标,按功能高低依次划分为五类,分别对应五类质量标准。

Ⅰ类主要适用于源头水、国家自然保护区,执行Ⅰ类标准;

Ⅱ类主要适用于集中式生活饮用水地表水源地一级保护区、珍稀水生生物栖息地、鱼虾类产卵场、仔稚幼鱼的索饵场等,执行Ⅱ类标准;

Ⅲ类主要适用于集中式生活饮用水地表水源地二级保护区、鱼虾类越冬场、洄游通道、水产养殖区等渔业水域及游泳区,执行Ⅲ类标准;

Ⅳ类主要适用于一般工业用水区及人体非直接接触的娱乐用水区,执行Ⅳ类标准;

Ⅴ类主要适用于农业用水区及一般景观要求水域,执行Ⅴ类标准。

该标准规定了 109 个项目的标准限值,分为基本项目、集中式生活饮用水地表水源地补充项目和特定项目的标准限值三大类,其中 24 个基本项目的标准限值见表 2-2。

若同一水域兼有多类使用功能时,执行最高功能类别对应的标准值。

表 2-2　《地表水环境质量标准》中基本项目的标准限值

序号	项目	标准分类				
		I 类	II 类	III 类	IV 类	V 类
1	水温(℃)	人为造成的环境水温变化应限制在:周平均最大温升≤1; 周平均最大温降≤2				
2	pH 值(无量纲)	6～9				
3	溶解氧/(mg/L)　≥	饱和率90% (或7.5)	6	5	3	2
4	高锰酸盐指数/(mg/L)≤	2	4	6	10	15
5	化学需氧量 (COD)/(mg/L)　≤	15	15	20	30	40
6	五日生化需氧量 (BOD$_5$)/(mg/L)　≤	3	3	4	6	10
7	氨氮(NH$_3$-N)/ (mg/L)　≤	0.15	0.5	1.0	1.5	2.0
8	总磷(以 P 计)/(mg/L)≤	0.02 (湖、库0.01)	0.1 (湖、库0.025)	0.2 (湖、库0.05)	0.3 (湖、库0.1)	0.4 (湖、库0.2)
9	总氮(湖、库,以 N 计)/ (mg/L)　≤	0.2	0.5	1.0	1.5	2.0
10	铜/(mg/L)　≤	0.01	1.0	1.0	1.0	1.0
11	锌/(mg/L)　≤	0.05	1.0	1.0	2.0	2.0
12	氟化物(以 F⁻ 计)/ (mg/L)　≤	1.0	1.0	1.0	1.5	1.5
13	硒/(mg/L)　≤	0.01	0.01	0.01	0.02	0.02
14	砷/(mg/L)　≤	0.05	0.05	0.05	0.1	0.1
15	汞/(mg/L)　≤	0.00005	0.00005	0.0001	0.001	0.001
16	镉/(mg/L)　≤	0.001	0.005	0.005	0.005	0.01
17	铬(六价)/(mg/L)　≤	0.01	0.05	0.05	0.05	0.1
18	铅/(mg/L)　≤	0.01	0.01	0.05	0.05	0.1
19	氰化物/(mg/L)　≤	0.005	0.05	0.2	0.2	0.2
20	挥发酚/(mg/L)　≤	0.002	0.002	0.005	0.01	0.1
21	石油类/(mg/L)　≤	0.05	0.05	0.05	0.5	1.0
22	阴离子表面活性剂/ (mg/L)　≤	0.2	0.2	0.2	0.3	0.3
23	硫化物/(mg/L)　≤	0.05	0.1	0.2	0.5	1.0
24	粪大肠菌群/(个/L)　≤	200	2000	10000	20000	40000

(3)《地下水质量标准》(GB/T 14848—2017)依据我国地下水质量状况和人体健康风险,参照生活饮用水、工业、农业等用水质量要求,依据各组分含量高低(pH 外),分为五类分别对应五类质量标准。

Ⅰ类:地下水化学组分含量低,适用于各种用途,执行Ⅰ类标准;

Ⅱ类:地下水化学组分含量较低,适用于各种用途,执行Ⅱ类标准;

Ⅲ类:地下水化学组分含量中等,以《生活饮用水卫生标准》(GB 5749—2006)为依据,主要适用于集中式生活饮用水水源及工农业用水,执行Ⅲ类标准;

Ⅳ类:地下水化学组分含量较高,以农业和工业用水质量要求以及一定水平的人体健康风险为依据,适用于农业和部分工业用水,适当处理后可作生活饮用水,执行Ⅳ类标准;

Ⅴ类:地下水化学组分含量高,不宜作为生活饮用水水源,其他用水可根据使用目的选用,执行Ⅴ类标准。

该标准规定了 93 项指标,包括 39 项常规指标和 54 项非常规指标。部分常规指标不同类别的标准限值见表 2-3,其他指标的标准限值在具体应用时可直接到生态环境部官网查阅该标准。

表 2-3 《地下水质量标准》中部分常规指标的标准限值　　　　单位:mg/L

序号	项目	标准分类				
		Ⅰ类	Ⅱ类	Ⅲ类	Ⅳ类	Ⅴ类
1	pH 值(无量纲)	6.5≤pH≤8.5			5.5≤pH<6.5 或 8.5<pH≤9.0	pH<5.5 或 pH>9.0
2	总硬度(以 CaCO₃ 计)	≤150	≤300	≤450	≤650	
3	溶解性总固体	≤300	≤500	≤1000	≤2000	>2000
4	硫酸盐	≤50	≤150	≤250	≤350	>350
5	氯化物	≤50	≤150	≤250	≤350	>350
6	铁(Fe)	≤0.10	≤0.20	≤0.30	≤2.00	>2.00
7	铜(Cu)	≤0.01	≤0.05	≤1.00	≤1.50	>1.50
8	锌(Zn)	≤0.05	≤0.5	≤1.00	≤5.00	>5.00
9	耗氧量(COD$_{Mn}$,以 O₂ 计)	≤1.0	≤2.0	≤3.0	≤10.0	>10.0
10	硝酸盐(以 N 计)	≤2.0	≤5.0	≤20.0	≤30.0	>30.0
11	亚硝酸盐(以 N 计)	≤0.01	≤0.1	≤1.0	≤4.80	>4.80
12	氨氮(以 N 计)	≤0.02	≤0.10	≤0.50	≤1.50	>1.50
13	氰化物	≤0.001	≤0.01	≤0.05	≤0.10	>0.10
14	汞(Hg)	≤0.0001	≤0.0001	≤0.001	≤0.002	>0.002
15	砷(As)	≤0.001	≤0.001	≤0.01	≤0.05	>0.05
16	镉(Cd)	≤0.0001	≤0.001	≤0.005	≤0.01	>0.1

（续表）

序号	项目	标准分类				
		Ⅰ类	Ⅱ类	Ⅲ类	Ⅳ类	Ⅴ类
17	铬（六价,Cr）	≤0.005	≤0.01	≤0.05	≤0.10	>0.10
18	铅（Pb）	≤0.005	≤0.005	≤0.01	≤0.10	>0.10
19	挥发性酚类（以苯酚计）	≤0.001	≤0.001	≤0.002	≤0.01	>0.01
20	阴离子表面活性剂	不得检出	<0.10	≤0.30	≤0.30	>0.30

（4）《海水水质标准》（GB 3097—1997）将海水水质按照海域的不同使用功能和保护目标分为四类,分别对应四类质量标准。

第一类　适用于海洋渔业水域、海上自然保护区和珍稀濒危海洋生物保护区,执行第一类标准;

第二类　适用于水产养殖区、海水浴场、人体直接接触海水的海上运动或娱乐区、与人类食用直接有关的工业用水区,执行第二类标准;

第三类　适用于一般工业用水区、滨海风景旅游区,执行第三类标准;

第四类　适用于海洋港口水域、海洋开发作业区,执行第四类标准。

该标准规定了 35 项指标的不同类别的标准限值,部分常见项目的标准限值见表 2-4,其他项目的标准限值在具体应用时可直接查阅该标准。

表 2-4　《海水水质标准》中部分常见项目的标准限值

序号	项目	海水水质类别			
		第一类	第二类	第三类	第四类
1	pH 值（无量纲）	7.8～8.5,同时不超出该海域正常变动范围的 0.2pH 单位		6.8～8.8,同时不超出该海域正常变动范围的 0.5pH 单位	
2	水温/℃	人为造成的海水温升夏季不超过当时当地 1℃,其他季节不超过 2℃		人为造成的海水温升不超过当时当地 4℃	
3	溶解氧/（mg/L）	>6	>5	>4	>3
4	化学需氧量（COD）/（mg/L）	≤2	≤3	≤4	≤5
5	生化需氧量（BOD_5）/（mg/L）	≤1	≤3	≤4	≤5
6	无机氮（以 N 计）/（mg/L）	≤0.20	≤0.30	≤0.40	≤0.50
7	非离子氨（以 N 计）/（mg/L）	≤0.020			
8	活性磷酸盐（以 P 计）/（mg/L）	≤0.015	≤0.030		≤0.045

（5）《声环境质量标准》（GB 3096—2008）依据区域的使用功能特点和环境质量要求,将声环境功能区分为五类,分别对应五类质量标准。

0 类声环境功能区:指康复疗养区等特别需要安静的区域,执行 0 类标准;

1 类声环境功能区:指以居民住宅、医疗卫生、文化教育、科研设计、行政办公为主要功能,需要保持安静的区域,执行 1 类标准;

2 类声环境功能区:指以商业金融、集市贸易为主要功能,或者居住、商业、工业混杂,需要维护住宅安静的区域,执行 2 类标准;

3 类声环境功能区:指以工业生产、仓储物流为主要功能,需要防止工业噪声对周围环境产生严重影响的区域,执行 3 类标准;

4 类声环境功能区:指交通干线两侧一定距离之内,需要防止交通噪声对周围环境产生严重影响的区域,包括 4a 类和 4b 类两种类型。其中,4a 类指高速公路、一级和二级公路、城市快速路、城市主干路、城市次干路、城市轨道交通(地面段)、内河航道两侧区域,执行 4a 类标准;4b 类指铁路干线两侧区域,执行 4b 类标准。

《声环境质量标准》的环境噪声限值见表 2-5。

表 2-5 《声环境质量标准》的环境噪声限值   单位:dB(A)

声环境功能区类别		昼间	夜间
0 类		50	40
1 类		55	45
2 类		60	50
3 类		65	55
4 类	4a 类	70	55
	4b 类①	70	60

注:① 表 2-5 中 4b 类声环境功能区环境噪声限值,适用于 2011 年 1 月 1 日起通过审批的新建铁路(含新开廊道的增建铁路)干线建设项目两侧区域。

(6)《土壤环境质量农用地土壤污染风险管控标准(试行)》(GB 15618—2018),该标准规定了农用地土壤污染风险筛选值和管制值,以及监测、实施和监督要求,适用于耕地(水田、水浇地、旱地)土壤污染风险的筛查和分类,园地(果园、茶园)和草地(天然牧草地、人工牧草地)参照执行。

该标准中的农用地土壤污染风险筛选值包括 8 个基本项目(表 2-6)和 3 个其他项目,风险管制值包含 5 个项目(表 2-7)。当土壤中污染物的含量等于或低于标准中规定的风险筛选值时,农用地土壤污染风险低,一般情况下可忽略;反之,则可能存在污染风险,应加强土壤环境监测和农产品协同监测。

表 2-6 农用地土壤污染基本项目的风险筛选值   单位:mg/kg

序号	污染物项目		风险筛选值			
			pH≤5.5	5.5<pH≤6.5	6.5<pH≤7.5	pH>7.5
1	镉	水田	0.3	0.4	0.6	0.8
		其他	0.3	0.3	0.3	0.6
2	汞	水田	0.5	0.5	0.6	1.0
		其他	1.3	1.8	2.4	3.4

（续表）

序号	污染物项目		风险筛选值			
			pH≤5.5	5.5<pH≤6.5	6.5<pH≤7.5	pH>7.5
3	砷	水田	30	30	25	20
		其他	40	40	30	25
4	铅	水田	80	100	140	240
		其他	70	90	120	170
5	铬	水田	250	250	300	350
		其他	150	150	200	250
6	铜	果园	150	150	200	200
		其他	50	50	100	100
7	镍		60	70	100	190
8	锌		200	200	250	300

注：表中重金属和类金属砷均按元素总量计；对水旱轮作地，采用表中较严格的风险筛选值。

表 2-7　农用地土壤污染风险管制值　　　　单位：mg/kg

序号	污染物项目	风险管制值			
		pH≤5.5	5.5<pH≤6.5	6.5<pH≤7.5	pH>7.5
1	镉	1.5	2.0	3.0	4.0
2	汞	2.0	2.5	4.0	6.0
3	砷	200	150	120	100
4	铅	400	500	700	1000
5	铬	800	850	1000	1300

当土壤中镉、汞、砷、铅、铬五种元素的含量高于表2-6中规定的风险筛选值，同时等于或低于表2-7中规定的风险管制值时，可能存在食用农产品不符合质量安全标准等土壤污染风险，原则上应采取农艺调控、替代种植等安全利用措施；当土壤中这五种元素的含量高于表2-7中规定的风险管制值时，食用农产品不符合质量安全标准，土壤污染风险高，应当采取禁止种植食用农产品、实施退耕还林等严格管控措施。

（7）《土壤环境质量建设用地土壤污染风险管控标准（试行）》（GB 36600—2018），该标准规定了保护人体健康的建设用地土壤污染风险筛选值和管制值，以及监测、实施与监督要求，适用于城乡住宅和公共设施用地、工矿用地、交通水利设施用地、旅游用地、军事设施用地等的土壤污染风险筛查和风险管制。

对建设用地中的城市建设用地，根据保护对象的暴露情况分为两类：第一类用地包括居住用地、公共管理与公共服务用地中的中小学用地、医疗卫生用地和社会福利设施用地，以及公园绿地中的社区公园或儿童公园用地等；第二类用地包括工业用地、物流仓储用地、商业服务业设施用地、道路与交通设施用地、公共设施用地、公共管理与公共服务用地（一类用地中的中小学用地、医疗卫生用地和社会福利设施用地除外），以及绿地与广场用地(一类用地中的社区公园或儿童公园用地除外)等。

针对上述两类用地,该标准分别规定了包括重金属和无机物、挥发性有机物、半挥发性有机物等在内的45项基本项目和40项其他项目的土壤污染风险筛选值和管制值。当两类用地的土壤污染物含量等于或低于标准中规定的风险筛选值时,建设用地土壤污染对人体健康的风险可忽略;反之,对人体健康可能存在风险,应依据相关标准及相关技术要求,开展详细调查。当通过详细调查确定建设用地土壤中污染物含量高于标准中规定的风险筛选值,同时等于或低于标准中规定的风险管制值时,应依据相关标准及技术要求,开展风险评估,确定风险水平,判断是否需要采取风险管控或修复措施;当土壤污染物含量高于该标准中规定的风险管制值时,对人体健康通常存在不可接受风险,应当采取风险管控或修复措施。对规划用途不明确的建设用地,适用第一类用地的土壤污染风险筛选值和管制值。建设用地中第一类和第二类用地的必测基本项目中重金属和无机物的土壤污染风险筛选值和管制值见表2-8。

表2-8 建设用地中重金属和无机物的土壤污染风险筛选值和管制值

单位:mg/kg

序号	污染物项目	CAS编号	筛选值		管制值	
			第一类用地	第二类用地	第一类用地	第二类用地
1	砷	7440-38-2	20[a]	60[a]	120	140
2	镉	7440-43-9	20	65	47	172
3	铬(六价)	18540-29-9	3.0	5.7	30	78
4	铜	7440-50-8	2000	18000	8000	36000
5	铅	7439-92-1	400	800	800	2500
6	汞	7439-97-6	8	38	33	82
7	镍	7440-02-0	150	900	600	2000

注:a. 具体地块土壤中污染物检测含量超过筛选值,但等于或低于土壤环境背景值水平的,不纳入污染地块管理。

(二)污染物排放标准

目前,大部分污染物排放标准分级别对应于相应的环境功能区,处于环境质量标准高的功能区内的污染源执行相对严格的污染物排放限值,处于环境质量标准低的功能区内的污染源执行相对宽松的污染物排放限值。

由于单个排放源与环境质量不具有一一对应的因果关系,一个地方的环境质量受到诸如污染源数量、种类、分布,人口密度,经济水平,环境背景及环境容量等众多因素的制约,因此,国家正在逐步改变排放标准与环境质量功能区的这种对应关系,按项目的建设时间分段执行不同限值的排放标准。

(1)《大气污染物综合排放标准》(GB 16297—1996),该标准规定了33种大气污染物的最高允许排放浓度和依排气筒高度限定的最高允许排放速率。适用于尚无行业排放标准的现有污染源大气污染物的排放管理,以及建设项目的环境影响评价、设计、环境保护设施竣工验收及投产后的大气污染物排放管理。随着国民经济的迅速发展和当前大气环境问题的日益严峻,针对大气污染物排放的行业性标准不断增多和完善,按照综合性排放标准与行业性排放标准不交叉执行的原则,该标准的适用范围逐渐缩小。

(2)《锅炉大气污染物排放标准》(GB 13271—2014)经过三次修订后,规定了锅炉大气污染物浓度排放限值、监测和监控要求。该标准适用于以燃煤、燃油和燃气为燃料的单台出力 65t/h(45.5MW)及以下蒸汽锅炉、各种容量的热水锅炉及有机热载体锅炉、各种容量的层燃炉及抛煤机炉。该标准适用于在用锅炉的大气污染物排放管理,以及锅炉建设项目环境影响评价、环境保护设施设计、竣工环境保护验收及其投产后的大气污染物排放管理。在用锅炉和新建锅炉(2014 年 7 月 1 日起建设)的大气污染物排放浓度限值分别见表 2-9 和表 2-10。重点地区锅炉执行大气污染物特别排放限值,其地域范围和时间由国务院生态环境主管部门或者省级人民政府规定。2016 年 8 月 22 日原环境保护部发函(环大气函〔2016〕172 号),规定:"对于新建锅炉,必须满足《锅炉大气污染物排放标准》(GB 13271—2014)中烟囱最低允许高度限值要求;对于在用锅炉烟囱高度达不到规定的情形,仍应按照《锅炉大气污染物排放标准》(GB 13271—2014)规定的污染物排放限值执行,地方有更严格要求的,按地方标准执行。"

表 2-9　在用锅炉大气污染物排放浓度限值

污染物项目	限值			污染物排放监控位置
	燃煤锅炉	燃油锅炉	燃气锅炉	
颗粒物/(mg/m³)	80	60	30	烟囱或烟道
二氧化硫/(mg/m³)	400	300	100	烟囱或烟道
	550[a]			
氮氧化物/(mg/m³)	400	400	400	
汞及其化合物/(mg/m³)	0.05	—	—	
烟气黑度(林格曼黑度)/级	≤1			烟囱排气口

注 a. 位于广西壮族自治区、重庆市、四川省和贵州省的燃煤锅炉执行该限值。

表 2-10　新建锅炉大气污染物排放浓度限值

污染物项目	限值			污染物排放监控位置
	燃煤锅炉	燃油锅炉	燃气锅炉	
颗粒物/(mg/m³)	50	30	20	烟囱或烟道
二氧化硫/(mg/m³)	300	200	50	烟囱或烟道
氮氧化物/(mg/m³)	300	250	200	
汞及其化合物/(mg/m³)	0.05	—	—	
烟气黑度(林格曼黑度)/级	≤1			烟囱排气口

(3)《污水综合排放标准》(GB 8978—1996)按照污水排放去向,以 1997 年 12 月 31 日为界,按年限规定了第一类污染物(共 13 种)和第二类污染物(共 69 种)的最高允许排放浓度及部分行业最高允许排水量。第一类污染物,不分行业和污水排放方式,不分受纳水体的功能类别,不分年限,一律在车间或车间处理设施排放口采样,其最高允许排放

浓度见表 2-11。第二类污染物,在排污单位排放口采样,其最高允许排放浓度及部分行业最高允许排水量按年限分别执行该标准的相应要求。1998 年 1 月 1 日后建设(包括改、扩建)项目的部分第二类污染物的最高允许排放浓度和部分行业最高允许排水量分别见表 2-12 和表 2-13。

表 2-11 第一类污染物最高允许排放浓度

序号	污染物	最高允许排放浓度	序号	污染物	最高允许排放浓度
1	总汞/(mg/L)	0.05	8	总镍/(mg/L)	1.0
2	烷基汞/(mg/L)	不得检出	9	苯并[a]芘/(mg/L)	0.00003
3	总镉/(mg/L)	0.1	10	总铍/(mg/L)	0.005
4	总铬/(mg/L)	1.5	11	总银/(mg/L)	0.5
5	六价铬/(mg/L)	0.5	12	总 α 放射性/(Bq/L)	1
6	总砷/(mg/L)	0.5	13	总 β 放射性/(Bq/L)	10
7	总铅/(mg/L)	1.0			

表 2-12 部分第二类污染物最高允许排放浓度

序号	污染物	适用范围	一级标准	二级标准	三级标准
1	pH(无量纲)	一切排污单位	6~9		
2	色度(稀释倍数)/倍	一切排污单位	50	80	—
3	悬浮物 (SS)/(mg/L)	采矿、选矿、选煤工业	70	300	—
		脉金选矿	70	400	—
		边远地区砂金选矿	70	800	—
		城镇二级污水处理厂	20	30	—
		其他排污单位	70	150	400
4	五日生化需氧量 (BOD₅)/(mg/L)	甘蔗制糖、苎麻脱胶、染料、湿法纤维板、洗毛工业	20	60	600
		甜菜制糖、酒精、味精、皮革、化纤浆粕工业	20	100	600
		城镇二级污水处理厂	20	30	—
		其他排污单位	20	30	300
5	化学需氧量 (COD)/(mg/L)	甜菜制糖、合成脂肪酸、染料、湿法纤维板、洗毛、有机磷农药工业	100	200	1000
		味精、酒精、医药原料药、生物制药、苎麻脱胶、皮革、化纤浆粕工业	100	300	1000
		石油化工工业(包括石油炼制)	60	120	500
		城镇二级污水处理厂	60	120	—
		其他排污单位	100	150	500

（续表）

序号	污染物	适用范围	一级标准	二级标准	三级标准
6	石油类/(mg/L)	一切排污单位	5	10	20
7	动植物油/(mg/L)	一切排污单位	10	15	100
8	挥发酚/(mg/L)	一切排污单位	0.5	0.5	2.0
9	总氰化合物/(mg/L)	一切排污单位	0.5	0.5	1.0
10	硫化物/(mg/L)	一切排污单位	1.0	1.0	1.0
11	氨氮/(mg/L)	医药原料药、染料、石油化工工业	15	50	—
		其他排污单位	15	25	—
12	磷酸盐(以 P 计)/(mg/L)	一切排污单位	0.5	1.0	—

注:1. 排入 GB 3838—2002 中Ⅲ类水域(划定的保护区和游泳区除外)和排入 GB 3097—1997 中二类海域的污水,执行一级标准。

2. 排入 GB 3838—2002 中Ⅳ、Ⅴ类水域和排入 GB 3097—1997 中三类、四类海域的污水,执行二级标准。

3. 排入设置二级污水处理厂的城镇排水系统的污水,执行三级标准。

表 2-13　部分行业第二类污染物最高允许排水量

序号	行业类别			最高允许排水量或最低允许排水重复利用率
1	矿山工业	有色金属系统选矿		水重复利用率 75%
		其他矿山工业采矿、选矿、选煤等		水重复利用率 90%(选煤)
		脉金选矿(以单位质量矿石计)	重选	16.0m³/t(矿石)
			浮选	9.0m³/t(矿石)
			氰化	8.0m³/t(矿石)
			碳浆	8.0m³/t(矿石)
2	焦化企业(煤气厂)(以单位质量焦炭计)			1.2m³/t(焦炭)
3	有色金属冶炼及金属加工			水重复利用率 80%
4	石油炼制工业(不包括直排水炼油厂)(以单位质量原油计)	A. 燃料型炼油厂		>500 万 t,1.0m³/t(原油)
				250 万～500 万 t,1.2m³/t(原油)
				<250 万 t,1.5m³/t(原油)
		B. 燃料+润滑油型炼油厂		>500 万 t,1.5m³/t(原油)
				250 万～500 万 t,2.0m³/t(原油)
				<250 万 t,2.0m³/t(原油)
		C. 燃料+润滑油型+炼油化工型炼油厂(包括加工高含硫原油页岩油和石油添加剂生产基地的炼油厂)		>500 万 t,2.0m³/t(原油)
				250 万～500 万 t,2.5m³/t(原油)
				<250 万 t,2.5m³/t(原油)

（续表）

序号	行业类别		最高允许排水量或最低允许排水重复利用率
5	合成洗涤剂工业	氯化法生产烷基苯（以单位质量烷基苯计）	200.0m³/t（烷基苯）
		裂解法生产烷基苯（以单位质量烷基苯计）	70.0m³/t（烷基苯）
		烷基苯生产合成洗涤剂（以单位质量产品计）	10.0m³/t（产品）
6	合成脂肪酸工业（以单位质量产品计）		200.0m³/t（产品）
7	湿法生产纤维板工业（以单位质量板计）		30.0m³/t（板）
8	制糖工业	甘蔗制糖（以单位质量甘蔗计）	10.0m³/t（甘蔗）
		甜菜制糖（以单位质量甜菜计）	4.0m³/t（甜菜）
9	皮革工业（以单位质量原皮计）	猪盐湿皮	60.0m³/t（原皮）
		牛干皮	100.0m³/t（原皮）
		羊干皮	150.0m³/t（原皮）
10	发酵、酿造工业	酒精工业（以单位质量酒精计） 以玉米为原料	100.0m³/t（酒精）
		酒精工业（以单位质量酒精计） 以薯类为原料	80.0m³/t（酒精）
		酒精工业（以单位质量酒精计） 以糖蜜为原料	70.0m³/t（酒精）
		味精工业（以单位质量味精计）	600.0m³/t（味精）
		啤酒行业（排水量不包括麦芽水部分）（以单位质量啤酒计）	16.0m³/t（啤酒）

（4）《城镇污水处理厂污染物排放标准》（GB 18918—2002）及其修改单，规定了城镇污水处理厂出水、废气排放和污泥处置（控制）的污染物浓度限值，其中基本控制项目主要包括影响水环境和城镇污水处理厂一般处理工艺可以去除的常规污染物和部分一类污染物，共19项，必须执行。水污染物基本控制项目常规污染物的不同级别的日均最高允许排放浓度、部分一类污染物的日均最高允许排放浓度和城镇污水处理厂废气的排放标准限值分别见表2-14、表2-15和表2-16。

表2-14 基本控制项目最高允许排放浓度（日均值）

序号	基本控制项目	一级标准		二级标准	三级标准
		A	B		
1	化学需氧量（COD）/（mg/L）	50	60	100	120ª
2	生化需氧量（BOD₅）/（mg/L）	10	20	30	60ª
3	悬浮物（SS）/（mg/L）	10	20	30	50
4	动植物油/（mg/L）	1	3	5	20
5	石油类/（mg/L）	1	3	5	15

（续表）

| 序号 | 基本控制项目 | | 一级标准 | | 二级标准 | 三级标准 |
			A	B		
6	阴离子表面活性剂/(mg/L)		0.5	1	2	5
7	总氮(以 N 计)/(mg/L)		15	20	—	—
8	氨氮(以 N 计)/(mg/L)b		5(8)	8(15)	25(30)	—
9	总磷 (以 P 计)/(mg/L)	2005 年 12 月 31 日前建设的	1	1.5	3	5
		2006 年 1 月 1 日起建设的	0.5	1	3	5
10	色度(稀释倍数)/倍		30	30	40	50
11	pH(无量纲)		6~9			
12	粪大肠菌群数/(个/L)		10^3	10^4	10^4	—

注:a. 下列情况下按去除率指标执行:当进水 COD 大于 350mg/L 时,去除率应大于 60%;BOD_5 大于 160mg/L 时,去除率应大于 50%。

b. 括号外数值为水温大于 12℃时的控制指标,括号内数值为水温≤12℃时的控制指标。

表 2-14 中执行的三级标准的具体情况是指:当城镇污水处理厂出水引入稀释能力较小的河湖作为城镇景观用水和一般回用水等用途,执行一级标准的 A 标准;当城镇污水处理厂出水排入 GB 3838 地表水Ⅲ类功能水域(划定的饮用水水源保护区和游泳区除外)、GB 3097 海水二类功能水域和湖、库等封闭或半封闭水域时,执行一级标准的 B 标准。当城镇污水处理厂出水排入 GB 3838 地表水Ⅳ、Ⅴ类功能水域或 GB 3097 海水三、四类功能海域时,执行二级标准。非重点控制流域和非水源保护区的建制镇的污水处理厂,根据当地经济条件和水污染控制要求,采用一级强化处理工艺时,执行三级标准,但必须预留二级处理设施的位置,分期达到二级标准。值得注意的是,按照行业标准与跨行业综合排放标准不交叉执行的原则,城镇污水处理厂排水不再执行《污水综合排放标准》。

表 2-15　部分一类污染物最高允许排放浓度（日均值）　　　单位:mg/L

序号	项目	标准值
1	总汞	0.001
2	烷基汞	不得检出
3	总镉	0.01
4	总铬	0.1
5	六价铬	0.05
6	总砷	0.1
7	总铅	0.1

表 2 - 16　厂界(防护带边缘)废气排放最高允许浓度

序号	控制项目	一级标准	二级标准
1	氨/(mg/m³)	1.0	1.5
2	硫化氢/(mg/m³)	0.03	0.06
3	臭气浓度(无量纲)	10	20
4	甲烷(厂区最高体积浓度)/%	0.5	1

表 2-16 中执行的两级标准是根据城镇污水处理厂所在地区的大气环境质量要求和大气污染物治理技术及设施条件划分的。位于 GB 3095 一类区的所有(包括现有和新建、改建、扩建)城镇污水处理厂,执行一级标准。位于 GB 3095 二类区的城镇污水处理厂,执行二级标准。

(5)《工业企业厂界环境噪声排放标准》(GB 12348—2008),该标准适用于工业及企事业等单位噪声排放的管理、评价及控制。该标准规定了厂界环境噪声排放限值及其测量方法。表 2-17 列出了工业企业厂界环境噪声排放限值。

表 2-17　工业企业厂界环境噪声排放限值　　　　单位:dB(A)

厂界外声环境功能区类别	时段	
	昼间	夜间
0 类	50	40
1 类	55	45
2 类	60	50
3 类	65	55
4 类	70	55

注:1. 当厂界与噪声敏感建筑物距离小于 1m 时,厂界环境噪声应在噪声敏感建筑物的室内测量,并将表中相应的限值减 10dB(A)作为评价依据。

2. 夜间频发噪声的最大声级不得高于限值 10dB(A)作为评价依据。

3. 夜间偶发噪声的最大声级不得高于限值 15dB(A)。

(6)《建筑施工场界环境噪声排放标准》(GB 12523—2011),该标准适用于周围有噪声敏感建筑物的建筑施工噪声排放的管理、评价及控制。市政、通信、交通、水利等其他类型的施工噪声排放参照该标准执行。该标准规定建筑施工场界昼间和夜间的噪声排放限值分别为 70dB(A)、55dB(A)。

(7)《危险废物贮存污染控制标准》(GB 18597—2023),该标准规定了危险废物贮存污染控制的总体要求、贮存设施选址和污染控制要求、容器和包装物污染控制要求、贮存过程污染控制要求,以及污染物排放、环境监测、环境应急、实施与监督等环境管理要求。该标准适用于产生、收集、贮存、利用、处置危险废物的单位新建、改建、扩建的危险废物贮存设施选址、建设和运行的污染控制和环境管理,也适用于现有危险废物贮存设施运行过程的污染控制和环境管理。历史堆存危险废物清理过程中的暂时堆放不适用本标准。国家其他固体废物污染控制标准中针对特定危险废物贮存另有规定的,执行相关规定。

(8)《排污许可管理条例》(国务院 2020 年 736 号令,自 2021 年 3 月 1 日执行)根据污染物产生量、排放量、对环境的影响程度等因素,对排污单位实行排污许可分类管理,实行排污许可管理的排污单位范围、实施步骤和管理类别名录,由国务院生态环境主管部门拟订并报国务院批准后公布实施。制定实行排污许可管理的排污单位范围、实施步骤和管理类别名录,应当征求有关部门、行业协会、企业事业单位和社会公众等方面的意见。国务院生态环境主管部门负责全国排污许可的统一监督管理。设区的市级以上地方人民政府生态环境主管部门负责本行政区域排污许可的监督管理。国务院生态环境主管部门应当加强全国排污许可证管理信息平台建设和管理,提高排污许可在线办理水平。排污许可证审查与决定、信息公开等应当通过全国排污许可证管理信息平台办理。设区的市级以上人民政府应当将排污许可管理工作所需经费列入本级预算。

(三)环境影响评价技术导则体系

为贯彻《中华人民共和国环境保护法》《中华人民共和国环境影响评价法》《建设项目环境保护管理条例》和《规划环境影响评价条例》,指导环境影响评价工作,生态环境部制定了由总纲、污染源源强核算技术指南、环境要素环境影响评价技术导则、专题环境影响评价技术导则和行业建设项目环境影响评价技术导则等构成的环境影响评价技术导则体系。

1994 年 4 月 1 日我国实施了第一个环境影响评价技术导则《环境影响评价技术导则总纲》(HJ/T 2.1—93),其中规定了建设项目环境影响评价的一般性原则、内容、工作程序、方法及要求。为进一步优化环境影响评价文件编制内容,提高导则的指导性和适用性,增强环境影响评价的针对性和科学性,2016 年将该导则第二次修订为《建设项目环境影响评价技术导则总纲》(HJ 2.1—2016),2017 年 1 月 1 日起实施。

2003 年 9 月 1 日我国实施了第一个规划环境影响评价技术导则《规划环境影响评价技术导则(试行)》(HJ/T 130—2003),2019 年将其第二次修订为《规划环境影响评价技术导则总纲》(HJ 130—2019),2020 年 3 月 1 日起实施。修订后的导则除了规定规划环境影响评价的一般性原则、内容、工作程序、方法及要求外,进一步提高了实际工作中的可操作性,新增了与"生态保护红线、坏境质量底线、资源利用上线和生态环境准入清单"工作的衔接,加强了规划环境影响评价对建设项目环境影响评价的指导。

2018 年 3 月 27 日生态环境部发布了《污染源源强核算技术指南　准则》(HJ 884—2018)、《污染源源强核算技术指南　钢铁工业》(HJ 885—2018)、《污染源源强核算技术指南　水泥工业》(HJ 886—2018)、《污染源源强核算技术指南　制浆造纸》(HJ 887—2018)和《污染源源强核算技术指南　火电》(HJ 888—2018),2018 年 5 月 16 日生态环境部发布了《建设项目竣工环境保护验收技术指南　污染影响类》。

截至目前,已经发布或修订的环境影响评价技术导则超过 50 个,其中常用的环境影响评价技术导则见表 2-18。正在修订中的导则仍执行现行有效版本。

表 2－18　常用的环境影响评价技术导则

序号	导则名称	标准号/索引号	发布日期	实施日期	适用范围	备注
1	《规划环境影响评价技术导则　总纲》	HJ 130—2019	2019—12—13	2020—03—01	本标准适用于国务院有关部门、设区的市级以上地方人民政府及其有关部门组织编制的土地利用的有关规划，区域、流域、海域的建设、开发利用规划，以及工业、农业、畜牧业、林业、能源、水利、交通、城市建设、旅游、自然资源开发的有关专项规划的环境影响评价。	代替 HJ 130—2014
2	《建设项目环境影响评价技术导则　总纲》	HJ 2.1—2016	2016—12—08	2017—01—01	本标准适用于需编制环境影响报告书和环境影响报告表的建设项目环境影响评价。	代替 HJ 2.1—2011
3	《环境影响评价技术导则　大气环境》	HJ 2.2—2018	2018—07—31	2018—12—01	本标准适用于建设项目的大气环境影响评价。规划的大气环境影响评价可参照使用。	代替 HJ 2.2—2008
4	《环境影响评价技术导则　地表水环境》	HJ 2.3—2018	2018—09—30	2019—03—01	本标准适用于建设项目的地表水环境影响评价。规划环境影响评价中的地表水环境影响评价工作参照本标准执行。	代替 HJ/T 2.3—93
5	《环境影响评价技术导则　地下水环境》	HJ 610—2016	2016—01—07	2016—01—07	本标准适用于对地下水环境可能产生影响的建设项目的环境影响评价。规划环境影响评价中的地下水环境影响评价可参照执行。	代替 HJ 610—2011
6	《环境噪声与振动控制工程技术导则》	HJ 2034—2013	2013—09—26	2013—12—01	本标准可作为噪声与振动控制工程环境影响评价、设计、施工、竣工验收及运行与管理的技术依据。	
7	《环境影响评价技术导则　声环境》	HJ 2.4—2021	2021—12—24	2022—07—01	本标准适用于建设项目的声环境影响评价。规划的声环境影响评价可参照使用。	代替 HJ 2.4—2009
8	《环境影响评价技术导则　土壤环境（试行）》	HJ 964—2018	2018—09—13	2019—07—01	本标准适用于化工、冶金、矿山采掘、农林、水利等可能对土壤环境产生影响的建设项目土壤环境影响评价。本标准不适用于核与辐射建设项目的土壤环境影响评价。	
9	《环境影响评价技术导则　生态影响》	HJ 19—2022	2022—01—15	2022—07—01	本标准适用于建设项目的生态影响评价。规划的生态影响评价可参照本标准执行。	代替 HJ 19—2011

（续表）

序号	导则名称	标准号/ 索引号	发布 日期	实施 日期	适用范围	备注
10	《规划环境影响评价技术导则产业园区》	HJ 131—2021	2021—09—08	2021—12—01	本标准适用于国务院及省、自治区、直辖市人民政府批准设立的各类产业园区规划环境影响评价，其他类型园区可参照执行。	代替 HJ/T 131—2003
11	《建设项目环境风险评价技术导则》	HJ 169—2018	2018—10—14	2019—03—01	本标准适用于涉及有毒有害和易燃易爆危险物质生产、使用、储存（包括使用管线输运）的建设项目可能发生的突发性事故（不包括人为破坏及自然灾害引发的事故）的环境风险评价。本标准不适用于生态风险评价及核与辐射类建设项目的环境风险评价。对于有特定行业环境风险评价技术规范要求的建设项目，本标准规定的一般性原则适用。	代替 HJ/T 169—2004

思 考 题

1. 阐述环境影响评价的目的和作用。
2. 环境影响评价的主要依据有哪些？
3. 简述环境影响评价的分类。
4. 简述我国环境影响评价法律法规体系的组成。
5. 简述我国生态环境标准体系的组成。
6. 常用的生态环境质量标准和污染排放标准有哪些？

参考文献

[1] 生态环境部环境工程评估中心.环境影响评价技术导则与标准[M].北京:中国环境出版集团,2022.
[2] 生态环境部环境工程评估中心.环境影响评价技术方法[M].北京:中国环境出版集团,2022.
[3] 生态环境部环境工程评估中心.环境影响评价相关法律法规[M].北京:中国环境出版集团,2022.
[4] 国家环境保护总局科技标准司,地表水环境质量标准:GB 3838—2002[S].北京:国家环境保护总局,国家质量监督检验检疫总局,2002.
[5] 国家环保局,环境空气质量标准:GB 3095—2012[S].北京:国家环境保护总局,国家技术监督局,2012.
[6] 全国国土资源标准化技术委员会.地下水质量标准:GB/T 14848—2017[S].北京:

中华人民共和国国家质量监督检验检疫总局,中国国家标准化管理委员会,2017.

[8] 中华人民共和国生态环境部,声环境质量标准:GB 3096—2008[S]. 北京:环境保护部,国家质量监管检验验疫总局,2008.

[9] 中华人民共和国生态环境部,土壤环境质量农用地土壤污染风险管控标准(试行):GB 15618—2018[S]. 北京:中国环境出版集团,2018.

[10] 中华人民共和国生态环境部,土壤环境质量建设用地土壤污染风险管控标准(试行):GB 36600—2018[S]. 北京:中国环境出版集团,2018.

[11] 国家环境保护局科技标准局,大气污染物综合排放标准:GB 16297—1996[S]. 北京:国家环境保护局,1996.

第二章补充资料

第三章　环境影响评价程序

本章要点:本章阐述了环境影响评价的管理程序和工作程序。管理程序介绍了环境影响评价的分类筛选、监督管理内容以及与项目基本建设程序的关系;工作程序介绍了环境影响评价工作的程序、评价原则、评价方法等重要的环境影响评价内容。

环境影响评价程序是指按一定的顺序或步骤指导完成环境影响评价工作的过程。其程序可分为管理程序和工作程序,经常用流程图来表示。前者主要用于指导环境影响评价的监督与管理,后者用于指导环境影响评价的工作内容和进程。

第一节　环境影响评价的管理程序

一、环境影响分类筛选

(一)分类管理的原则规定

《中华人民共和国环境影响评价法》中规定,国家根据建设项目对环境的影响程度,对建设项目的环境影响评价实行分类管理,建设单位应当按照规定组织编制环境影响报告书、环境影响报告表或者填报环境影响登记表(以下统称环境影响评价文件)。环境影响分类筛选管理的结果分为以下三种情况:

1. 重大环境影响

项目可能对环境造成重大的不良影响。这些影响可能是敏感的、不可逆的、多种多样的、广泛的、综合的、带有行业性的或以往尚未有过的。应当编制环境影响报告书,对产生的污染和环境影响进行全面、详细的评价。

2. 轻度环境影响

项目可能对环境产生有限的不利影响。这些影响是较小的、不太敏感的、不是太多的、不是重大的或不是太不利的,其影响要素中极少数是不可逆的,并且减缓影响的补救措施是很容易找到的,通过规定控制或补救措施可以减缓环境影响的。该类项目应当编制环境影响报告表,对产生的环境影响进行分析或者专项评价。

3. 环境影响很小

项目对环境不产生不利影响或影响极小的项目。此类项目一般不需要开展环境影响评价,只需填报环境影响登记表。

(二)分类管理的具体要求

1. 分类管理类别的确定

建设项目所处环境的敏感性质和敏感程度,是确定建设项目环境影响评价类别的重要依据。涉及环境敏感区的项目,应当严格按照《建设项目环境影响评价分类管理名录(2021版)》确定其环境影响评价类别,不得擅自提高或降低环境影响评价类别。跨行业、复合型建设项目,按其中单项等级最高的确定。本名录未作规定的建设项目,不纳入建设项目环境影响评价管理;省级生态环境主管部门对本名录未作规定的建设项目,认为确有必要纳入建设项目环境影响评价管理的,可以根据建设项目的污染因子、生态影响因子特征及其所处环境的敏感性质和敏感程度等,提出环境影响评价分类管理的建议,报生态环境部认定后实施。

建设单位应当严格按照本名录确定建设项目环境影响评价类别,不得擅自改变环境影响评价类别。建设内容涉及本名录中两个及以上项目类别的建设项目,其环境影响评价类别按照其中单项等级最高的确定。

2. 环境敏感区的界定

2021年版名录所称环境敏感区是指依法设立的各级各类保护区域和对建设项目产生的环境影响特别敏感的区域,主要包括下列区域:

(1)国家公园、自然保护区、风景名胜区、世界文化和自然遗产地、海洋特别保护区、饮用水水源保护区。

(2)除(1)外的生态保护红线管控范围,永久基本农田、基本草原、自然公园(森林公园、地质公园、海洋公园等)、重要湿地、天然林,重点保护野生动物栖息地,重点保护野生植物生长繁殖地,重要水生生物的自然产卵场、索饵场、越冬场和洄游通道,天然渔场,水土流失重点预防区和重点治理区、沙化土地封禁保护区、封闭及半封闭海域;

(3)以居住、医疗卫生、文化教育、科研、行政办公为主要功能的区域,以及文物保护单位。环境影响报告书、环境影响报告表应当就建设项目对环境敏感区的影响做重点分析。

环境筛选审查的目的:通过对拟议中的项目与环境有关的各个方面给予恰当的考虑,识别项目存在哪些关键性的环境问题,并确定需要做哪些环境评价,在项目计划、设计和评价中及早明确并有效地对待这些问题。

二、环境影响评价项目的监督管理

根据《中华人民共和国环境保护法》《中华人民共和国环境影响评价法》《建设项目环境影响分类管理名录》等法律法规规定,主管部门须对环境影响评价项目进行相应的监督管理。

(一)评价人员资格考核与培训

环境影响评价工程师职业资格制度规定:凡从事环境影响评价、技术评估、环境保护验收的人员,必须取得注册环评工程师证书。注册环评工程师(Environmental Impact Assessment Engineer),是从事环境影响评价的最高职称认证,工作对象是所有建设和规划的环境影响评价。而注册环境影响评价师考试是由国家环保总局与人事部共同组织的考试,该考试包括如下四个科目,《环境影响评价相关法律法规》《环境影响评价技术导则与标准》《环境影响评价技术方法》和《环境影响评价案例分析》。具体要求可参见相应文件要求。

为进一步提高环境影响评价专业技术人员素质,保证环境影响评价工作质量,《环境影响评价工程师继续教育暂行规定》中规定,环境影响评价工程师管理实行继续教育制度。凡经登记的环境影响评价工程师,应按规定要求接受继续教育,其主要任务是更新和补充专业知识,不断完善知识结构,拓展和提高业务能力。继续教育工作坚持理论联系实际、讲求实效的原则,以环境影响评价相关领域的最新要求和发展动态为主要内容,可以采取多种形式进行。环境影响评价工程师接受继续教育情况将作为其申请再次登记的必备条件之一。

(二)环境影响评价的质量管理

环境影响评价项目确定后,编制单位应当建立和实施覆盖环境影响评价全过程的质量控制制度,落实环境影响评价工作程序,并在现场踏勘、现状监测、数据资料收集、环境影响预测等环节以及环境影响报告书(表)编制审核阶段形成可追溯的质量管理机制。有其他单位参与编制或者协作的,编制单位应当对参与编制单位或者协作单位提供的技术报告、数据资料等进行审核。

委托技术单位编制环境影响报告书(表)的建设单位,应当如实提供相关基础资料,落实环境保护投入和资金来源,加强环境影响评价过程管理,并对环境影响报告书(表)的内容和结论进行审核。

《建设项目环境影响报告书(表)编制监督管理办法》(生态环境部 2019 年 9 号令)规定,建设单位应当对环境影响报告书(表)的内容和结论负责;技术单位对其编制的环境影响报告书(表)承担相应责任。其中,第五条规定编制人员应当具备专业技术知识,不断提高业务能力。这里的编制人员,是指环境影响报告书(表)的编制主持人和主要编制人员。编制主持人是环境影响报告书(表)的编制负责人。主要编制人员包括环境影响报告书各章节的编写人员和环境影响报告表主要内容的编写人员。

设区的市级以上生态环境主管部门(以下简称市级以上生态环境主管部门)应当加强对编制单位的监督管理和质量考核,开展环境影响报告书(表)编制行为监督检查和编制质量问题查处,并对编制单位和编制人员实施信用管理。

生态环境部负责建设全国统一的环境影响评价信用平台(以下简称信用平台),组织建立编制单位和编制人员诚信档案管理体系。信用平台纳入全国生态环境领域信用信息平台统一管理。

(三)环境影响评价报告书的审批

各级生态环境主管部门在环境影响报告书(表)受理过程中,应当对报批的环境影响报告书(表)进行编制规范性检查。

受理环境影响报告书(表)的生态环境主管部门发现环境影响报告书(表)不符合《建设项目环境影响报告书(表)编制监督管理办法》(以下简称本办法)规定,或者由不符合本办法规定的编制单位、编制人员编制,或者编制单位、编制人员未按照本办法规定在信用平台提交相关信息的,应当在五个工作日内一次性告知建设单位需补正的全部内容;发现环境影响报告书(表)由列入本办法规定的限期整改名单或者本办法规定的"黑名单"的编制单位、编制人员编制的,不予受理。

各级生态环境主管部门在环境影响报告书(表)审批过程中,应当对报批的环境影响报告书(表)进行编制质量检查;发现环境影响报告书(表)基础资料明显不实,内容存在重大缺陷、遗漏或者虚假,或者环境影响评价结论不正确、不合理的,不予批准。

(四)加强环境影响评价监督管理工作的有关要求

生态环境部定期或者根据实际工作需要不定期抽取一定比例地方生态环境主管部门或者其他有关审批部门审批的环境影响报告书(表)开展复核,对抽取的环境影响报告书(表)进行编制规范性检查和编制质量检查。

省级生态环境主管部门可以对本行政区域内下级生态环境主管部门或者其他有关审批部门审批的环境影响报告书(表)开展复核。鼓励利用大数据手段开展复核工作。

生态环境部定期或者根据实际工作需要不定期通过抽查的方式,开展编制单位和编制人员情况检查。省级和市级生态环境主管部门可以对住所在本行政区域内或者在本行政区域内开展环境影响评价的编制单位及其编制人员相关情况进行抽查。

在监督检查过程中发现环境影响报告书(表)不符合有关环境影响评价法律法规、标准和技术规范等规定、存在下列质量问题之一的,由市级以上生态环境主管部门对建设单位、技术单位和编制人员给予通报批评:

(1)评价因子中遗漏建设项目相关行业污染源源强核算或者污染物排放标准规定的相关污染物;

(2)降低环境影响评价工作等级,降低环境影响评价标准,或者缩小环境影响评价范围;

(3)建设项目概况描述不全或者错误;

(4)环境影响因素分析不全或者错误;

(5)污染源源强核算内容不全,核算方法或者结果错误;

(6)环境质量现状数据来源、监测因子、监测频次或者布点等不符合相关规定,或者所引用数据无效;

(7)遗漏环境保护目标,或者环境保护目标与建设项目位置关系描述不明确或者错误;

(8)环境影响评价范围内的相关环境要素现状调查与评价、区域污染源调查内容不全或者结果错误;

(9)环境影响预测与评价方法或者结果错误,或者相关环境要素、环境风险预测与评价内容不全;

(10)未按相关规定提出环境保护措施,所提环境保护措施或者其可行性论证不符合相关规定。

有前款规定的情形,致使环境影响评价结论不正确、不合理或者同时有本办法第二十七条规定情形的,依照本办法第二十七条的规定予以处罚。

在监督检查过程中发现环境影响报告书(表)存在下列严重质量问题之一的,由市级以上生态环境主管部门依照《中华人民共和国环境影响评价法》第三十二条的规定,对建设单位及其相关人员、技术单位、编制人员予以处罚:

(1)建设项目概况中的建设地点、主体工程及其生产工艺,或者改扩建和技术改造项目的现有工程基本情况、污染物排放及达标情况等描述不全或者错误的;

(2)遗漏自然保护区、饮用水水源保护区或者以居住、医疗卫生、文化教育为主要功能的区域等环境保护目标的;

(3)未开展环境影响评价范围内的相关环境要素现状调查与评价,或者编造相关内容、结果的;

(4)未开展相关环境要素或者环境风险预测与评价,或者编造相关内容、结果的;

(5)所提环境保护措施无法确保污染物排放达到国家和地方排放标准或者有效预防和控制生态破坏,未针对建设项目可能产生的或者原有环境污染和生态破坏提出有效防治措施的;

(6)建设项目所在区域环境质量未达到国家或者地方环境质量标准,所提环境保护措施不能满足区域环境质量改善目标管理相关要求的;

(7)建设项目类型及其选址、布局、规模等不符合环境保护法律法规和相关法定规划,但给出环境影响可行结论的;

(8)其他基础资料明显不实,内容有重大缺陷、遗漏、虚假,或者环境影响评价结论不正确、不合理的。

生态环境主管部门在作出通报批评和处罚决定前,应当向建设单位、技术单位和相关人员告知查明的事实和作出决定的理由及依据,并告知其享有的权利。相关单位和人员可在规定时间内作出书面陈述和申辩。生态环境主管部门应当对相关单位和人员在陈述和申辩中提出的事实、理由或者证据进行核实。

生态环境主管部门应当将作出的通报批评和处罚决定向社会公开。处理和处罚决定应当包括相关单位及其人员基础信息、事实、理由及依据、处理处罚结果等内容。

在监督检查过程中发现经批准的环境影响报告书(表)有下列情形之一的,实施监督检查的生态环境主管部门应当重新对其进行编制质量检查:

(1)不符合本办法第十二条第一款、第十四条第二款规定的;

(2)编制单位和编制人员未按照本办法第十一条、第十四条第一款规定在信用平台提交相关信息的;

(3)由不符合本办法第十条规定的编制人员编制的。

在监督检查过程中发现经批准的环境影响报告书(表)存在本办法第二十六条第二款、第二十七条所列问题的,或者由不符合本办法第九条规定以及由受理时已列入本办法规定的限期整改名单或者本办法规定的"黑名单"的编制单位或者编制人员编制的,生态环境主管部门或者其他负责审批环境影响报告书(表)的审批部门应当依法撤销相应批准文件。

在监督检查过程中发现经批准的环境影响报告书(表)存在本办法第二十六条、第二十七条所列问题的,原审批部门应当督促建设单位采取措施避免建设项目产生不良环境影响。

在监督检查过程中发现经批准的环境影响报告书(表)有本条前三款涉及情形之一的,实施监督检查的生态环境主管部门应当对原审批部门及有关情况予以通报。其中,经批准的环境影响报告书(表)存在本办法第二十六条、第二十七条所列问题的,实施监督检查的生态环境主管部门还应当一并对开展环境影响报告书(表)技术评估的单位予以通报。

第二节　环境影响评价的工作程序

《建设项目环境影响评价技术导则　总纲》(HJ 2.1—2016)规定了建设项目环境影响评价的一般性原则、内容、工作程序、方法和要求,适用于在中华人民共和国领域和中华人民共和国管辖的其他海域内建设的对环境有影响的建设项目。

一、环境影响评价工作程序

分析判定建设项目选址选线、规模、性质和工艺路线等与国家及地方有关环境保护法律、标准、政策、规范、相关规划、规划环境影响评价结论及审查意见的符合性,并与生态保护红线、环境质量底线、资源利用上线和环境准入负面清单进行对照,作为开展环境影评价工作的前提和基础。

环境影响评价工作一般分为三个阶段,即调查分析和工作方案制定阶段,分析论证和预评价阶段,环境影响报告书(表)编制阶段。

环境影响评价工作程序如图 3-1 所示。

(一)第一阶段为前期准备、调研和工作方案阶段。接受委托后,研究国家和地方的有关环境保护的法律法规、政策、标准及相关规划等文件,确定环境影响评价文件类型。研究相关技术文件和其他有关文件,进行初步的工程分析和环境现状调查及公众意见调查。结合初步工程分析结果和环境现状资料,识别环境影响因素,筛选主要环境影响评价因子,明确评价重点和环境保护目标,确定评价范围、工作等级和评价标准,制定工作方案。

(二)第二阶段为分析论证和预测评价阶段。进行工程分析,进行充分的环境现状调查、监测并开展环境质量现状评价,之后根据污染源强和环境现状资料进行环境影响预测,评价影响,开展公众意见调查。

(三)第三阶段为环境影响评价文件编制阶段。其主要工作是汇总、分析第二阶段工作所得到的各种资料和数据,根据项目的环境影响、法律法规和标准等的要求以及公众的意见,提出减少环境污染和生态影响的环境管理措施和工程措施。从环境保护的角度确定项目的可行性,提出减缓环境影响的建议,得出评价结论,并完成环境影响报告书的编制。

环境影响报告表应采用规定格式。可根据工程特点、环境特征,有针对性突出环境要素或设置专题开展评价。

```
                    ┌─────────────────────────────────┐
                    │  依照相关规定确定环境影响评价文件类型  │
                    └─────────────────────────────────┘
                                  │
                    ┌─────────────────────────────────┐
          第         │ 1. 研究相关技术文件和其他有关文件   │
          一         │ 2. 进行初步工程分析               │
          阶         │ 3. 开展初步的环境现状调查          │
          段         └─────────────────────────────────┘
                                  │
                    ┌─────────────────────────────────┐
                    │ 1. 环境影响识别和评价因子筛选       │
                    │ 2. 明确评价重点和环境保护目标       │
                    │ 3. 确定工作等级、评价范围和评价标准  │
                    └─────────────────────────────────┘
                                  │
                           ┌──────────────┐
                           │  制定工作方案  │
                           └──────────────┘
                                  │
          第    ┌────────────────┐      ┌────────────────┐
          二    │  环境现状调查    │      │   建设项目      │
          阶    │  监测与评价     │      │   工程分析      │
          段    └────────────────┘      └────────────────┘
                                  │
                    ┌─────────────────────────────────┐
                    │ 1. 各环境要素环境影响预测与评价     │
                    │ 2. 各专题环境影响分析与评价         │
                    └─────────────────────────────────┘
                                  │
                    ┌─────────────────────────────────┐
          第         │ 1. 提出环境保护措施，进行技术经济论证│
          三         │ 2. 给出污染物排放清单             │
          阶         │ 3. 给出建设项目环境影响评价结论     │
          段         └─────────────────────────────────┘
                                  │
                        ┌──────────────────────┐
                        │  编制环境影响报告书（表）  │
                        └──────────────────────┘
```

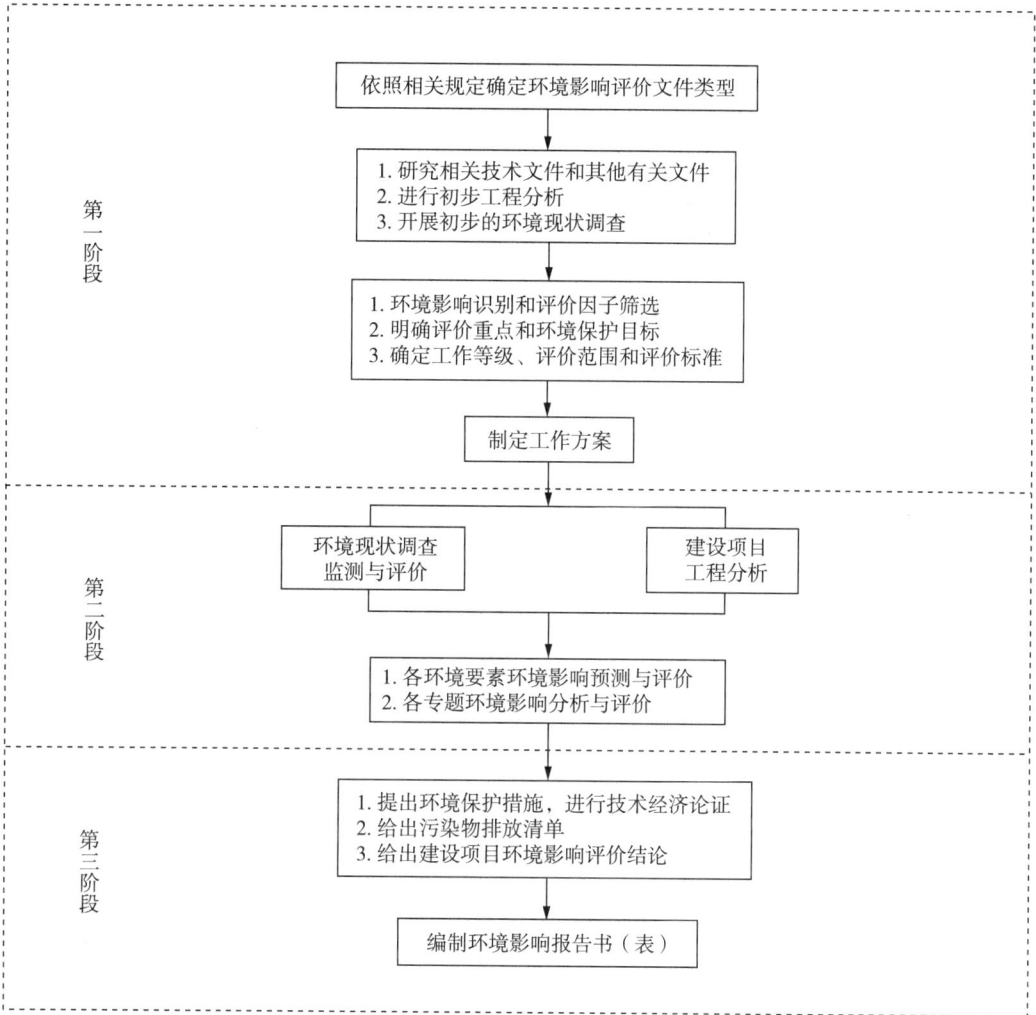

图 3-1　环境影响评价工作程序

二、环境影响评价等级的划分

按建设项目的特点、所在地区的环境特征、相关法律法规、标准及规划、环境功能区划等划分各环境要素、各专题评价工作等级。具体由环境要素或专题环境影响评价技术导则规定。

三、环境影响评价原则

按照以人为本、建设资源节约型、环境友好型社会和科学发展的要求，遵循以下原则开展环境影响评价工作：

（一）依法评价原则

环境影响评价过程中应贯彻执行我国环境保护相关的法律法规、标准、政策，分析建设项目与环境保护政策、资源能源利用政策、国家产业政策和技术政策等有关政策及相关规划的相符性,并关注国家或地方在法律法规、标准、政策、规划及相关主体功能区划等方面的新动向。

(二)早期介入原则

环境影响评价应尽早介入工程前期工作中,重点关注选址(或选线)、工艺路线(或施工方案)的环境可行性。

(三)完整性原则

根据建设项目的工程内容及其特征,对工程内容、影响时段、影响因子和作用因子进行分析、评价,突出环境影响评价重点。

(四)广泛参与原则

环境影响评价应广泛吸收相关学科和行业的专家、有关单位和个人及当地环境保护管理部门的意见。

四、资源利用及环境合理性分析

(一)资源利用合理性分析

工程所在区域未开展规划环境影响评价的,需进行资源利用合理性分析。根据建设项目所在区域资源禀赋,量化分析建设项目与所在区域资源承载能力的相容性,明确工程占用区域资源的合理份额,分析项目建设的制约因素。如建设项目水资源利用的合理性分析,需根据建设项目耗用新鲜水情况及其所在区域水资源赋存情况,尤其是在用水量大、生态或农业用水严重缺乏的地区,应分析建设项目建设与所在区域水资源承载力的相容性,明确该建设项目占用区域水资源承载力的合理份额。

(二)环境合理性分析

调查建设项目在所在区域、流域或行业发展规划中的地位,与相关规划和其他建设项目的关系,分析建设项目选址、选线、设计参数及环境影响是否符合相关规划的环境保护要求。通过区域大尺度层面对建设项目所在地的生态环境基础状况、结构功能属性进行系统评价,确定其是否符合"三线一单"的要求,确保其与项目所在地区的经济社会发展战略相衔接,以实现改善生态环境质量的目标。(注:"三线"是指生态保护红线、环境质量底线、资源利用上线,其中,生态保护红线是空间控制线,环境质量底线和资源利用上线是指标控制线。"一单"是指生态环境准入清单)。

五、环境影响因素识别与评价因子筛选

(一)环境影响因素识别

在了解和分析建设项目所在区域发展规划、环境保护规划、环境功能区划、生态功能区划及环境现状的基础上,分析和列出建设项目的直接和间接行为,以及可能受上述行为影响的环境要素及相关参数。

影响识别应明确建设项目在施工过程、生产运行、服务期满后等不同阶段的各种行为与可能受影响的环境要素间的作用效应关系、影响性质、影响范围、影响程度等,定性分析建设项目对各环境要素可能产生的污染影响与生态影响,包括有利与不利影响、长

期与短期影响、可逆与不可逆影响、直接与间接影响、累积与非累积影响等。对建设项目实施形成制约的关键环境因素或条件,应作为环境影响评价的重点内容。

1. 污染影响因素分析

遵循清洁生产的理念,从工艺的环境友好性、工艺过程的主要产污节点以及末端治理措施的协同性等方面,选择可能对环境产生较大影响的主要因素进行深入分析。绘制包含产污环节的生产工艺流程图;按照生产、装卸、储存、运输等环节分析包括常规污染物、特征污染物在内的污染物产生、排放情况(包括正常工况和开停工及维修等非正常工况),存在具有致癌、致畸、致突变的物质、持久性有机污染物或重金属的,应明确其来源、转移途径和流向;给出噪声、振动、放射性及电磁辐射等污染的来源、特性及强度等;说明各种源头防控、过程控制、末端治理、回收利用等环境影响减缓措施状况。明确项目消耗的原料、辅料、燃料、水资源等种类、构成和数量,给出主要原辅材料及其他物料的理化性质、毒理特征,产品及中间体的性质、数量等。对建设阶段和生产运行期间,可能发生突发性事件或事故,引起有毒有害、易燃易爆等物质泄漏,对环境及人身造成影响和损害的建设项目,应开展建设和生产运行过程的风险因素识别。存在较大潜在人群健康风险的建设项目,应开展影响人群健康的潜在环境风险因素识别。

2. 生态影响因素分析

结合建设项目特点和区域环境特征,分析建设项目建设和运行过程(包括施工方式、施工时序、运行方式、调度调节方式等)对生态环境的作用因素与影响源、影响方式、影响范围和影响程度。重点为影响程度大、范围广、历时长或涉及环境敏感区的作用因素和影响源,关注间接性影响、区域性影响以及累积性影响等特有生态影响因素的分析。

3. 污染源源强核算

根据污染物产生环节(包括生产、装卸、储存、运输)、产生方式和治理措施,核算建设项目有组织与无组织、正常工况与非正常工况下的污染物产生和排放强度,给出污染因子及其产生和排放的方式、浓度、数量等。

对改扩建项目的污染物排放量(包括有组织与无组织、正常工况与非正常工况)的统计,应分别按现有、在建、改扩建项目实施后等几种情形汇总污染物产生量、排放量及其变化量,核算改扩建项目建成后最终的污染物排放量。

污染源源强核算方法详见《污染源源强核算技术指南准则》的具体规定。

(一)评价因子筛选

依据环境影响因素识别结果,并结合区域环境功能要求或所确定的环境保护目标,筛选确定评价因子,应重点关注环境制约因素。评价因子须能够反映环境影响的主要特征、区域环境的基本状况及建设项目特点和排污特征。

六、环境影响评价范围的确定

按各专项环境影响评价技术导则的要求,确定各环境要素和专题的评价范围;未制定专项环境影响评价技术导则的,根据建设项目可能的影响范围确定环境影响评价范围,当评价范围外有环境敏感区的,应适当外延。

七、环境影响评价标准的确定

根据评价范围各环境要素的环境功能区划,确定各评价因子所采用的环境质量标准及相应的污染物排放标准。有地方污染物排放标准的,应优先选择地方污染物排放标准;国家污染物排放标准中没有限定的污染物,可采用国际通用标准;生产或服务过程的清洁生产分析采用国家发布的清洁生产规范性文件。

八、环境影响评价方法的选取

环境影响评价采用定量评价与定性评价相结合的方法,应以量化评价为主。评价方法应优先选用成熟的技术方法,鼓励使用先进的技术方法,慎用争议或处于研究阶段尚没有定论的方法。选用非导则推荐的评价或预测分析方法的,应根据建设项目特征、评价范围、影响性质等分析其适用性。一般采用两种主要方法:

(一)单项评价方法及其应用原则

以国家、地方的有关法规、标准为依据,评定与估价各评价项目单个质量参数的环境影响。预测值未包括环境质量现状(即背景值)时,评价时应注意叠加环境质量现状值。在评价某个环境质量参数时,应对各预测点在不同情况下该参数的预测值均进行评价。单项评价应有重点,对影响较重的环境质量参数,应尽量评定与估价影响的特性、范围、大小及重要程度。影响较轻的环境质量参数可较为简略。

(二)多项评价方法及其应用原则

适用于各评价项目中多个质量参数的综合评价,所采用的方法见各单项影响评价的技术导则。采用多项评价方法时,不一定包括该项目已预测环境影响的所有质量参数,可以有重点地选择适当的质量参数进行评价。

第三节 环境影响评价文件的编制

一、总体要求

应概括地反映环境影响评价的全部工作,环境现状调查应全面、深入,主要环境问题应阐述清楚,重点应突出,论点应明确,环境保护措施应可行、有效,评价结论应明确。文字应简洁、准确,文本应规范,计量单位应标准化,数据应可靠,资料应翔实,并尽量采用能反映需求信息的图表和照片。资料表述应清楚,利于阅读和审查,相关数据、应用模式须编入附录,并说明引用来源;所参考的主要文献应注意时效性,并列出目录。跨行业建设项目的环境影响评价或评价内容较多时,专项评价根据需要可繁可简,必要时,其重点专项评价应另编专项评价分析报告,特殊技术问题另编专题技术报告。

二、环境影响报告书编制要点

(一)项目概况

简要说明建设项目的特点、环境影响评价的工作过程、关注的主要环境问题及环境影响报告书的主要结论。

(二)总则

1. 编制依据:包括应执行的相关法律法规、相关政策及规划、相关的导则及技术规范、有关的技术文件和工作文件,以及环境影响报告书编制中引用的资料等。

2. 评价因子和评价标准:列出现状评价因子和预测评价因子,给出各评价因子所执行的环境质量标准、排放标准、其他有关标准及具体限值。

3. 评价工作等级和评价重点:说明各专项评价工作等级,明确重点评价内容。

4. 评价范围及环境敏感区:以图、表形式说明评价范围和各环境要素的环境功能类别或级别,各环境要素环境敏感区和功能及其与建设项目的相对位置关系。

5. 相关规划及环境功能区划:附图列表说明建设项目所在城镇、区域或流域发展总体规划、环境保护规划、生态保护规划、环境功能区划或保护区规划等。

(三)建设项目概况与工程分析

采用图表及文字结合方式,概要说明建设项目的基本情况、组成、主要工艺路线、工程布置及原有、在建工程的关系。对项目的全部组成和施工期、运营期、服务期满后所有时段的全部行为过程的环境影响因素及其影响特征、程度、方式等进行分析说明,突出重点;并从保护周围环境、景观及环境保护目标要求出发,分析总图及规划布置方案的合理性。工程分析的主要内容包括主体工程、辅助工程、公用工程、环保工程、储运工程以及依托工程等。以污染影响为主的建设项目应明确项目组成、建设地点、原辅料、生产工艺、主要生产设备、产品(包括主产品和副产品)方案、平面布置、建设周期、总投资及环境保护投资等。以生态影响为主的建设项目应明确项目组成、建设地点、占地规模、总平面及现场布置、施工方式、施工时序、建设周期和运行方式、总投资及环境保护投资等。

改扩建及异地搬迁建设项目还应包括现有工程的基本情况、污染物排放及达标情况、存在的环境保护问题及拟采取的整改方案等内容。

(四)环境现状调查与评价

根据当地环境特征、建设项目特点和专项评价设置情况,从自然环境、社会环境、环境质量和区域污染源等方面选择相应内容进行现状调查与评价。

1. 基本要求

对与建设项目有密切关系的环境要素应全面、详细调查,给出定量的数据并作出分析或评价。对于自然环境的现状调查,可根据建设项目情况进行必要说明。充分收集和利用评价范围内各例行监测点、断面或站位的近三年环境监测资料或背景值调查资料,当现有资料不能满足要求时,应进行现场调查和测试,现状监测和观测网点应根据各环境要素环境影响评价技术导则要求布设,兼顾均匀性和代表性原则。符合相关规划环境影响评价结论及审查意见的建设项目,可直接引用符合时效的相关规划环境影响评价的环境调查资料及有关结论。

2. 环境现状调查的方法环境现状调查方法由环境要素环境影响评价技术导则具体规定。

3. 环境现状调查与评价内容根据环境影响因素识别结果,开展相应的现状调查与评价。

（1）自然环境现状调查与评价

包括地形地貌、气候与气象、地质、水文、大气、地表水、地下水、声、生态、土壤、海洋、放射性及辐射（如必要）等调查内容。根据环境要素和专题设置情况选择相应内容进行详细调查。

（2）环境保护目标调查

调查评价范围内的环境功能区划和主要的环境敏感区，详细了解环境保护目标的地理位置、服务功能、四至范围、保护对象和保护要求等。

（3）环境质量现状调查与评价

根据建设项目特点、可能产生的环境影响和当地环境特征选择环境要素进行调查与评价，评价区域环境质量现状，说明环境质量的变化趋势，分析区域存在的环境问题及产生的原因。

（4）区域污染源调查

选择建设项目常规污染因子和特征污染因子、影响评价区环境质量的主要污染因子和特殊污染因子作为主要调查对象，注意不同污染源的分类调查。

（五）环境影响预测与评价

给出预测时段、预测内容、预测范围、预测方法及预测结果，并根据环境质量标准或评价指标对建设项目的环境影响进行评价。

应重点预测建设项目生产运行阶段正常工况和非正常工况等情况的环境影响。当建设阶段的大气、地表水、地下水、噪声、振动、生态以及土壤等影响程度较重、影响时间较长时，应进行建设阶段的环境影响预测和评价。可根据工程特点、规模、环境敏感程度、影响特征等选择开展建设项目服务期满后的环境影响预测和评价。当建设项目排放污染物对环境存在累积影响时，应明确累积影响的影响源，分析项目实施可能发生累积影响的条件、方式和途径，预测项目实施在时间和空间上的累积环境影响。对以生态影响为主的建设项目，应预测生态系统组成和服务功能的变化趋势，重点分析项目建设和生产运行对环境保护目标的影响。对存在环境风险的建设项目，应分析环境风险源项，计算环境风险后果，开展环境风险评价。对存在较大潜在人群健康风险的建设项目，应分析人群主要暴露途径。

（六）社会环境影响评价

明确建设项目可能产生的社会影响，定量预测或定性描述社会环境影响评价因子的变化情况，提出降低影响的对策和措施。

（七）环境风险评价

根据建设项目环境风险识别、分析情况，给出环境风险评估后果、环境风险的可接受程度，从环境风险角度论证建设项目的可行性，提出具体可行的风险防范措施和应急预案。

（八）环境保护措施及其可行性论证

环境保护措施及其经济、技术论证，明确建设项目拟采取的具体环境保护措施，结合环境影响评价的结果，论证建设项目拟采取环境保护措施的可行性，并按技术先进、使用、有效的原则，进行多方案比选，推荐最佳方案。按工程实施不同时段，分别列出其环境保护投资额,并分析其合理性。

1. 明确提出建设项目建设阶段、生产运行阶段和服务期满后(可根据项目情况选择)拟采取的具体污染防治、生态保护、环境风险防范等环境保护措施;分析论证拟采取措施的技术可行性、经济合理性、长期稳定运行和达标排放的可靠性、满足环境质量改善和排污许可要求的可行性、生态保护和恢复效果的可达性。各类措施的有效性判定应以同类或相同措施的实际运行效果为依据,没有实际运行经验的,可提供工程化实验数据。

2. 环境质量不达标的区域,应采取国内外先进可行的环境保护措施,结合区域限期达标规划及实施情况,分析建设项目实施对区域环境质量改善目标的贡献和影响。

3. 给出各项污染防治、生态保护等环境保护措施和环境风险防范措施的具体内容、责任主体、实施时段,估算环境保护投入,明确资金来源。

4. 环境保护投入应包括为预防和减缓建设项目不利环境影响而采取的各项环境保护措施和设施的建设费用、运行维护费用,直接为建设项目服务的环境管理与监测费用以及相关科研费用。

(九)清洁生产分析和循环经济

量化分析建设项目清洁生产水平,提高资源利用率、优化废物处置途径,提出节能、降耗、提高清洁生产水平的改进措施与建议。

国家已发布行业清洁生产规范性文件和相关技术指南的建设项目,应按所发布的规定内容和指标进行清洁生产水平分析,必要时提出进一步改进措施与建议。

国家未发布行业清洁生产规范性文件和相关技术指南的建设项目,结合行业及工程特点,从资源能源利用、生产工艺与设备、生产过程、污染物产生、废物处理与综合利用、环境管理要求等方面确定清洁生产指标和开展评价。从企业、区域或行业等不同层次,进行循环经济分析,提高资源利用率和优化废物处置途径。

(十)污染物排放总量控制

根据国家和地方总量控制要求、区域总量控制的实际情况及建设项目主要污染物排放指标分析情况,提出污染物排放总量控制指标建议和满足指标要求的环境保护措施。

(十一)环境影响经济损益分析

以建设项目实施后的环境影响预测与环境质量现状进行比较,从环境影响的正负两方面,以定性与定量相结合的方式,对建设项目的环境影响后果(包括直接和间接影响、不利和有利影响)进行货币化经济损益核算,估算建设项目环境影响的经济价值。根据建设项目环境影响所造成的经济损失与效益分析结果,提出补偿措施与建议。

(十二)环境管理与环境监测

根据建设项目环境影响情况,提出设计期、施工期、运营期的环境管理及监测计划要求,包括环境管理制度、机构、人员、监测点位、监测时间、监测频次、监测因子等。

(十三)公众意见调查

给出采取的调查方式、调查对象、建设项目的环境影响信息、拟采取的环境保护措施、公众对环境保护的主要意见、公众意见的采纳情况等。

(十四)方案比选

建设项目的选址、选线和规模,应从是否与规划相协调、是否符合法规要求、是否满足环境功能区要求、是否影响环境敏感区或造成重大资源经济和社会文化损失等方面进行环境合理性论证。如要进行多个厂址或选线方案的优选时，应对各选址或选线方案的环境影响进行全面比较，从环境保护角度，提出选址、选线意见。

(十五)环境影响评价结论

环境影响评价的结论是全部评价工作的结论，是对建设项目的建设概况、环境质量现状、污染物排放情况、主要环境影响、公众意见采纳情况、环境保护措施、环境影响经济损益分析、环境管理与监测计划等内容进行概括总结，结合环境质量目标要求，明确给出建设项目的环境影响可行性结论。

对存在重大环境制约因素、环境影响不可接受或环境风险不可控、环境保护措施经济技术不满足长期稳定达标及生态保护要求、区域环境问题突出且整治计划不落实或不能满足环境质量改善目标的建设项目，应提出环境影响不可行的结论。

环境影响评价结论应在概括全部评价工作的基础上，简洁、准确、客观地总结建设项目实施过程各阶段的生产和生活活动与当地环境的关系，明确一般情况下和特定情况下的环境影响，规定采取的环境保护措施。环境影响评价结论要有针对性地选择其中的全部或部分内容进行编写。环境可行性结论应从法规政策及相关规划一致性、清洁生产和污染物排放水平、环境保护措施可靠性和合理性、达标排放稳定性、公众参与接受性等方面分析得出。

(十六)附录和附件

将建设项目依据文件、评价标准和污染物排放总量批复文件、引用文献资料、原燃料品质等必要的有关文件、资料附在环境影响报告书后。

三、环境影响报告表编制要点

环评是约束项目与规划环境准入的法制保障，是在发展中守住绿水青山的第一道防线。近年来，环评"放管服"改革作为生态环境保护领域改革的重要内容之一，在简政放权、提高审批效率、提升环评质量、优化营商环境、激发市场活力等方面取得了一些进展，也提出了进一步深化要求。

编制报告表的项目是可能对环境造成轻度影响的项目，占全国环评审批项目数的90%以上，其中大部分是中小企业，是当前深化环评"放管服"改革、优化营商环境的重点。现有报告表部分内容已不能满足现行管理要求，如存在环评资质证书、行业预审意见等法律法规已删除的内容；编制要求与报告书的差异不明显，对重点关注内容聚焦不足，导致报告表"虚胖"，影响环评效率和有效性等。在此背景下，生态环境部印发《关于印发〈建设项目环境影响报告表〉内容、格式及编制技术指南的通知》(环办环评〔2020〕33号)，自2021年4月1日起实施，环境影响报告表编制参照新版报告表内容、格式，以及编制技术指南进行。

与旧版报告表内容及格式对比，新版建设项目环境影响报告表进行了多方面修改，一是根据建设项目环境影响特点，将报告表分为污染影响类和生态影响类两种格式，同时涉及污染和生态影响的建设项目应填报生态影响类表格。二是明确了专项设置原则，且判定流程简单、内容直观清晰，并对专项数量做出明确规定。三是简化、优化报告表填报内容,对于无须开展专项评价的要素,按照编制技术指南填报表格,详情见书中补充资料。

与旧版报告表对比,污染影响类行业建设项目报告表篇幅精简率约 40%,生态影响类报告表篇幅也精简约 20%~40%。新版报告表在填报内容上做了很多简化和调整,编制过程中应按《编制技术指南》要求填报,不得随意增加、堆砌文字内容,真正实现内容精炼、聚焦重点的目的。希望建设单位、报告表编制单位、各级生态环境保护部门能够按照新版报告表要求,不断规范报告表编制和审批,实现内容简化优化但环保要求不放松,充分发挥报告表作用。

思 考 题

1. 试论述环境影响评价程序所遵循的原则。
2. 简述环境影响报告书的主要内容。
3. 环境影响评价项目的监督管理包括哪些方面?
4. 环境影响评价工作程序分为几个阶段?各阶段的主要工作是什么?
5. 简述环境影响报告书的编写原则和基本要求。
6. 简述评价环境影响报告表的编制技术要求有哪些?

参考文献

[1] 周勇飞. 比较法视域下我国环境影响评价程序构造的流变与省思[J]. 中国环境管理,2023,15(5):137-144.

[2] 姜昀,陈帆,黄丽华,等. 规划环评中人群健康影响评价推进建议[J]. 环境影响评价,2018,40(03):27-29.

[3] 李庄. 环境评价学[M]. 2版. 武汉:武汉理工大学出版社,2019.

[4] 李淑芹. 环境影响评价[M]. 3版. 北京:化学工业出版社,2021.

[5] 生态环境部环境工程评估中心. 环境影响评价技术与方法(2022年版)[M]. 北京:中国环境出版社,2022.

[6] 生态环境部环境工程评估中心. 环境影响评价技术导则与标准(2022年版)[M]. 北京:中国环境出版社,2022.

第三章补充资料

第四章　环境影响评价技术与方法

本章要点：环境影响评价涉及自然科学和社会科学，是一门典型的交叉学科，这决定了环境影响评价技术与方法具有多样性、交叉性的特点。这些评价技术与方法按其功能可大致包括环境影响识别方法、环境影响预测方法、环境影响综合评价技术与方法、建设项目竣工环境验收技术方法和环境影响评价的其他技术与方法。此外，随着现代科学技术的不断发展，地理信息系统(GIS)在环境影响评价中的应用越来越受到重视。

第一节　环境影响识别技术与方法

一、环境影响识别

列出建设项目的直接和间接行为，结合建设项目所在区域发展规划、环境保护规划、环境功能区划、生态功能区划及环境现状，分析可能受到影响的环境影响因素。包括环境影响因子、影响对象(环境因子)、影响程度和影响方式等。

在环境影响识别中，自然环境要素可划分为地形、地貌、地质、水文、气候、地表水质、空气质量、土壤、森林、草场、陆生生物、水生生物等，社会环境要素可以划分为城市(镇)、土地利用、人口、居民区、交通、文物古迹、风景名胜、自然保护区、健康以及重要的基础设施等。各环境要素可由表征该要素特性的各相关环境因子具体描述，构成一个有结构、分层次的环境因子序列。构造的环境因子序列应能描述评价对象的主要环境影响、表达环境质量状态，并便于度量和监测。在环境影响识别中，可以使用一些定性的，具有"程度"判断的词语来表征环境影响的程度，如"重大"影响、"轻度"影响、"微小"影响等。这种表达未有统一标准，通常与评价人员的文化、环境价值取向和当地环境状况有关，然而这种表述对给环境影响排序，确定其相对重要性或显著性是非常有用的。

二、环境影响程度划分

在环境影响程度的识别中，可按五级定性地划分不利环境影响：

(一)极端不利

外界压力引起某个环境因子无法替代、恢复与重建的损失，此种损失是永久的、不可逆的。

(二)非常不利

外界压力引起某个环境因子严重而长期的损害或损失，其代替、恢复和重建非常困难和昂贵，并需很长的时间。

(三)中度不利

外界压力引起某个环境因子的损害或破坏,其替代或恢复是可能的,但相当困难且可能要付出较高的代价,并需比较长的时间。

(四)轻度不利

外界压力引起某个环境因子的轻微性损失或暂时性破坏,其再生、恢复与重建可以实现,但需要一定的时间。

(五)微弱不利

外界压力引起某个环境因子暂时性破坏或受干扰,此级敏感度中的各项是人类能够忍受的,环境的破坏或干扰能较快地自动恢复或再生,或者其替代与重建比较容易实现。

三、环境影响识别的一般技术考虑

环境影响因素识别应列出建设项目的直接和间接行为,结合建设项目所在区域发展规划、环境保护规划、环境功能区划、生态功能区划及环境现状,分析可能受上述行为影响的环境影响因素。应明确建设项目在建设阶段、生产运行、服务期满后(可根据项目情况选择)等不同阶段的各种行为与可能受影响的环境要素间的作用效应关系、影响性质、影响范围、影响程度等,定性分析建设项目对各环境要素可能产生的污染影响与生态影响,包括有利与不利影响、长期与短期影响、可逆与不可逆影响、直接与间接影响、累积与非累积影响等。

在建设项目的环境影响识别中,在技术上一般应考虑以下几方面:

(一)项目的特性(如项目类型、规模等)。

(二)项目涉及的当地环境特性及环境保护要求(如自然环境、社会环境、环境保护规划等)。

(三)识别主要的环境敏感区和环境敏感目标。

(四)从自然环境和社会环境两个方面识别环境影响。

(五)突出对重要的或社会关注的环境要素的识别。

应识别出可能导致的主要环境影响(环境对象),主要环境影响因子(项目中造成主要环境影响方),说明环境影响属性,判断影响程度、影响范围和可能的影响时间跨度。根据建设项目的特点、环境影响的主要特征,结合区域环境功能要求、环境保护目标、评价标准和环境制约因素,筛选确定评价因子。

四、环境影响评价工作等级的划分

按建设项目的特点、所在地区的环境特征、相关法律法规、标准及规划、环境功能区划等划分各环境要素、各专题评价工作等级。具体由环境要素或专题环境影响评价技术导则规定。

(一)评价工作等级划分

建设项目各环境要素专项评价原则上应划分工作等级,一般可划分为三级。一级评价对环境影响进行全面、详细、深入评价,二级评价对环境影响进行较为详细、深入评价,三级评价可只进行环境影响分析。

建设项目其他专题评价可根据评价工作需要划分评价等级。具体的评价工作等级内容要求或工作深度参阅专项环境影响评价技术导则、行业建设项目环境影响评价技术导则的相关规定。

（二）评价工作等级划分的依据

各环境要素专项评价工作等级按建设项目特点、所在地区的环境特征、相关法律法规、标准及规划、环境功能区划等因素进行划分。其他专项评价工作等级划分可参照各环境要素评价工作等级划分依据。

（三）评价工作等级的调整

专项评价的工作等级可根据建设项目所处区域环境敏感程度、工程污染或生态影响特征及其他特殊要求等情况进行适当调整，但调整的幅度不超过一级，并应说明调整的具体理由。

五、不同等级单项因子环境影响评价的要求

对于一级评价，需要对单项环境要素的环境影响进行全面、详细和深入的评价，对该环境的现状调查、影响预测，以及预防和减轻环境影响的措施，一般均要求进行比较全面和深入分析，尽可能进行定量描述。

对于二级评价，需要对重点环境要素的影响进行详细和深入的评价，对该环境的现状调查、影响预测，以及预防和减轻环境影响的措施，一般均要求采用定量计算和定性描述去完成。

对于三级评价，只需要简单描述环境现状，对建设项目环境影响的预测，以及预防和减轻环境影响的措施，一般采用定性描述去完成。对于建设项目中个别评价工作等级低于第三级的单项影响评价，可根据具体情况进行简单的叙述、分析或不进行叙述、分析。

对于某一具体建设项目，在划分各评价项目的工作等级时，根据建设项目对环境的影响、所在地区的环境特征或当地对环境的特殊要求等情况可作适当调整。

六、环境影响识别技术与方法

（一）清单法

清单法又称为核查表法。1971 年由 Little 等人提出了将可能受开发方案影响的环境因子和可能产生的影响性质，通过在一张核查表上一一列出的识别方法，亦称"列表清单法"或"一览表法"。该法目前还在普遍使用，并伴有多种形式。

1. 简单型清单

仅是一个可能受影响的环境因子表，不做其他说明，可做定性的环境影响识别分析，但不能作为决策依据。表 4-1 为某公路建设环境影响识别的简单型清单。

表 4-1　某公路建设环境影响清单

可能受影响的环境因子	可能产生影响的性质									
	不利影响						有利影响			
	短期	长期	可逆	不可逆	局部	大范围	短期	长期	显著	一般
陆生生态系统		○		○	○					
濒危物种		○		○		○				
空气质量	○				○					

（续表）

可能受影响的环境因子	可能产生影响的性质									
	不利影响						有利影响			
	短期	长期	可逆	不可逆	局部	大范围	短期	长期	显著	一般
交通运输								○	○	
社会经济								○	○	
……										

注：表中符号○表示有影响。

2. 描述型清单

较简单型清单不仅增加了环境因子如何度量的准则，还同时说明对每项因子影响的初步度量以及影响预测和评价的途径。

目前有两种类型的描述型清单。比较流行的是环境资源分类清单，即对受影响的环境因素（环境资源）先作简单的划分，以突出有价值的环境因子。通过环境影响识别，将具有显著性影响的环境因子作为后续评价的主要内容。该类清单已按工业类、能源类、水利工程类、交通类、农业工程、森林资源、市政工程等编制了主要环境影响识别表，在世界银行《环境评价资源手册》等文件中均可查获。这些编制成册的环境影响识别表可供具体建设项目环境影响识别时参考。

另一类描述型清单即是传统的问卷式清单。在清单中仔细地列出有关"项目－环境影响"要询问的问题，针对项目的各项活动和环境影响进行询问。答案可以是"有"或"没有"。如果回答为有影响，则在表中的注解栏中说明影响的程度、发生影响的条件以及环境影响的方式，而不是简单地回答某项活动将产生某种影响。

表4-2　改变土地利用方式对一些水文参数的影响（描述型清单）

		活动						建筑施工	供水	废物处理	河道改造
		土地覆盖或利用方式改变									
		植被移除	土地用推土机清除	沙砾开发	土壤开挖	开垦和耕作	筑梯田				
水量	截流	*	*	*	*						
	渗入地下	*	×	×	▽	▽	▽				
	蒸发	▽	▽	▽	▽	▽	▽				
	地表径流	▼	▼	×	×	×	×				
水质	…										
河床地貌	…										

注：＊表示对当地环境负面影响的重要性；

　　×表示对当地环境负面影响的次要性；

　　▼表示对当地环境正面影响的重要性；

　　▽表示对当地环境正面影响的次要性。

3. 分级型清单

在描述型清单基础上又增加对环境影响程度进行分级。

(二)矩阵法

矩阵法由清单法发展而来,不仅具有影响识别功能,还有影响综合分析评价功能。它将清单中所列内容系统加以排列。把拟建项目的各项活动和受影响的环境要素组成一个矩阵,在拟建项目的各项活动和环境影响之间建立起直接的因果关系,以定性或半定量的方式说明拟建项目的环境影响。

该类方法主要有相关矩阵法和迭代矩阵法两种。目前,在环境影响识别中,一般采用相关矩阵法。即通过系统地列出拟建项目各阶段的各项活动,以及可能受拟建项目各项活动影响的环境要素,构造矩阵确定各项活动和环境要素及环境因子的相互作用关系。

如果认为某项活动可能对某一环境要素产生影响,则在矩阵相应交叉的格点将环境影响标注出来。可以将各项活动对环境要素的影响程度,划分为若干个等级,如三个等级或五个等级。为了反映各个环境要素在环境中的重要性的不同,通常还采用加权的方法,对不同的环境要素赋予不同的权重。可以通过各种符号来表示环境影响的各种属性。一般,在关联矩阵的横轴上列出一项开发行为中对环境有影响的各种活动,纵轴列出所有可能受到活动影响的环境因子。矩阵中的每个元素用斜线隔开,左边表示影响的大小 m_{i_j},右边表示影响权重(重要性)w_{i_j};有利影响为"+",不利影响为"—"。可将影响大小分为 10 级,"10"最大,"1"最小,将影响权重也分为 10 个等级,"10"表示最重要,"1"表示重要性最低。

由每行的元素累加得到总影响,表示开发行为的所有活动对环境因子 i 的总影响:

$$\sum_{j=1}^{m} m_{i_j} \cdot w_{i_j} \tag{4-1}$$

由每列的元素累加得到总影响,表示某项活动 j 对整个环境的总影响:

$$\sum_{i=1}^{n} m_{i_j} \cdot w_{i_j} \tag{4-2}$$

行和列元素累加得到矩阵的加权分值,即为该拟建工程项目涉及的所有活动对整个环境的影响:

$$\sum_{i=1}^{n} \sum_{j=1}^{n} m_{i_j} \cdot w_{i_j} \tag{4-3}$$

以某公路项目为例,相关矩阵如表 4-3 所示。

表 4-3 某公路项目的关联矩阵

环境因子		前期		施工期					运营期		总影响
		征地	拆迁安置	土石方开挖	桥隧工程	道路工程	服务区建设	材料运输	车辆行驶	服务区运营	
大气环境	空气质量		—1/6	—1/4	—2/2	—6/4	—2/2	—3/4	—8/8	—1/2	—132
水环境	水文		…								
	水质										

（续表）

环境因子		前期		施工期					运营期		总影响
		征地	拆迁安置	土石方开挖	桥隧工程	道路工程	服务区建设	材料运输	车辆行驶	服务区运营	
声环境	噪声										
生态环境	土地利用	—5/6									
	水土保持	—2/2									
	植被	—4/5									
	动物	—2/2									
	景观	—3/3									
社会环境	经济发展	8/10									
	…										
总影响		—8									…

（三）网络图法

网络图法是采用因果关系分析网络图来解释和描述拟建项目的各项活动和环境要素之间的关系。其不仅具有矩阵法的功能，还可识别间接影响和累积影响。网络图法将多级影响逐步展开，呈树枝状，因此又称为关系树枝法或影响树枝法，可以表述和记载第二、第三以及更高层次上的影响。利用影响树可以表示出一项社会活动的原发性影响和继发性影响。网络法主要有两种形式：因果网络法和影响网络法。

因果网络法的实质是一个包含有规划与调整行为、行为与受影响因子以及各因子之间联系的网络图。因果网络图的优点在于可以识别环境影响的发生途径，便于依据因果关系考虑减缓及补给措施，缺点在于因果关系要么过于详细，致使在一些不太重要或者根本不可能发生的一些影响上花费太多时间、人力、物力和财力，要么就是因果关系考虑得过于笼统，导致遗漏重要影响，尤其可能遗漏间接影响。影响网络法则是将影响中的对经济行为与环境因子进行的综合分类以及因果网络法中对高层次影响的清晰的追踪描述结合进来，最后形成一个包含经济行为、环境因子和影响联系这三个评价因子的网络。图4-1为针对旅游度假区开发构建的环境影响网络图。

网络图法不但可以识别环境影响，还可以通过定量、半定量的方法对环境影响进行预测和评价，即在网络的箭头上标出该路线发生的概率，并将网络路线终点的影响赋予权重（"＋"表示正面影响，"—"表示负面影响），然后计算该网络各个路线的权重期望值，对各个替代方案进行排序比较，从而得出评价结果。

网络法中的影响计算可表示为：

分支 i 上事件链发生概率 P_i 为分支上每级概率之积：

$$P_i = P_{Ai} \times P_{Aii} \times P_{Aiii} \qquad (4-4)$$

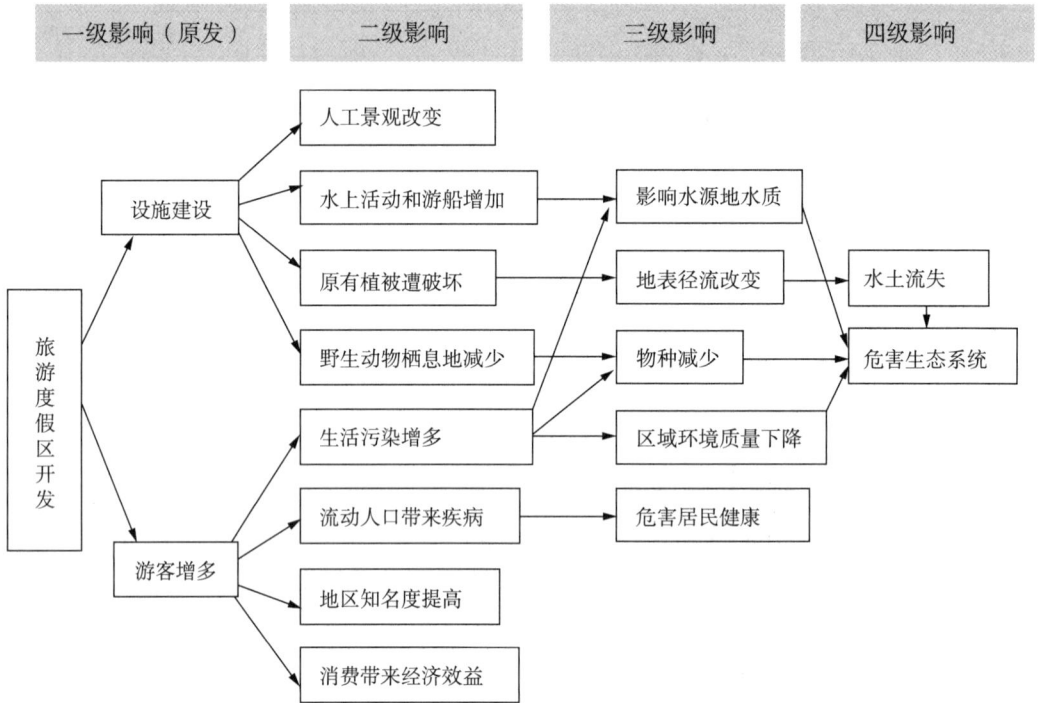

图 4-1　环境影响网络图

分支 i 上环境影响 I_i^0 为分支上环境影响程度 m 及其权重 w 之积的和：

$$I_i^0 = m_{Ai} \qquad (4-5)$$

分支 i 上的加权环境影响 I_i 是分支上环境影响 I_i^0 与概率 P_i 之积：

$$I_i = P_i \times I_i^0 \qquad (4-6)$$

总环境影响为各分支影响之和：

$$I = \sum_{i=1}^{n} I_i = \sum_{i=1}^{n} P_i I_i^0 \qquad (4-7)$$

第二节　环境影响预测技术与方法

环境影响预测是对识别出的主要环境影响开展定量预测，以明确各主要影响因子的影响范围和影响大小，常用数学模式法、物理模拟法或类比法。

一、数学模式法

数学模式法是以数学模式为主的客观预测方法，被广泛应用于环境影响预测中。根据人们对预测对象认识的深浅，又可分为黑箱模式、白箱模式和灰箱模式。

黑箱模式不研究影响机理,仅通过统计归纳的方法,建立"输入—输出"关系的数学模型,通过外推做出预测;白箱模式则相反,通过研究影响机理,得到系统的物理、化学或生物学过程,建立描述各过程的数学方程,从而做出预测;灰箱模式则介于两者之间,用于人们对事物发生规律有一定了解,但某些方面并不充分,对这类事物的预测通常用半经验、半理论的灰箱模式,即把了解清楚的方面用白箱模式建立各种变化关系,某些了解还不清楚的方面用黑箱模式,设法根据统计关系确定参数。

以下三项误差的存在决定了环境预测结果的误差或者不确定性,因此在预测过程中需要注意模式推导过程中所用到的假设条件以及尺度分析,模式参数(如扩散模式)的确定及输入数据的质量(与预测质量最直接相关)。一般严格的环境影响预测,要求有这方面的讨论,以让决策者对预测结果有一个比较全面的认识。

数学模式法能给出定量的预测结果,但需要一定的计算条件和输入必要的参数、数据。一般情况此方法比较简单便捷,应首先考虑。选用此方法需要注意模式的应用条件,如实际情况不能很好满足模式的应用统计而又拟采用时,要对选择模式进行修正并加以验证。

二、物理模拟法

人们除了应用数学分析工具进行理论研究外,还应用物理、化学、生物等方法直接模拟环境影响问题,这类方法称为物理模拟法。物理模拟法常用于研究变化机理,确定模型参数,从而构建数学模型。通常分为野外模拟和室内模拟。

(一)在研究现场(野外)采用实验方式开展的模拟,常见的有:

1. 示踪物浓度测量法

2. 光学轮廓法

(二)基于相似性原则,在实验室构建野外环境的实物模型,包括以下几种:

1. 微宇宙模拟

2. 风洞试验

通常相似性要考虑几何相似、运动相似、热力相似和动力相似等方面。

几何相似:就是模型流场与原型流场中的地形底物(建筑物、烟囱)的几何形状、对应部分的夹角和相对位置要相同,尺寸要按相同比例缩小。一般大气扩散实验使用$1/300 \sim 1/2500$的缩尺模型。几何相似是其他相似的前提条件。

运动相似:就是模型流场与原型流场在各对应点上的速度方向相同,并且大小(包括平均风速与湍流强度)成常数比例。即风洞模拟的模型流场的边界层风速垂直轮廓线、湍流强度要与原型流场的相似。

热力相似:就是模型流场的温度垂直分布要与原型流场的相似。

动力相似:就是模型流场与原型流场在对应点上受到的力要求方向一致,并且大小成常数比例。动力相似其实还包括"时间相似",即两个流场随时间的变化率可以不同(模型流场可以比原型流场加速或者减速),但所有对应点上的变化率必须相同(即同时以相同的比例加速或者减速)。

方法特点:物理模拟法定量化程度较高,再现性好,能反映比较复杂的环境特征,但需要有合适的试验条件和必要的基础数据,且制作复杂的环境模型需要较多的人力、物力和时间。在无法利用数学模式法预测而又要求预测结果定量精度较高时,应选用此方法。

三、类比分析法

类比法是一个拟建工程对环境的影响可以通过一个已知的相似工程新建后对环境的影响进行类比而确定,预测结果属于半定量性质。由于评价工作时间较短等原因,无法取得足够的参数、数据,不能采用数学模式法和物理模拟法进行预测时,可选用此方法。该方法在生态影响评价中较常用,一般可分为部分类比法与整体类比法。因环境特征、工程特点等方面多少有些差异,部分类比法往往优于整体类比法。

方法特点:类比分析法的预测结果属于半定量性质。

四、专业判断法

定性地反映建设项目的环境影响。当环境影响问题较特殊,环境影响评价人员难以准确识别其环境影响特征或者无法利用常用方法进行环境影响预测,或者由于建设项目环境影响评价的时间无法满足采用上述其他方法进行环境影响预测等情况下,可选用此种方法。

方法特点:专业判断法是定性地反映建设项目的环境影响。建设项目的某些环境影响很难定量估测(如对文物与"珍贵"景观等环境影响),或由于评价时间过短等原因无法采用上述方法时,可以选用此方法。

第三节　环境影响综合评价技术与方法

环境影响综合评价是按照一定的评价目的,把人类活动对环境的影响从总体上综合起来,即对各个评价因子定量预测的结果进行评估,确定对环境影响的大小。常采用的方法有指数法、矩阵法、网络图法、图形叠置法等。

一、指数法

指数法是最早和最常用的一种方法,可以简明直观地通过计算指数判断环境质量的好坏及影响程度的相对大小。既可用于环境现状评价,也可用于环境影响预测评价。指数法大致可分为两大类:普通指数法和函数型指数法。

(一)普通指数法

又称等标型指数法,是以某评价因子实测浓度或预测浓度 C 与标准浓度限值 C_s 的比值作为指数:$P = C/C_s$,P 值越小越好,越大越不利。

1. 单因子指数法

某个特定的评价因子的等标型指数称为单因子指数,用 P_i 表示,用于判断该环境因子是达标($P_i \leqslant 1$)还是超标($P_i > 1$)以及超标程度。

2. 综合指数法

在计算单因子指数的基础上,可对多个评价因子进行综合评价,即将各因子的指数相加,此为"多因子综合指数"。如果将各因子看成同等重要,只是简单的相加,则为"均值型综合指数"。

$$P = \sum_{j=1}^{m} \sum_{i=1}^{n} P_{ij} \tag{4-8}$$

$$P_{ij} = C_{ij} / C_{sij} \tag{4-9}$$

式中,j 为第 j 个环境要素;m 为环境要素总数;i 为第 j 个环境要素中的第 i 个环境因子;n 为第 j 个环境要素中的环境因子总数。

如果根据各环境因子的重要性差异分别给以权重,经加权累加后得到"加权型综合指数"。

$$P = \frac{\sum_{j=1}^{m} \sum_{i=1}^{n} W_{ij} P_{ij}}{\sum_{i=1}^{m} \sum_{i=1}^{n} W_{ij}} \tag{4-10}$$

式中,W_{ij} 为权重因子,表示第 j 个环境要素中的第 i 个环境因子在整体环境中的重要性。

求出综合指数 P 后,还可以进一步根据其数值与健康、生态影响间的关系进行分级,转换为健康、生态影响的综合评价。

(二)函数型指数法

在某些情况下(如环境质量标准尚未确定),可根据评价对象的毒性数据,引入评价对象的浓度变化范围,把此变化范围定为横坐标,把环境质量指数定为纵坐标,建立函数关系,绘制指数函数图。如巴特尔指数将纵坐标标准化为 0～1,以"0"表示质量最差,"1"表示质量最好。

巴特尔环境评价系统主要用来水质管理计划、公路以及原子能发电站等建设项目的环境影响。它把环境参数转换成某种指数或评价值来表示建设项目对环境的影响,并据此确定出供选择的方案。该法将各种复杂的环境影响采用统一的单位来计算,即利用价值函数将各种参数值转换成环境质量等级值,然后将环境质量等级与代表参数重要性相乘,得出环境影响值。该评价系统条理清楚,评价的选择性强,能够全面系统地鉴别各种关键性变化,但对有关社会经济方面的评价研究不足。

二、图形叠置法

美国生态规划师 McHarg 最早提出该法,即准备一张画上项目的位置和需要考虑影响评价的区域和轮廓基图的透明图片和另一份可能受影响的当地环境因素一览表,对每一种要评价的因素都要准备一张透明图片,每种因素受影响的程度可以用一种专门的黑白色码的阴影的深浅来表示。通过在透明图上的地区给出的特定的阴影,可以很容易地表示影响程度。把各种色码的透明片叠置到基片图上就可以看出一项工程的综合影响。不同地区的综合影响差别由阴影的相对深度来表示。图形叠置法直观性强、易于理解,适用于空间特征明显的开发活动,尤其在选址、选线类的建设项目上有着得天独厚的优势。但是手工叠图有明显的缺陷,如当评价因子过多时,透明图数量激增,使得颜色过杂过乱,难以分辨;另外简单的叠置不能体现评价因子重要性的区别。图形叠置法适用于涉及地理空间较大的建设项目,如"线型"影响项目(公路、铁道、管道等)和区域开发项目。

随着科学技术的发展,图形叠置法开始借助于计算机,逐渐成为地理信息系统(GIS)可视化技术中的一部分,由此克服了手工叠图存在的缺点,使得图形叠置法的环境影响综合评估优势日益显现。计算机制图步骤包括:①图件录入;②图件编辑和配准;③图件提取;④空间分析;⑤图件输出。

思 考 题

1. 水环境影响评价因子有哪些?
2. 在建设项目的环境影响识别中,在技术上一般考虑哪些问题?
3. 环境影响评价等级如何进行划分?
4. 环境影响预测的方法及其特征与应用条件。
5. 指数法是如何进行环境评价的?
6. 举例说明图形叠置法如何识别环境影响。

参考文献

[1] 汪祖丞,刘玲.3s 技术在环境影响评价中的应用研究[J].环境科学与管理,2009,34(9):171-174.
[2] 赵璐.GIS 技术在环境影响评价中的应用分析[J].资源节约与环保,2021(11):128-130.
[3] 周鸿斌,支国强,李田富,等.大数据技术在环境影响评价中的应用展望[J].环境科学导刊,2016,35(S1):185-189.
[4] 陆玉书,环境影响评价[M].北京:高等教育出版社,2001.
[5] 生态环境部环境工程评估中心.环境影响评价技术方法(2022 年版)[M].15 版.北京:中国环境出版社,2022.
[6] 李淑芹.环境影响评价[M].3 版.北京:化学工业出版社,2021.
[7] 王远,孙翔,葛怡,等,环境信息系统实验教程[M].南京:南京大学出版社,2020.
[8] 何德文.环境影响评价[M].北京:科学出版社,2023.

拓展阅读

地理信息系统在现代环境影响评价中的应用

地理信息系统(Geographic Information System,GIS)是以地理空间数据库为基础,对空间相关数据进行采集、存储、管理、描述、检索、分析、模拟、显示和应用的计算机系统。它由硬件、软件、数据和用户构成,可分析和处理在一定地理区域内发生的现象和过程,解决复杂的规划、决策和管理问题。它具有很强的综合分析、模拟和预测能力,适合作为环境质量现状分析和辅助决策工具;它也能够提供快速反应决策能力,对减灾、防灾工作具有重要的意义;同时,它具有很强的数据管理、更新和跟踪能力,对环境影响报告书进行事后验证。运用 GIS 技术可以从空间和时间上,了解环境资源的现状和变化趋势,直观地表现当代环境资源状况,更好地让人们认识到环境资源变化的规律,从而为环境影响评价提供直观准确的数据资料。此外,运用 GIS 技术把各类环境专题图制作出来,并以专题图库的形式进行汇集,是应用该技术主要完成的任务。而传统手工制图技术具有较长的制作周期,更新内容慢的特征,两者相比,利用 GIS 技术对地图数据库进行构建,是"投入一次实现产出多次"的有效利用基础资源。同时,以各自不同的需求为导向,GIS 地图数据库用户可把各类专题图输出来。

第五章　环境影响评价工程分析

本章要点: 阐述了工程分析的主要内容,包括污染型项目工程分析以及生态影响型项目工程分析。详细分析了每个工程项目的基本要求,分析时段,分析对象,以及整个工程的概况。介绍了工程分析总体流程,对项目进行可行性论证,进行影响源识别。介绍了环境影响评价工程分析的实际案例。

工程分析是建设项目环境影响评价的基础,是环境影响评价工作中分析建设项目环境影响内在因素的重要环节,是对建设项目的工程方案和整个工程活动进行分析,即从环境保护角度分析建设项目工程方案的性质、环境影响及其程度、清洁生产水平、环境保护措施方案以及总图布置、选址选线方案等,并提出要求和建议,确定建设项目在建设阶段、运行阶段以及服务期满后主要污染源源强、风险事故源强以及生态影响因素。依据建设项目对环境影响的不同表现,工程分析分为以污染影响为主的污染影响型建设项目的工程分析和以生态破坏为主的生态影响型建设项目的工程分析。

第一节　污染型项目工程分析

一、工程分析的作用

（一）为建设项目决策提供依据

工程分析是项目决策的重要依据之一。污染型项目工程分析从项目建设性质、产品结构、生产规模、原料路线、工艺技术、设备选型、能源结构、运输方式、技术经济指标、总图布置方案等基础资料入手,确定工程建设和运行过程中的产污环节、核算污染源强、计算排放总量。从环境保护的角度分析技术经济先进性、污染治理措施可行性、总图布置合理性、达标排放可能性。

（二）为各专题预测评价提供基础数据

工程分析专题是环境影响评价的基础,工程分析给出的产污节点、污染源坐标、源强、污染物排放方式和排放去向等技术参数是大气环境、水环境、土壤环境、噪声环境影响预测计算的依据,为定量评价建设项目对环境影响的程度和范围提供了可靠的保证,为评价污染防治对策的可行性提出完善改进建议,从而为实现污染物排放总量控制创造了条件。

（三）为环保设计提供优化建议

项目的环境保护设计是在已知生产工艺过程中产生污染物的环节和数量的基础上,

采用必要的治理措施,实现达标排放,一般很少考虑对环境质量的影响,对于改扩建项目则更少考虑原有生产装置环保"欠账"问题以及环境承载能力。环境影响评价中的工程分析需要对治理措施进行优化论证,提出满足清洁生产要求的清洁生产方案,使环境质量得以改善或不使环境质量恶化,起到对环保设计优化的作用。分析所采取的污染防治措施的先进性、可靠性,必要时要提出进一步完善、改进治理措施的建议,对改扩建项目尚需提出"以新带老"的计划,并反馈到设计当中去予以落实。

(四)为环境的科学管理提供依据

工程分析筛选的主要污染因子是项目运营单位和环境管理部门日常管理的对象,所提出的环境保护措施是工程验收的重要依据,为保护环境所核定的污染物排放总量是开发建设活动进行污染控制的目标。

工程分析也是建设项目环境管理的基础,工程分析对建设项目污染物排放情况的核算,将成为排污许可证的主要内容,也是排污许可证申领的基础。在我国,排污许可制是国家污染源生态环境管理的核心制度。将向企事业单位核发排污许可证,作为生产运营期排污行为的唯一行政许可。根据排污许可证管理的相关要求,排污许可制与环境影响评价制度有机衔接,污染物总量控制由行政区域向企事业单位转变,新建项目申领排污许可证时,环境影响评价文件及批复中与污染物排放相关的主要内容会纳入排污许可证。

二、工程分析的工作内容

建设项目工程分析的工作内容在环境影响评价各工作阶段有所不同。在制定环评工作方案阶段,主要工作内容包括根据项目工艺特点、原料及产品方案,结合实际工程经验,按清洁生产的理念,识别可能的环境影响,进行初步的污染影响因素分析,筛选可能对环境产生较大影响的主要因素,以进行深入分析工作。

在评价专题影响分析预测阶段,工作内容是对筛选的主要环境影响因素进行详细和深入的分析。对于环境影响以污染因素为主的建设项目来说,工程分析的工作内容,原则上是应根据建设项目的工程特征,包括建设项目的类型、性质、规模、开发建设方式与强度、能源与资源用量、污染物排放特征以及项目所在地的环境条件来确定。工程分析的主要工作内容是常规污染物和特征污染物排放污染源强核算,提出污染物排放清单,发挥污染源头预防、过程控制和末端治理的全过程控制理念,客观评价项目产污负荷。对于建设项目可能存在的有毒有害污染物及具有持久性影响的污染物,应分析其产生的环节、污染物转移途径和流向。其工作内容通常包括六部分,详见表5-1。

表5-1　工程分析基本工作内容

工程分析项目	工作内容
1.工程概况	工程一般特征简介 物料与能源消耗定额 项目组成
2.工艺流程及产污环节分析	工艺流程及污染物产生环节

(续表)

工程分析项目	工作内容
3. 污染源源强分析与核算	污染源分布及污染物源强核算 物料平衡与水平衡 无组织排放源强统计及分析 非正常排放源强统计及分析 污染物排放总量建议指标
4. 清洁生产分析	从原料、产品、工艺技术、装备水平分析清洁生产情况
5. 环保措施方案分析	分析环保措施方案及所选工艺及设备的先进水平和可靠程度 分析与处理工艺有关技术经济参数的合理性 分析环保设施投资构成及其在总投资中占有的比例
6. 总图布置方案与外环境关系分析	分析厂区与周围的保护目标之间所定防护距离的安全性 分析根据气象、水文等自然条件分析工厂和车间布置的合理性 分析环境敏感点(保护目标)处置措施的可行性

（一）工程概况

工程分析的范围应包括主体工程、辅助工程、公用工程、环保工程、储运工程及依托工程等。首先对建设项目概况、工程一般特征作简介，通过项目组成分析找出项目建设存在的主要环境问题，列出项目组成表(可参照表5-2)，列出建设项目的产品方案(包括主要产品及副产品)，为项目产生的环境影响分析和提出合适的污染防治措施奠定基础。在工程概况中应明确项目建设地点、生产工艺、主要生产设备、总平面布置、建设周期、总投资及环境保护投资等内容。根据工程组成和工艺，给出主要原料与辅料的名称、单位产品消耗量、年总耗量和来源(可参照表5-3)，对于含有毒有害物质的原料、辅料应给出组分。另外，还要给出建设项目涉及的原料、辅助材料、产品、中间产品、副产物等主要物料的理化性质、毒理特征等。因此，可以看出"工程概况"是工程分析的重要基础。工程分析最本质的内容就是在交代清楚工程概况的基础上，识别环境影响源，并核算源强。

表 5-2　建设项目组成

项目名称		建设规模
主体工程	1	
	2	
	……	
辅助工程	1	
	2	
	……	
公用工程	1	
	2	
	……	

（续表）

项目名称		建设规模
储运工程	1	
	2	
	……	
依托工程	1	
	2	
	……	
环保工程	1	
	2	
	……	
办公室及生活设施	1	
	2	
	……	

表 5-3　建设项目原料、辅料消耗

序号	名称	单位产品消耗量	年总耗量	来源	规格型号	储存方式	包装方式	最大储存量
1								
2								
3								
……								

对于分期建设项目,则应按不同建设期分别说明建设规模。改扩建及易地搬迁项目应列出现有工程基本情况、污染物排放及达标情况、存在的环境保护问题及拟采取的工程方案等内容,说明与建设项目的依托关系。

（二）工艺流程及产污环节分析

一般情况下,工艺流程应在设计单位、建设单位的可研或设计文件基础上,根据工艺过程的描述及同类项目生产的实际情况进行绘制。环境影响评价工艺流程图有别于工程设计工艺流程图,环境影响评价关心的是工艺过程中产生污染物的具体部位、污染物的种类和数量,所以绘制的污染工艺流程应包括涉及产生污染物的装置和工艺过程,不产生污染物的过程和装置可以简化,有化学反应发生的工序要列出主要化学反应和副反应式,并在总平面布置图上标出污染源的准确位置,以便为其他专题评价提供可靠的污染源资料。工艺流程的叙述应与工艺流程图相对应,注意产排污节点的编号应一致。在产污环节分析中,应包括主体工程、公用工程、辅助工程、储运等项目组成的内容,说明是否会增加依托工程污染物排放量。对于现有工程回顾性评价,应明确项目污染物排放统计的基准年份。图 5-1 和图 5-2 为工艺流程图,用于说明某化肥厂的生产过程及产污位置,一般可简化为方块流程图表示。

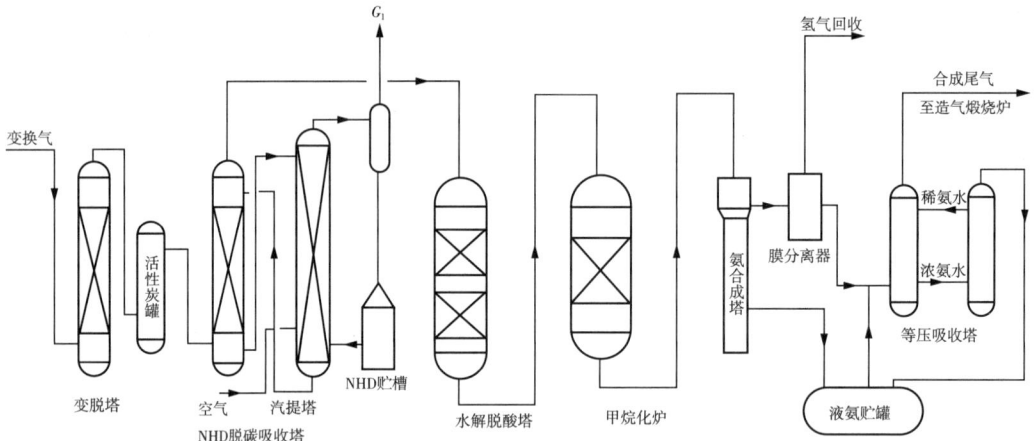

图 5-1　某化肥厂工艺流程及产污位置

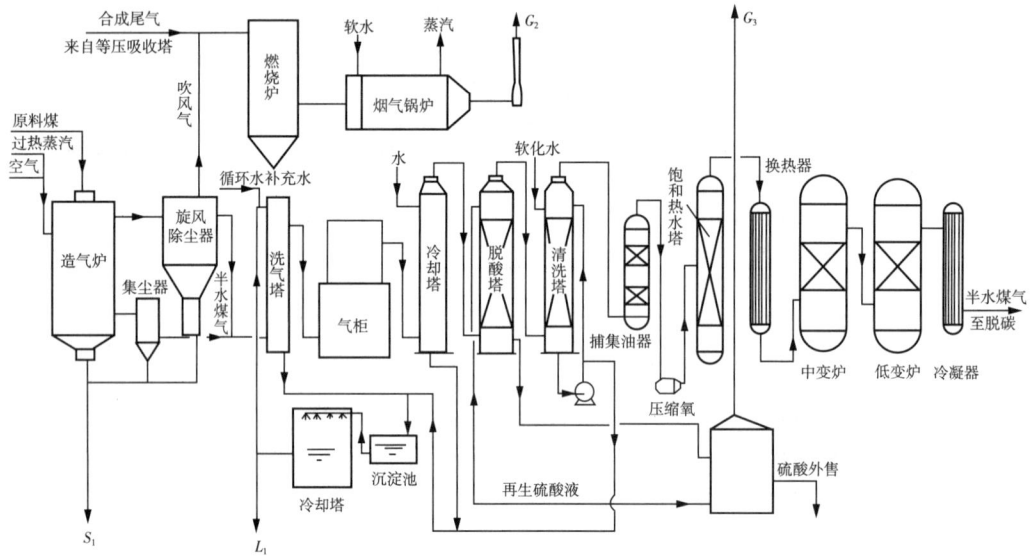

图 5-2　某化肥厂工艺流程及产污位置(造气、脱硫、变换)

(三)污染源源强分析与核算

1. 污染源分布及污染物源强核算

污染源分布和污染物类型及排放量是各专题评价的基础资料,必须按建设过程、运营过程两个时期详细核算和统计。根据项目评价需要,一些项目还应对服务期满后(退役期)影响源强进行核算。因此,对于污染源分布应根据已经绘制的污染流程图,按排放点标明污染物排放部位,然后列表逐点统计各种污染物的排放强度、浓度及数量。对于最终排入环境的污染物,确定其是否达标排放,达标排放必须以项目的最大负荷核算。如燃煤锅炉二氧化硫、烟尘排放量,必须以锅炉最大产气量时所耗的燃煤量为基础进行核算。

对于废气,可按点源、面源、线源进行核算,说明源强、排放方式和排放高度及存在的有关问题。对于废水,应说明种类、成分、浓度、排放方式和去向。对于固体废物,要按《中华人民共和国固体废物污染环境防治法》对废物进行分类:对于废液应说明种类、成分、浓度、是否属于危险废物、处置方式和去向等有关问题;对于废渣,应说明有害成分、溶出物浓度、是否属于危险废物及危废代码、排放量、处理和处置方式和贮存方法。噪声和放射性应列表说明源强、剂量及分布。

污染源源强的核算基本要求是根据污染物产生环节、产生方式和治理措施,核算建设项目正常工况和非正常工况(开车、停车、检维修等)的污染物排放量,一方面要确定污染源的主要排放因子,另一方面需要明确污染源的排放参数和位置。对于改扩建项目,需要分别按现有工程、在建和改扩建项目实施后等多种情形下的污染物产生量、排放量及其变化量,明确改扩建项目建成后最终的污染物排放量。对国家和地方限期达标规划及其他相关环境管理规定有特殊要求的时段,包括重污染天气应急预警期间等,应说明建设项目的污染物排放情况的调整措施。

工程分析中污染源源强核算可参考具体行业污染源源强核算指南规定的方法。

污染物的源强统计可参照表5-4进行,分别列废水、废气、固体废物排放表,噪声统计比较简单,可单列。

表5-4 污染源源强

序号	污染源	污染因子	产生量	治理措施	排放量	排放方式	排放去向	达标分析
1								
2								
……								

(1)新建项目污染物排放量统计,须按废水和废气污染物分别统计各种污染物排放总量,固体废物按我国规定统计一般固体废物和危险废物。并应算清"两本账",即生产过程中的污染物产生量和实现污染防治措施后的污染物削减量,二者之差为污染物最终排放量,参见表5-5。

表5-5 新建项目污染物排放量统计

类别	污染物名称	产生量	治理削减量	排放量
废气				
废水				
固体废物				

统计时应以车间或工段为核算单元,对于泄漏和放散量部分,原则上要求实测,实测有困难时,可以利用年均消耗定额的数据进行物料平衡推算。

(2)技改扩建项目污染物排放量统计,应算清新老污染源"三本账",即技改扩建前污染物排放量、技改扩建项目污染物排放量、技改扩建完成后(包括"以新带老"削减量)污染物排放量,可以用表5-6的形式列出,其相互的关系可表示为:

技改扩建完成后排放量=技改扩建前排放量-"以新带老"削减量+技改扩建项目排放量

表5-6 技改扩建项目污染物排放量统计

类别	污染物	现有工程排放量	拟建项目排放量	"以新带老"削减量	技改工程完成后总排放量	增减变化量
废气						
废水						
固体废物						

2. 物料平衡和水平衡

在环境影响评价进行工程分析时,必须根据不同行业的具体特点,选择若干有代表性的物料,主要是针对有毒有害的物料,进行物料衡算。

水平衡是指水作为工业生产中的原料和载体,在任一用水单元内都存在着水量的平衡关系,也同样可以依据质量守恒定律,进行质量平衡计算。工业用水量和排水量的关系见图5-3,水平衡式如下:

$$Q+A=H+P+L \tag{5-1}$$

(1)取水量:工业用水的取水量是指取自地表水、地下水、自来水、海水、城市污水及其他水源的总水量。对于建设项目工业取水量包括生产用水和生活用水,主要指建设项目取用的新鲜水量,生产用水又包括间接冷却水、工艺用水和锅炉给水。

建设项目工业取水量=生产用水量+生活用水量

(2)重复用水量:指生产厂(建设项目)内部循环使用和循序使用的总水量。

(3)耗水量:指整个工程项目消耗掉的新鲜水量总和,即

$$H=Q_1+Q_2+Q_3+Q_4+Q_5+Q_6 \tag{5-2}$$

式中:Q_1——产品含水,即由产品带走的水;

Q_2——间接冷却水系统补充水量,即循环冷却水系统补充水量;

Q_3——洗涤用水(包括装置和生产区地坪冲洗水)、直接冷却水和其他工艺用水量之和;

Q_4——锅炉运转消耗的水量;

Q_5——水处理用水量,指再生水处理装置所需的用水量;

Q_6——生活用水量。

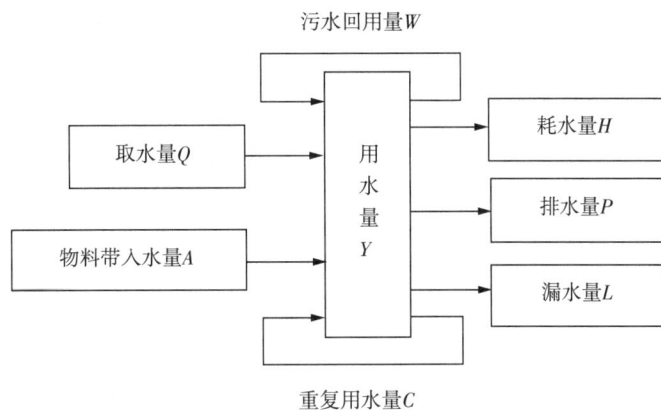

图 5-3 工业用水量和排水量的关系

3. 污染物排放总量控制建议指标

在核算污染物排放量的基础上,按国家对污染物排放总量控制指标的要求,提出工程污染物排放总量控制建议指标,污染物排放总量控制建议指标应包括国家规定的指标和项目的特征污染物,通常污染物总量单位为 t/a,对于排放量较小的污染物总量可用其他适宜的单位。提出的工程污染物排放总量控制建议指标必须满足以下要求:
(1)满足达标排放的要求;(2)符合其他相关环保要求(如特殊控制的区域与河段);
(3)技术上可行。

建设项目污染物排放总量的核算,与排污许可制度紧密衔接,环境质量不达标地区,要通过选择最佳可行技术或最优技术方案、提高排放标准或加严许可排放量等措施,保证污染物达到最低排放强度和排放浓度,并使环境影响可以接受。

4. 无组织排放源的统计

无组织排放是对应于有组织排放而言的,主要针对废气排放,表现为生产工艺过程中产生的污染物未进入收集和排气系统,而通过厂房天窗或直接弥散到环境中。工程分析中将无排气筒的排放源及低于 15m 以下的排放源定为无组织排放。其确定方法主要有三种:

(1)物料衡算法。通过全厂物料的投入产出分析,核算无组织排放量。

(2)类比法。与工艺相同、使用原料相似的同类项目进行类比,在此基础上,核算无组织排放量。

(3)反推法。通过对同类建设项目正常生产时无组织监控点进行现场监测,利用面源扩散模式反推,以此确定该项目无组织排放量。

5. 非正常排污的源强统计与分析

非正常排污包括两部分:

(1)正常开、停车或部分设备检修时排放的污染物。

(2)其他非正常工况排污是指工艺设备或环保设施达不到设计规定指标运行时的可控排污,因为这种排污不代表长期运行的排污水平,所以列入非正常排污评价中。此类异常排污分析都应重点说明异常情况产生的原因、发生频率和处置措施。

6. 污染源参数及排放口类型统计

根据行业排污许可证管理的要求,建设项目废气排放口通常可划分为主要排放口、一般排放口和特殊排放口,实行分类管理:主要排放口管控许可排放浓度和许可排放量;一般排放口管控许可排放浓度;特殊排放口暂不管控许可排放浓度和许可排放量。在相关行业建设项目环境影响评价中,应按照各排放口污染物排放特点及排放负荷说明排放口的类型。建设项目废水总排放口为主要排放口,通常不区分装置内部的排放口、车间排放口、生产设施排放口。在《排污许可证申请与核发技术规范 化肥工业——氮肥》(HJ 864.1—2017)中,废气污染源、污染物和排放口类型见表 5-7。污染源及排放口类型确定后,还应给出对应的参数,包括排放口坐标、高度、温度、压力、流量、内径、污染物排放速率、状态、排放规律(连续排放、间断排放、排放频次)、无组织排放源的位置及范围等。

表 5-7 氮肥行业废气排放口类型

污染源			许可排放浓度(速率)污染物项目	许可排放量污染物项目	排放口类型
以煤为原料	备煤		含尘废气收集处理设施排气筒	颗粒物	—	一般排放口
	固定床常压煤气化工艺	原料气制备	吹风气余热回收系统或三废混燃系统烟囱	颗粒物、二氧化硫、氮氧化物、汞及其化合物[a]、烟气黑度	颗粒物、二氧化硫、氮氧化物	主要排放口
			造气循环水冷却塔	—	—	其他排放情形
			造气废水沉淀池废气收集处理设施排气筒	—	—	其他排放情形
			造气炉放空管	—	—	其他排放情形
		原料气净化	脱碳气提塔废气排气筒	(硫化氢)、(氨)、非甲烷总烃	—	一般排放口

（续表）

污染源				许可排放浓度（速率）污染物项目	许可排放量污染物项目	排放口类型
以煤为原料	干煤粉气流化床气化工艺	原料气制备	磨煤干燥系统放空气排气筒	颗粒物、氮氧化物	—	一般排放口
			煤粉输送及加压进料系统煤粉仓排气筒	颗粒物、甲醇[b]、（硫化氢[b]）	—	一般排放口
		原料气净化	低温甲醇洗尾气洗涤塔排气筒	甲醇、（硫化氢）	—	一般排放口
			硫回收尾气排气筒	二氧化硫、硫酸雾[c]	二氧化硫	主要排放口
	水煤浆气流化床气化工艺	原料气净化	低温甲醇洗尾气洗涤塔排气筒	甲醇、（硫化氢）	—	一般排放口
			硫回收尾气排气筒	二氧化硫、硫酸雾[c]	二氧化硫	主要排放口
	碎煤固定床加压气化工艺	原料气净化	酸性气脱除设施排气筒	二氧化硫、氮氧化物、甲醇、非甲烷总烃	二氧化硫、氮氧化物	主要排放口
			硫回收尾气排气筒	二氧化硫、硫酸雾[c]	二氧化硫	主要排放口
以天然气为原料	蒸汽转化法	原料气制备	一般转化炉烟囱	颗粒物	颗粒物、氮氧化物	主要排放口
以焦炉气为原料	部分转化法	原料气制备	脱硫再生槽废气排放口	硫化氢、氨	—	一般排放口
			一般转化炉烟囱	颗粒物	颗粒物、氮氧化物	主要排放口
以油为原料	部分氧化法	原料气净化	低温甲醇洗尾气洗涤塔排气筒	甲醇、（硫化氢）	—	一般排放口
			硫回收尾气排气筒	二氧化硫、硫酸雾[c]	二氧化硫	主要排放口
尿素			放空气洗涤塔排气筒	（氨）	氨	主要排放口
			造粒塔或造粒机排气筒	颗粒物、（氨）、甲醛[d]	颗粒物、氨	主要排放口
			包装机排气筒	颗粒物		一般排放口

(续表)

污染源		许可排放浓度(速率) 污染物项目	许可排放量污染物项目	排放口类型
硝酸铵	造粒塔排气筒	颗粒物、(氨)	颗粒物、氨	主要排放口
	包装机排气筒	颗粒物	—	一般排放口
公用工程	动力锅炉烟囱	颗粒物、二氧化硫、氮氧化物、汞及其化合物、烟气黑度	颗粒物、二氧化硫、氮氧化物	主要排放口
	污水处理厂废气收集处理设施排气筒（以煤或油为原料）	(氨)、(硫化氢)、酚类ᵉ、非甲烷总烃ᵉ	—	一般排放口
	火炬ᶠ	—	—	其他排放情形
厂界		氨、非甲烷总烃、臭气浓度、硫化氢ᵍ、颗粒物、甲醇ʰ、酚类ⁱ		—

注:a. 采用三废混燃系统时,应管控汞及其化合物。

    b. 干煤粉气流床气化工艺煤粉输送载气采用来自低温甲醇洗脱硫脱碳设施的二氧化碳气时,应管控硫化氢、甲醇。

    c. 硫回收生产硫酸时,应管控硫酸雾。

    d. 造粒过程使用甲醛时,应管控甲醛。

    e. 采用固定床煤气化工艺时,应管控酚类、非甲烷总烃。

    f. 指全厂主火炬。

    g. 以天然气为原料和燃料的排污单位可不管控硫化氢和颗粒物。

    h. 氨醇联产或脱硫脱碳采用低温甲醇洗工艺时,应管控甲醇。

    i. 采用固定床煤气化工艺时,应管控酚类。

(四)清洁生产分析

清洁生产是我国工业可持续发展的重要战略,也是实现我国污染控制的重点,即由末端控制向生产全过程控制转变的重要措施。清洁生产强调"预防污染物的产生",即从源头和生产过程防止污染物的产生。项目实施清洁生产,可以减轻项目末端处理的负担,提高项目建设的环境可行性。

清洁生产分析应考虑生产工艺和装备是否先进可靠,资源和能源的选取、利用和消耗是否合理,产品的设计、产品的寿命和产品报废后的处置等是否合理,对在生产过程中排放出来的废物是否做到尽可能地循环利用和综合利用等,从而实现从源头消灭环境污染问题。清洁生产提出的环保措施建议,应从源头围绕生产过程的节能、降耗和减污的清洁生产方案。

建设项目工程分析应参考项目可行性研究中工艺技术比选、节能、节水、设备等篇章的内容,分析项目从原料到产品的设计是否符合清洁生产的理念,包括工艺技术来源和技术特点、装备水平、资源能源利用效率、废弃物产生量、产品指标等方面说明。

(五)环保措施方案分析

环保措施方案分析包括两个层次,首先对项目可研报告等文件提供的污染防治措施进行技术先进性、经济合理性及运行可靠性的评价,若所提措施有的不能满足环保要求,则需提出切实可行的改进建议,包括替代方案。分析要点如下:

1. 分析建设项目可研阶段或设计阶段环保措施方案的技术经济可行性

根据建设项目产生的污染物的特点,充分调查同类企业的现有环保处理方案的经济技术运行指标,分析建设项目所采用的环保设施的技术可行性、经济合理性及运行可靠性,在此基础上提出进一步的改进意见,包括替代方案。

2. 分析建设项目采用的污染处理工艺,排放污染物达标的可靠性

根据现有的同类环保设施的运行技术经济指标,结合建设项目排放污染物的基本特点和所采用污染防治措施的合理性,分析建设项目环保设施运行参数是否合理,有无承受冲击负荷能力,能否稳定运行,确保污染物排放达标的可靠性,并提出进一步改进的意见。

3. 分析环保设施投资构成及其在总投资(或建设投资)中占的比例

汇总建设项目环保设施的各项投资,分析其投资结构,并计算环保投资在总投资(或建设投资)中所占的比例。环保投资一览表可按表5-8给出,该表是指导建设项目竣工环境保护验收的重要参照依据。

对于技改扩建项目,环保设施投资一览表中还应包括“以新带老”的环保投资内容。

4. 依托设施的可行性分析

对于改扩建项目,原有工程的环保设施有相当一部分是可以利用的,如现有污水处理厂、固体废物填埋场、焚烧炉等。原有环保设施是否能满足改扩建后的要求,需要认真核实,分析依托的可靠性。随着经济的发展,依托公用环保设施已经成为区域环境污染防治的重要组成部分。对于产生的废水,经过简单处理后排入区域或城市污水处理厂进一步处理或排放的项目,除了对其所采用的污染防治技术的可靠性、可行性进行分析评价外,还应对接纳排水的污水处理厂的工艺合理性进行分析,其处理工艺是否与项目排水的水质相容;对于可以进一步利用的废气,要结合所在区域的社会经济特点,分析其集中、收集、净化、利用的可行性;对于固体废物,则要根据项目所在地的环境、社会经济特点,分析综合利用的可能性;对于危险废物,则要分析能否得到妥善的处置。

表 5-8　建设项目环保投资

项目		建设内容	投资
废气治理	1		
	2		
	……		

(续表)

项目		建设内容	投资
废水治理	1		
	2		
	……		
噪声治理	1		
	2		
	……		
土壤防控	1		
	2		
	……		
环境风险防控	1		
	2		
	……		
固体废物处置	1		
	2		
	……		
厂区绿化	1		
	2		
	……		
其他	1		
	2		
	……		

(六)总图布置方案与外环境关系分析

1. 分析厂区与周围的保护目标之间所定的防护距离的可靠性

参考大气导则、国家的有关防护距离规范,分析厂区与周围的保护目标之间所定防护距离的可靠性,合理布置建设项目的各构筑物及生产设施,给出总图布置方案与外环境关系图。该图可参照图 5-4 绘制。图中应标明:①保护目标与建设项目的方位关系;②保护目标与建设项目的距离;③保护目标的内容与性质(如学校、医院、集中居住区等)。

2. 根据气象、水文等自然条件分析工厂和车间布置的合理性

在充分掌握项目建设地点的气象、水文、工程地质、水文地质等资料的条件下,认真考虑这些因素对污染物的污染特性的影响,合理布置工厂和车间,尽可能减少对环境的不利影响。

3. 分析对周围环境敏感点处置措施的可行性

分析项目所产生的污染物的特点及其污染特征,结合现有的有关资料,确定建设项

目对附近环境敏感点的影响程度,在此基础上提出切实可行的处置措施(如降低排放源强、设置屏障、加强受体防护、搬迁等)。

4. 在总图上标示建设项目主要污染源的位置

设计文件较详细时,在厂区平面布置图中还可标明主要生产单元及公用工程单元的设施名称、位置,以及废气排放源、废水排放口、雨水排放口位置等。

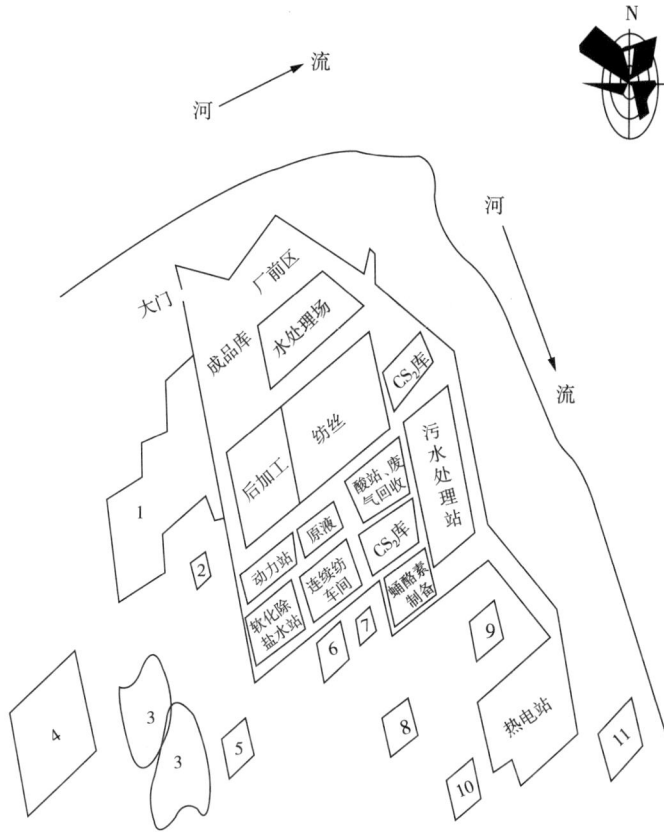

序号	名称	距厂界距离及方位	备注
1	某公司	西面,相邻	面积210亩①,约700人
2	绿化队苗圃	西面,约40m	面积5亩,约11人
3	鱼种场	西面,约200m	面积160亩,约26人
4	福利院	西面,约250m	面积137亩,约180人
5	民宅	西面,约70m	约10户45人
6	小学	南面,约5m	面积10亩,约520人
7~11	民宅	南面,约10~200m	约120户500人

① 1亩 ≈ 0.0667hm²。

图 5-4　某公司总图布置及外环境关系

(七)工程分析注意事项

实际开展建设项目工程分析时,紧扣以下几个方面开展:

一是项目主要建设内容与规模一览表中的内容、主要原辅料一览表中的原辅料种类和年使用量、生产设备一览表中的设备设施台套数和功用等均须在生产工艺流程图中有所体现,实现有效关联;

二是生产工艺流程中的各个工艺步骤均有对应的加工对象、加工设备设施,不能无中生有,亦不能遗漏有加工对象、加工设备设施的工艺步骤;

三是产污环节必须与工艺步骤一一对应,亦应当与污染防治设施一一对应,特别是固废、环境风险;

四是所有工程分析涉及的内容必须在厂区总平图和生产厂房布置图中均有对应的区域,不能是空中楼阁。

项目主要建设内容之间逻辑关系图及其应用开展,详见图5-5。

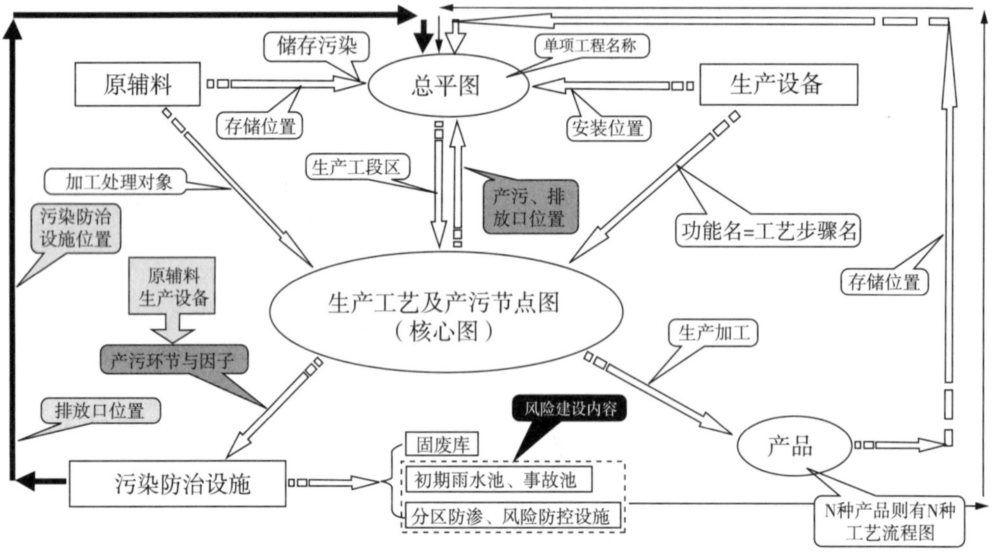

图 5-5 项目主要建设内容之间逻辑关系图及其应用

典型污染型项目工程分析案例见电子材料。

第二节 生态影响型项目工程分析

一、工程分析基本要求

(一)《建设项目环境影响评价技术导则 总纲》(HJ 2.1—2016)

《建设项目环境影响评价技术导则 总纲》(HJ 2.1—2016)对生态影响因素分析有如下明确的要求:结合建设项目特点和区域环境特征,分析建设项目建设和运行过程(包括施工方式、施工时序、运行方式、调度调节方式等)对生态环境的作用因素与影响源、影响方式、影响范围和影响程度。重点为影响程度大、范围广、历时长或涉及环境敏感区的作用因素和影响源,关注间接性影响、区域性影响、长期性影响以及累积性影响等特有生态影响因素的分析。

(二)《环境影响评价技术导则 生态影响》(HJ 19—2022)

《环境影响评价技术导则 生态影响》(HJ 19—2022)对工程分析有如下明确的要求:

1. 按照 HJ 2.1 的要求开展工程分析,主要采用工程设计文件的数据和资料以及类比工程的资料,明确建设项目地理位置、建设规模、总平面及施工布置、施工方式、施工时序、建设周期和运行方式,各种工程行为及其发生的地点、时间、方式和持续时间,以及设计方案中的生态保护措施等。

2. 结合建设项目特点和区域生态环境状况,分析项目在施工期、运行期以及服务期满后(可根据项目情况选择)可能产生生态影响的工程行为及其影响方式,判断生态影响性质和影响程度。重点关注影响强度大、范围广、历时长或涉及重要物种、生态敏感区的工程行为。

3. 工程设计文件中包括工程位置、工程规模、平面布局、工程施工及工程运行等不同的比选方案,应对不同方案进行工程分析。现有方案均占用生态敏感区,或可能对生态保护目标产生显著不利影响,还应补充提出基于减缓生态影响考虑的比选方案。

二、工程分析时段

根据《环境影响评价技术导则 生态影响》(HJ 19—2022)明确要求,工程分析时段应涵盖施工期、运营期和退役期,即应全过程分析,其中以施工期和运营期为调查分析的重点。在实际工作中,针对各类生态影响型建设项目的影响性质和所处的区域环境特点的差异,其关注的工程行为和重要生态影响会有所侧重,不同阶段有不同问题需要关注和解决。

勘察设计期一般不晚于环评阶段结束,主要包括初勘、选址选线和工程可行性(预)研究报告。初勘和选址选线工作在进入环评阶段前已完成,其主要成果在工程可行性(预)研究报告中会有体现。而工程可行性(预)研究报告与环评是一个互动阶段,环评以工程可行性(预)研究报告为基础,评价过程中发现初勘、选址选线和相关工程设计中存在的环境影响问题并提出调整或修改建议,工程可行性(预)研究报告据此进行修改或调整,最终形成科学的工程可行性(预)研究报告与环评报告。

施工期时间跨度少则几个月,多则几年。对生态影响来说,施工期和运营期的影响同等重要且各具特点,施工期产生的直接生态影响一般属临时性的,但在一定条件下其产生的间接影响可能是永久性的。在实际工程中,施工期生态影响注重直接影响的同时,也不应忽略可能造成的间接影响。施工期是生态影响评价必须重点关注的时段。

运营期一般比施工期长得多,在工程可行性(预)研究报告中会有明确的期限要求。由于时间跨度长,该时期的生态影响和污染影响可能会造成区域性的环境问题,如水库蓄水会使周边区域地下水位抬升,进而可能造成区域土壤盐渍化甚至沼泽化;井工采矿时大量疏干排水可能导致地表沉降和地面植被生长不良甚至荒漠化。运营期是环评必须重点关注的时段。

退役期不仅包括主体工程的退役,也涉及主要设备和相关配套工程的退役,如矿井(区)闭矿、渣场封闭、设施报废等,可能存在环境影响问题需要解决。

三、工程分析对象

生态影响型建设项目应明确项目组成、建设地点、占地规模、总平面及现场布置、施工方式和施工时序,建设周期和运行方式、总投资及环境保护投资等。一方面,要求工程组成要完整,应包括临时性/永久性、勘察期/施工期/运营期/退役期的所有工程;另一方面,要求重点工程突出,对环境影响范围大、影响时间长的工程和处于环境保护目标附近的工程应重点分析。

工程组成有完善的项目组成表,一般按主体工程、配套工程和辅助工程分别说明工程位置、规模、施工和运营设计方案、主要技术参数和服务年限等,主要内容见表 5-9。

表 5-9 工程分析对象分类及界定依据

	分类	界定依据	备注
1	主体工程	一般指永久性工程,由项目立项文件确定工程主体	
2	配套工程	一般指永久性工程,由项目立项文件确定的主体工程外的其他相关工程	
	公用工程	除服务于本项目外,还服务于其他项目,可以是新建,也可以依托原有工程或改扩建原有工程	在此不包括公用的环保工程和储运工程,应分别列入环保工程和储运工程
	环保工程	根据环境保护要求,专门新建或依托、改扩建原有工程,其主体功能是生态保护、污染防治、节能、提高资源利用效率和综合利用等	包括公用的或依托的环保工程
	储运工程	指原辅材料、产品和副产品的储存设施和运输道路	包括公用的或依托的储运工程
3	辅助工程	一般指施工期的临时性工程,项目立项文件中不一定有明确的说明,可通过工程行为分析和类比方法确定	

重点工程分析既考虑工程本身的环境影响特点,也要考虑区域环境特点和区域敏感目标。在各评价时段内,应突出各个时段存在的主要环境影响的工程;区域环境特点不同,同类工程的环境影响范围和程度可能会有明显的差异;同样的环境影响强度,因与区域敏感目标相对位置关系不同,其环境影响敏感性不同。

改扩建及易地搬迁建设项目还应包括现有工程的基本情况、污染物排放及达标情况、存在的环境保护问题及拟采取的整改方案等内容。

四、工程分析内容

(一)工程概况

介绍工程的名称、建设地点、性质、规模,给出工程的经济技术指标;介绍工程特征,给出工程特征表;完全交代工程项目组成,包括施工期临时工程,给出项目组成表;阐述工程施工和运营设计方案,给出施工期和运营期的工程布置示意图;有比选方案时,在上述内容中应均有介绍。

应给出地理位置图、总平面布置图、施工平面布置图、物料(含土石方)平衡图和水平衡图等基本工程图件。

(二)初步论证

主要从宏观上进行项目可行性论证,必要时提出替代或调整方案。初步论证主要包括以下三个方面内容:

1. 建设项目和法律法规、产业政策、环境政策和相关规划的符合性;
2. 建设项目选址选线、施工布置和总图布置的合理性;
3. 清洁生产和区域循环经济的可行性,提出替代或调整方案。

(三)影响源识别

应明确建设项目在建设阶段、生产运行、服务期满后(可根据项目情况选择)等不同阶段的各种行为与可能受影响的环境要素间的作用效应关系、影响性质、影响范围及影响程度等,分析建设项目可能产生的生态影响。生态影响型建设项目除了主要产生生态影响外,同样会有不同程度的污染影响,其影响源识别主要从工程自身的影响特点出发,识别可能带来生态影响或污染影响的来源,包括工程行为和污染源。影响源分析时,应尽可能给出定量或半定量数据。

工程行为分析时,应明确给出土地征用量、临时用地量、地表植被破坏面积、取土量、弃渣量、库区淹没面积和移民数量等。

污染源分析时,原则上按污染型建设项目要求进行,从废水、废气、固体废物、噪声与振动、电磁等方面分别考虑,明确污染源位置、属性、产生量、处理处置量和最终排放量。

对于改扩建项目,还应分析原有工程存在的环境问题,识别原有工程影响源和源强。

(四)环境影响识别

建设项目环境影响识别一般从社会影响、生态影响和环境污染三个方面考虑,在结合项目自身环境影响特点、区域环境特点和具体环境敏感目标的基础上进行识别。应结合建设项目所在区域发展规划、环境保护规划、环境功能区划、生态功能区划、生态保护红线及环境现状,分析可能受建设行为影响的环境影响因素。生态影响型建设项目的生态影响识别,则不仅要识别工程行为造成的直接生态影响,而且要注意污染影响造成的间接生态影响,甚至要求识别工程行为和污染影响在时间或空间上的累积效应(累积影响),明确各类影响的性质(有利/不利)和属性(可逆/不可逆、临时/长期等)。

(五)环境保护方案分析

初步论证是从宏观上对项目可行性进行论证,环境保护方案分析要求从经济、环境、技术和管理方面来论证环境保护措施和设施的可行性,必须满足达标排放、总量控制、环境规划和环境管理要求,技术先进且与社会经济发展水平相适宜,确保环境保护目标可达性。环境保护方案分析至少应有以下五个方面内容:

1. 施工和运营方案的合理性分析;

2. 工艺和设施的先进性和可靠性分析;

3. 环境保护措施的有效性分析;

4. 环保设施处理效率的合理性和可靠性分析;

5. 环境保护投资估算及合理性分析。

经过环境保护方案分析,对于不合理的环境保护措施应提出比选方案,进行比选分析后提出推荐方案或替代方案。

对于改扩建工程,应明确"以新带老"环保措施。

(六)其他分析

其他分析包括非正常工况类型及源强、风险潜势初判、事故风险识别和源项分析以及防范与应急措施说明(表 5-10)。

表 5-10 工程分析的主要内容

工程分析项目	工作内容	基本要求
1. 工程概况	一般特征简介 工程特征 项目组成 施工和运营方案 工程布置示意图 比选方案	工程组成全面,突出重点工程
2. 初步论证	法律法规、产业政策、环境政策和相关规划符合性 总图布置和选址选线合理性 清洁生产和循环经济可行性	从宏观方面进行论证,必要时提出替代或调整方案
3. 影响源识别	工程行为识别 污染源识别 重点工程识别 原有工程识别	从工程本身的环境影响特点进行识别,确定项目环境影响的来源和强度
4. 环境影响识别	社会影响识别 生态影响识别 环境污染识别	应结合项目自身环境影响特点、区域环境特点和具体环境敏感目标综合考虑
5. 环境保护方案分析	施工和运营方案的合理性 工艺和设施的先进性和可靠性 环境保护措施的有效性 环保设施处理效率的合理性和可靠性 环境保护投资的合理性	从经济、环境、技术和管理方面来论证环境保护方案的可行性
6. 其他分析	非正常工况分析 风险潜势初判 事故风险识别 防范与应急措施	可在工程分析中专门分析,也可纳入其他部分或专题进行分析

五、工程分析技术要点

按照《环境影响评价技术导则　生态影响》(HJ 19—2022),依据建设项目影响区域的生态敏感性和影响程度,评价等级划分为一级、二级和三级。

根据项目特点(线型/区域型)和影响方式不同,以下选择公路、管线、航运码头、油气开采和水电项目为代表,明确工程分析技术要求。

(一)公路项目

工程分析应涉及勘察设计期、施工期和运营期,以施工期和运营期为主,按环境生态、声环境、水环境、环境空气、固体废物和社会环境等要素识别影响源和影响方式,并估算影响源源强。

勘察设计期工程分析的重点是选址选线和移民安置,详细说明工程与各类保护区、区域路网规划、各类建设规划和环境敏感区的相对位置关系及可能存在的影响。

施工期是公路工程产生生态破坏和水土流失的主要环节,应重点考虑工程用地、桥隧工程和辅助工程(施工期临时工程)所带来的环境影响和生态破坏。在工程用地分析中说明临时租地和永久征地的类型、数量,特别是占用永久基本农田的位置和数量;桥隧工程要说明位置、规模、施工方式和施工时间计划;辅助工程包括进场道路、施工便道、施工营地、作业场地、各类料场和废弃渣料场等,应说明其位置、临时用地类型和面积及恢复方案,不要忽略表土保存和利用问题。

施工期要注意主体工程行为带来的环境问题,如路基开挖工程涉及弃土利用和运输、路基填筑涉及借方和运输、隧道开挖涉及弃方和爆破、桥梁基础施工涉及底泥清淤弃渣等。

运营期主要考虑交通噪声、管理服务区"三废"、线性工程阻隔和景观等方面的影响,同时根据沿线区域环境特点和可能运输货物的种类,识别运输过程中可能产生的环境污染和风险事故。

(二)管线项目

工程分析应包括勘察设计期、施工期和运营期,一般管道工程生态影响主要发生在施工期。

勘察设计期工程分析的重点是管线路由和工艺、站场的选择。

施工期工程分析对象应包括施工作业带清理(表土保存和回填)、施工便道、管沟开挖和回填、管道穿越(定向钻和隧道)工程、管道防腐和铺设工程、站场建设和监控工程。重点明确管道防腐、管道铺设、穿越方式、站场建设工程的主要内容、影响源和影响方式,对于重大穿越工程(如穿越大型河流)和处于环境敏感区工程(如国家公园、自然保护区、水源地等),应重点分析其施工方案和相应的环保措施。施工期工程分析时,应注意管道不同的穿越方式可造成不同的影响。

1. 大开挖方式

管沟回填后多余的土方一般就地平整,不产生弃方问题。

2. 悬架穿越方式

不产生弃方和直接环境影响,但存在空间、视觉干扰问题。

3. 定向钻穿越方式

存在施工期泥浆处理处置问题。

4. 隧道穿越方式

除隧道工程弃渣外，还可能对隧道区域的地下水和坡面植被产生影响；若有施工爆破则产生噪声、振动影响，甚至局部地质灾害。

运营期主要是污染影响和风险事故。工程分析应重点关注增压站的噪声源强、清管站的废水和废渣源强、分输站超压放空的噪声源和排空废气源、站场的生活废水和生活垃圾以及相应的环保措施。风险事故应根据输送物品的理化性质和毒性，一般从管道潜在的各种灾害识别源头，根据事故类型分别估算事故源强。

(三)航运码头项目

工程分析应涉及勘察设计期、施工期和运营期，以施工期和运营期为主，按水环境(或海洋环境)、环境生态、环境空气、声环境和固体废物等环境要素识别影响源和影响方式，并估算影响源源强。

研究初步设计期工程分析的重点是码头选址和航路选线。

施工期是航运码头工程产生生态破坏和环境污染的主要环节，重点考虑填充造陆工程、航道疏浚工程、护岸工程和码头施工对水域环境和生态系统的影响，说明施工工艺和施工布置方案的合理性，从施工全过程识别和估算影响源。

运营期主要考虑陆域生活污水、运营过程中产生的含油污水、船舶污染物和码头、航道的风险事故。海运船舶污染物(船舶生活污水、含油污水、压载水、垃圾等)的处理处置有相应的法律规定。同时，应特别注意从装卸货物的理化性质及装卸工艺分析，识别可能产生的环境污染和风险事故。

(四)油气开采项目

工程分析涉及勘察设计期、施工期、运营期和退役期四个时段，各时段影响源和主要影响对象存在一定差异。

工程概况中应说明工程开发性质、开发形式、建设内容、产能规划等，项目组成应包括主体工程(井场工程)、配套工程[各类管线、井场道路、监控中心、办公和管理中心、储油(气)设施、注水站、集输站、转运站点、环保设施、供水、供电、通信等]和施工辅助工程，分别给出位置、占地规模、平面布局、污染设施(设备)和使用功能等相关数据和工程总体平面图、主体工程(井位)平面布置图、重要工程平面布置图和土石方、水平衡图等。

勘察设计时段工程分析以探井作业、选址选线和钻井工艺、井组布设等为重点。井场、站场、管线和道路布设的选择要尽量避开环境敏感区域，应采用定向井或丛式井等先进钻井及布局，其目的均是从源头上避免或减少对环境敏感区域的影响；而探井作业是勘察设计期的主要影响源，勘探期钻井防渗和探井科学封堵有利于防止地下水串层，保护地下水。

施工期土建工程的生态保护应重点关注水土保持、表层保存和恢复利用、植被恢复等措施；对钻井工程更应注意钻井泥浆的处理处置、钻井套管防渗等措施的有效性，避免土壤、地表水和地下水受到污染。

工程分析以污染影响和事故风险分析和识别为主。按环境要素进行分析,重点分析含油废水、废弃泥浆、油泥的产生点,说明其产生量、处理处置方式和排放量、排放去向。对滚动开发项目,应按"以新带老"的要求,分析原有污染源并估算源强。风险事故应考虑因钻井套管破裂、井场和站场漏油(气)、油气罐破损和油气管线破损等产生泄漏、爆炸和火灾的情形。

退役期工程分析主要考虑封井作业。

(五)水电项目

工程分析应涉及勘察设计期、施工期和运营期,以施工期和运营期为主。

勘察设计期工程分析以坝体选址选型、电站运行方案设计合理性和相关流域规划的合理性为主。移民安置也是水利工程特别是蓄水工程设计时应考虑的重点。

施工期工程分析,应在掌握施工内容、施工量、施工时序和施工方案的基础上,识别可能引发的环境问题。

运营期的影响源应包括水库淹没高程及范围、淹没区地表附属物名录和数量、耕地和植被类型与面积、机组发电用水及梯级开发联合调配方案、枢纽建筑布置等方面。

运营期生态影响识别时应注意水库、电站运行方式不同,运营期生态影响也有差异:

1. 对于引水式电站,厂址间段会出现不同程度的脱水河段,对水生生态、用水设施和景观影响较大。

2. 对于日调节水电站,下泄流量、下游河段河水流速和水位在日内变化较大,对下游河道的航运和用水设施影响明显。

3. 对于年调节电站,水库水温分层相对稳定,下泄河水温度相对较低,对下游水生生物和农灌作物影响较大。

4. 对于抽水蓄能电站,上水库区域易对区域景观、旅游资源等造成/产生影响。环境风险主要是水库岸侵蚀、下泄河段河岸冲刷引发塌方,甚至诱发地震。

第三节　污染源源强核算

污染源源强核算是工程分析中的重要工作内容,污染源分析及源强核算的准确性直接影响环境保护措施的选取和环境影响预测评价的结论。因此污染源源强核算应当依据科学的方法逐步进行。首先,开展污染源识别和污染物确定;其次,进行污染源核算方法的选取和相关参数的确定;最后,开展污染源源强的准确核算及结果统计。

建设项目环境影响评价污染源源强核算技术指南体系由准则及行业指南构成。准则规定污染源源强核算的总体要求、核算程序、源强核算原则要求;行业指南指导和规范具体行业的污染源源强核算工作。

一、相关术语

污染源:指造成环境污染的污染物发生源,通常指向环境排放有害物质或对环境产生有害影响的场所、设备或装置。

源强：指对产生和排放的污染物强度的度量，包括废气源强、废水源强、噪声源强、振动源强、固体废物源强等。

废气、废水源强：指单位时间内排出的废气、废水污染物产生有害影响的场所、设备、装置或污染防治（控制）设施的数量。通常包括废气和废水污染源正常排放和非正常排放，不包括事故排放。

噪声源强：指噪声污染源的强度，即反映噪声辐射强度和特征的指标，通常用辐射噪声的声功率级或确定环境条件下、确定距离的声压级（均含频谱）以及指向性等特征来表示。

振动源强：指振动污染源的强度，即反映振动源强度的加速度、速度或位移等特征指标，通常用参考点垂直于地面方向的 Z 振级表示。

固体废物源强：指污染源单位时间内产生的固体废物的数量。

污染物产生量：指污染源某种污染物生成的数量。

污染物排放量：指污染源排入环境或其他设施的某种污染物的数量。

非正常工况：指生产设施或污染防治（控制）设施达不到应有治理效率或同步运转率等情况。

事故排放：指突发泄漏、火灾、爆炸等情况下污染物的排放。

物料衡算法：指根据质量守恒定律，利用物料数量或元素数量在输入端与输出端之间的平衡关系，计算确定污染物单位时间产生量或排放量的方法。

类比法：指对比分析在原辅料及燃料成分、产品、工艺、规模、污染控制措施、管理水平等方面具有相同或类似特征的污染源，利用其相关资料，确定污染物浓度、废气量、废水量等相关参数进而核算污染物单位时间产生量或排放量，或者直接确定污染物单位时间产生量或排放量的方法。

实测法：指通过现场测定得到的污染物产生或排放相关数据，进而核算出污染物单位时间产生量或排放量的方法，包括自动监测实测法和手工监测实测法。

产污系数法：指根据不同的原辅料及燃料、产品、工艺、规模，选取相关行业污染源源强核算技术指南给定的产污系数，依据单位时间产品产量计算出污染物产生量，并结合所采用治理措施情况，核算污染物单位时间排放量的方法。

排污系数法：指根据不同的原辅料及燃料、产品、工艺、规模和治理措施，选取相关行业污染源源强核算技术指南给定的排污系数，结合单位时间产品产量直接计算确定污染物单位时间排放量的方法。

实验法：指模拟实验确定相关参数，核算污染物单位时间产生量或排放量的方法。

核算时段：指相关管理规定确定的核算污染物排放量的时间范围，一般以年、小时等为核算时段。

二、源强核算程序

污染源源强核算程序包括污染源识别与污染物确定、核算方法及参数选定、源强核算、核算结果汇总等（图 5-5）。

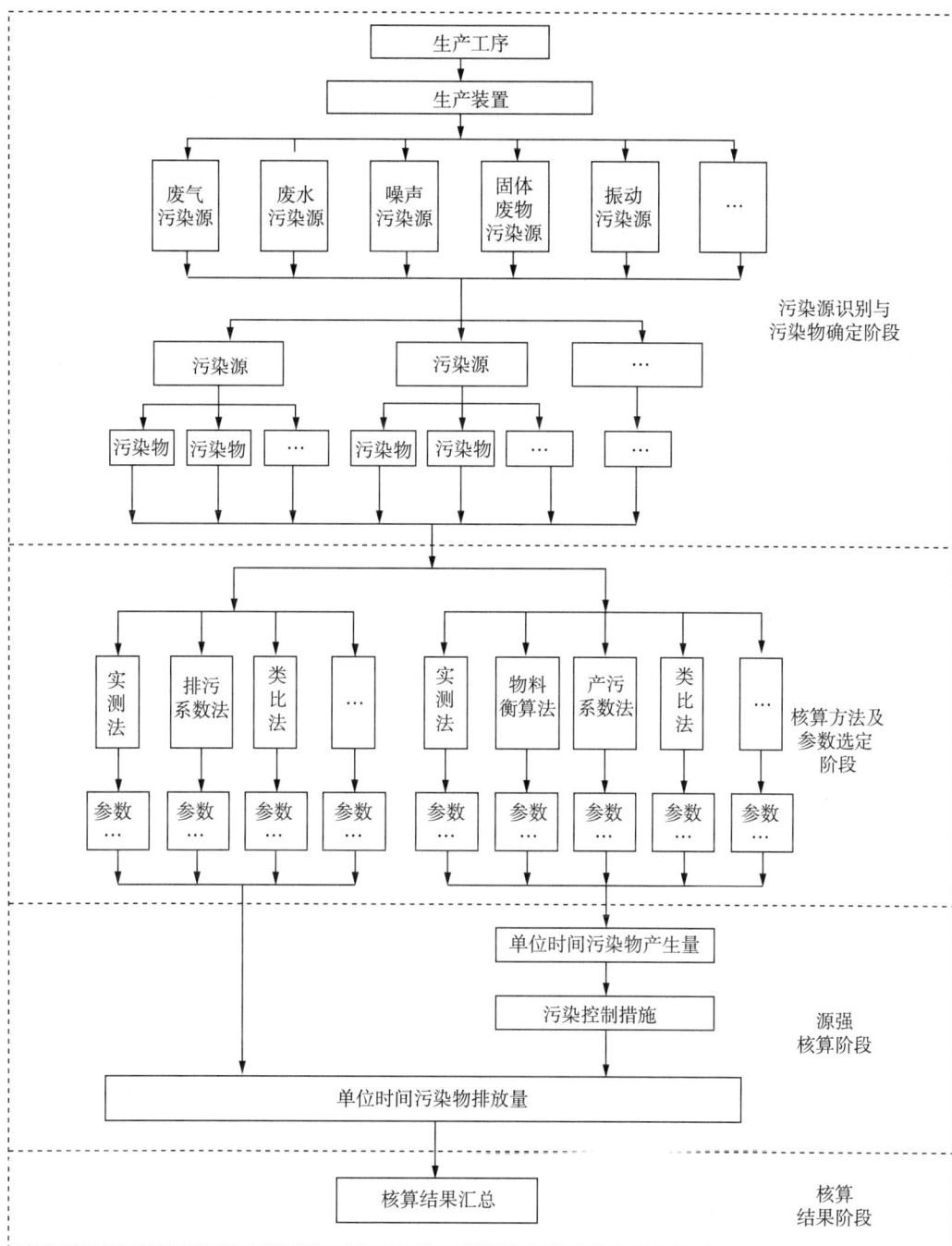

图 5-5　源强核算程序

三、污染源识别与污染物确定

结合工艺流程,识别产生废气、废水、噪声、振动、固体废物等的污染源,确定污染源类型和数量,针对每个污染源识别所有规定的污染物及其治理措施。

污染源的识别应结合行业特点,涵盖所有工艺和装备类型,明确所有可能产生废气、废水、噪声、振动、固体废物等污染物的场所、设备或装置,包括可能对水环境和土壤环境产生不利影响的"跑、冒、滴、漏"等环节。污染源识别过程应分别对废气、废水、噪声、振动等污染源进行分类。

废气污染源类型:按照污染源形式可划分为点源、面源、线源、体源、网格源;按照排放方式可划分为有组织排放源、无组织排放源;按照排放特性可划分为连续排放源、间歇排放源;按照排放状态可划分为正常排放源、非正常排放源。

废水污染源类型:按照排放形式可划分为点源、非点源;按照排放特性可划分为连续排放源、间歇排放源、偶发排放源;按照排放状态可划分为正常排放源、非正常排放源。

噪声源类型:按照声源位置可划分为固定声源、流动声源;按照发声时间可划分为频发噪声源、偶发噪声源;按照发声形式可划分为点声源、线声源和面声源。

振动源类型:按照振动变化情况可划分为稳态振动源、冲击振动源、无规振动源、轨道振动源。

地下水排放类型:按照排放状态可划分为正常状况及非正常状况下的排放。

污染物的确定:应根据国家、地方颁布的行业污染物排放标准,确定污染源废气、废水等相关污染物。无行业污染物排放标准的,可结合国家、地方颁布的通用型和综合型排放标准及地方颁布的流域(海域)和区域污染物排放标准,或参照具有类似产排污特性的相关行业的排放标准,确定污染源废气、废水等相关污染物。也可根据原辅料及燃料使用和生产工艺情况,分析确定污染源废气、废水等污染物。其中,固体废物一般按照第Ⅰ类一般工业固体废物、第Ⅱ类一般工业固体废物、危险废物(按照《国家危险废物名录》划分)、生活垃圾等确定。

四、核算方法及参数选定

按照相关行业指南规定的优先级别选取适当的核算方法,合理选取或科学确定相关参数。根据选定的核算方法和参数,结合核算时段确定污染物源强,一般为污染物年排放量和小时排放量等。

污染源源强核算可采用实测法、物料衡算法、产污系数法、排污系数法、类比法、实验法等方法。

现有工程污染源源强的核算应优先采用实测法,各行业也可根据行业特点确定其他核算方法。采用实测法核算时,对于排污单位自行监测技术指南及排污许可等要求采用自动监测的污染因子,仅可采用有效的自动监测数据进行核算;对于排污单位自行监测技术指南及排污许可证等未要求采用自动监测的污染因子,核算源强时优先采用自动监测数据,其次采用手工监测数据。实测法的数据应满足 GB 10071、GB/T 16157、HJ 630、HJ 75、HJ 76、HJ/T 91、HJ/T 355、HJ/T 356、HJ/T 373、HJ/T 397 等监测规范的要求。

采用实测法核算污染物排放量时,应同步考虑核算时段内实际生产负荷。

五、源强核算结果与统计

污染源源强核算结果应清晰进行明确地统计及分析,统计结果是后续竣工环保验收及排污许可工作中的重要参考(表 5-11 至表 5-16)。

表 5 - 11　废气污染源源强核算结果及相关参数

工序/生产线	装置	污染物	污染物产生				治理措施			污染物排放			排放时间/h
			核算方法	废气产生量/(m³/h)	产生浓度/(mg/m³)	产生量/(kg/h)	工艺	效率/%	核算方法	废气排放量/(m³/h)	产生浓度/(mg/m³)	排放量/(kg/h)	
名称1	排气筒1	污染物1											
		污染物2											
		……											
	排气筒2	污染物1											
		污染物2											
		……											
	……	……											
	无组织排放	污染物1											
		污染物2											
		……											
	非正常排放	污染物1											
		污染物2											
	……	……											
名称2	……	……											
……	……	……											

注：对于新（改、扩）建工程污染源源强核算，应为最大值。

表 5 - 12　工序/生产线产生废水污染源源强核算结果及相关参数

工序/生产线	装置	污染物	污染物产生				治理措施		污染物排放				排放时间/h
			核算方法	废气产生量/(m³/h)	产生浓度/(mg/m³)	产生量/(kg/h)	工艺	效率/%	核算方法	废气排放量/(m³/h)	产生浓度/(mg/m³)	排放量/(kg/h)	
名称1	生产装置1	污染物1											
		污染物2											
		……											
	生产装置2	污染物1											
		污染物2											
		……											
	……	……											
名称2	……	……											
……													

注：对于新（改、扩）建工程污染源源强核算，应为最大值。

表 5 - 13　综合污水处理厂废水污染源源强核算结果及相关参数

工序	污染物	污染物产生				治理措施		污染物排放				排放时间/h
		核算方法	废气产生量/(m³/h)	产生浓度/(mg/m³)	产生量/(kg/h)	工艺	效率/%	核算方法	废气排放量/(m³/h)	产生浓度/(mg/m³)	排放量/(kg/h)	
综合污水处理厂	污染物1											
	污染物2											
	……											

注：对于新（改、扩）建工程污染源源强核算，应为最大值。

表 5 - 14 噪声污染源源强核算结果及相关参数

工序/生产线	装置	噪声源	声源类型（频发、偶发等）	噪声源强		降噪措施		噪声排放值		持续时间/h
				核算方法	噪声值	工艺	降噪效果	核算方法	噪声值	
名称1	生产装置1	产噪设备1								
		产噪设备2								
		……								
		其他声源								
	生产装置2	产噪设备1								
		产噪设备2								
		……								
		其他声源								
名称2	……	……								
……	……	……								

注：(1)其他声源主要是撞击噪声等；
(2)声源表达式：A声功率级（L_{AW}）或中心频率为63~8000Hz 8个倍频带的声功率级（L_{AW}）；距离声源 r 处的 A 声级［$L_{A(r)}$］或中心频率为63~8000Hz 8个倍频带的声压级［$L_{P(r)}$］。

表 5 - 15 振动污染源源强核算结果及相关参数

噪声源	振动类型（稳态振动、冲击振动、无规则振动等）	振动产生情况		减震措施		振动排放情况		持续时间/h
		核算方法	铅垂向Z振动级/dB	工艺	减震效果/dB	核算方法	铅垂向Z振动级/dB	
振动设备1								
振动设备2								
……								

表 5-16　固体废物污染源源强核算结果及相关参数

工序/ 生产线	装置	固体废物 名称	固体废物 属性	产生情况		处置措施		最终 去向
				核算方法	产生量/(t/a)	工艺	处置量/(t/a)	
名称1	生产 装置1	固体废物1						
		固体废物2						
		……						
	生产 装置2	固体废物1						
		固体废物2						
		……						
	……	……						
名称2	……	……						
……	……	……						

注:固体废物属性指第Ⅰ类一般工业固体废物,第Ⅱ类一般工业固体废物、危险废物、生活垃圾等。

第四节　工程分析典型案例解析

一、概述

超高分子量聚乙烯(UHMWPE)为热塑性树脂类型,与常规聚乙烯(分子量3万~20万)相比,其分子量为150万~700万,最高可达900万以上,具有更优异的耐磨、耐化学药品、耐冲击、耐低温、耐应力开裂、自润滑性、抗结垢性和卫生性,其下游产品高强聚乙烯纤维为继碳纤维、芳纶纤维之后的世界第三代特种纤维,在实现工业化的纤维材料中强度和防弹性能最高,在同等重量的情况下其强度相当于优质钢丝的15倍,广泛应用于国防军工、航空航天、海洋工程、体育器材和工业防护等领域,市场需求较大,为国家重点发展的新型工程塑料和高科技产品之一。

某公司位于专业化工园区,拥有自主知识产权的低压淤浆法生产超高分子量聚乙烯树脂生产工艺,现有的年产4000t超高分子量聚乙烯生产装置已稳定运行多年。为进一步发挥其技术优势,企业拟利用现有空置厂房,建设年产10000t超高分子量聚乙烯的生产装置,项目建成后现有装置停产。改扩建项目除产能增加以外,还在工艺技术和设备上进行了同步优化,将目前反应料浆与溶剂油分离方式(批次汽提和空气干燥)改进为加压过滤、干燥局部连续生产,进一步完善了DCS控制系统,使工艺技术和生产操作更为安全与合理;采用高效催化剂,提高反应转化率;加强生产系统内物料的循环利用,实现节能减排,体现绿色化工的环境友好性。改扩建项目在环境效益方面的提升措施有:

1. 采用高效低毒催化剂和低毒溶剂(溶剂油)。

2. 增加对聚合反应剩余乙烯的回收储存设备,使其回用于生产,减少乙烯排放。

3. 增加对加压过滤用氮气和干燥用氮气的收集处理和循环使用措施,减少溶剂油气排放。

4. 通过进一步降低有机废气冷凝温度(最低−75℃),配合活性炭吸附深度处理,减少溶剂油气排放。

5. 在料仓仓顶过滤、岗位集气除尘措施基础上,设置粉碎工序房间和筛分工序房间,并施行房间整体换风收集、配套中央除尘过滤器等措施,进一步减少废气粉尘排放。

6. 增加脱重、脱轻两级串联工艺,回收生产系统溶剂油,减少溶剂油废液的产生量。

现有工程水平衡如图 5−6 所示。

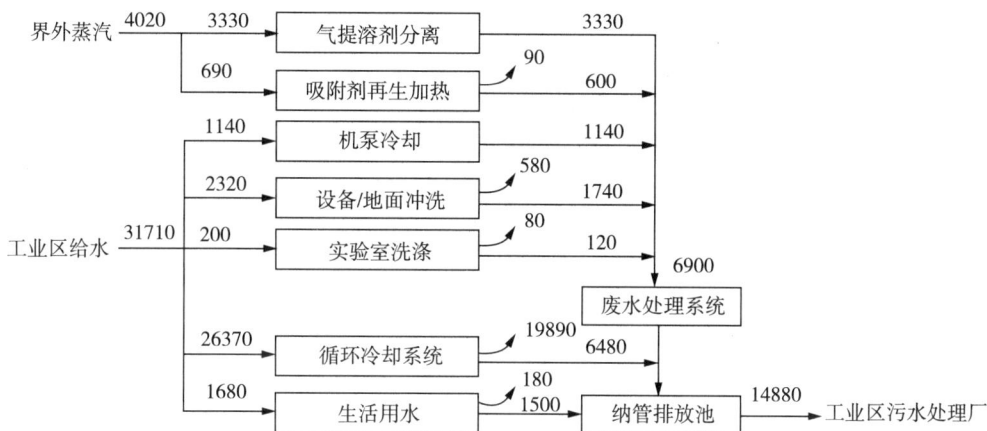

图 5−6　现有工程水平衡(m³/a)

二、工程分析

(一)生产工艺简述

1. 技术来源与工艺原理

(1)工艺原理

淤浆聚合是指聚合反应的引发剂和形成的聚合物都不能溶于单体本身和溶剂(或稀释剂)的聚合反应过程。低压淤浆法生产超高分子量聚乙烯工艺是建设单位自主研发技术,经历了几十年的技术研发和生产放大实践。项目生产技术进一步优化了工艺和设备,完善了 DCS 控制系统,使工艺技术和生产操作更为安全与合理。

以乙烯为原料,溶剂油为分散剂,在高效催化剂作用下低温低压聚合。过程包括聚合、过滤、干燥、筛分、包装等工序。

(2)工艺流程

生产工艺流程如图 5−7 所示。

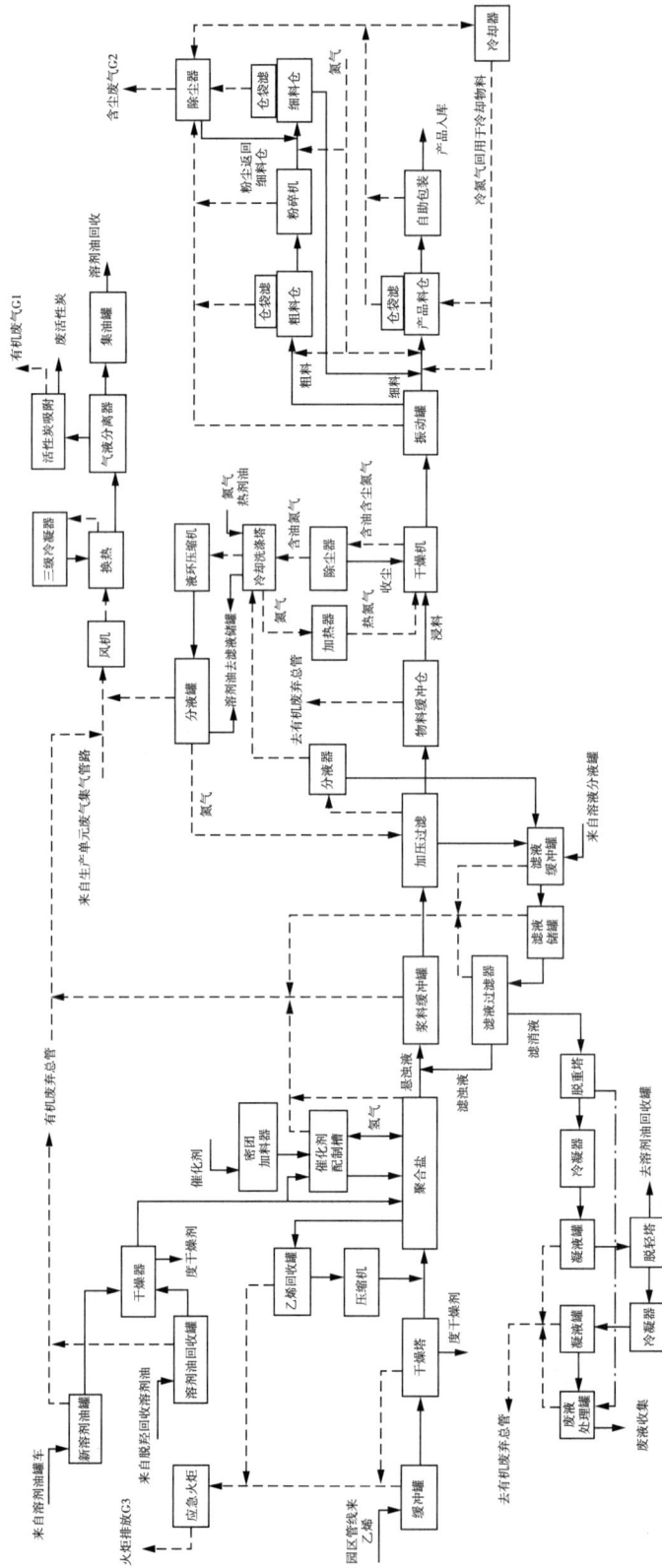

图5-7 生产工艺流程

(3)工艺流程说明

① 聚合前

生产系统先用氮气置换,置换过程中排气不含污染物,直接放空。

催化剂由密闭加料器缓慢加入配置槽,一部分经干燥后的溶剂油也加入配制槽,在氮气保护下两者经搅拌混合,完成催化剂配置;另一部分干燥后的溶剂油加入聚合釜,在聚合釜升温至设定温度后,加入前述配置好的催化剂。

加料、搅拌、升温过程中不产生粉尘,产生含溶剂油废气接入有机废气总管,进入有机废气处理系统。溶剂油使用固体干燥剂干燥,定期产生的废干燥剂含10%的溶剂油,作为危废处置。

② 聚合

关闭聚合釜排气阀,打开聚合釜乙烯进料阀,在设定压力和操作的条件下,使乙烯在催化剂作用下发生聚合反应达到所需分子量。聚合反应温度通过夹套和盘管换热稳定控制,反应转化率不低于99.9%。聚合反应为间歇批次生产,通过6台聚合釜错时运行,可使整个系统视同连续生产。

在聚合反应过程中无废气排放。反应结束后,聚合釜内气相中剩余的少量乙烯和溶剂油气全部排入乙烯回收罐(压力容器)暂存,待下一釜生产时用压缩机压入反应釜,作为反应原料。

乙烯加料时聚合釜排气阀关闭,无废气排放,聚合釜内达到额定压力会连锁关闭进料阀。乙烯储运系统为压力设备,不产生呼吸气排放。项目设置事故应急火炬,涉及乙烯的缓冲罐、干燥塔、聚合釜、乙烯回收罐等超压放散至应急火炬焚烧,确保生产安全。

③ 过滤及溶剂油回收

聚合反应产生的聚乙烯浆料(悬浊液)密闭放入浆料缓冲罐,再至加压过滤器对聚乙烯物料进行充分过滤,降低物料杂质和含油率。过滤后湿物料(主要为聚乙烯,含有少量溶剂油和催化剂)用密闭螺旋输送器输送至物料缓冲仓。

过滤分离出的滤液主要为溶剂油,并含少量聚乙烯、催化剂和水分,经收集后再至滤液过滤器进一步过滤,滤出的滤浊液(含聚乙烯、少量溶剂油和催化剂)返回浆料缓冲罐,滤清液(主要为溶剂油,含少量聚乙烯、催化剂和水分)进入脱重塔。

经脱重塔分离出的含催化剂和溶剂油混合液(重组分)进入废液处理罐;脱重塔轻组分主要含溶剂油和少量水分,经冷凝后,冷凝液进入脱轻塔,分离出溶剂油至溶剂油回收罐,返回生产系统循环使用;脱轻塔轻组分为少量含油水分,经冷凝后进入废液处理罐。

在废液处理罐中加入少量空气,通过氧化反应消除催化剂反应活性(即催化剂失活),该过程中会产生金属氧化物和二氧化碳。处理后的废液为溶剂油与金属氧化物的混合物,作为危废处置。催化剂不涉及一类污染物。

加压过滤器废气、浆料缓冲罐废气、滤液缓冲罐和储罐废气、凝液罐废气、废液处理罐废气等均经废气总管进入有机废气处理系统处理。

④ 干燥

在干燥机内,采用热氮气加热来自物料缓冲仓的湿料,得到干燥粉料。干燥器产生的含尘油气进入袋式除尘器,回收其中的物料返回料仓。除尘滤袋选择耐潮复合材料,可防止物料在滤袋上的"挂糊"和避免增加过滤压力。除尘尾气进入冷却洗涤塔。

物料缓冲仓内湿料具有一定含湿率,缓冲仓废气主要含溶剂油气,扬尘量很少,使其至冷却洗涤塔处理。

冷却洗涤塔采用溶剂油对干燥后高温油气进行冷却和洗涤,降低废气中的溶剂油含量。溶剂油洗涤液循环喷淋,定期排放至滤液储罐。冷却洗涤塔尾气主要为含少量溶剂油的氮气,一部分经加热后用于干燥氮气,一部分用于洗涤过滤氮气,剩余部分管道至有机废气总管,进入有机废气处理系统。

⑤ 筛分和包装

干燥后的粉料通过管道输送至振动筛分设备,筛分出≥××目合格粒度产品,气流输送至产品料仓,由自动包装机包装后入库。筛分出<××目粒度的少量物料,送入粗料仓,经粉碎至合格粒度后进入细料仓,气流输送至产品料仓。

料仓自带袋滤回收粉尘,其排气与振动筛分房间废气、粉碎机房间废气、包装岗位收集的含尘废气一并进入中央除尘器(布袋除尘器),处理后尾气 G2 通过 1 根 26m 高排气筒达标排放。中央除尘器收集的粉料返回细料仓。

⑥ 有机废气处理

以上需要处理的有机废气均通过管道送入有机废气总管,经与低温冷凝器排出的物料换热后进入低温冷凝器(最低−75℃),冷凝不凝气在经活性炭吸附装置进一步处理后,尾气 G1 通过 1 根 26m 高排气筒达标排放。

低温冷凝器冷凝液进入收集罐收集后至溶剂油循环罐,返回生产系统。循环罐呼吸气排气至本系统废气处理。

(二)物料平衡

1. 主要生产物料平衡

根据设计资料,本项目主要物料平衡见表 5-17。

表 5-17 主要生产物料平衡 单位:t/a

投入		产出		
物料名称	消耗量	类别	物料名称	数量
乙烯	10000	产品	超高分子量聚乙烯	9999.99
溶剂油	4.0	进入废气颗粒物	颗粒物(有组织)	0.051
			颗粒物(无组织)	0.33
催化剂(含助催化剂)	5.4	进入废气(溶剂油、少量乙烯)	非甲烷总烃(有组织)	0.042
			非甲烷总烃(无组织)	0.280
		固废	废液处理残液(含油)	8.5
			进入废干燥剂(含油)	0.1
			进入废活性炭(含油)	0.078
合计	10009.4	合计		10009.4

注:1. 物料平衡中,聚合反应后乙烯基本转化为产品,极少量进入废气,催化剂中少部分(约8%)进入产品,大部分进入废液。

2. 主要生产物料平衡不包括实验用料部分。

2. 溶剂油物料平衡

溶剂油物料平衡表见表 5-18。

表 5-18 溶剂油物料平衡　　　　　　　　　　单位:t/a

投入		产出		
物料名称	数量	类别	去向	数量
生产回用溶剂油	12000	溶剂	生产回收溶剂油	12000
生产补充溶剂油	4.0	废气	生产装置有组织排放	0.042
			生产装置无组织排放	0.280
		固废	废液处理残液	3.500
			进入废干燥剂	0.100
			进入废活性炭(生产系统)	0.078
实验用溶剂油	0.1	废气	实验室废气	0.010
		固废	进入废活性炭(实验室)	0.015
			进入实验室废液	0.075
合计	12004.1		合计	12004.1

注:溶剂油干燥塔每年更换两次干燥剂,更换出废干燥剂 1.1t/a,其中含油 0.1t/a。滤洗液溶剂精馏回收中,为确保催化剂的稳定性,废液处理残液必须含有溶剂油,每年溶剂油消耗约 3.5t。

3. 水平衡

改扩建后,反应物料加压过滤由目前批次操作优化为连续生产,并实现了系统保护氮气(含油氮气)和溶剂油的连续分离和循环回用,不再产生汽提蒸汽冷凝水等工艺含油废水,减少了废水排放。

改扩建后水平衡图略。

(三)污染物源强、治理措施及排放情况

1. 废气

(1)废气处理系统图(略)

(2)废气排放分析

该企业属于合成树脂工业,本项目从 12 个环节全面筛选企业 VOCs 产生源。

项目中乙烯系统均属压力系统,废气统一和聚合装置尾气一起送入有机废气处理系统,不单独核算乙烯系统装载和储罐系统排放。

溶剂油由槽车送至厂内,通过顶部浸没式卸料至溶剂油缓冲罐,卸料过程配套平衡管控制大呼吸排放,储罐小呼吸接入有机废气处理系统。

项目改进了过滤工艺,在氮气体系下,通过加压过滤器进行溶剂油和聚乙烯的分离,实现整个系统密闭操作和形成氮气循环体系,无含油工艺废水产生。其他废水均密闭输送储存,不涉及废水集输储存处理处置过程挥发性有机物逸散。

项目不涉及燃烧烟气排放。产品为固体,不涉及有机液体装车。

冷却循环水与设备间接换热，根据现有工程 LDAR 检测结果，循环水进出水中 EVOCs 无差值，可认为基本无 VOCs 物料泄漏至冷却循环水中，因此，不计算该环节 VOCs 排放。

对"设备动静密封点泄漏（含采样过程）""有机液体储存与调和挥发损失""工艺有组织排放""工艺无组织排放"环节 VOCs 排放分析列入正常废气排放分析。

开、停工及维修、火炬燃烧废气列入非正常排放中分析，不列入"三本账"核算范围。

（3）正常工况废气排放分析

项目外排污染物主要含溶剂油，溶剂油属典型的非甲烷总烃类物质，有机废气污染物考核指标为非甲烷总烃（NMHC）。

溶剂油在生产系统中的年循环量约为12000t，根据企业实际运行经验和设计预计，溶剂油消耗量为4t/a。

在生产中，溶剂油通过过滤回用、含油氮气内循环回用、油气最低－75℃深冷等措施回收，深冷后不凝气再经活性炭吸附处理，由此计算出非甲烷总烃（溶剂油）有组织排放量为 0.042t/a，其余溶剂油损耗为：通过废液和吸附剂吸附带走、进入废气无组织排放。

① 有机废气（有组织）。有组织废气计算见表 5-19。

② 有机废气（无组织）。装置和设备的动静密封点是无组织排放的主要来源，根据现有工程 LDAR 实测和修复后统计，现有工程 VOCs（即溶剂油气）无组织排放量约为 400kg/a。

表 5-19　有组织排放量计算

单元	单元入项/(t/a)	回收去除率/%	回收去除量/(t/a)	单元出项/(t/a)
过滤回收	12000	98	11760	240
内循环干燥回收	240	99	237.6	2.4
废气低温冷凝(－75℃)	2.4	95	2.28	0.12
活性炭吸附	0.12	65	0.078	0.042

本项目主体生产装置均为新建，加压过滤、干燥等局部连续操作较现有间歇操作明显改进，连接组件也更少。由于环评处于项目前期，尚无详细的泵、阀门等连接组件具体情况，考虑到本项目装置和设备动、静密封组件性能好于现有工程，故按现有工程无组织排放量的 70％计算，VOCs 无组织排放约为 280kg/a。

③ 含尘废气。生产性粉尘（颗粒物）来自聚合后物料的干燥、输送、筛分、粉碎、包装等环节。通过料仓自带袋滤、洗涤、集中布袋除尘（中央除尘器）、粉碎和筛分房间整体密闭换风集气等方式进行含尘废气处理。其中，干燥机含尘含油废气经布袋除尘、经溶剂油冷却洗涤后，大部分循环使用，进入废气总管的少量剩余废气中基本不含颗粒物，其他环节除尘后尾气中，颗粒物有组织排放量合计 0.0512t/a，无组织排放量为 0.33t/a。颗粒物源强计算见表 5-20。

表 5-20　粉尘源强计算情况

单元	物料量/(t/a)	产尘量系数	产尘量/(t/a)	收集率/%	有组织收集量/(t/a)	收集措施	除尘措施	总除尘率/%	有组织排放量/(t/a)	无组织排放量/(t/a)	总排放量/(t/a)
干燥机	10000	0.005	0.500	98	0.49	管道	除尘器+溶剂油洗涤后,部分气体经加热后进干燥循环使用,部分气体经液环压缩机至加压过滤,剩余部分进入有机废气处理系统	约100	0	0.01	0.01
产品料仓	9500	0.02	1.900	100	1.9	管道	料仓自带除尘器处理后,再至中央除尘器(布袋除尘)进一步处理	99.8	0.0038	0	0.0038
均化料仓	9500	0.02	1.900	100	1.9	管道		99.8	0.0038	0	0.0038
粗料仓	500	0.02	0.100	100	0.1	管道		99.8	0.0002	0	0.0002
细料仓	500	0.02	0.100	100	0.1	管道		99.8	0.0002	0	0.0002
粉碎房	500	0.04	0.200	90	0.18	岗位集风+房间整体	至中央除尘器	98.5	0.0027	0.02	0.0227
振动筛分房	10000	0.02	2.000	90	1.8			98.5	0.027	0.2	0.227
包装	10000	0.01	1.00	90	0.9			98.5	0.0135	0.1	0.114
合计			7.70		7.37				0.0512	0.33	0.3817

　　根据生产经验,计算产尘系数据的取值原则为:干燥机内物料相对稳定,产尘系数0.005%;料仓、粉碎、振筛、包装的产尘系数分别取0.05%~0.01%。粉尘收集效率取值:密闭料仓为100%;干燥机相对密闭,取98%;粉碎、振筛、自动包装为90%。

　　粉尘去除率取值:料仓袋滤为90%,集中布袋除尘器为98.5%。料仓袋滤+集中布袋除尘器合计99.8%。料仓袋滤过滤+溶剂油洗涤+活性炭吸附装置接近100%。

　　布袋除尘装置收集的粉料返回细料仓回收利用。

　　④ 实验室废气。聚合实验主要用于催化剂中试评价,工艺为间歇淤浆法,与现状工艺一致。实验依托现有实验室,新增不大于30L反应釜,容积低于生产用聚合反应釜单釜容积的0.4%。实验新增少量溶剂油的使用,其挥发产生含非甲烷总烃废气。由于实验室操作物料用量很少,不会产生明显粉尘,但由于实验过程具有不确定性和变化多的特点,实验操作单位产品溶剂挥发量可能高于相同工艺的生产过程,按保守估算,以溶剂油挥发量为使用量的25%,计算实验操作产生非甲烷总烃约0.025t/a。

　　实验区域废气收集至活性炭吸附装置,由于该废气中非甲烷总烃量较少,处理效率按60%计算,得出排放量约0.010t/a,实验室设独立排气筒。

　　本项目废气产排情况见表5-21,废气无组织排放情况见表5-22。

表 5-21　本项目废气产生、配套处理措施和排放情况

排气筒编号	污染物名称	产生情况		治理措施	处理效率/%	排放情况		排放特征
		最大产生速率/(kg/h)	产生量/(t/a)			最大排放速率/(kg/h)	排放量/(t/a)	
G₁(有机废气)	非甲烷总烃	0.303	2.40	低温冷凝+活性炭吸附	98.25	0.0053	0.042	连续,7920h/a
G₂(含尘废气)	颗粒物	4.91	7.37	布袋除尘	99.3	0.034	0.051	间歇,1500～2640h/a(按1500h/a计算最大排放速率)
G₃(实验室废气)	非甲烷总烃	0.0312	0.025	活性炭吸附	60	0.0125	0.010	间歇,100h/a,8h/a

注:1. 本评价中低温冷凝和活性炭吸附的去除率取值分别为95%和65%,去除率合计为98.25%。

2. 粉尘总去除率99.3%是计算值,代表所有粉尘处理单元的合计去除率。

3. 正常工况时,应急火炬不使用,无排放。

4. 分析室基本不增加测试工作量,废气可认为不增加,不做排污核算,表中不列出。

表 5-22　无组织废气排放情况

废气类别及编号	有效高度/m	长/m	宽/m	污染物	年排放量/(t/a)
车间 A	8	48.6	16.6	颗粒物	0.33
				非甲烷总烃	0.28

(4)废气污染物排放及达标情况

由表 5-23 和表 5-24 可知,项目建成后,各排气筒非甲烷总烃的排放浓度可满足《合成树脂工业污染物排放标准》(GB 31572—2015)中表 5 大气污染物特别排放限值要求。

表 5-23　各废气污染源及污染物排放情况

排气筒编号	排放参数			污染物名称	最大排放情况				排放标准	达标情况
	气量/(m³/h)	H/m	D/m		本项目/(kg/h)	现有/(kg/h)	本项目+现有		浓度/(mg/m³)	
							速率/(kg/h)	浓度/(mg/m³)		
G₁(有机废气)	145.8	26	0.15	非甲烷总烃	0.0053	—	0.0053	36.4	60	达标
G₂(含尘废气)	6500	26	0.45	颗粒物	0.034	—	0.034	5.23	20	达标
G₃(实验室废气)	1500	15	0.25	非甲烷总烃	0.0125	0.0038	0.0163	10.9	60	达标

注:1. G₁ 和 G₂ 为新建排气筒,G₃ 为依托的实验室现有排气筒。

2.《合成树脂工业污染物排放标准》仅规定有排放浓度限值,对排放速率不做考核。

表 5 - 24　单位产品非甲烷总烃排放量符合性

本项目 NMHC 排放量/kg	本项目产能/t	本项目单位产品非甲烷总烃排放量/(kg/t 产品)	单位产品非甲烷总烃排放量限值/(kg/t 产品)
332	10000	0.0332	0.3
含工艺有组织排放量 42kg/a,设备连接组件泄漏量 280kg/a,实验室排放量 10kg,合计 332kg/a			

本项目单位产品非甲烷总烃排放量为 0.0332kg/t,满足 GB 31572—2015 中表 5,0.3kg/t 产品的限值要求。

本项目聚合釜为批次操作,年生产 6500 批次,为配合聚合反应后续的过滤、干燥连续操作,6 个反应釜生产安排尽可能在时间上均衡平稳,故生产废气排放无明显的峰值时段,排污达标不做峰值及达标分析。

料仓和破碎为间歇操作,颗粒物排放时间在 1500～2640h/a,按 1500h/a 估算最大排放速率和进行达标排放分析。

GB 31572—2015 仅规定排放浓度限值,对排放速率不做考核。

2. 废水

本项目改扩建后,取消原汽提工艺,不再产生含油工艺废水,与现有装置配套的公用工程等也不再产生废水;改扩建前后生产装置厂房占地变化不大,可认为地坪冲洗水不变。相应地,本项目仅新增循环水系统排水、实验室废水及生活废水,并考虑部分不可预见废水排放量。

改扩建后反应、过滤、干燥等工序总体连续,正常生产期间设备不清洗。

本项目新增废水产生情况见表 5 - 25。

表 5 - 25　本项目新增废水产生情况

废水编号	废水类别	废水产生量/(m³/a)	污染物名称	产生情况		新增废水汇总	
				产生浓度/(mg/L)	产生量/(t/a)	浓度/(mg/L)	污染物排放量/(t/a)
W₁	循环冷却水系统排水	11550	SS	100	1.16	CODcr:79.9 BOD₅:13.0 NH₃-N:1.8 TN:2.2 SS:105	水量:12271m³/a CODcr:0.98 BOD₅:0.16 NH₃-N:0.022 TN:0.027 SS:1.285
			COD_{Cr}	60	0.69		
W₂	实验室废水及其他不可预见废水	100	COD_{Cr}	400	0.04		
			SS	50	0.005		
W₃	生活污水	621	CODCr	400	0.25		
			BOD₅	250	0.16		
			NH₃-N	35	0.022		
			TN	44	0.027		
			SS	200	0.12		

本项目改扩建后企业废水总排口污染物排放及达标排放分析见表 5 - 26。

表 5-26　改、扩建后企业总排口污染物排放及达标排放分析

项目	本项目新增排放量/(t/a)	现有工程排放量/(t/a)	现有装置停产削减量/(t/a)	改、扩建后全厂废水纳管情况		排放标准/(mg/L)	达标情况
				纳管总量/(t/a)	纳管浓度/(mg/L)		
废水量/(m³/a)	12271	14880	13260	13891			
COD$_{Cr}$	0.98	1.858	1.208	1.63	117.3	500	
BOD$_5$	0.16	0.794	0.419	0.535	38.5	300	
NH$_3$-N	0.022	0.126	0.073	0.075	5.4	45	达标
TN	0.027	0.158	0.092	0.093	6.7	70	
SS	1.285	1.786	1.480	1.591	114.5	400	

在废水核算上,由于现有分析室、实验室、生活废水仍继续产生,这部分废水不计入现有装置停产削减量中(削减量仅为 4000t/a 生产装置、与之配套的公用辅助设施废水)。

本项目实施后,废水排放满足 GB 31572—2015 及园区污水处理厂纳管协议标准。

3. 噪声(略)

4. 固体废物

本项目固体废物产生情况见表 5-27。

表 5-27　本项目固体废物产生情况

编号	固体废物名称	产生工序	形态	主要成分	固体废物属性	废物代码	预测产生量/(t/a)	产废周期
S$_1$	废液处理残液	精馏回收	液态	溶剂油、催化剂	危险废物	HW11V 900-013-11	8.5	间断
S$_2$	溶剂油干燥塔废干燥剂	干燥塔	固态	干燥剂、溶剂油	危险废物	HW49 900-041-49	1.1	间断
S$_3$	废活性炭	活性炭吸附装置	固态	活性炭、溶剂油	危险废物	HW49 900-041-49	1.285	间断
S$_4$	实验室废液	实验室	液态	溶剂油	危险废物	HW49 900-047-49	0.075	间断
S$_5$	沾染化学品的废包装袋、废手套及废抹布等	原材料解包、维修清洁等	固态	包装袋、抹布、手套、油污	危险废物	HW49 900-041-49	0.05	间断
S$_6$	未沾染化学品的废包装袋	原材料解包	固态	纸箱、塑料等	一般固废	—	0.02	间断
S$_7$	废机油	设备维修等	液态	机油	危险废物	HW08 900-249-08	0.02	间断
S$_8$	乙烯干燥塔干燥剂	干燥塔	固态	干燥剂、总烃杂质	危险废物	HW49 900-041-49	1.0	5~7 年
S$_9$	生活垃圾	办公生活	固态	生活垃圾	生活垃圾	—	2.48	间断

(四)新增污染物排放及企业污染物排放"三本账"

本项目污染物产生、配套措施削减及新增排放情况见表 5-28。

表 5-28　本项目污染物产生、配套措施削减及新增排放情况　　　　单位:t/a

类别	污染物	产生量	配套措施削减量	排放量
废气有组织	颗粒物	7.370	7.319	0.051
	非甲烷总烃	2.425	2.373	0.052
废气无组织	颗粒物	0.33	0	0.33
	非甲烷总烃	0.28	0	0.28
废水	废水量/(m^3/a)	12 271	0	12 271
	COD_{Cr}	0.98	0	0.98
	BOD_5	0.16	0	0.16
	NH_3-N	0.022	0	0.022
	TN	0.027	0	0.027
	SS	1.285	0	1.285
固体废物	危险废物	12.03	12.03	0
	一般固废	0.02	0.02	0
	生活垃圾	2.48	2.48	0

注:固体废物削减量为委托处置量。

本项目建成后,企业污染物排放"三本账"见表 5-29。

表 5-29　本项目建成后企业污染物排放"三本账"　　　　单位:t/a

污染物		现有工程排放量	以新带老削减量	本项目排放量	企业总排放量	增减量变化
废气(有组织+无组织合计)	颗粒物	0.123	0.123	0.381	0.381	+0.258
	非甲烷总烃	0.92	0.882	0.332	0.370	-0.573
废水	废水量/(m^3/a)	14 880	13 260	12 271	13 891	-989
	COD_{Cr}	1.858	1.208	0.98	1.630	-0.228
	BOD_5	0.794	0.419	0.16	0.535	-0.259
	NH_3-N	0.126	0.073	0.022	0.075	-0.051
	TN	0.158	0.092	0.027	0.093	-0.065
	SS	1.786	1.480	1.285	1.591	-0.195
固废	危险废物	0(10)	0(10)	0(12.03)	0(12.03)	0(2.03)
	一般工业固体废物	0(0.3)	0(0.2)	0(0.02)	0(0.12)	0(-0.18)
	生活垃圾	0<5.1	0(0)	0(2.48)	0(7.58)	0(2.48)
	危险废物	0(10)	0(10)	0(12.03)	0(12.03)	0(2.03)

注:括号内的是固废产生量。

"以新带老"削减量为现有装置停产的排放量,包括 4000t/a 聚乙烯装置及配套公用辅助设施污染物排放量;实验室和分析室及现有员工生活排污量不列入"以新带老"削减范围。

(五)非正常工况排放分析

生产系统非正常工况包括装置启动和停止、检维修和环保设施故障运行。

在一般情况下,生产装置将按计划进行启动和停止。启动前需先用氮气置换装置内空气,此时除了氮气无原辅材料加入,置换气中无污染物,置换氮气直排。在装置停产前,首先通过逐步减产降低系统中的物料量,再按程序使用氮气进行设备吹扫,该过程产生的含溶剂油气的氮气均至低温冷凝和活性炭吸附装置处理。生产装置局部检维修时,也需对相关装置进行氮气置换,污染物处理同上述停产流程。

本项目严格按化工企业开启、停止检维修程序进行,并保证环保设施先于生产装置开启,晚于生产装置停运。

生产系统出现超压等紧急情况时,乙烯供料及净化系统、聚合釜内乙烯、溶剂油混合气等将通过应急管路排入现有应急火炬焚烧处理,该火炬具有自动点火装置,焚烧后非甲烷总烃排放量很少。在正常生产工况情况下,应急火炬不使用。

环保设施故障情形及非正常工况分析见表5-30。

表5-30 非正常工况(环保设施故障)排放情况

排放源	非正常工况类型	单次持续时间/h	年发生频次	排气筒参数	排放因子	排放参数
G₁(有机废气)	活性炭吸附失效	1h以内	低	26m高管径0.15m	非甲烷总烃	常温常压排放气量145.8m³/h 排放速率0.0152kg/h 排放浓度103.9mg/m³
G₁(有机废气)	冷凝温度不够,冷凝效率由95%降低至70%	1h以内	低	26m高管径0.15m	非甲烷总烃	常温常压排放气量145.8m³/h 排放速率0.0318kg/h 排放浓度218.2mg/m³
G₂(含尘废气)	布袋除尘破损,总效率由99.3%降低至96%	1h以内	低	26m高管径0.45m	颗粒物	常温常压排放气量6500m³/h 排放速率0.216kg/h 排放浓度33.2mg/m³
G₃(实验室废气)	活性炭吸附失效	1h以内	低	15m高管径0.25m	非甲烷总烃	常温常压排放气量1500m³/h 排放速率0.0312kg/h 排放浓度20.8mg/m³

案例分析见第五章补充材料。

思考题

1. 建设项目工程分析分为哪几个阶段?

2. 工程分析有哪些作用?

3. 简述污染型项目工程分析的主要内容。

4. 简述污染型项目污染源源强核算的内容。

5. 简述生态影响型项目工程分析的主要内容。

6. 某化工公司位于合规的化工产业园区,现有一条 4000t/a 超高分子量聚乙烯生产线及配套设施,已稳定运行多年。为进一步发挥企业技术优势,现拟利用空置厂房,建设年产 10000t/a 的聚乙烯生产装置,项目建成后现有装置停产。拟建工程以乙烯为原料,溶剂油为分散剂,在高效催化剂的作用下低温低压淤浆聚合,过程包括聚合、过滤、干燥、筛分、包装等工序。溶剂油在生产系统中的年循环量约为 12000t/a。为了减少溶剂油消耗,系统设置过滤回收、内循环干燥回收工序回收溶剂油,回收率分别为 98%、99%,回收后的尾气经三级深度冷凝(冷凝温度依次 4℃、−25℃、−75℃)(去除率 95%)后再由活性炭吸附后(去除率 65%)由 26m 高排气筒 G1 排放。计算排气筒 G1 溶剂油的年排放量。

参考文献

[1] 生态环境部环境工程评估中心. 环境影响评价案例分析[M]. 北京:中国环境出版集团,2022.

[2] 生态环境部环境工程评估中心. 环境影响评价技术导则与标准[M]. 北京:中国环境出版集团,2022.

[3] 生态环境部环境工程评估中心. 环境影响评价技术方法[M]. 北京:中国环境出版集团,2022.

[4] 生态环境部环境工程评估中心. 环境影响评价相关法律法规[M]. 北京:中国环境出版集团,2022.

[5] 李淑芹,孟宪林. 环境影响评价[M]. 北京:化学工业出版社,2021.

[6] 张朝能,黄小凤,贾丽娟. 环境影响评价[M]. 北京:高等教育出版社,2021.

[7] 刘晓东,王鹏. 环境影响评价基础[M]. 北京:科学出版社,2021.

[8] 生态环境部环境工程评估中心. 全国环境影响评价工程师职业资格考试考点要点分析[M]. 北京:中国环境出版集团,2022.

第五章补充材料

第六章　水环境影响评价

本章要点:水环境影响评价是环境影响评价的主要内容之一,水体受污染的形式及其自净过程以及水质模型构建在水环境影响预测中有着极其重要的地位。本章主要介绍水环境影响评价的工程分析、水环境状况的现状调查,并在此基础上进行环境影响程度和范围的划分,构建合适的数学模型对建设项目水环境带来的影响进行预测、分析和论证,比较项目建设前后水体主要指标的变化情况,结合当地的水环境功能区划,提出建设项目区域水环境影响对策。

第一节　水影响评价概述

一、水体

水是生命之源,是人类生存与发展的基本环境要素之一,是一切生物体的重要组成部分,分布于江、河、湖泊、海洋、大气、土壤、高山积雪、冰川中。当前,地球上的水量约为 $1.39 \times 10^9 km^3$,约 71% 的地球表面被水所覆盖。其中,仅约 2.6% 为淡水,且绝大部分分布于南北两极地区冰川和冰盖以及深层地下水;而可供人类直接使用的淡水仅为地球总淡水量的 0.007%,见图 6-1。随着世界人口的不断增加,工农业生产的快速发展,人类对水资源的使用日益增长;与此同时,水污染规模的不断扩大,严重危害人类健康,破坏生态环境,加剧全球水资源短缺的局面。

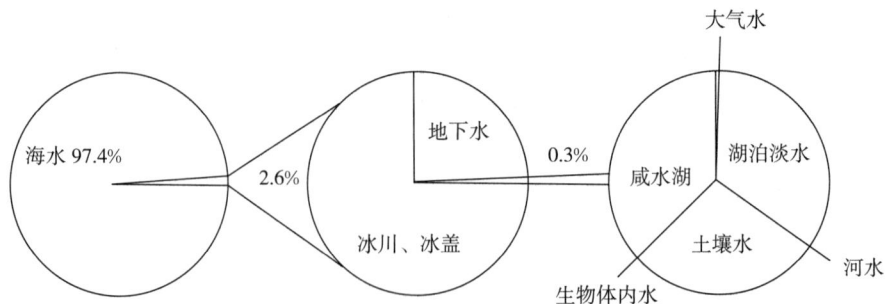

图 6-1　地球水分布

水体是指具有特定边界的水域,包括地表水、地下水和冰川等,相互之间通过不断循环实现水的相互转化。水体和水是有着显著差异的两个概念,水体不是水的单一构成体,而是包括水循环中的一切元素,这些元素构成一个完整的生态系统。

二、水体污染

(一)水体污染

人类和自然活动产生的各种污染物进入到江、河、湖泊、海洋、大气、土壤、高山积雪、冰川等水体中,超过水体的自净能力,导致水体的物理、化学和生物学性质发生改变,破坏水体自身的功能,降低其使用价值,造成水质恶化,从而危害人类健康、破坏生态平衡,这种现象称为水体污染。

1. 水体污染源

向水体直接排放或者未经有效处理释放污染物的来源称为水体污染源。水体污染的来源众多,按照污染物来源可分为自然源和人为源。人为源指人类的生活、生产活动向水体中排放各种污染物所形成的污染源。自然源指自然界自行向水体中释放有毒有害物质,造成水体污染。随着人类文明的不断进步,人为源所造成的水体污染愈发严重,成为水体污染的主要来源。人为源具体可以归纳为如下:

(1)工业污染源

工业污染源指企业在生产加工过程中向水体排放各种有毒有害物质,或者部分生产污水未经有效处理直接排放到江、河、湖泊、海洋等水环境中所形成的污染源。全球化的加剧以及工业化的不断推进,致使工业污水排放量日益增加,并逐步成为水体污染的重要来源,对工业废水的治理以及工业污染源的管理成为水体污染防治的关键。

工业废水通常具有排放量大、污染物组分复杂多变、水质水量差异大以及毒性强、治理难度大等特点。工业污染物主要包括:汞、镉、铅等重金属,氰根离子和亚硝酸根离子等。

(2)农业污染源

农业污染源是指在农业生产活动中,化肥营养物质、农药杀虫剂以及其他有机或无机污染成分,通过地表径流或农田渗漏所形成的污染源。农业污染源主要包括化肥和农药使用、养殖、农用地膜、秸秆焚烧等。农业污染源通常具有排放分散、隐蔽、不易监测等特点。农业污染源因其单位面积上污染物负荷量较小,而往往被人们所忽视,因此需要加强对农业污染源的监测与治理。

(3)社会生活污染源

社会生活污染主要来源于家庭、学校、商业、机关单位、医院、餐饮、文娱服务以及其他公共场所排水。社会生活污水中,通常以病原菌、有机物(如蛋白质、淀粉、纤维素、油脂等)、无机物(如氮、磷等)和少量金属元素(如铁、铜、锌、镍、锰等)等为主要污染物。由于人们生活水平的不断提高,需求的日益增加,社会生活活动排放的污水量、污染物种类以及污水治理难度不断增加,已成为各国水污染治理面临的难题之一。

(4)其他污染源

大气中的污染物质以干、湿沉降的方式迁移到地面,通过地表径流、雨水冲刷等形式进入到周边的江、河、湖泊、海洋等水环境中,致使水体受到污染。此外,水利工程、围湖造田、战争等也对附近水体产生较大影响,破坏当地水生生态系统。这类污染源通常具有分散、污染物种类繁多、污染不确定性大等特点。

此外,按照污染物的排放形式还可将污染物源分为点污染源、面污染源和内源污染源。点污染源指以点状形式排放而使水体造成污染的发生源。一般工业和生活产生的废水,经城市污水处理厂或经管渠输送到水体排放口,作为重要污染点源向水体排放。点污染源中污染物浓度高,成分复杂,其变化规律依据工业废水和生活污水的排放规律,存在季节性和随机性。面污染源指以面积形式分布和排放污染物而造成水体污染的发生源。坡面径流带来的污染物和农田灌溉水是水体污染的重要来源。目前,湖泊等水体的富营养化主要是由面源带来的过量的氮、磷等所造成。内源污染又称二次污染,是指江河湖库水体内部由于长期污染的积累产生的污染再排放。

2. 水体污染物种类

引发水体污染的种类繁多,污染物类别多种多样,具体见图 6-2。

图 6-2 水体污染类别

(1)有机物污染:通常指对环境造成污染的有机化合物,这部分化合物能够以溶解态或者悬浮态存在于水体中,通过生化作用或者生物降解被分解为简单的无机物,在分解过程中消耗水中的溶解氧,导致水生生物因缺氧而死亡。

(2)重金属污染:在矿产开采和加工、金属冶炼、废气排放以及金属制造等行业中向环境中排放各种形态重金属,往往会对环境造成比较严重的污染。在重金属污染当中,危害较大的有汞(Hg)、镉(Cd)、铬(Cr)、镍(Ni)、铅(Pb)、锌(Zn)等,这些重金属不仅能够在环境中长期存在,还能够通过富集进入人体体内,危害人类健康。

(3)化肥和农药污染:我国在农业生产中使用大量的化肥、农药,其中仅仅有很少一部分可被作物所利用,绝大部分通过径流、下渗等途径进入土壤、河流中,对周边环境造成污染。化肥中磷(P)、氮(N)等元素大量进入水环境将引起水体富营养化。此外,农药(如 DDT、六六六等)进入水体能直接杀害水中生物或通过水产品危害人类健康。

(4)热污染:由社会生活和工业生产排放的废水,引起水体水温升高的现象。水体受热污染的影响,水温不断升高,导致水中溶解氧含量降低,改变水生生物的生活习性,破坏生态平衡。

(5)石油污染:主要来源于海上石油钻井和开采、轮船事故泄漏、工业废水排放等。石油污染会在水面形成油膜,阻碍水体和大气中气体的交换,同时对水生植物的光合作用产生较大影响。

(6)放射性污染:主要来源于核电站以及核工业部门废水的排放。放射性物质的释放会通过食物链存在于水生生物中,危害水生生物的生存。同时,人类长期食用含有放射性物质的水产品,饮用被放射性物质污染的水体,会在人体内产生内照射,引发各种疾病。

(7)病原微生物污染:来自生活污水、饲养场、制革工业、医院等,被病原微生物污染的废水含有大量的病毒、病菌、寄生虫,可传播疾病,造成严重的社会影响和环境污染。

(8)植物营养物污染:主要指氮、磷元素的有机或者无机物。营养元素的大量存在能够为水生植物的生长提供营养元素,促进其生长,打破生态平衡。生物所需的氮、磷等营养物质大量进入湖泊、河口、海湾等缓流水体,引起藻类及其他浮游生物迅速繁殖,水体溶解氧量下降,水质不断恶化,鱼类及其他生物大量死亡,从而引发水体富营养化现象。水体中营养物质过量所造成的"富营养化"对于湖泊及流动缓慢的水体所造成的危害已成为水源保护的严重问题。

三、污染物在水体中的迁移与转化

自然和人类活动向水体中排放的污染物进入到相应水域中会发生一系列的反应过程,主要包括物理过程、化学过程和生物过程。

(一)物理过程

仅仅指污染物的物理形态和位置发生变化,包括混合、稀释和沉淀过程。污染物的物理过程主要包括移流(推流、对流)、扩散(紊动扩散、离散)、沉降、再悬浮等。

(二)化学过程

进入水体中的污染物自身在外力作用下或者与水体中的其他物质发生一系列反应,致使自身的物理化学性质发生改变的过程。主要过程包括氧化还原反应、酸碱反应、络合螯合反应、吸附解析反应等。其中,氧化还原过程对水体中污染物质的去除或者水体的净化起到重要作用。

(三)生物过程

水中的微生物通过自身代谢或者生物降解将有机污染物分解为简单无机物的过程。影响生物微分解作用的关键包括溶解氧的含量、有机污染物的性质和浓度以及微生物的种类、数量等。

四、水体自净

水体自净指一定区域内的水体通过自身的物理、化学、生物等作用,使受污染水体中的污染物浓度、种类、毒性不断降低,逐渐恢复到最初状况的过程。

水体自净主要包括三类机制,即物理净化、化学净化和生物净化。三类机制之间共同发生,相互影响,交叉叠加。影响水体自净过程的因素很多,如受纳水体的地形、水文条件、微生物种类与数量,水温和复氧能力,以及污染物性质和浓度等。水体自净主要过程如下:

(一)物理净化作用

1. 稀释

当可溶性污染物进入水体之后,在一定范围内与低浓度的水相互混掺,使水中污染物浓度降低,称作稀释。产生稀释作用主要有两种形式:

(1)污染物随水流质点沿流速方向迁移使污染物转移;

(2)污染物在水体中浓度梯度场中,由高浓度区向低浓度区扩散。

2. 挥发与沉降

水体中一些较轻的组分通过挥发进入大气,使水中的污染物浓度、种类、毒性降低,这一过程称为挥发。

沉降通常指水体中的污染物在外力或者自身重力作用下迁移到水体底部,从而降低污染物在水中的浓度。沉降过程主要包括重力沉降、吸附沉降、化学沉降和生物沉降。

(二)化学及物理化学净化

水体中的污染物以离子或者分子状态存在时,相互之间会发生一系列的化学反应,改变其在水体中的浓度、毒性、状态,从而达到净化水体的目的。

1.氧化还原作用

(1)氧化环境:可使水中某些金属离子氧化成难溶的物质,沉降进入底泥,使水体得到净化。

(2)还原环境:在缺氧状态下,有机物经厌氧细菌作用发生不完全分解,产生大量的 H_2S 气体,H_2S 与水中重金属离子生成难溶的硫化物,使水体得到净化。

2.酸碱中和作用

天然水的 pH 值通常在 6~8 之间,具有一定的中和缓冲能力,含有酸、碱性物质或者含酸、碱性废水排向水体中,水体的 pH 值不会发生显著变化。

3.吸附与凝聚

(1)吸附指水体中的污染组分与多孔物质接触时,污染组分被吸附在多孔物质表面呈现蓄积现象。多孔物质诸如有机、无机胶体、黏粒矿物胶体等通常具有较大的比表面积,且带有电荷,能够促进污染组分转换成固相而沉积于底泥,达到净化水质的效果。

(2)凝聚泛指胶体颗粒,在布朗运动中相互碰撞,产生聚结,在碰撞过程中胶体颗粒不断变大至沉降析出。

(三)生物净化

水体中存在的各种微生物、水生植物、动物通过自身的新陈代谢、分解、吸收过程,及食物链传递和富集途径,降低污染组分在水体中的毒性和浓度。

第二节 水环境影响识别

一、水环境影响因素识别

环境影响识别指对建设项目进行系统的调查,分析各项建设活动与周围环境要素之间的关联,识别可能产生的影响因子。

对水环境影响因素进行识别可采取清单法、矩阵法、叠图法和网络法。

(一)清单法又称核查表法,通过枚举的方式将建设项目在实施过程中可能会产生的环境影响进行识别,从而鉴别不同影响因子的影响程度。清单法主要包括简单型、描述型和分级型。

(二)矩阵法由清单法发展而来。清单法能够鉴别不同影响因子的影响程度,还可以对影响程度进行综合分析。矩阵法在清单法的基础上,将建设项目会产生的影响因素进行归纳和排序,把拟建项目的各项"活动"和受影响的环境要素组成一个矩阵,在拟建项目的各项"活动"和环境影响之间建立起直接的因果关系,以定性或者半定量的方式说明拟建项目的环境影响。

(三)叠图法在环境影响评价中通过应用一系列的环境、资源图件叠置来识别、预测环境影响,标示各种环境要素、不同区域的相对重要性以及表征对不同区域和不同环境要素的影响。叠图法通常用于涉及地理空间较大的建设项目。

(四)网络法是采用因果关系分析网络来解释和描述拟建项目的各项"活动"和环境要素之间的关系。除了具有相关矩阵法的功能外,还可识别间接影响和累积影响。

对地表水环境影响识别,需针对项目在建设时期的不同阶段中地表水环境质量、水文要素的影响行为进行详细分析。

1. 建设阶段水环境影响因素

(1)施工人员生活污水

建设项目施工人员在项目施工期间会产生大量生活污水,主要污染因子为 SS、COD 和氨氮等。生活污水直接排向周边水体会造成水环境污染,需要对生活污水进行集中处理后,达标排放。由于施工人员所产生的生活污水污染程度较低,污染物种类少,因此仅需要采取简单的处理后达标排放。

(2)施工场地废水

① 施工场地废水

主要来源于施工车辆以及机械设备的清洗、建筑材料清洗、混凝土养护、设备水压试验产生的废水。此外还有场地雨污水,这部分废水通常含有一定量的泥沙和少量的油污,严禁直排附近内河及市政污水管网。

除此之外,在材料的运输、搬运等过程中,应防止物料散落;砂石、土石方、粉料等物料堆放场所应设围堰和雨篷,防止被暴雨径流冲走;严禁将施工过程产生的建筑垃圾倾倒入河道;按时检查施工机械设备,防止油料泄漏,污染周边土壤和水体。

② 钻孔泥浆

钻孔作业中有钻孔泥浆产生,泥浆易固化,若排入管道,容易引起管道堵塞,排入附近河道,将对水生生物生存环境产生影响,为此施工单位应严禁将施工过程产生的钻孔泥浆倾倒入河以及排入市政雨污水管道。

2. 生产运行阶段水环境影响因素

(1)工业建设项目

① 石油炼制工业:石油的冶炼加工主要包括分离、转化、精制和调和四个过程。废水主要来自油罐区和操作区的雨水、油罐排水、冷却水排污、冲洗和清洗水以及原油脱盐等场所和工序;苯酚、苯和有机酸等有机物以及硫化铵、金属盐、无机盐等无机物来自汽提、原油裂解、洗涤、油的化学处理、原油脱盐、催化裂解等工艺过程;高温水来自锅炉排污、冷却水排放等。

② 钢铁工业:铁和钢制造一般有六个过程:焦炭制造和副产品回收;铁矿石制备;高炉炼铁;转炉、电炉或平炉炼钢;铸、轧机操作;精整操作。废水主要来源:焦炭生产和副产品回收过程的工艺用水和冷却水如焦化废水、酸洗废水和氨蒸馏废液中含高浓度酚、氰化物、硫氰酸盐和硫化物、氯化物;高炉炼铁的废水主要由排气洗涤和高炉炉渣用水;

铸造和轧机操作主要排大量冷却水,轧机操作中产生的含废屑和油滴的废水;精整操作采用酸、碱浸渍去除锈和磷皮,将排出含铁盐的酸性废水,含皂化油的碱性废水等。

③ 铝和有色金属工业:制铝工业是以铝矾土为原料采用电解还原法生产金属铝。与钢铁工业比较,制铝业排放的废水量较少,主要是含铝酸钠或氟化钙的废碱液;其他为锅炉排污、冷却塔排污等的废水。

铜的生产主要采用铜矿石作原料。铜矿石被破碎后磨碎成为细矿浆再加入浮选剂,浮渣层用去炼铜;沉渣送去尾矿场,尾矿中的浮选剂如管理不善,会对水体造成污染。炼铜和铜精炼过程排放的少量工艺废水含低浓度铜、砷、锑、铅等重金属。

④ 化学工业:包含的门类很多,排放的废水中含各种有机和无机污染物,其中有些属于危险性污染物。无机化工产品制造业,如硫酸、盐酸、硝酸、烧碱、纯碱、氯气、磷肥、碳铵等,废水中含酸碱类物质和合成过程的产物以及副产物。有机化工与石油化工有密切关系,生产过程除使用有机原料外还需各种无机原料。废水来源主要包括产品和副产品洗涤;冷却塔和锅炉排污、蒸汽凝结水等,溢漏、容器清洗、地面冲洗;雨水和场地冲洗水。

⑤ 食品工业:将农副产品加工成消费者能食用的食品,要经过一系列过程,例如精制、防腐、产品改性、储存和输运、包装或罐制造。食品工业中大宗生产的是肉类和肉制品、鱼类加工;奶及奶制品;谷类碾磨、输运和食品制造;水果和蔬菜加工以及罐头制造等。食品工业排放废水通常还有较高的有机、无机物质。

⑥ 制浆和造纸业:制浆厂包括草类或木材原料处理、碱法或酸法蒸煮过程、打浆洗涤、增浓、漂白和碱回收等工序。造纸厂包括浆料处理、造纸机运转、转性和润饰等工序。排放的废水分为制浆废水和造纸废水两类。制浆过程排放的废水中含有高浓度的木质素,糖类和半纤维素等有机污染物;在漂白过程中漂白剂与有机物产生多种多样具有致癌性的氯代有机物;造纸过程中产生大量含微细纤维素的废水。

(2)水利工程

水利工程指开辟航道、疏浚、堤坝加固、水库建设与水电工程等。

① 开辟航道工程主要影响是清除航道中树木和淤积物,妨碍航行和改变水流流态产生易受侵蚀的底质和不稳定河床;船舶通航使水变浑,减少光线透入深度,改变水生生物的结构,使耐污性生物量增加,水生生物生产力降低,船舶通航还造成水体污染。

② 灌溉工程是用人工控制方法将水施于农作物,促其生长。这类工程的影响是从河流和湖泊中取走大量的水使河流流量减小,灌溉回流水对河流可能造成污染。

③ 小型水库的影响面较广,影响栖息地的物种多样性,蓄水引起底层溶解氧缺乏,季节性温度分层、沉积和潜在性富营养化等水质变化。

④ 大型水库和水电工程建设对水库内和上下游的水质和水量及生态影响包括:水库内水质发生季节性变化;均匀地减少下游进入河口的流量,可能引起盐水入侵;降低下游河段自净能力;蒸发量加大,减少下游河水流量;妨碍洄游性鱼类的生长、繁殖;促进库内水草和浮游植物的生长;可能减少输入下游土地的营养物量。

(3)农业和畜牧业开发

农业和畜牧业开发主要影响是由土地利用方式的改变或土地过度利用造成。主要包括农业过量施用化肥和农药对地表水体的非点源污染;禽畜饲养业开发产生大量粪便废水污染地表水体;过度的放牧引起草地退化,土壤侵蚀,影响水质和造成荒漠化等。

(4)矿业开发

矿业属于自然资源开采和加工,对水质水量均有影响。水力开采作业改变河床结构,尾矿的排放造成淤积和水土流失,使水质恶化,也使水生生境剧烈改变,导致水生生物种群量下降乃至灭绝。尾矿堆积和河流污染造成土壤污染、侵蚀并使农作物、牲畜受害。

(5)城市污水处理厂和垃圾填埋场

① 污水处理厂

施工期的影响主要是改变地貌、河流和天然渠道的流向,可能引起土壤侵蚀、河渠的淤积或冲刷。运行期排水可能提高河道的 BOD、悬浮物和磷、氮浓度。如污水处理厂没有除磷、脱氮措施,则排入湖、库会引起富营养化。

② 垃圾填埋场

其污染影响来自:暴雨径流夹带填埋场表面的大量污染物可能溢入水体造成污染;填埋场的渗滤液通过侧向渗入河道;如果地下水与地表水有补给关系,则受渗滤液污染的地下水可能进一步污染地表水。

3. 服务期满后水环境影响因素

部分建设项目(矿山开发、垃圾填埋场建设等)在服务期满后需要持续对水环境进行监测,评估项目服务期满后对周围环境的影响。

二、水环境影响评价因子的筛选

(一)水污染影响型建设项目评价因子

水污染影响型建设项目评价因子的筛选应符合以下要求:

1. 按照污染源源强核算技术指南,开展建设项目污染源与水污染因子识别,结合建设项目所在水环境控制单元或水环境质量现状,筛选出水环境现状调查评价与影响预测评价的因子;

2. 行业污染物排放标准中涉及的水污染物应作为评价因子;

3. 在车间或者车间处理设施排放口排放的第一类污染物应作为评价因子;

4. 水温应作为评价因子;

5. 面源污染所含的主要污染物应作为评价因子;

6. 建设项目排放的,且为建设项目所在控制单元的水质超标因子或潜在污染因子应作为评价因子。

(二)水文要素影响型建设项目评价因子

水文要素影响型建设项目评价因子应根据建设项目对地表水体水文要素影响的特征确定。河流、湖泊及水库主要评价水面面积、水量、水温、径流过程、水位、水深、流速、水面宽、冲淤变化等因子,湖泊和水库需要重点关注湖底水域面积或蓄水量及水力停留时间等因子。感潮河段、入海河口及近岸海域主要评价流量、流向、潮区界、潮流界、纳潮量、水位、流速、水面宽、水深、冲淤变化等因子。

建设项目可能导致受纳水体富营养化的,评价因子还应包括与富营养化有关的因子。

(三)水环境影响预测水质参数筛选的原则

1. 地面水环境影响预测时期划分与预测时段确定的原则

(1)建设项目地面水环境影响预测时期原则上一般划分为建设期、运行期和服务期满后三个阶段。

所有建设项目均应预测生产运行阶段对地面水环境的影响。该阶段的地面水环境影响应按正常排放和非正常排放两种情况预测。大型建设项目应根据该项目建设过程阶段的特点和评价等级、受纳水体特点以及当地环保要求,决定是否预测建设期的环境影响。根据建设项目的特点、评价等级、地面水环境特点以及当地环保要求,个别建设项目应预测服务期满后对地面水环境的影响。

(2)地面水环境预测应考虑水体自净能力最小、一般、最大三个时段。海湾的自净能力与时期的关系不明显,可以不分时段。

一、二级评价,应分别预测水体自净能力最小和一般两个时段的环境影响。冰封期较长的水域,当其水体功能为生活饮用水、食品工业用水或渔业用水水域时,还应预测冰封期的环境影响。三级评价,或二级评价但评价时间较短时,可以只预测自净能力最小时段的环境影响。

2. 预测水质参数筛选的原则

根据工程分析和环境现状、评价等级、当地的环保要求筛选和确定建设期、运行期和服务期满后拟预测的水质参数。一般应少于环境现状调查涉及的水质因子数目。不同预测时期的水质预测参数彼此不一定相同。对河流,可以按水质参数的排序指标 ISE,从中选取预测水质因子。ISE 是负值或者越大,说明拟建项目排污对该项水质参数的影响越大。

$$ISE = \frac{c_{pi} \cdot Q_{pi}}{(c_{si} - c_{hi}) \cdot Q_{hi}} \qquad (6-1)$$

式中:ISE——水质参数的排序指标;

　　c_{pi}——建设项目水污染物的排放浓度,mg/L;

　　c_{si}——水污染物的评价标准限值,mg/L;

　　c_{hi}——评价河段的水质浓度,mg/L;

　　Q_{pi}——建设项目的废水排放量,m³/s;

　　Q_{hi}——评价河段的流量,m³/s。

第三节　水环境现状调查与评价

一、水环境现状调查

环境现状调查应遵循问题导向与管理目标导向统筹、流域(区域)与评价水域兼顾、水质水量协调、常规监测数据利用与补充监测互补、水环境现状与变化分析结合的原则。

（一）现状调查范围

建设项目环境现状调查范围的确定需要遵循以下原则：

1. 地表水环境的现状调查范围应覆盖评价范围，以平面图方式表示，并明确起、止断面的位置及涉及范围。

2. 对于水污染影响型建设项目，除评价范围外，受纳水体为河流时，在不受回水影响的河流段，排放口上游范围不宜小于 500m，受回水影响河段的上游调查范围原则上与下游调查的河段长度相等；受纳水体为湖库时，以排放口为圆心，调查半径在评价范围基础上外延 20%～50%。

3. 对于水文要素影响型建设项目，受影响水体为河流、湖库时，除覆盖评价范围外，一级、二级评价时还应包括库区及支流回水影响区、坝下至下一个梯级或河口、受水区、退水影响区。

4. 对于水污染影响型建设项目，建设项目排放污染物中包括氮、磷或有毒污染物且受纳水体为湖泊、水库时，一级评价的调查范围应包括整个湖泊、水库，二级、三级 A 评价时，调查范围应包括排放口所在水环境功能区、水功能区或湖（库）湾区。

5. 受纳或受影响水体为入海河口及近岸海域时，调查范围依据 GB/T 19485 要求执行。

（二）现状调查时期

现状调查时期应与水文特征的划分相对应。河流、河口、湖泊与水库一般按丰水期、平水期、枯水期划分；海湾按大潮期和小潮期划分。对于北方地区，也可以划分为冰封期和非冰封期。评价等级不同，各类水域调查时期的要求也不同。

（三）水文调查与水文测量的原则与内容

通常情况下，水文调查与水文测量在枯水期进行。必要时，其他时期可进行补充调查。

水文测量的主要内容与拟采用的环境影响预测方法密切相关。在采用数学模式时应根据所选用的预测模式及应输入的水文特征值和环境水力学参数的需要决定其内容。与水质调查同步进行的水文测量，原则上只在一个时期内进行。它与水质调查的次数和天数不要求完全相同，在能准确求得所需水文要素及环境水力学参数的前提下，尽量精简水文测量的次数和天数。一般应调查的河流水文特征值为：河宽、水深、流速、流量、坡度、糙率及弯曲系数；环境水力学参数主要为：迁移、扩散及混合系数等水质模式参数。

1. 河流

河流水文调查与水文测量的内容应根据评价等级、河流的规模决定，其中主要有：丰水期、平水期、枯水期的划分；河流平直及弯曲情况、横断面、坡度、水位；水深、河宽、流量、流速及其分布、水温、糙率及泥沙含量等，丰水期有无分流漫滩，枯水期有无浅滩、沙洲和断流，对于气温比较低，容易结冰的北方河流还应了解结冰、封冰、解冻等现象。

在采用河流水质数学模式预测时，其具体调查内容应根据评价等级及河流规模，按照河流常用水质数学模式涉及的环境水文特征值与环境水力学参数的需要决定。

河网地区应调查各河段流向、流速、流量关系，了解流向、流速、流量的变化特点。

2. 感潮河口

感潮河口的水文调查与水文测量的内容应根据评价等级和河流的规模决定，其中除应包括与河流相同的内容外,还应有感潮河段的范围,涨潮、落潮及平潮时的水位、水深、流向、流速及其分布,横断面形状、水面坡度以及潮间隙,潮差和历时等。

在采用数学模式预测时,其具体调查内容应根据评价等级以及河流规模按照河口常用水质数学模式涉及的环境水文特征值与环境水力学参数的需要决定。

3. 湖泊与水库

应根据评价等级,湖泊和水库的规模决定水文调查与水文测量的内容,其中主要有:湖泊、水库的面积和形状;丰水期、平水期、枯水期的划分,流入、流出的水量,水力停留时间,水量的调度和贮量,湖泊、水库的水深;水温分层情况及水流状况(湖流的流向和流速,环流的流向、流速及稳定时间)等。

在采用数学模式预测时,其具体调查内容应根据评价的等级及湖泊、水库的规模,按照湖泊、水库水质数学模式涉及的环境水文特征值与环境水力学参数的需要决定。

4. 海湾

海湾水文调查与水文测量的内容应根据评价等级及海湾的特点选择下列全部或部分内容:海岸形状、海底地形,潮位及水深变化,潮流状况(小潮和大潮循环期间的水流变化、平行于海岸线流动的落潮和涨潮),流入的河水流量、盐度和温度造成的分层情况,水温、波浪的情况以及内海水与外海水的交换周期等。

在采用数学模式预测时,其具体调查内容应根据评价等级、海湾特点、污染物特性等,按照海湾水质数学模式涉及的环境水文特征值与环境水力学参数的需要决定。

(四)污染源调查

1. 建设项目污染源调查

(1)原则

建设项目污染源调查应在工程分析的基础上,确定水污染物的排放量及进入受纳水体的污染负荷量。

(2)基本内容

调查建设项目所有排放口的污染物源强,明确排放口的相对位置并附图件、地理位置、排放规律等。改建、扩建项目还应调查现有企业所有废水排放口。

2. 点污染源调查

(1)原则

点污染源调查以搜集现有资料为主。点污染源调查的繁简程度可根据评价级别及其与建设项目的关系而略有不同。评价级别较高且现有污染源与建设项目距离较近时应详细调查。

一级评价,以收集利用排污许可证登记数据、环评及环保验收数据及既有实测数据为主,并辅以现场调查及现场监测;

二级评价,主要收集利用排污许可证登记数据、环评及环保验收数据及既有实测数据,必要时补充现场监测;

水污染影响型三级 A 评价与水文要素影响型三级评价,主要收集利用与建设项目排放口的空间位置和所排污染物的性质关系密切的污染源资料,可不进行现场调查及现场监测;

水污染影响型三级B评价,可不开展区域污染源调查,主要调查依托污水处理设施的日处理能力、处理工艺、设计进水水质、处理后的废水稳定达标排放情况,同时应调查依托污水处理设施执行的排放标准是否涵盖建设项目排放的有毒有害的特征水污染物。

(2)点污染源调查基本内容

根据评价工作的需要选择下述全部或部分内容进行调查:

① 点污染源概况:主要包括污染源名称、排污许可证编号等。

② 排放特征:主要包括排放形式及排放方向、排放速度、排放口在断面上的位置。

③ 排放数据:主要包括污水排放量、排放浓度、主要污染物等数据。

④ 用排水状况:主要调查取水量、用水量、循环水量、重复利用率、排水总量等。

⑤ 污水处理状况:主要调查各排污单位生产工艺流程中的产污环节、污水处理工艺,处理效率、处理水量、中水回用量、再生水量、污水处理设施的运转情况等。

3. 面污染源调查

(1)原则

面污染源调查可不进行实际监测,采用收集利用既有数据等间接收集资料的方法。

(2)基本内容

面污染源种类繁多,根据污染物来源可将其分为农村生活污染源、农田污染源、分散式畜禽养殖污染源、城镇地面径流污染源、堆积物污染源、大气沉降源等。根据评价工作的需要选择下述全部或部分内容进行调查:

① 农村生活污染源:调查人口数量、人均用水量指标、供水方式、污水排放方式、去向和排污负荷量等。

② 农田污染源:调查农药和化肥的施用种类、施用量、流失量及入河系数、去向及受纳水体等情况(包括水土流失、农药和化肥流失强度、流失面积、土壤养分含量等调查分析)。

③ 分散式畜禽养殖污染源:调查畜禽养殖的种类、数量、养殖方式、粪便污水收集与处置情况、主要污染物浓度、污水排放方式和排污负荷量、去向及受纳水体等。畜禽粪便污水作为肥水进行农田利用的,需考虑畜禽粪便污水土地承载力。

④ 城镇地面径流污染源:调查城镇土地利用类型及面积、地面径流收集方式与处理情况,主要污染物浓度、排放方式和排污负荷量、去向及受纳水体等。

⑤ 堆积物污染源:调查矿山、冶金、火电、建材、化工等单位的原料、燃料、废料、固体废物(包括生活垃圾)的堆放位置、堆放面积、堆放形式及防护情况、污水收集与处置情况、主要污染物和特征污染物浓度、污水排放方式和排污负荷量、去向及受纳水体等。

⑥ 大气沉降源:调查区域大气沉降(干沉降、湿沉降)的类型、污染物种类、污染物沉降负荷量。

4. 内源污染调查

(1)原则

一级、二级评价,建设项目直接导致受纳水体内源污染变化,或存在与建设项目排放污染物同类的且内源污染影响受潮水体水环境质量的,应开展内源污染调查,必要时应开展底泥污染补充监测。

(2)基本内容

底泥物理指标包括力学性质、质地、含水率、粒径等;化学指标包括水域超标因子、与本建设项目排放污染物相关的因子。

(五)取样断面与取样点的布设

1. 河流水质取样断面与取样点设置及采样频次

(1)水质监测断面布设

应布设对照断面、控制断面。水污染型建设项目在拟建排放口上游应布置对照断面(宜在 500m 以内),根据受纳水域水环境质量控制管理要求设定控制断面。控制断面可结合水环境功能区或水功能区、水环境控制单元区划情况,直接采用国家及地方确定的水质控制断面。评价范围内不同水质类别区、水环境功能区或水功能区、水环境敏感区及需要进行水质预测的水域,应布设水质监测断面。评价范围以外的调查或预测范围,可以根据预测工作需要增设相应的水质监测断面。

(2)水质采样点位的确定

采样点垂线数布设:小河河宽小于 50m,在取样断面的主流线上设一条取样垂线。大、中河河宽小于 100m,共设两条取样垂线,在取样断面上各距岸边 1/3 水面宽处各设一条取样垂线;河宽大于 100m,共设三条取样垂线,在主流线上及距两岸不少于 0.5m,并有明显水流的地方各设一条取样垂线。

采样点垂线取样水深的确定:在一条垂线上,水深小于 5m 时,在水面下 0.5m 水深处取样一个;水深为 5~10m 时,在水面下、河底以上 0.5m 处各取一个样;在水深大于 10m 时,在水面下、1/2 水深处和河底 0.5m 以上各取一个样。

(3)采样频次

每个水期可监测 1 次,每次同步调查连续取样 3~4d,每个水质取样点每天至少取 1 组水样。在水质变化较大时,每间隔一定时间取样 1 次。水文观测频次,应每间隔 6h 观测一次水温,统计计算日平均水温。

2. 湖(库)监测点位设置与采样频次

(1)水质取样垂线的布设

对于水污染影响型建设项目,水质取样垂线的设置可采用以排放口为中心、沿放射线布设或网格布设的方法,按照下列原则及方法设置:一级评价在评价范围内布设的水质取样垂线数宜不少于 20 条;二级评价在评价范围内布设的水质取样垂线数宜不少于 16 条。评价范围内不同水质类别区、水环境功能区或水功能区、水环境敏感区、排放口和需要进行水质预测的水域,应布设取样垂线。

对于水文要素影响型建设项目,在取水口、主要入湖(库)断面、坝前、湖(库)中心水域、不同水质类别区、水环境敏感区和需要进行水质预测的水域,应布设取样垂线。对于复合影响型建设项目,应兼顾进行取样垂线的布设。

(2)水质采样点位的确定

对于湖(库)取样位置的布设应覆盖整个调查范围,并能切实反应湖(库)的实际水文、水质特点。取样点布设见表 6-1。

表 6-1 湖(库)取样位置的布设

水深 x/m	分层情况	采样点数
$x \leqslant 5$		1 点,(水面下 0.5m)
$5 < x \leqslant 10$	不分层	2 点,(水面下 0.5m,水底上 0.5m)
	分层	3 点,(水面下 0.5m,1/2 斜温层,水底上 0.5m)
$x > 10$		除水面下 0.5m、水底上 0.5m 处,按每一斜温分层 1/2 处设置

(3)采样频次

每个水期可监测 1 次,每次同步连续取样 2~4d,每个水质取样点每天至少取 1 组水样,但在水质变化较大时,每间隔一定时间取样一次。溶解氧和水温监测频次,每间隔 6h 取样监测一次,在调查取样期内适当监测藻类。

3. 入海河口、近岸海域监测点位设置与采样频次

(1)水质取样断面

一级评价可布设 5~7 个取样断面;二级评价可布设 3~5 个取样断面。

(2)水质取样点的布设

根据垂向水质分布特点,参照 GB/T 12763 和 HJ 442 执行。排放口位于感潮河段内的,其上游设置的水质取样断面应根据实际情况参照河流决定,其下游断面的布设与近岸海域相同。

(3)采样频次

原则上一个水期在一个潮周期内采集水样,明确所采样品所处潮时,必要时对潮周日内的高潮和低潮采样。当上、下层水质变幅较大时,应分层取样。入海河口上游水质取样频次参照感潮河段相关要求执行,下游水质取样频次参照近岸海域相关要求执行。对于近岸海域,一个水期宜在半个太阴月内的大潮期或小潮期分别采样,明确所采样品所处潮时;对所有选取的水质监测因子,在同一潮次取样。

二、水环境现状评价

(一)水环境现状评价内容与要求

根据建设项目水环境影响特点与水环境质量管理要求,选择以下全部或部分内容开展评价:

1. 水环境功能区或水功能区、近岸海域环境功能区水质达标状况。评价建设项目评价范围内水环境功能区或水功能区、近岸海域环境功能区各评价时期的水质状况与变化特征,给出水环境功能区或水功能区、近岸海域环境功能区达标评价结论,明确水环境功能区或水功能区、近岸海域环境功能区水质超标因子、超标程度,分析超标原因。

2. 水环境控制单元或断面水质达标状况。评价建设项目所在控制单元或断面各评价时期的水质现状与时空变化特征,评价控制单元或断面的水质达标状况,明确控制单元或断面的水质超标因子、超标程度,分析超标原因。

3. 水环境保护目标质量状况。评价涉及水环境保护目标水域各评价时期的水质状况与变化特征,明确水质超标因子、超标程度,分析超标原因。

4. 对照断面、控制断面等代表性断面的水质状况。评价对照断面水质状况,分析对照断面水质水量变化特征,给出水环境影响预测的设计水文条件;评价控制断面水质现状、达标状况,分析控制断面来水水质水量状况,识别上游来水不利组合状况,分析不利条件下的水质达标问题。评价其他监测断面的水质状况,根据断面所在水域的水环境保护目标水质要求,评价水质达标状况与超标因子。

5. 底泥污染评价。评价底泥污染项目及污染程度,识别超标因子,结合底泥处置排放去向,评价退水水质与超标情况。

6. 水资源与开发利用程度及其水文情势评价。根据建设项目水文要素影响特点,评价所在流域(区域)水资源与开发利用程度、生态流量满足程度、水域岸线空间占用状况等。

7. 水环境质量回顾评价。结合历史监测数据与国家及地方生态环境主管部门公开发布的环境状况信息,评价建设项目所在水环境控制单元或断面、水环境功能区或水功能区、近岸海域环境功能区的水质变化趋势,评价主要超标因子变化状况,分析建设项目所在区域或水域的水质问题,从水污染、水文要素等方面,综合分析水环境质量现状问题的原因,明确与建设项目排污影响的关系。

8. 流域(区域)水资源(包括水能资源)与开发利用总体状况、生态流量管理要求与现状满足程度、建设项目占用水域空间的水流状况与河湖演变状况。

9. 依托污水处理设施稳定达标排放评价。评价建设项目依托的污水处理设施稳定达标状况,分析建设项目依托污水处理设施的环境可行性。

(二)评价方法

水环境功能区或水功能区、近岸海域环境功能区及水环境控制单元或断面水质达标状况评价方法,参考国家或地方政府相关部门制定的水环境质量评价技术规范、水体达标方案编制指南、水功能区水质达标评价技术规范等。

监测断面或点位水环境质量现状采用水质指数法评价。

一般性水质因子(随着浓度增加而水质变差的水质因子)的指数计算公式:

$$S_{i,j} = C_{i,j}/C_{si} \tag{6-2}$$

式中:$S_{i,j}$—单项水质因子 i 在第 j 点的标准指数;

$C_{i,j}$——评价因子 i 在 j 点的实测浓度值,mg/L;

C_{si}——评价因子 i 的评价标准限值,mg/L。

溶解氧(DO)的标准指数为:

$$S_{DO,j} = DO_s/DO_j \quad DO_j \leqslant DO_f \tag{6-3}$$

$$S_{DO,j} = |DO_f - DO_j|/(DO_f - DO_s) \quad DO_j > DO_f \tag{6-4}$$

式中:$S_{DO,j}$——DO 的标准指数。

DO_f——某水温、气压条件下的饱和溶解氧浓度,mg/L;对于河流,计算公式常采用:$DO_f = 468/(31.6 + T)$;对于盐度比较高的湖泊、水库及入海河口、近岸海域，$DO_f = (491 - 2.65S)/(33.5 + T)$；

DO_j——溶解氧实测值，mg/L；

DO_s——溶解氧的评价标准限值，mg/L；

S——实用盐度符号，量纲为 1；

T——水温，℃。

pH 的标准指数：

$$S_{pH,j} = \frac{7.0 - pH_j}{7.0 - pH_{sd}} \quad pH \leqslant 7.0 \tag{6-5}$$

$$S_{pH,j} = \frac{pH_f - 7.0}{pH_{su} - 7.0} \quad pH > 7.0 \tag{6-6}$$

式中：$S_{pH,j}$——pH 的标准指数；

pH_j——pH 的实测值；

pH_{sd}——评价标准中 pH 的下限值；

pH_{su}——评价标准中 pH 的上限值。

水质参数的标准指数>1，表明该水质参数超过了规定的水质标准，已经不能满足使用要求。

底泥污染状况采用单项污染指数法评价，计算公式为：

$$P_{i,j} = C_{i,j}/C_{si} \tag{6-7}$$

式中：$P_{i,j}$——底泥污染因子 i 的单项污染指数，大于 1 表明该污染因子超标；

$C_{i,j}$——调查点位污染因子 i 的实测值，mg/L；

C_{si}——污染因子 i 的评价标准值或参考值，mg/L。

底泥污染评价标准值或参考值可以根据土壤环境质量标准或所在水域的背景值确定。

第四节 水环境影响评价程序与等级

环境影响评价工作内容包括评价工作分级、环境现状调查、环境影响预测和提出环境影响结论。水环境影响评价，应在对拟建项目的水污染特征进行准确分析的基础上，通过调查及监测等手段，掌握评价地表水体的基本情况和环境特征，采用合理的评价方法，对地表水环境质量现状和影响预测，进行全面客观的评价。

一、水环境影响评价程序

水环境影响评价的技术工作程序见图 6-3。水环境影响评价程序分为三个阶段：第一阶段为准备阶段，包括了解工程设计、现场踏勘、了解环境法规和标准的规定、确定评价级别和评价范围、编制环境影响评价工作大纲，在这阶段还要做些环境现状调查和工程分析方面的工作；第二阶段是评价工作的主要内容，详细开展水环境现状调查和监测，在此基础上评价水环境现状;第三阶段提出污染防治和水体保护对策,总结工作成果,完成报告书。

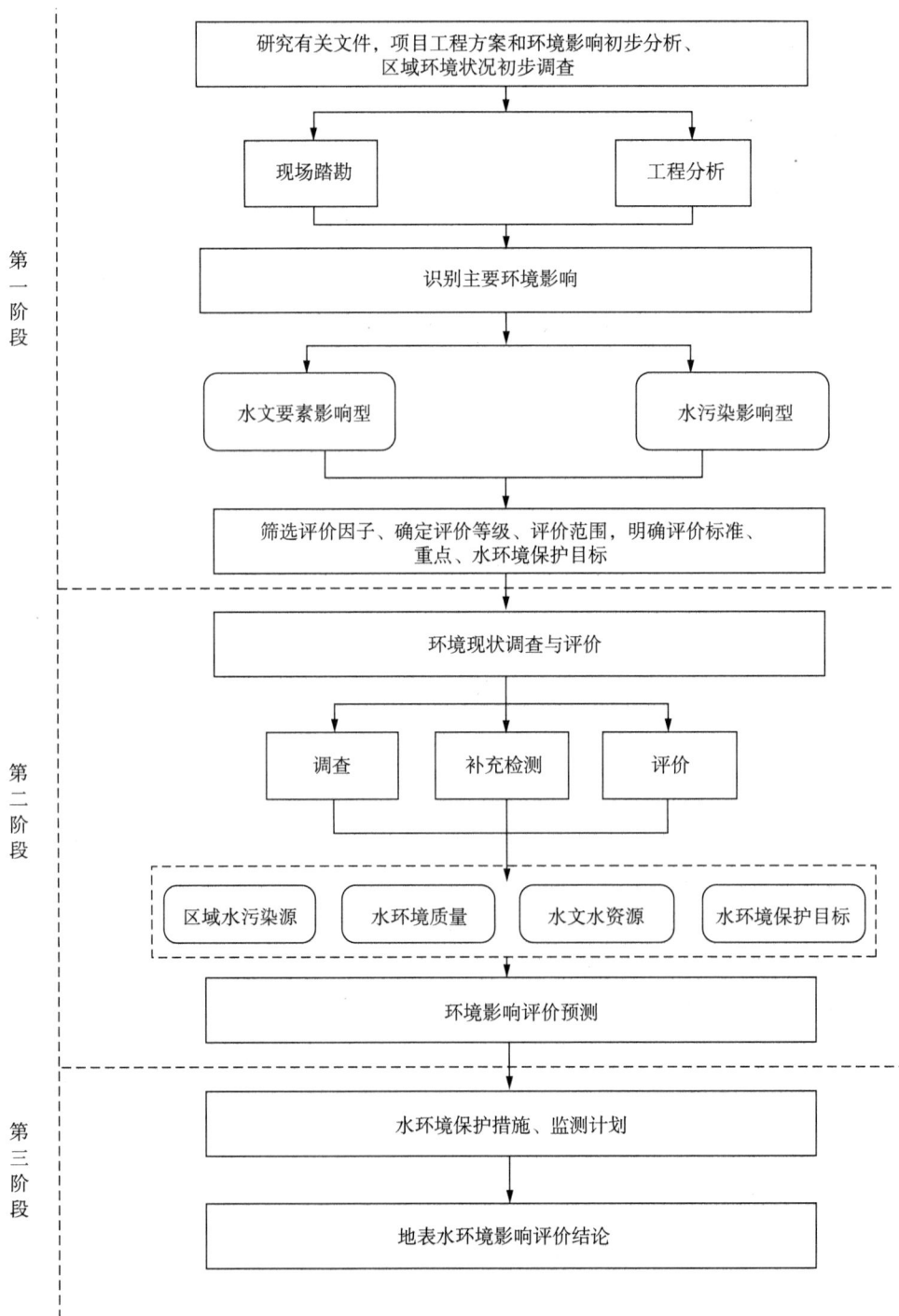

图 6-3　地表水环境影响评价工作程序

二、评价等级和范围

(一)水环境影响评价等级

地表水环境影响评价工作级别的划分可依据建设项目类型、污染物排放方式、污染物排放量、受纳水体规模和现状以及水体水质要求等进行。

评价工作等级分为三级,一级评价最详细,二级次之,三级较简略。

水污染影响型建设项目环境影响评价分级判据见表 6-2。水文要素影响型建设项目环境影响评价分级判据见表 6-3。

表 6-2 水污染影响型建设项目环境影响评价分级判据

评价等级	分级依据	
	排放方式	废水排放量 $Q/(m^3/d)$ 水污染物当量数 W(量纲一)
一级	直接排放	$Q \geqslant 20000$ 或 $W \geqslant 600000$
二级	直接排放	其他
三级 A	直接排放	$Q < 200$ 且 $W < 6000$
三级 B	间接排放	—

注:1. 水污染物当量数等于该污染物的年排放量除以该污染物的污染当量值,计算排放污染物的污染当量数,应区分第一类水污染物和其他类水污染物,统计第一类污染物当量数总和,然后与其他类污染物按照污染物当量数从大到小排序,取最大当量数作为建设项目评价等级确定的依据。

2. 废水排放量按行业排放标准中规定的废水种类统计,没有相关行业排放标准要求的通过工程分析合理确定,应统计含热量大的冷却水的排放量,可不统计间接冷却水、循环水以及其他含污染物极少的清净下水的排放量。

3. 厂区存在堆积物(露天堆放的原料、燃料、废渣等以及垃圾堆放场)、降尘污染的,应将初期雨污水纳入废水排放量,相应的主要污染物纳入水污染当量计算。

4. 建设项目直接排放第一类污染物的,其评价等级为一级;建设项目直接排放的污染物为受纳水体超标因子的,评价等级不低于二级。

5. 直接排放受纳水体影响范围涉及饮用水水源保护区、饮用水取水口、重点保护与珍稀水生生物的栖息地、重要水生生物的自然产卵场等保护目标时,评价等级不低于二级。

6. 建设项目向河流、湖库排放温排水引起受纳水体水温变化超过水环境质量标准要求,且评价范围有水温敏感目标时,评价等级为一级。

7. 建设项目利用海水作为调节温度介质,排水量≥500 万 m^3/d,评价等级为一级;排水量<500 万 m^3/d,评价等级为二级。

8. 仅涉及清净下水排放的,如其排放水质满足受纳水体水环境质量标准要求,评价等级为三级 A。

9. 依托现有排放口,且对外环境未新增排放污染物的直接排放建设项目,评价等级参照间接排放,定为三级 B。

10. 建设项目生产工艺中有废水产生,但作为回水利用,不排放到外环境的,按三级 B 评价。

表 6-3 水文要素影响型建设项目环境影响评价分级判据

评价等级	水温	径流		受影响地表水域		
	年径流量与总库容占比 a/%	库容与年净流量百分比 b/%	取水量占多年平均净流量百分比 c/%	工程垂直投影面积及外扩范围 S_1/km²；工程扰动水底面积 S_2/km²；过水断面宽度占用比例 T/%		工程垂直投影面积及外扩范围 S_1/km²；工程扰动水底面积 S_2/km²
				河流	湖库	入海河口、近岸海域
一级	$a\leqslant10$；或稳定分层	$b\geqslant20$；或完全年调节与多年调节	$c\geqslant30$	$S_1\geqslant0.3$；或 $S_2\geqslant1.5$；或 $T\geqslant10$	$S_1\geqslant0.3$；或 $S_2\geqslant1.5$；或 $T\geqslant20$	$S_1\geqslant0.5$；或 $S_2\geqslant3$
二级	$10<a<20$；或不稳定分层	$2<b<20$；或季调节与不完全年调节	$10<c<30$	$0.05<S_1<0.3$；或 $0.2<S_1<1.5$；或 $5<T<10$	$0.05<S_1<0.3$；或 $0.2<S_1<1.5$；或 $5<T<20$	$0.15<S_1<0.5$；或 $0.5<S_1<3$
三级	$a\geqslant20$；或混合型	$b\leqslant2$；或无调节	$c\leqslant10$	$S_1\leqslant0.05$；或 $S_2\leqslant0.2$；或 $T\leqslant5$	$S_1\leqslant0.05$；或 $S_2\leqslant0.2$；或 $T\leqslant5$	$S_1\leqslant0.15$；或 $S_2\leqslant0.5$

注:1. 影响范围涉及饮用水源保护区、重点保护与珍稀水生生物的栖息地、重要水生生物的自然产卵场、自然保护区等保护目标,评价等级应不低于二级。

2. 跨流域调水、引水式电站、可能受到大型河流感潮河段影响的建设项目,评价等级不低于二级。

3. 造成入海河口(湾口)宽度束窄(束窄尺度达到原宽度的5%以上),评价等级应不低于二级。

4. 对不透水的单方向建尺度较长的水工建筑物(如防波堤、导流堤等),其与潮流或水流主流向切线垂直方向投影长度大于2km时,评价等级应不低于二级。

5. 允许在一类海域建设的项目,评价等级为一级。

6. 同时存在多个水文要素影响的建设项目,分别判定各水文要素影响评价等级,并取其中最高等级作为水文要素影响型建设项目评价等级。

(二)分级评判的基本内容

污染物污染当量值采用《中华人民共和国环境保护税法》规定应税污染物,污染当量是指根据污染物或者污染排放活动对环境的有害程度以及处理的技术经济性,衡量不同污染物对环境污染的综合性指标或者计量单位。同一介质相同污染当量的不同污染物,其污染程度基本相当。各污染物和当量值见表6-4～表6-7。

表 6-4 水污染物污染当量值(第一类)

污染物	污染物当量值/kg	污染物	污染物当量值/kg
总汞	0.0005	总铅	0.025
总镉	0.005	总镍	0.025

（续表）

污染物	污染物当量值/kg	污染物	污染物当量值/kg
总铬	0.04	苯并[a]芘	0.0000003
六价铬	0.02	总铍	0.01
总砷	0.02	总银	0.02

表6-5　水污染物污染当量值(第二类)

污染物	污染物当量值/kg	污染物	污染物当量值/kg
悬浮物	4	五氯酚及五氯酚钠	0.25
生化需氧量	0.5	三氯甲烷	0.04
化学需氧量	1	可吸附有机卤化物	0.25
总有机碳	0.49	四氯化碳	0.04
石油类	0.1	三氯乙烯	0.04
动植物油	0.16	四氯乙烯	0.04
挥发酚	0.08	苯	0.02
总氰化物	0.05	甲苯	0.02
硫化物	0.125	乙苯	0.02
氨氮	0.8	邻-二甲苯	0.02
氟化物	0.5	对-二甲苯	0.02
甲醛	0.125	间-二甲苯	0.02
苯胺类	0.2	氯苯	0.02
硝基苯类	0.2	邻二氯苯	0.02
阴离子表面活性剂	0.2	对二氯苯	0.02
总铜	0.1	对硝基氯苯	0.02
总锌	0.2	2,4-二硝基氯苯	0.02
总锰	0.2	苯酚	0.02
彩色显影剂	0.2	间-甲酚	0.02
总磷	0.25	2,4-二氯酚	0.02
单质磷	0.05	2,4,6-三氯酚	0.02
有机磷农药	0.05	邻苯二甲酸二丁酯	0.02
乐果	0.05	邻苯二甲酸二辛酯	0.02
甲基对硫磷	0.05	丙烯腈	0.125
马拉硫磷	0.05	总硒	0.02
对硫磷	0.05		

表 6-6 水污染物污染当量值(pH、色度、大肠菌群数、余氯量)

污染物		污染物当量值
pH(a)	$0 \leqslant a < 1, 13 < a \leqslant 14$	0.06t 污水
	$1 \leqslant a < 2, 12 < a \leqslant 13$	0.125t 污水
	$2 \leqslant a < 3, 11 < a \leqslant 12$	0.25t 污水
	$3 \leqslant a < 4, 10 < a \leqslant 11$	0.5t 污水
	$4 \leqslant a < 5, 9 < a \leqslant 10$	1t 污水
	$5 \leqslant a < 6$	5t 污水
色度		5t 水/倍
大肠菌群数(超标)		3.3t 污水
余氯量(用氯消毒的医院废水)		3.3t 污水

表 6-7 水污染物污染当量值(畜禽养殖业、小型企业和第三产业)

类型		污染物当量值
畜禽养殖业	牛	0.1 头
	猪	1 头
	鸡、鸭等	30 羽
小型企业		1.8t 污水
餐饮娱乐服务业		0.5t 污水
医院	消毒	0.14 床
		2.8t 污水
	不消毒	0.07 床
		1.4t 污水

(三)评价范围

建设项目地表水环境影响评价范围指建设项目整体实施后可能对地表水环境造成的影响范围。

1. 水污染影响型建设项目评价范围

水污染影响型建设项目评价范围应根据评价等级、工程特点、影响方式及程度、地表水环境质量管理要求等确定。

(1)一级、二级及三级 A,其评价范围应符合以下要求:

① 应根据主要污染物迁移转化状况,至少需覆盖建设项目污染影响所及水域。

② 受纳水体为河流时,应满足覆盖对照断面、控制断面与削减断面等关心断面的要求。

③ 受纳水体为湖泊、水库时,一级评价,评价范围宜不小于以入湖(库)排放口为中心、半径为 5km 的扇形区域;二级评价,评价范围宜不小于以入湖(库)排放口为中心、半径为 3km 的扇形区域;三级 A 评价,评价范围宜不小于以入湖排放口为中心、半径为

1km 的扇形区域。

④ 受纳水体为入海河口和近岸海域时,评价范围按照 GB/T 19485 执行。

⑤ 影响范围涉及水环境保护目标的,评价范围应扩大到水环境保护目标内受到影响的水域。

⑥ 同一建设项目有两个及两个以上废水排放口,或排入不同地表水体时,按各排放口及所排入地表水体分别确定评价范围;有叠加影响的,叠加影响水域应作为重点评价范围。

(2)三级 B,其评价范围应符合以下要求:

① 依托污水处理设施环境可行性分析。

② 涉及地表水环境风险的,应覆盖环境风险影响范围所及的水环境保护目标水域。

2. 水文要素影响型建设项目评价范围

水文要素影响型建设项目评价范围需根据评价等级、水文要素影响类别、影响及恢复程度确定,评价范围应符合以下要求:

(1)水文要素影响评价范围为建设项目形成水温分层水域,以及下游未恢复到天然(或建设项目建设前)水温的水域。

(2)径流要素影响评价范围为水体天然性状发生变化的水域,以及下游增减水影响水域。

(3)地表水域影响评价范围为相对建设项目建设前日均或潮均流速及水深,或高(累积频率 5%)低(累积频率 90%)水位(潮位)变化幅度超过±5%的水域。

(4)建设项目影响范围涉及水环境保护目标的,评价范围至少应扩大到水环境保护目标内受影响的水域。

(5)存在多类水文要素影响的建设项目,应分别确定各水文要素影响评价范围,取各水文要素评价范围的外包线作为水文要素的评价范围。评价范围应以平面图的方式表示,并明确起、止位置等控制点坐标。

3. 评价时期确定

根据受影响地表水体类型、评价等级确定,见表 6-8。三级 B 评价,可不考虑评价时期。

表 6-8 评价时期确定表

受影响地表水体类型	评价等级		
	一级	二级	水污染影响型(三级 A)/水温要素影响型(三级)
河流、湖库	丰水期、平水期、枯水期;至少丰水期和枯水期	丰水期和枯水期;至少枯水期	至少枯水期
入海河口	河流:丰水期、平水期、枯水期;河口:春季、夏季、秋季;至少丰水期和枯水期,春季和秋季	河流:丰水期、枯水期;河口:春季、秋季;至少枯水期或 1 个季节	至少枯水期或 1 个季节

（续表）

受影响地表水体类型	评价等级		
	一级	二级	水污染影响型（三级 A）/水温要素影响型（三级）
近岸海域	春季、夏季、秋季；至少春季、秋季 2 个季节	春季或秋季；至少 1 个季节	至少 1 次调查

注：1. 感潮河段、入海河口、近岸海域在丰、枯水期（或春夏秋冬四季）均应选择大潮期或小潮其中一个潮期开展评价（无特殊要求时，可不考虑一个潮期内高潮期、低潮期的差别）。选择原则为：依据调查监测海域的环境特征，以影响范围较大或影响程度较重为目标，定性判别和选择大潮期或小潮期作为调查潮期。

2. 冰封期较长且作为生活饮用水与食品加工用水的水源或有渔业用水需求的水域，应将冰封期纳入评价时期。

3. 具有季节性排水特点的建设项目，根据建设项目排水期对应的水期或季节确定评价时期。

4. 水文要素影响型建设项目对评价范围内的水生生物生长、繁殖有明显影响的时期，需将对应的时期作为评价时期。

5. 复合影响型建设项目分别确定评价时期，按照覆盖所有评价时期的原则综合确定。

第五节　水环境影响评价常用模型及其适用条件

水质数学模式按水污染源类型随时间的变化情况划分为动态、稳态和准稳态（或准动态）模式；按水环境空间结构划分为零维、一维、二维和三维模式；按模拟预测的水质组分划分为单一组分和多组分耦合模式；按水质数学模式的求解方法及方程形式划分为解析解和数值解模式。

一、常用河流水质数学模式及其适用条件

（一）河流完全混合模式与适用条件

废水排向河流中会和水体迅速发生混合，废水中的污染物组分浓度为：

$$c = \frac{Q_p c_p + Q_h c_h}{Q_h + Q_p} \qquad (6-8)$$

式中：c——污染物浓度，mg/L；

　　　c_p——污染物在废水中的浓度，mg/L；

　　　c_h——排污口上游污染物浓度，mg/L；

　　　Q_h——河流流量，m^3/s；

　　　Q_p——排放的废水量，m^3/s。

河流完全混合模式的适用条件：河流充分混合段；持久性污染物；河流为恒定流动；废水连续稳定排放。

（二）河流一维稳态模式与适用条件

当河流的水文条件保持不变，处于稳定状态的情况下，可以采取一维模型进行预测。

$$c = c_0 \exp\left[-(K_1 + K_3)\frac{x}{86400u}\right] \tag{6-9}$$

式中：c——求解断面的污染物浓度，mg/L；

　　　c_0——初始点污染物浓度，mg/L；

　　　K_1——好氧系数，1/d；

　　　K_3——污染物沉降系数，1/d；

　　　u——河流的流速，m/s；

　　　x——初始点与求解断面间距离，m。

河流一维稳态模式适用条件：河流充分混合段；非持久性污染物；河流为恒定流动；废水连续稳定排放。

对于持久性污染物，在沉降作用明显的河流中，可以采用综合削减系数 K 替代上式中$(K_1 + K_3)$来预测污染物浓度沿程变化。

（三）河流二维稳态模式与适用条件

岸边排放：

$$c(x,y) = c_h + \frac{c_p Q_p}{H\sqrt{\pi M_y x u}}\left\{\exp\left(-\frac{uy^2}{4M_y x}\right) + \exp\left(-\frac{u(2B-y)^2}{4M_y x}\right)\right\} \tag{6-10}$$

非岸边排放：

$$c(x,y) = c_h + \frac{c_p Q_p}{2H\sqrt{\pi M_y x u}}$$

$$\left\{\exp\left(-\frac{uy^2}{4M_y x}\right) + \exp\left(-\frac{u(2a+y)^2}{4M_y x}\right) + \exp\left(-\frac{u(2B-2a-y)^2}{4M_y x}\right)\right\} \tag{6-11}$$

式中：$c(x,y)$——(x,y)处污染物垂向平均浓度，mg/L；

　　　H——平均水深，m；

　　　B——河流宽度，m；

　　　a——污水排放口与岸边距离，m；

　　　M_y——横向混合系数，m²/s；

　　　x,y——横、纵坐标，m。

适用条件：平直、断面形状规则河流混合过程段；持久性污染物；河流为恒定流动；对于非持久性污染物，需采用相应的衰减模式。

（四）河流二维稳态混合累积流量模式与适用条件

岸边排放：

$$c(x,q) = c_h + \frac{c_p Q_p}{\sqrt{\pi M_q x}}\left\{\exp\left(-\frac{q^2}{4M_q x}\right) + \exp\left(-\frac{(2Q_h-q)^2}{4M_q x}\right)\right\} \tag{6-12}$$

式中：$c(x,q)$——(x,q)处污染物垂向平均浓度，mg/L；

H——平均水深,m;

M_q——累积流量坐标系下的横向混合系数,m^2/s;

x,q——累积流量下横、纵坐标,m;

其他参数符号与上述公式一致。

适用条件:弯曲河流、断面形状不规则河段混合过程段;持久性污染物;河流为恒定流动;连续稳定排放;对于非持久性污染物,需采用相应的衰减模式。

（五）Streeter - Phelps(S - P)模式

S - P 模型基本假设:河流中的 BOD 的衰减和 DO 的复氧都是一级反应;反应速度是定常的;河流中的耗氧是由 BOD 衰减引起的,而河流中 DO 来源是大气复氧。

S - P 模型是关于 BOD 和 DO 的耦合模型,可写作:

$$dL/dt = -K_1 L \tag{6-13}$$

$$dD/dt = K_1 L - K_2 D \tag{6-14}$$

式中:L——河水中的 BOD 值,mg/L;

D——河流起始点的氧亏值,mg/L;

K_1——河水中 BOD 的衰减（耗氧）系数,1/d;

K_2——河流复氧系数,1/d;

t——河水的流经时间。

在边界条件 $t=0,L=L_0,D=D_0$ 情况下,其解析式为:

$$L = L_0 e^{-K_1 t} \tag{6-15}$$

$$D = \frac{K_1 L_0}{K_2 - K_1}\left[e^{-K_1 t} - e^{-K_2 t}\right] + D_0 e^{-K_2 t} \tag{6-16}$$

如果以河流的 DO 来表示,则

$$DO = DO_f - D = DO_f - \frac{K_1 L_0}{K_2 - K_1}\left[e^{-K_1 t} - e^{-K_2 t}\right] - D_0 e^{-K_2 t} \tag{6-17}$$

式中:DO——河水中的 DO 浓度,mg/L;

DO_f——饱和 DO 浓度,mg/L。

在 DO 浓度最低的点——临界点,河水的氧亏值最大,且变化速率为零,则

$$dD/dt = K_1 L - K_2 D = 0 \tag{6-18}$$

$$D_c = \frac{K_1}{K_2} \times L_0 e^{-K_1 t_c} \tag{6-19}$$

式中:D_c——临界点的氧亏值,mg/L;

t_c——由起始点到达临界点的流经时间,d。

临界氧亏发生的时间可由下式计算:

$$t_c = \frac{1}{K_2 - K_1} \ln \left[\frac{K_2}{K_1} \left(1 - \frac{D_0}{L_0} \times \frac{K_2 - K_1}{K_1} \right) \right] \tag{6-20}$$

适用条件:河流充分混合段,污染物为好氧性有机污染物,需要预测河流溶解氧状态,河流为恒定流动,污染物连续稳定排放。

沿河水流动方向的溶解氧分布为一悬索型曲线,通常称为氧垂曲线,如图 6-4 所示。氧垂曲线的最低点 C 称为临界氧亏点,临界氧亏点的亏氧量称为最大亏氧值。在临界亏氧点左侧,耗氧大于复氧,水中的溶解氧逐渐减少;污染物浓度因生物净化作用而逐渐减少。达到临界亏氧点时,耗氧和复氧平衡;临界点右侧,耗氧量因污染物浓度减少而减少,复氧量相对增加,水中溶解氧增多,水质逐渐恢复。如排入的耗氧污染物过多将溶解氧耗尽,则有机物受到厌氧菌的还原作用生成甲烷气体,同时水中存在的硫酸根离子将由于硫酸还原菌的作用而转化为硫化氢,引起河水发臭,水质严重恶化。

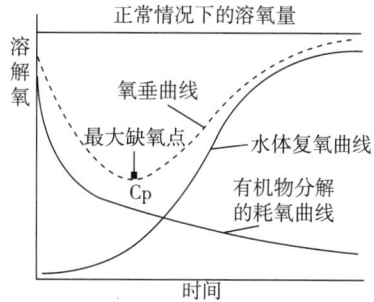

图 6-4　氧垂曲线

(六)河流混合过程段与水质模式选择

预测范围内的河段可分为充分混合段、混合过程段和上游河段。

充分混合段:指污染物浓度在断面上均匀分布。当断面上任一点的浓度与断面的平均浓度之差小于平均浓度的 5% 时,可认为达到均匀分布。

$$L_m = \left\{ 0.11 + 0.7 \left[0.5 - \frac{a}{B} - 1.1 \left(0.5 - \frac{a}{B} \right)^2 \right]^{1/2} \right\} \frac{uB^2}{E_y} \tag{6-21}$$

式中:L_m——达到充分混合断面的长度,m;

　　　B——河口宽度,m;

　　　a——排放口到近岸水边的距离,m;

　　　u——河流平均流速,m/s;

　　　E_y——污染物横向扩散系数,m^2/s。

(7)pH 模型与适用条件

排放酸性物质时:

$$pH = pH_h + \lg \left[\frac{C_{bh}(Q_p + Q_h) - C_{ap}Q_p}{C_{bh}(Q_p + Q_h) + Q_p C_{ap} K_{a1} \cdot 10pH_h} \right] \tag{6-22}$$

排放碱性物质时:

$$pH = pH_h + \lg \left[\frac{C_{bh}(Q_p + Q_h) + C_{bp}Q_p}{C_{bh}(Q_p + Q_h) - Q_p C_{bp} K_{a1} \cdot 10pH_h} \right] \tag{6-23}$$

式中:pH_h——上游河水 pH;

　　　C_{bh}——河流中的碱度,mg/L;

　　　C_{ap}——污水中的酸度,mg/L;

C_{bp}——污水中的碱度,mg/L;

K_{a1}——碳酸一级平衡常数。

二、常用河口水质模式及其适用条件

(一)一维动态混合模式与适用条件

$$\frac{\partial c}{\partial t}+u\frac{\partial c}{\partial x}=\frac{1}{F}\frac{\partial}{\partial x}\left(FM_1\frac{\partial c}{\partial x}\right)-K_1c+S_p \tag{6-24}$$

式中:c——污染物浓度,mg/L;

u——河流平均流速,m/s;

F——过水断面面积,m^2;

M_1——断面纵向混合系数,m^2/s;

K_1——衰减系数,1/d;

S_p——污染源强,mg/L;

t——时间,s;

x——坐标,m。

适用条件:潮汐河口充分混合段;非持久性污染物;污染物排放为连续稳定排放或非稳定排放;需要预测任何时刻的水质。

(二)O'connor 河口模式(均匀河口)与适用条件

上溯($x<0$,自 $x=0$ 处排入):

$$c=\frac{c_p Q_p}{(Q_h+Q_p)M}\exp\left(\frac{ux}{2M_1}(1+M)\right)+c_h \tag{6-25}$$

下泄($x>0$):

$$c=\frac{c_p Q_p}{(Q_h+Q_p)M}\exp\left(\frac{ux}{2M_1}(1-M)\right)+c_h \tag{6-26}$$

适用条件:均匀的潮汐河口充分混合段;非持久性污染物;污染物连续稳定排放;只要求预测潮周平均、高潮平均和低潮平均水质。

三、常用湖泊(水库)水质模式与适用条件

(一)湖泊完全混合衰减模式与适用条件

动态模型:

$$c=\frac{W_0+c_p Q_p}{VK_h}+\left(c_h-\frac{W_0+c_p Q_p}{VK_h}\right)\exp(-K_h t) \tag{6-27}$$

$$c=\frac{W_0+c_p Q_p}{VK_h} \tag{6-28}$$

$$K_h=\frac{Q_h}{V}+\frac{K_1}{86400} \tag{6-29}$$

适用条件:小湖(库);非持久性污染物;污染物连续稳定排放;预测需反映随时间的变化时采用动态模式,只需反映长期平均浓度时采用平衡模式。

(二)湖泊推流衰减模式与适用条件

$$c_r = c_p \exp\left(-\frac{K_1 \Phi H r^2}{172800 Q_p}\right) + c_h \tag{6-30}$$

式中:Φ——混合角度,可根据湖(库)岸边形状和水流状况确定,中心排放取 2 弧度。

适用条件:大湖、无风条件;非持久性污染物;污染物连续稳定排放。

第六节　水质模型参数的标定

河流水质模型参数的确定方法包括:公式计算和经验估值;室内模拟实验测定;现场实测;水质数学模型测定。

一、单参数测定方法

(一)好氧系数 K_1 的估值计算

1. 实验室测定法

$$K_1 = K'_1 + (0.11 + 54i)u/h \tag{6-31}$$

2. 两点法

$$K_1 = \frac{86400u}{\Delta x} \ln \frac{c_A}{c_B} \tag{6-32}$$

(二)复氧系数 K_2 的单独估值方法——经验公式法

1. 欧康那-道宾斯(O'Connor - Dobbins,简称欧-道)公式

$$K_{2(20℃)} = 294 \frac{(D_m u)^{1/2}}{h^{3/2}}, C_Z \geqslant 17 \tag{6-33}$$

$$K_{2(20℃)} = 824 \frac{D_m^{0.5} i^{0.25}}{h^{1.25}}, C_Z < 17 \tag{6-34}$$

$$C_Z = \frac{1}{n} h^{1/6} \tag{6-35}$$

式中:$D_m = 1.774 \times 10^{-4} \times 1.037^{(t-20)}$。

2. 欧文斯等人(Owens, et al)经验式

$$K_{2(20℃)} = 5.34 \frac{u^{0.67}}{h^{1.85}}, 0.1\text{m} \leqslant H \leqslant 0.6\text{m}, 0.6\text{m/s} \leqslant u \leqslant 1.8\text{m/s} \tag{6-36}$$

3. 丘吉尔(Churchill)经验式

$$K_{2(20℃)} = 5.03 \frac{u^{0.696}}{h^{1.673}}, 0.6\text{m} \leqslant H \leqslant 8\text{m}, 0.6\text{m/s} \leqslant u \leqslant 1.8\text{m/s} \tag{6-37}$$

(三)混合系数的经验公式单独估算法

1. 泰勒(Taylor)公式(适用于河流)

$$M_y = (0.058h + 0.0065B)(ghi)^{1/2}, B/h \leqslant 100 \qquad (6-38)$$

2. 费希尔(Fischer)公式(适用于河流)

$$D_L = 0.011u^2 B^2 / (hu*) \qquad (6-39)$$

(四)示踪试验测定法

示踪试验法是向水体中投放示踪物质,追踪测定其浓度变化,据此计算所需要的各环境水力参数的方法。示踪物质有无机盐类($NaCl$、$LiCl$)、荧光染料(如工业碱性玫瑰红)和放射性同位素等,示踪物质的选择应满足:不沉降、不降解、不产生化学反应的特性、测定简单准确、经济,对环境无害。示踪物质的投放方式有瞬时投放、有限时段投放和连续恒定投放。

二、多参数优化法

多参数优化法是根据实测的水文、水质数据,利用优化方法同时确定多个环境水力学参数的方法。利用多参数优化法确定的环境水力学参数是局部最优解,当要确定的参数较多时,优化的结果可能与其物理意义差别较大。

多参数优化法所需要的数据,因被估值的环境水力学参数及采用的数学模式不同而异,一般需要以下几个方面的数据:

(1)各测点的位置,各排放口的位置,河流分段的断面位置;

(2)水文方面:u、Q_h、H、B、i、u_{max}等;

(3)水质方面:拟预测水质参数在各测点的浓度以及数学模式中所涉及的参数;

(4)各测点的取样时间;

(5)各排放口的排放量、排放浓度;

(6)支流的流量及其水质。

三、沉降系数 K_3 和综合削减系数 K 的估值方法

K_3 和 K 的估值可以采用单参数或多参数估值方法:两点法确定 $K_1 + K_3$ 或者 K;多点确定 $K_1 + K_3$ 或者 K;多参数优化法确定 K_3、K。

第七节　水环境影响预测与评价

地表水环境影响预测是通过识别建设项目对地表水产生影响的因素,以一定的技术手段,预测建设活动在建设期、项目运行期和服务期满后对地表水产生的影响,从而为水体保护和环境管理提供依据和措施。

一、预测原则

对于建设项目,应预测其对地表水环境产生的影响;预测的范围、时段、内容和方法

应根据评价工作等级、工程与环境的特性、当地的环境保护要求来确定;同时应尽量考虑预测范围内规划的建设项目可能产生的环境影响。一级、二级、水污染影响型三级A与水文要素影响型三级评价应定量预测建设项目水环境影响,水污染影响型三级B评价可不进行水环境影响预测。影响预测应考虑评价范围内已建、在建和拟建项目中,与建设项目排放同类污染物、对相同水文要素产生的叠加影响。预测环境影响时尽量选用通用、成熟、简便并能满足准确度要求的方法。

对于季节性河流,应依据当地生态环境部门所定的水体功能,结合建设项目的特性确定其预测的原则、范围、时段、内容及方法。

当水生生物保护对地表水环境要求较高时(如鱼类保护区、经济鱼类养殖区等),应分析建设项目对水生生物的影响。分析时一般可采用类比分析法或专业判断法。

二、地表水环境影响预测时期

建设项目地表水环境影响预测时期原则上一般划分为建设期、运行期和服务期满后三个阶段。

所有建设项目均应预测生产运行阶段对地表水环境的影响。该阶段的地表水环境影响应按正常排放和非正常排放两种情况进行预测。特殊情况还应进行建设项目风险事故状态下的地表水环境影响预测。

地表水环境预测应满足不同评价等级的评价时期要求,考虑水体自净能力不同的各个时段,通常可将其划分为自净能力最小、一般、最大三个时段。海湾的自净能力与时段的关系不明显,可以不分时段。水环境影响预测的时期具体见表6-8。

根据大型建设项目建设过程阶段的特点和评价等级、受纳水体特点以及当地环保要求决定是否预测建设期的地表水环境影响。

根据建设项目的特点、评价等级、地表水环境特点和当地环保要求,个别建设项目应预测服务期满后对地表水环境的影响。应对建设项目污染控制和减缓措施方案进行水环境影响模拟预测。对受纳水体环境质量不达标区域,应考虑区域环境质量改善目标要求情景下的模拟预测。

三、预测方法

预测地表水水质变化的方法,大致可以分为四大类:数学模式法、物理模型法、类比分析法和专业判断法。

(一)数学模式法

数学模式法是利用表达水体净化机制的数学方程预测建设项目引起的水体水质变化,该法能给出定量的预测结果。一般情况此法比较简便,应首先考虑。但该方法需一定的计算条件和输入必要的参数,而且污染物在水中的净化机制,在很多方面尚难用数学模式表达。

(二)物理模型法

物理模型法是依据相似理论,使用一定比例缩小的环境模型进行水质模拟实验,以预测由建设项目引起的水体水质变化。此方法能反映比较复杂的水环境特点,且定量化程度较高,再现性好。但需要有相应的试验条件和较多的基础数据,且制作模型要耗费大量的人力、物力和时间。在无法利用数学模式法预测,而评价级别较高,对预测结果要求较严时,应选用此法,但污染物在水中的化学、生物净化过程难于在实验中模拟。

(三)类比分析法

调查与建设项目性质相似,且其纳污水体的规模、流态、水质也相似的工程。根据调查结果,分析预估拟建设项目的水环境影响,此种预测属于定性或半定量性质。通常类比分析法所得结果比较粗略,多在评价工作级别较低,且评价时间较短,无法取得足够的参数、数据时,用类比求得数学模式中所需的若干参数、数据。

(四)专业判断法

专业判断法能够定性地反映建设项目的环境影响。当水环境影响问题较特殊,一般环评人员难以准确识别其环境影响特征或者无法利用常用方法进行环境影响预测,或者在建设项目环境影响评价的时间无法满足采用上述其他方法进行环境影响预测等情况下,可选用此种方法。

一级、二级、水污染影响型三级 A 和水文要素影响型三级评价应定量预测建设项目水环境影响,水污染影响型三级 B 评价可不进行水环境影响预测。

四、预测内容

预测分析内容根据影响类型、预测因子、预测情景、预测范围地表水体类别、所选用的预测模型及评价要求确定。

(一)预测内容

1. 水污染影响型建设项目

主要包括:

(1)各关心断面(控制断面、取水口、污染源排放核算断面等)水质预测因子的浓度及变化;

(2)到达水环境保护目标处的污染物浓度;

(3)各污染物最大影响范围;

(4)湖泊、水库及半封闭海湾等,还需关注富营养化状况与水华、赤潮等;

(5)排放口混合区范围。

2. 水文要素影响型建设项目

主要包括:

(1)河流、湖泊及水库的水文情势预测分析主要包括水域形态、径流条件、水力条件以及冲淤变化等内容,具体包括水面面积、水量、水温、径流过程、水位、水深、流速、水面宽、冲淤变化等,湖泊和水库需要重点关注湖库水域面积或蓄水量及水力停留时间等因子;

(2)感潮河段、入海口及近岸海域水动力条件预测分析主要包括流量、流向、潮区界、纳潮量、水位、流速、水面宽、水深、冲淤变化等因子。

(二)预测点位

对水环境影响的预测点位设置应将常规监测点、补充监测点、水环境保护目标、水质水量突变处及控制断面等作为预测重点。此外,当需要预测排放口所在水域形成的混合区范围时,应适当加密预测点位。

五、水体和污染源简化

(一)水体简化

1. 河流水域

(1)预测河段及代表性断面的宽深比≥20 时,可视为矩形河段。

(2)河段弯曲系数>1.3 时,可视为弯曲河段,其余可概化为平直河段。

(3)对于河流水文特征值、水质急剧变化的河段,应分段概化,并分别进行水环境影响预测;河网应分段概化,分别进行水环境影响预测。

(4)受人工控制的河流,根据涉水工程的运行调度方案及蓄水、泄流情况,分别视其为水库或河流进行水环境影响预测。

2. 湖库水域

(1)根据湖库的水文和水质状况,可分为稳定分层型、混合型和不稳定分层型。水深大于 10m 且分层期较长的湖泊、水库可视为分层湖。串联型湖泊可以分为若干区,各区分别按上述情况简化。

(2)不存在大面积回流区和死水区且流速较快、水力停留时间较短的狭长湖泊可简化为河流。其岸边形状和水文特征值变化较大时还可以进一步分段。

(3)不规则形状的湖泊、水库可根据流场的分布情况和几何形状分区。

(4)自顶端入口附近排入废水的狭长湖泊或循环利用湖水的小湖,可以分别按各自的特点考虑。

3. 入海河口、近岸海域

(1)河口包括河流交汇处、河流感潮段、河口外滨海段、河流与湖泊及水库的汇合部等水域。河流感潮段是指受潮汐作用影响较明显的河段。可以将落潮时最大断面平均流速与涨潮时最小断面平均流速之差等于 0.05m/s 的断面作为其与河流的界限。除个别要求很高的情况外,河流感潮段一般可按潮周平均、高潮平均和低潮平均三种情况,简化为稳态进行预测。

(2)河流汇合部可以分为支流、汇合前主流、汇合后主流三段分别进行环境影响预测。小河汇入大河时可以把小河看成点源。

(3)河流与湖泊、水库汇合部可以按照河流与湖泊、水库两部分分别预测其环境影响。

(4)河口断面沿程变化较大时,可以分段进行环境影响预测。河口外滨海段可视为海湾。

进行海湾水质影响预测时,一般只考虑潮汐作用,不考虑波浪作用。评价等级为一级且海流作用较强时,可以考虑海流对水质的影响。潮流可以简化为平面二维非恒定流场。

三级评价时可以只考虑潮周期的平均情况。较大的海湾交换周期很长,可视为封闭海湾。

在注入海湾的河流中,大河及评价等级为一级、二级的中河应考虑其对海湾流场和水质的影响;小河及评价等级为三级的中河可视为点源,忽略其对海湾流场的影响。

(二)污染源简化

污染源简化包括排放方式的简化和排放规律的简化。排放方式可简化为点源和面源,排放规律可简化为连续恒定排放和非连续恒定排放。在地表水环境影响预测中,通常可以把排放规律简化为连续恒定排放。对于点源排放口位置的处理,有以下说明:

(1)排入河流的两个排放口的间距较小时,可以简化为一个排放口,其位置假设在两排放口之间,其排放量为两者之和。

(2)排入小湖(库)的所有排放口可以简化为一个排放口,其排放量为所有排放量之和。

(3)排入大湖(库)的两个排放口间距较小时,可以简化成一个排放口,其位置假设在两排放口之间,其排放量为两者之和。

(4)一级、二级评价且排入海湾的两个排放口间距小于沿岸方向差分网格的步长时,可以简化为一个排放口,其排放量为两者之和。

(5)三级评价时,海湾污染源的简化与大湖(库)相同。

(6)无组织排放可以简化成面源,从多个间距很近的排放口分别排放污水时,也可以简化为面源。

六、水质模式的选用

水质影响预测模式的选用主要考虑水体类型和排污状况、环境水文条件及水力学特征、污染物的性质及水质分布状态、评价等级要求等方面。水质数学模式选用的原则如下:

(1)在水质混合区进行水质影响预测时,应选用二维或三维模式;在水质分布均匀的水域进行水质影响预测时,选用零维或一维模式。

(2)对上游来水或污水排放的水质、水量随时间变化显著情况下的水质影响预测,应选用动态或准稳态模式;其他情况选用稳态模式;对上游来水或污水排放的水质、水量随时间有一定变化的情况,可先分段统计平均水质、水量状况,然后选用稳态模式进行水质影响预测。

(3)矩形河流、水质变化不大的湖(库)及海湾,对于连续恒定点源排污的水质影响预测,二维以下一般采用解析解模式;三维或非连续恒定点源排污(瞬时排放、有限时段排放)的水质影响预测,一般采用数值解模式。

(4)稳态数值解水质模式适用于非矩形河流、水深变化较大的湖(库)和海湾水域连续恒定点源排污的水质影响预测。

(5)动态数值解水质模式适用于各类恒定水域中的非连续恒定排放或非恒定水域中的各类污染源排放。

(6)单一组分的水质模式可模拟的污染物类型包括:持久性污染物、非持久性污染物和废热(水温变化预测);多组分耦合模式模拟的水质因子彼此间均存在一定的关联,如S-P模式模拟的DO和BOD。

对于感潮河段、入海河口数学模型,污染物在断面上均匀混合的感潮河段、入海河口,可采用纵向一维非恒定数学模型,感潮河网区宜采用一维河网数学模型。浅水感潮河段和入海河口宜采用平面二维非恒定数学模型。如感潮河段、入海河口的下边界难以确定,宜采用一、二维连接数学模型。

近岸海域数学模型。近岸海域宜采用平面二维非恒定模型。如果评价海域的水流和水质分布在垂向上存在较大的差异(如排放口附近水域),宜采用三维数学模型。

七、水环境影响评价

(一)评价原则

水环境影响评价是针对建设施工项目所进行的环境影响评价的重要内容之一。通常是评估建设项目在不同建设阶段对水环境的影响,是环境影响预测的继续。通常可以采用单项水质参数评价方法或多项水质参数综合评价方法。

单项水质参数评价是以国家、地方的有关法规、标准为依据,评定与评价各项目的单个质量参数的环境影响。预测值未包括环境质量现状值时,评价时注意应叠加环境质量现状值。

地表水环境影响的评价范围与其影响预测范围相同。所有预测点和所有预测的水质参数均应进行各生产阶段不同情况的环境影响评价。空间方面,水文要素和水质急剧变化处、水域功能改变处、取水口附近等应作为重点;水质方面,影响较重的水质参数应作为重点。

多项水质参数综合评价的评价方法和评价的水质参数应与环境现状综合评价相同。

(二)评价内容

一级、二级、水污染影响型三级 A 及水文要素影响型三级评价主要包括:水污染控制和水环境影响减缓措施有效性评价;水环境影响评价。

水污染影响型三级 B 评价主要包括:水污染控制和水环境影响减缓措施有效性评价;依托污水处理设施的环境可行性评价。

(三)评价要求

1. 水污染控制和水环境影响减缓措施有效性评价

(1)污染控制措施及各类排放口排放浓度限值等应满足国家和地方相关排放标准及符合有关标准规定的排水协议关于水污染物排放的条款要求。

(2)水动力影响、生态流量、水温影响减缓措施应满足水环境保护目标的要求。

(3)涉及面源污染的,应满足国家和地方有关面源污染控制治理要求。

(4)受纳水体环境质量达标区的建设项目选择废水处理措施或多方案比选时,应满足行业污染防治可行技术指南要求,确保废水稳定达标排放且环境影响可以接受。

(5)受纳水体环境质量不达标区的建设项目选择废水处理措施或多方案比选时,应满足区域水环境质量限期达标规划和替代源的削减方案要求、区域环境质量改善目标要求及行业污染防治可行技术指南中最佳可行技术要求,确保废水污染物达到最低排放强度和排放浓度。

2. 水环境影响评价

(1)排放口所在水域形成的混合区,应限制在达标控制断面以外水域,且不得与已有排放口形成的混合区叠加,混合区外水域应满足水环境功能区或水功能区的水质目标要求。

(2)水环境功能区或水功能区、近岸海域环境功能区水质达标。说明建设项目对评价范围内的水环境功能区或水功能区、近岸海域环境功能区的水质影响特征,分析水环境功能区或水功能区、近岸海域环境功能区水质变化状况,在考虑叠加影响的情况下,评价建设项目建成以后各预测时期水环境功能区或水功能区、近岸海域环境功能区达标状况。涉及富营养化问题的,还应评价水温、水文要素、营养盐等变化特征与趋势,分析判断富营养化演变趋势。

(3)满足水环境保护目标水域水环境质量要求。评价水环境保护目标水域各预测时期的水质变化特征、影响程度与达标状况。

(4)水环境控制单元或断面水质达标。说明建设项目污染排放或水文要素变化对所在控制单元各预测时期的水质影响特征,在考虑叠加影响的情况下,分析水环境控制单元或断面的水质变化状况,评价建设项目建成以后水环境控制单元或断面在各预测时期的水质达标状况。

(5)满足重点水污染物排放总量控制指标要求,重点行业建设项目中的主要污染物排放满足等量或减量替代要求。

(6)满足区域水环境质量改善目标要求。

(7)水文要素影响型建设项目同时应包括水文情势变化评价、主要水文特征值影响评价、生态流量符合性评价。

(8)对于新设或调整入河排放口的建设项目,应包括排放口设置的环境合理性评价。

(9)满足生态保护红线、水环境质量底线、资源利用上线和环境准入清单管理要求。依托污水处理设施的环境可行性评价,主要从污水处理设施的日处理能力、处理工艺、设计进水水质、处理后的废水稳定达标排放情况及排放标准是否涵盖建设项目排放的有毒有害的特征水污染物等方面开展评价,满足依托的环境可行性要求。

第八节 地下水环境影响评价简介

地下水环境影响评价是环境影响评价的主要内容之一,主要包括建设项目在建设期、运营期和服务期满后对水文状况可能造成的影响进行调查,地下水水质目标的确定,建设项目对地下水造成影响的评估和预测等,为地下水环境保护与改善提供科学依据。

一、总则

(一)一般性原则

根据建设项目对地下水环境影响的程度,将建设项目分为四类。Ⅰ、Ⅱ、Ⅲ类建设项目的地下水环境影响评价应执行《建设项目环境影响评价分类管理名录》,Ⅳ类建设项目不开展地下水环境影响评价。

(二)评价基本任务

地下水环境影响评价基本任务包括:识别地下水环境影响,确定地下水环境影响评价工作等级,开展地下水环境现状调查,完成地下水环境现状监测与评价;预测和评价建设项目对地下水水质可能造成的直接影响,提出有针对性的地下水污染防控措施与对策,制定地下水环境影响跟踪监测计划和应急预案。

(三)工作程序

地下水环境影响评价工作可划分为准备阶段、现状调查与评价阶段、影响预测与评价阶段和结论阶段。

(四)各阶段主要工作任务

1. 准备阶段

搜集和分析国家及地方有关地下水环境保护的法律、法规、政策、标准及相关规划等资料;了解建设项目工程概况,进行初步工程分析,识别建设项目对地下水环境可能造成的直接影响;开展现场踏勘工作,识别地下水环境敏感程度;确定评价工作等级、评价范围以及评价重点。

2. 现状调查与评价阶段

开展现场调查、勘探、地下水监测、取样、分析、室内外试验和室内资料分析等工作,进行现状评价。

3. 影响预测与评价阶段

进行地下水环境影响预测,依据国家、地方有关地下水环境的法规及标准,评价建设项目对地下水环境可能造成的直接影响。

4. 结论阶段

综合分析各阶段成果,提出地下水环境保护措施与防控措施,制定地下水环境影响跟踪监测计划,给出地下水环境影响评价结论。

二、地下水环境影响识别

(一)基本要求

1. 地下水环境影响的识别应在初步工程分析和确定地下水环境保护目标的基础上进行,根据建设项目建设期、运营期和服务期满后三个阶段的工程特征,识别其"正常状况"和"非正常状况"下的地下水环境影响。

2. 对于随生产运行时间推移对地下水环境影响有可能加剧的建设项目,还应按运营期的变化特征分为初期、中期和后期分别进行环境影响识别。

(二)识别内容

1. 建设项目在建设期、运营期、服务期满后对地下水可能造成污染的途径、装置和设施。

2. 识别建设项目可能对地下水造成污染的特征因子。

三、地下水环境影响评价工作分级

(一)分级原则

评价工作等级的划分应依据建设项目行业分类和地下水环境敏感程度分级进行判定,可划分为一级、二级、三级。

(二)评价工作等级划分

1. 划分依据

建设项目对地下水造成的影响主要分为三个等级:敏感、较敏感和不敏感,分级原则见表6-9。

表6-9 地下水环境敏感程度分级表

敏感程度	地下水环境敏感特征
敏感	集中式饮用水源(包括已建成的在用、备用、应急水源,在建和规划的饮用水水源)准保护区;除集中式饮用水源以外的国家或地方政府设定的与地下水环境相关的其他保护区,如热水、矿泉水、温泉等特殊地下水资源保护区
较敏感	集中式饮用水源(包括已建成的在用、备用、应急水源,在建和规划的饮用水水源)准保护区以外的补给径流区;未划定准保护区的集中式饮用水水源,其保护区以外的补给径流区;分散式饮用水水源地;特殊地下水资源(如热水、矿泉水、温泉等)保护区以外的分布区等其他未列入上述敏感分级的环境敏感区。[a]
不敏感	上述地区之外的其他地区

注:a 环境敏感区指《建设项目环境影响评价分类管理名录》中所界定的涉及地下水的环境敏感区。

2. 建设项目评价工作等级

建设项目地下水环境影响评价工作等级划分见表6-10。

表6-10 评价工作等级分级表

项目类别 环境敏感程度	Ⅰ类项目	Ⅱ类项目	Ⅲ类项目
敏感	一	一	二
较敏感	一	二	三
不敏感	二	三	三

注:1. 对于利用废弃盐岩矿井洞穴或人工专制盐岩洞穴、废弃矿井巷道加水幕系统、人工硬岩洞库加水幕系统、地质条件较好的含水层储油、枯竭的油气层储油等形式的地下储油库,危险废物填埋场应进行一级评价。

2. 当同一建设项目涉及多个建设场地时,应对不同场地分级判定评价工作等级,并按相应等级开展评价工作。

3. 线性工程应根据所涉地下水环境敏感程度和主要站场位置进行分段判定评价工作等级,并按相应等级分别开展评价工作。

四、地下水环境影响评价技术要求

(一)原则性要求

地下水环境影响评价应充分利用已有资料和数据,当已有资料和数据不能满足评价工作要求时,应开展相应评价工作等级要求的补充调查,必要时进行勘察试验。

(二)一级评价要求

1. 详细掌握调查评价区环境水文地质条件,主要包括含水层结构及其分布特征、地下水补径排条件、地下水流场、地下水动态变化特征、各含水层之间以及地表水与地下水之间的水力联系等,详细掌握调查评价区内地下水开发利用现状与规划。

2. 开展地下水环境现状监测,详细掌握调查评价区地下水环境质量现状和地下水动态监测信息,进行地下水环境现状评价。

3. 基本查清场地环境水文地质条件,有针对性地开展勘察试验,确定场地包气带特征及其防污性能。

4. 采用数值法进行地下水环境影响预测,对于不宜概化为等效多孔介质的地区,可根据自身特点选择适宜的预测方法。

5. 预测评价应结合相应环保措施,针对可能的污染情景,预测污染物转移趋势,评价建设项目对地下水环境保护目标的影响。

6. 根据预测评价结果和场地包气带特征及其防污性能,提出切实可行的地下水环境保护措施与地下水环境影响跟踪监测计划,制定应急预案。

(三)二级评价要求

1. 基本掌握调查评价区的环境水文地质条件,主要包括含水层结构及其分布特征、地下水补径排条件、地下水流场等。了解调查评价区地下水开发利用现状与规划。

2. 开展地下水环境现状监测,基本掌握调查评价区地下水环境质量现状,进行地下水环境现状评价。

3. 根据场地环境水文地质条件的掌握情况,有针对性地补充必要的勘察试验。

4. 根据建设项目特征、水文地质条件及资料掌握情况,采用数值法或解析法进行影响预测,评价对地下水环境保护目标的影响。

5. 提出切实可行的环境保护措施与地下水环境影响跟踪监测计划。

(四)三级评价要求

1. 了解调查评价区和场地环境水文地质条件。

2. 基本掌握调查评价区的地下水补径排条件和地下水环境质量现状。

3. 采用解析法或类比分析法进行地下水环境影响分析与评价。

4. 提出切实可行的环境保护措施与地下水环境影响跟踪监测计划。

(五)其他技术要求

1. 评价要求场地环境水文地质资料的调查精度应不低于 1∶10000 比例尺,调查评价区的环境水文资料的调查精度应不低于 1∶50000 比例尺。

2. 二级评价环境水文地质资料的调查精度要求能够清晰反映建设项目与环境敏感区、地下水环境保护目标的位置关系,并根据建设项目特点和水文地质条件复杂程度确定调查精度,建议不低于 1∶50000 比例尺。

五、地下水环境影响评价

(一)评价原则

1. 评价应以地下水环境现状调查和地下水环境影响预测结果为依据,对建设项目各实施阶段不同环节及不同污染防控措施下的地下水环境影响进行评价。

2. 地下水环境影响预测未包括环境质量现状值时,应叠加环境质量现状值后再进行评价。

3. 应评价建设项目对地下水水质的直接影响,重点评价建设项目对地下水环境保护目标的影响。

(二)现状评价

1. GB/T 14848 和有关法规及当地的环保要求是地下水环境现状评价的基本依据。对属于 GB/T 14848 水质指标的评价因子,应按其规定的水质分类标准值进行评价;对不属于 GB/T 14848 水质指标的评价因子,可参照国家(行业、地方)相关标准(如 GB 3838、GB 5749、DZ/T 0290 等)进行评价。现状监测结果应进行统计分析,给出最大值、最小值、均值、标准差、检出率和超标率等。

2. 地下水水质现状评价应采用标准指数法。标准指数>1,表明该水质因子已超标,标准指数越大,超标越严重。标准指数计算公式分为以下两种情况:

(1)对于评价标准为定值的水质因子,其标准指数计算方法见公式(6-40):

$$P_i = \frac{C_i}{C_{si}} \tag{6-40}$$

式中: P_i——第 i 个水质因子的标准指数,无量纲;

C_i——第 i 个水质因子的监测浓度值,mg/L;

C_{si}——第 i 个水质因子的标准浓度值,mg/L。

(2)对于评价标准为区间值的水质因子(如 pH),其标准指数计算方法见公式(6-41)、(6-42):

$$P_{pH} = \frac{7.0 - pH}{7.0 - pH_{sd}} \qquad pH \leqslant 7 \text{ 时} \tag{6-41}$$

$$P_{pH} = \frac{pH - 7.0}{pH_{su} - 7.0} \qquad pH > 7 \text{ 时} \tag{6-42}$$

式中: P_{pH}——pH 的标准指数,无量纲;

pH——pH 的监测值;

pH_{su}——标准中 pH 的上限值;

pH_{sd}——标准中 pH 的下限值。

3. 包气带环境现状分析

对于污染场地修复工程项目和评价工作等级为一级、二级的改、扩建项目,应开展包气带污染现状调查,分析包气带污染状况。

(三)地下水环境现状监测

1. 建设项目地下水环境现状监测应通过对地下水水质、水位的监测,掌握或了解调查评价区地下水水质现状及地下水流场,为地下水环境现状评价提供基础资料。

2. 污染场地修复工程项目的地下水环境现状监测参照 HJ 25.2 执行。

3. 现状监测点的布设原则

(1)地下水环境现状监测点采用控制性布点与功能性布点相结合的布设原则。监测点应主要布设在建设项目场地、周围环境敏感点、地下水污染源以及对于确定边界条件有控制意义的地点。当现有监测点不能满足监测位置和监测深度要求时,应布设新的地下水现状监测井,现状监测井的布设应兼顾地下水环境影响跟踪监测计划。

(2)监测层位应包括潜水含水层、可能受建设项目影响且具有饮用水开发利用价值的含水层。

(3)一般情况下,地下水水位监测点数以不小于相应评价级别地下水水质监测点数的2倍为宜。

(4)地下水水质监测点布设的具体要求:

① 监测点布设应尽可能靠近建设项目场地或主体工程,监测点数应根据评价工作等级和水文地质条件确定。

② 一级评价项目潜水含水层的水质监测点应不少于7个,可能受建设项目影响且具有饮用水开发利用价值的含水层3~5个。原则上建设项目场地上游和两侧的地下水水质监测点均不得少于1个,建设项目场地及其下游影响区的地下水水质监测点不得少于3个。

③ 二级评价项目潜水含水层的水质监测点应不少于5个,可能受建设项目影响且具有饮用水开发利用价值的含水层2~4个。原则上建设项目场地上游和两侧的地下水水质监测点均不得少于1个,建设项目场地及其下游影响区的地下水水质监测点不得少于2个。

④ 三级评价项目潜水含水层水质监测点应不少于3个,可能受建设项目影响且具有饮用水开发利用价值的含水层1~2个。原则上建设项目场地上游及下游影响区的地下水水质监测点各不得少于1个。

⑤ 管道型岩溶区等水文地质条件复杂的地区地下水现状监测点应视情况确定,并说明布设理由。

⑥ 在包气带厚度超过100m的地区或监测井较难布置的基岩山区,当地下水质监测点数无法满足④的要求时,可视情况调整数量,并说明调整理由。一般情况下,该类地区一级、二级评价项目应至少设置3个监测点,三级评价项目可根据需要设置一定数量的监测点。

1. 地下水水质现状监测因子

(1)检测分析地下水中 K^+、Na^+、Ca^{2+}、Mg^{2+}、CO_3^-、HCO_3^-、Cl^-、SO_4^{2-} 的浓度。

(2)地下水水质现状监测因子原则上应包括两类:基本水质因子和特征因子。

① 基本水质因子以 pH、氨氮、硝酸盐、亚硝酸盐、挥发性酚类、氰化物、砷、汞、铬(六价)、总硬度、铅、氟、镉、铁、锰、溶解性总固体、高锰酸盐指数、硫酸盐、氯化物、总大肠菌群、细菌总数等以及背景值超标的水质因子为基础,可根据区域地下水水质状况、污染源状况适当调整;

② 特征因子根据"四(三)(2)"的识别结果确定,可根据区域地下水水质状况、污染源状况适当调整。

(四)评价方法

1. 采用标准指数法对建设项目地下水水质影响进行评价。

2. 对属于 GB/T 14848 水质指标的评价因子,应按其规定的水质分类标准值进行评价;对于不属于 GB/T 14848 水质指标的评价因子,可参照国家(行业、地方)相关标准的水质标准值进行评价。

(五)评价结论

评价建设项目对地下水水质影响时,可采用以下判据评价水质能否满足标准的要求。

以下情况应得出可以满足的结论:建设项目各个不同阶段,除场界内小范围以外地区,均能满足 GB/T 14848 或国家相关标准要求的;在建设项目实施的某个阶段,有个别评价因子出现较大范围超标,但采取环保措施后,可满足 GB/T 14848 或国家相关标准要求的。

以下情况应得出不能的结论:新建项目排放的主要污染物,改、扩建项目已经排放的及将要排放的主要污染物在评价范围内地下水中已经超标的;环保措施在技术上不可行,或在经济上明显不合理的。

第九节　水环境污染防控措施

水污染防治应坚持预防为主、防治结合、综合治理的原则,优先保护饮用水水源,严格控制工业污染、城镇生活污染,防治农业面源污染,积极推进生态治理工程建设,预防、控制和减少水环境污染和生态破坏。

一、水污染防治思路

随着经济的发展、人口的增加,废水的排放量呈上升趋势,且废水中污染物种类繁多,治理难度大,对环境和人类健康带来的危害与日俱增。其中工业废水的排放在总排放量中占据较大比重,且废水毒性强,感官差,异味重,因此,对工业废水的治理是水污染防治的首要任务。对工业废水的治理主要从以下几方面采取综合性对策:

(一)优化结构

对工业结构和产业分布进行合理布局,遵循可持续发展原则,明确产业导向,大力发展低能耗、低污染产业,限制高污染、高能耗、高排放企业的发展,从源头上减少工业废水的排放。

(二)技术革新

对于工业企业的发展,大力推行清洁生产,提倡使用清洁能源,加强原料和辅料以及水资源的循环利用。提高资源利用率的同时控制污染物总量排放。

(三)强化管理

进一步完善废水排放标准和相关法律法规,加强监管和执法力度,依法处理违法违规行为,完善奖惩机制。

二、水污染防治的主要措施

(一)源头控制

国家和地方相关部门应当合理规划工业布局,对水污染严重企业进行技术改造,加强推行清洁生产,采取综合防治措施,提高水的重复利用率,减少废水和污染物排放量。

(二)分区防控

在制定区域规划、城市建设规划、工业区规划时要考虑水体污染问题,对可能出现的水体污染,要采取预防措施;对水体污染源进行全面规划和综合治理;杜绝工业废水和城市污水任意排放,规定标准;同行业废水应集中处理,以减少污染源的数目,便于管理;有计划治理已被污染的水体。

(三)完善水污染监测与管理

加强水污染的监管力度,地方政府结合自身特点,出台并完善相关的法规政策,制定保护水体、控制和管理水体污染的具体条例。加强自动监测设备的安装,制订并完善水环境影响跟踪监测计划、制度,及时发现问题,采取措施。

(四)加强水资源的规划管理

严格实施用水监督管理,做好水资源规划、建设项目用水和取水管理。提高水资源管理精细化水平,加强水资源生态流量保障实施。

思 考 题

1. 什么是水体,水体污染?水体污染源有哪些?
2. 水环境影响评价的工作程序有哪些?
3. 水环境影响评价参数如何选择?
4. 一个改扩建工程拟向河流排放废水,废水量 $q = 0.15 \text{m}^3/\text{s}$,本底浓度为 $30 \mu \text{g/L}$;河流流量 $Q = 5.5 \text{m}^3/\text{s}$,流速 $u = 0.3 \text{m/s}$,苯酚背景浓度为 $0.5 \mu \text{g/L}$,苯酚的降解系数 $K = 0.2 \text{d}^{-1}$,纵向弥散系数 $E_x = 10 \text{m}^2/\text{s}$。求排放点下游 10km 处的苯酚浓度。
5. 某企业年新鲜工业用水 0.9 万 t,无监测排水流量,排污系数取 0.7,废水处理设施进口 COD 浓度为 500mg/L,排放口 COD 浓度为 100mg/L,则该企业去除的 COD 是多少 kg,排放的 COD 是多少 kg?

参考文献

[1] 陆书玉. 环境影响评价[M]. 北京:高等教育出版社,2001.
[2] 左玉辉. 环境学[M]. 北京:高等教育出版社,2010.
[3] 生态环境部环境工程评估中心. 环境影响评价技术导则与标准[M]. 北京:中国环境出版集团,2022.
[4] 生态环境部. 环境影响评价技术导则 地表水环境:HJ 2.3—2018[S]. 北京:中国环境出版社,2018.
[5] 环境保护部科技标准司. 环境影响评价技术导则 地下水环境:HJ 610—2016[S]. 北京:中国环境出版社,2016.
[6] 生态环境部环境工程评估中心. 环境影响评价技术方法[M]. 北京:中国环境出版集团,2022.
[7] 环境保护部科技标准司. 环境影响评价技术导则 总纲:HJ 2.1—2016[S]. 北京:中国环境科学出版社,2016.

[8] 陈广洲.环境影响评价[M].合肥:合肥工业大学出版社,2015.

[9] 王彬彬.中国区域性跨界污染治理:制度框架与变革进路[J].社会科学研究,2023.

[10] 熊坚.城市河流水污染整治研究——基于常德市穿紫河流域的实证分析[J].环境科学与管理,2022.

[11] 张瑞艳.水环境污染治理策略及技术.中国水生态大会论文集[G],2022.

第六章补充材料

第七章　大气环境影响评价

本章要点:根据大气污染防治的基本管控要求,结合《环境影响评价技术导则　大气环境》及大气环境质量标准、大气污染物排放标准和大气污染防治法等的要求,明确大气环境影响评价的一般性原则、内容、工作程序、方法和要求,掌握大气环境影响评价的相关概念以及主要内容:评价等级、评价范围、现状评价和预测评价、评价结论和评价建议等。

　　大气环境影响评价的主要工作依据为《环境影响评价技术导则　大气环境》,其中最初为中华人民共和国环境保护行业标准《环境影响评价技术导则　大气环境》(HJ/T 2.2—93),其适用于建设项目的新建或改、扩建工程的大气环境影响评价,城市或区域性的大气环境影响评价亦应参照使用。

　　2008 年 12 月 31 日,生态环境保护部发布了《环境影响评价技术导则　大气环境》(HJ 2.2—2008),代替 HJ/T 2.2—93,于 2009 年 4 月 1 日起施行,其适用于建设项目的大气环境影响评价,区域和规划的大气环境影响评价可参照使用。该标准是对《环境影响评价技术导则　大气环境》(HJ/T 2.2—93)的第一次修订。主要修订内容有:评价工作分级和评价范围确定方法,环境空气质量现状调查内容与要求,气象观测资料调查内容与要求,大气环境影响预测与评价方法及要求,环境影响预测推荐模式等。

　　2018 年 7 月 31 日,生态环境保护部发布了《环境影响评价技术导则　大气环境》(HJ 2.2—2018)(以下简称"大气环境导则"),代替 HJ/T 2.2—2008,于 2018 年 12 月 1 日起实施,其适用于建设项目的大气环境影响评价,规划的大气环境影响评价可参照使用。该标准是对《环境影响评价技术导则　大气环境》(HJ/T 2.2—93)的第二次修订,主要修订内容有:调整、补充规范了相关术语和定义,改进了评价等级判定方法,简化了环境空气质量现状监测内容,简化了三级评价项目的评价内容,增加了二次污染物的大气环境影响预测与评价方法,增加了达标区与不达标区的大气环境影响评价要求,改进了大气环境防护距离确定方法,增加了污染物排放量核算内容,增加了环境监测计划要求,补充、完善了附录。

第一节　大气环境污染影响评价概述

一、大气环境影响评价简介

(一)评价基本概念

环境影响评价是指对规划和建设项目实施后可能造成的环境影响进行分析、预测和评估,提出预防或者减轻不良环境影响的对策和措施,进行跟踪监测的方法与制度。目前,环境影响评价按环境要素可划分为大气环境影响评价、地表水环境影响评价、地下水环境影响评价、声环境影响评价、土壤环境影响评价、环境风险影响评价等。

大气环境影响评价是指对规划和建设项目实施后可能造成的大气环境影响进行分析、预测和评估,提出预防或者减轻不良环境影响的对策和措施,进行跟踪监测的方法与制度。

(二)评价主要内容

大气环境影响评价主要内容包括两个方面:大气环境质量现状调查与评价和大气环境质量影响预测评价。

大气环境质量现状调查与评价主要是对建设项目所在区域的大气环境质量现状进行评价,评价对象是环境空气基本污染物及建设项目排放所涉及的其他污染物,大气环境质量现状调查与评价依据是环境空气质量标准及其他相关大气污染物质量标准,评价方法是对标法。

大气环境质量影响预测评价内容主要包括两个方面:一方面是指对建设项目所排放的大气污染物是否达标进行判定,另一方面是对项目所在区域的大气环境质量影响情况进行进一步的影响预测评价;评价对象是建设项目所排放的全部大气污染物,达标判定的依据是各种大气污染物排放标准(包括国家标准、地方标准和行业标准),判定方法为对标法;至于进一步影响预测评价则需首先进行大气环境影响评价工作等级和评价范围判定,然后根据评价工作等级要求确定后续的进一步影响预测评价工作内容,其中厂界浓度达标判定依据是相关大气污染物排放标准中的厂界浓度限值,而大气环境防护距离判定依据则是大气污染物排放标准中的厂界浓度限值及对应的空气环境质量标准,大气环境保护目标的达标判定依据是空气环境质量标准,判定方法亦为对标法。

(三)评价工作任务

通过调查、预测等手段,对项目在建设阶段、生产运行和服务期满后(可根据项目情况选择)所排放的大气污染物对环境空气质量影响的程度、范围和频率进行分析、预测和评估,为项目的选址选线、排放方案、大气污染治理设施与预防措施制定、排放量核算,以及其他有关的工程设计、项目实施环境监测等提供科学依据或指导性意见。

(四)评价工作依据

目前,大气环境影响评价工作开展的主要依据是《环境影响评价技术导则 大气环境》(HJ 2.2—2018)(后面部分章节简称"大气环境导则")。

大气环境导则中规定了大气环境影响评价的一般性原则、内容、工作程序、方法和要求。本标准适用于建设项目的大气环境影响评价。规划的大气环境影响评价可参照使用。

(五)评价工作类型

目前,根据《建设项目环境影响评价分类管理名录(2021年版)》中的规定,建设项目的环境影响评价管理类别划分为报告书、报告表和登记表,因此,大气环境影响评价工作类型主要包括:报告书大气环境影响评价、报告表大气环境影响评价和报告表大气专项评价三种,报告书大气环境影响评价开展的主要依据是《环境影响评价技术导则 大气环境》(HJ 2.2—2018),报告表大气环境影响评价开展的主要依据为《建设项目环境影响报告表编制技术指南(污染影响类)(试行)》和《建设项目环境影响报告表编制技术指南(生态影响类)(试行)》,而报告表大气专项评价开展的主要依据是《环境影响评价技术导则　大气环境》(HJ 2.2—2018)。

二、大气环境影响评价涉及术语和定义

(一)相关基本概念

1. 环境空气——指人群、植物、动物和建筑物所暴露的室外空气。

2. 环境空气保护目标——指评价范围内按 GB 3095 规定划分为一类区的自然保护区、风景名胜区和其他需要特殊保护的区域,以及二类区中的居住区、文化区和农村地区中人群较集中的区域。

3. 大气污染物分类——大气污染源排放的污染物按存在形态分为颗粒态污染物和气态污染物。按生成机理分为一次污染物和二次污染物。其中由人类或自然活动直接产生,由污染源直接排入环境的污染物称为一次污染物;排入环境中的一次污染物在物理、化学因素的作用下发生变化,或与环境中的其他物质发生反应所形成的新污染物称为二次污染物。

4. 基本污染物——指 GB 3095 中所规定的基本项目污染物。主要包括二氧化硫(SO_2)、二氧化氮(NO_2)、可吸入颗粒物(PM_{10})、细颗粒物($PM_{2.5}$)、一氧化碳(CO)、臭氧(O_3)。

5. 其他污染物——指除基本污染物以外的其他项目污染物。

6. 非正常排放——指生产过程中开停车(工、炉)、设备检修、工艺设备运转异常等非正常工况下的污染物排放,以及污染物排放控制措施达不到应有效率等情况下的排放。

7. 短期浓度——指某污染物的评价时段小于等于 24h 的平均质量浓度,包括 1h 平均质量浓度、8h 平均质量浓度以及 24h 平均质量浓度(也称为日平均质量浓度)。

8. 长期浓度——指某污染物的评价时段大于等于 1 个月的平均质量浓度,主要包括月平均质量浓度、季平均质量浓度和年平均质量浓度。

9. 标准状态——指温度为 273K,压力为 101.325kPa 时的状态。

大气污染物环境质量浓度限值均为标准状态下的浓度值。

2018 年 8 月 13 日,生态环境部发布了《关于发布〈环境空气质量标准〉(GB 3095—2012)修改单的公告》,将标准状态改为参比状态。

参比状态指大气温度为 298.15K,大气压力为 1013.25hPa 时的状态。本标准中的二氧化硫、二氧化氮、一氧化碳、臭氧、氮氧化物等气态污染物浓度为参比状态下的浓度。颗粒物(粒径小于等于 $10\mu m$)、颗粒物(粒径小于等于 $2.5\mu m$)、总悬浮颗粒物及其组分铅、苯并[a]芘等浓度为监测时大气温度和压力下的浓度。

10. 环境空气功能区分类——功能区的划分是根据不同功能对环境质量的不同要求,实现对不同保护对象进行分区保护而制定的。环境空气功能区分为两类:一类区为自然保护区、风景名胜区和其他需要特殊保护的区域;二类区为居住区、商业交通居民混合区、文化区、工业区和农村地区。

(二)评价标准确定

一般情况下,开展大气环境影响评价工作时,首先应确定各评价因子所适用的环境质量标准及相应的污染物排放标准;其中环境质量标准选用 GB 3095 中的环境空气质量浓度限值,如已有地方环境质量标准,应选用地方标准中的浓度限值。

针对 GB 3095 及地方环境质量标准中未包含的污染物,可参照《环境影响评价技术导则 大气环境》(HJ 2.2—2018)中附录 D 中的所列污染物浓度限值。

对于上述标准中都未包含的污染物,可参照选用其他国家、国际组织发布的环境质量浓度限值或基准值,但应作出说明,经生态环境主管部门同意后执行,典型应用如:根据原环境保护部的《关于进一步加强生物质发电项目环境影响评价管理工作的通知》(环发〔2008〕82 号)中的规定:在国家尚未制定二噁英环境质量标准前,对二噁英环境质量影响的评价参照日本年均浓度标准(0.6pgTEQ/m³)评价;非甲烷总烃采用《大气污染物综合排放标准详解》中规定的一次值浓度值——2.0mg/m³,其视作 1 小时平均浓度限值。

(三)评价因子确定

一般情况下,开展大气环境影响评价工作时,首先应根据项目工程分析确定项目所排放的污染物,并据此筛选出大气环境影响评价因子,主要为项目排放的基本污染物及其他污染物。

针对二次污染物,当建设项目排放的 SO_2 和 NO_x 年排放量大于或等于 500t/a 时,评价因子应增加二次 $PM_{2.5}$;当规划项目排放的 SO_2、NO_x 及 VOCs 年排放量达到表 7-1 规定的量时,评价因子应相应增加二次 $PM_{2.5}$ 及 O_3。

大气环境影响评价工作开展时,识别二次污染物时,可参见表 7-1:

表 7-1 二次污染物评价因子筛选一览表

类别	污染物排放量(t/a)	二次污染物评价因子
建设项目	$SO_2 + NO_x \geqslant 500$	$PM_{2.5}$
规划项目	$SO_2 + NO_x \geqslant 500$	$PM_{2.5}$
	$NO_x + VOCs \geqslant 2\,000$	O_3

第二节 大气环境影响识别

一、大气环境影响概念

(一)基本概念

大气环境影响是指企业建设项目的建设、运营过程中产生的大气污染物排放对大气环境造成污染的影响,最终导致大气环境的变化,其与企业排放的大气污染物种类、数量和企业的建设项目所在区域的大气环境密切相关。

对于企业建设项目而言,其大气环境影响主要包括两大方面:建设期和运营期大气

环境影响,如下:

$$[建设项目的建设]+[大气环境]\rightarrow[大气环境的变化]$$

$$[建设项目的运营]+[大气环境]\rightarrow[大气环境的变化]$$

(二)基本任务

根据企业建设项目的建设、运营期特征和项目拟选厂(场)址或线路区域的环境现状,结合建设项目的建设、运营期大气污染物排放,对大气环境的变化情况进行评价是大气环境影响评价基本任务。

针对存在大气环境不利影响的建设项目,作为企业需采取一系列措施:减少、防止、减轻、消除或补偿等,来减缓不利的环境影响,其实施过程如下:

$$[建设项目的建设、运营]+[大气环境]\rightarrow(大气环境的影响)\rightarrow减缓措施\rightarrow(剩余影响)$$

二、大气环境影响识别基本内容

(一)基本概念

大气环境影响识别系通过系统地检查拟建项目的各项建设、运营期活动与大气环境要素之间的关系,识别可能产生的大气环境影响,主要包括建设项目大气环境影响因子(大气污染因子)、大气环境影响方式(大气污染因子排放方式)和大气环境影响程度等,最终明确大气环境的变化(定性或定量确定)。

根据拟建项目的建设、运营期活动对大气环境不同的作用属性,大气环境影响可以划分为有利影响和不利影响,直接影响和间接影响,短期影响和长期影响,可逆影响和不可逆影响等。

大气环境影响的程度和显著性与拟建项目的建设、运营期活动的特征、强度以及大气环境的承载能力有关。

大气环境影响识别的任务是区分、筛选出显著的、可能影响项目决策和管理的、需要进一步评价的主要大气环境影响(或问题)。

(二)基本内容

目前,环境影响识别可划分为地形、地貌、地质、水文、气候、地表水质、空气质量、土壤、森林、草场、陆生生物、水生生物等生态环境要素,其中大气环境影响识别主要涉及地形、地貌、气候、地表水质、空气质量、土壤、森林、草场等。各环境要素可由表征该要素特性的各相关环境因子具体描述,构成一个有结构、分层次的环境因子序列。

构造的环境因子序列应能描述评价对象的主要环境影响、表达环境质量状态,并便于度量和监测。

在环境影响识别中,可以使用一些定性的,具有"程度"判断的词语来表征环境影响的程度,如"重大"影响、"轻度"影响、"微小"影响等。这种表达无统一的标准,通常与环境影响评价人员的环境价值取向和当地环境状况有关。但是这种表述对给"影响"排序、制定其相对重要性或显著性是非常有用的。

不同类型的建设项目对环境产生影响的方式是不同的,对于以工业污染物排放影响为主的工业类项目,有明确的有害气体和污染物发生,利用其产生的影响可追踪识别其影响方式;对于以生态影响为主的"非污染类项目",可能无明确的有害气体和污染物发生,需要仔细分析建设、运营期活动与各环境要素、环境因子之间的关系来识别影响过程。

拟建项目的"活动",一般按四个阶段划分,即建设前期(勘探、选址选线、可研与方案设计)、建设期、运行期和服务期满后,需要识别不同阶段各"活动"可能带来的影响。

三、环境影响识别一般技术考虑

针对建设项目的环境影响识别,技术上一般应考虑以下问题:

1. 项目的特性(如项目所属国民经济行业类别、项目建设类型、规模等);

2. 项目涉及的当地环境特性及环境保护要求(如自然环境情况环境保护功能区划、环境保护规划,包括项目所在地城镇总体规划、用地规划、园区规划、生态保护红线、三区三线等,特别关注大气环境保护相关规划);

3. 识别主要的环境敏感区和环境敏感目标,重点关注大气环境保护目标识别;

4. 从不同的生态环境要素识别环境影响,重点关注大气环境影响识别;

5. 突出对重要的或敏感的环境要素的识别,重点突出大气环境。

应识别出可能导致的主要环境影响(影响对象),主要环境影响因子(项目中造成主要环境影响的污染因子),说明环境影响属性(性质),判断影响程度、影响范围和可能的时间跨度。

第三节　大气环境影响评价工作程序与评价等级范围判定

一、大气环境影响评价工作程序

(一)评价工作程序概念

评价工作程序是指开展大气环境影响评价时的工作步骤与内容,主要包括三个阶段:

第一阶段:主要工作包括研究有关文件,项目污染源调查,环境空气保护目标调查,评价因子筛选与评价标准确定,区域气象与地表特征调查,收集区域地形参数,确定评价等级和评价范围等。

第二阶段:主要工作依据评价等级要求开展,包括与项目评价相关污染源调查与核实,选择适合的预测模型,环境质量现状调查或补充监测,收集建立模型所需气象、地表参数等基础数据,确定预测内容与预测方案,开展大气环境影响预测与评价工作等。

第三阶段:主要工作包括制定环境监测计划,明确大气环境影响评价结论与建议,完成环境影响评价文件的编写等。网络法是采用因果关系分析网络来解释和描述拟建项目的建设、运营各项"活动"和环境要素之间的关系,其除了具有相关矩阵法的功能外,还可识别间接影响和累积影响。

目前,报告书大气环境影响评价和报告表大气专项评价工作严格按上述评价工作程序开展,报告表大气环境影响评价则不必按此评价工作程序开展。

（二）评价工作程序图

目前，报告书大气环境影响评价和报告表大气专项评价开展须严格按《环境影响评价技术导则　大气环境》(HJ 2.2—2018)所提供的评价工作程序图逐步开展。

大气环境影响评价具体的工作程序如图 7-1 所示：

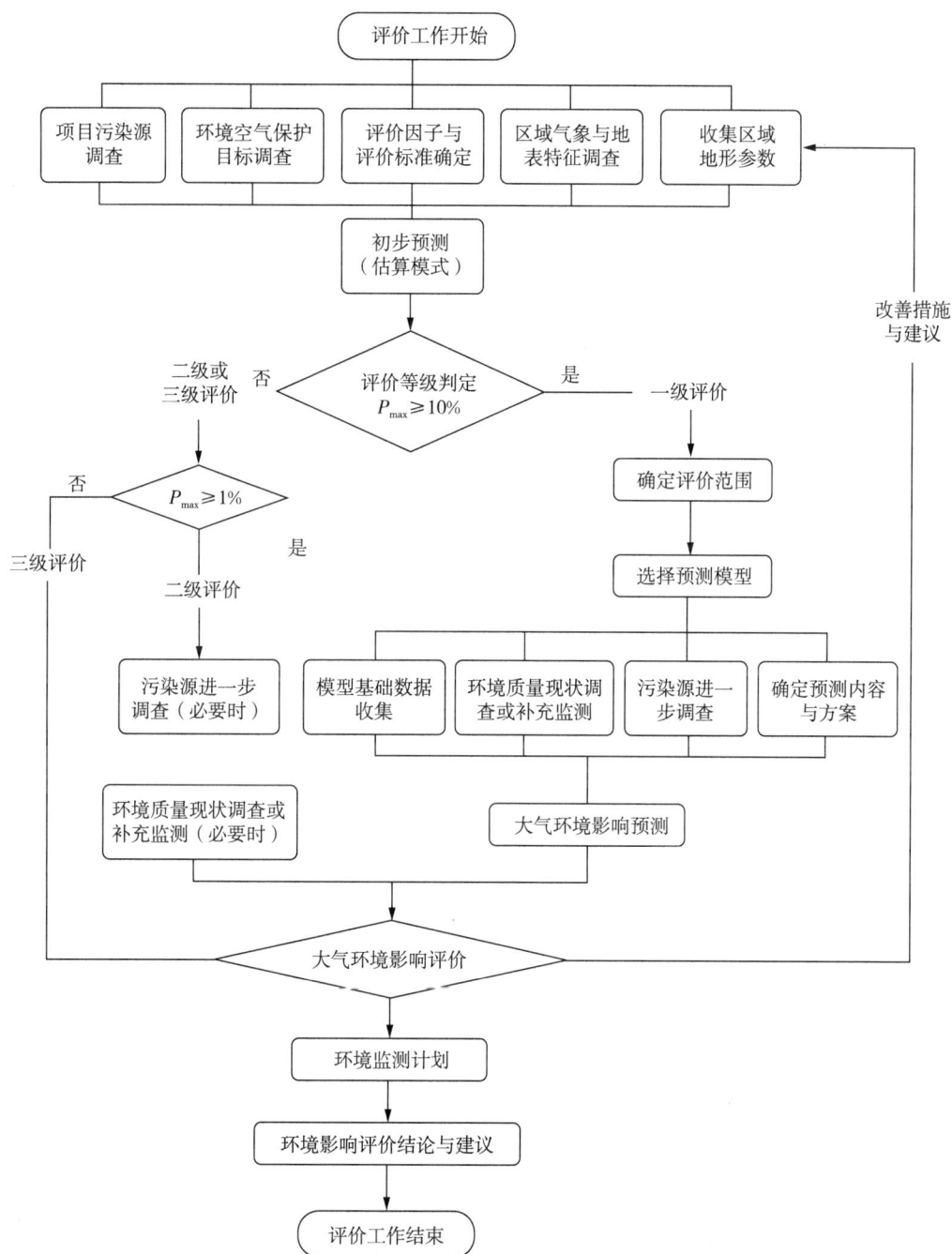

图 7-1　大气环境影响评价工作程序

二、大气环境影响评价等级

(一)评价等级划分

大气环境影响评价等级,又称评价工作等级,是指根据建设项目大气污染物排放的环境影响程度和建设项目特征所确定的不同大气环境影响评价工作内容,并确定不同的评价范围,其划分为一级评价、二级评价和三级评价等三个级别,一级评价的工作内容远多于二级、三级评价,评价等级越高评价工作内容越多,要求越严。

关于评价工作等级划分,判别依据详见表7-2:

表 7-2 评价等级判别表

评价工作等级	评价工作分级判据
一级评价	$P_{max} \geqslant 10\%$
二级评价	$1\% \leqslant P_{max} < 10\%$
三级评价	$P_{max} < 1\%$

注:此表来自大气环境导则的附录Q中的"表2 评价等级判别表"。

评价等级按上表的分级判据进行划分,最大地面空气质量浓度占标率 P_i 按下面的公式计算,如污染物数 i 大于1,取 P 值中最大者 P_{max}。

(二)评价等级判定

评价等级判定方法是选择项目污染源正常排放的主要污染物及排放参数,采用大气环境导则中附录A推荐模型中估算模型分别计算项目污染源的最大环境影响,然后按评价工作分级判据进行分级。

评价等级分级方法是根据项目污染源初步调查结果,分别计算建设项目排放主要污染物的最大地面空气质量浓度占标率 P_i(第 i 个污染物,简称"最大浓度占标率"),及第 i 个污染物的地面空气质量浓度达到标准值的10%时所对应的最远距离 $D_{10\%}$。

估算模型计算的最大浓度占标率 P_i 定义如下计算公式(7-1)所示:

$$P_i = \frac{C_i}{C_{0i}} \times 100\% \tag{7-1}$$

式中:P_i——第 i 个污染物的最大地面空气质量浓度占标率,%。

C_i——采用估算模型计算出的第 i 个污染物的最大1h地面空气质量浓度,$\mu g/m^3$。

C_{0i}——第 i 个污染物的环境空气质量浓度标准,$\mu g/m^3$。一般选用GB 3095中1h平均质量浓度的二级浓度限值,如项目位于一类环境空气功能区,应选择相应的一级浓度限值。对仅有8h平均质量浓度限值、日平均质量浓度限值或年平均质量浓度限值的,可分别按2倍、3倍、6倍折算为1h平均质量浓度限值。

(三)评价等级判定相关规定

根据大气环境导则的规定,评价等级判定还应遵守以下规定:

1. 同一项目有多个污染源(两个及以上,下同)时,则按各污染源分别确定评价等级,并取评价等级最高者作为项目的评价等级。

2. 对电力、钢铁、水泥、石化、化工、平板玻璃、有色等高耗能行业的多源项目或以使用高污染燃料为主的多源项目,并且编制环境影响报告书的项目评价等级提高一级。

3. 对等级公路、铁路项目,分别按项目沿线主要集中式排放源(如服务区、车站大气污染源)排放的污染物计算其评价等级。

4. 对新建包含 1km 及以上隧道工程的城市快速路、主干路等城市道路项目,按项目隧道主要通风竖井及隧道出口排放的污染物计算其评价等级。

5. 对新建、迁建及飞行区扩建的枢纽及干线机场项目,应考虑机场飞机起降及相关辅助设施排放源对周边城市的环境影响,评价等级取一级。

6. 确定评价等级同时应说明估算模型计算参数和判定依据,相关内容与格式要求见大气环境导则中的附录 C 中 C.1。

三、大气环境影响评价范围

(一)评价范围划分

大气环境影响评价范围是根据建设项目大气环境影响评价等级确定的,其中主要的依据是大气环境导则所规定的估算模型 AERSCREEN 所确定的最远影响距离 $D_{10\%}$ 确定。

大气环境导则中关于评价范围划分的具体规定如下:

1. 一级评价项目根据建设项目排放污染物的最远影响距离($D_{10\%}$)确定大气环境影响评价范围。即以项目厂址为中心区域,自厂界外延 $D_{10\%}$ 的矩形区域作为大气环境影响评价范围。当 $D_{10\%}$ 超过 25km 时,确定评价范围为边长 50km 的矩形区域;当 $D_{10\%}$ 小于 2.5km 时,评价范围边长取 5km。

2. 二级评价项目大气环境影响评价范围边长取 5km。

3. 三级评价项目不需设置大气环境影响评价范围。

4. 对于新建、迁建及飞行区扩建的枢纽及干线机场项目,评价范围还应考虑受影响的周边城市,最大取边长 50km。

5. 规划的大气环境影响评价范围以规划区边界为起点,外延规划项目排放污染物的最远影响距离($D_{10\%}$)的区域。

(二)环境空气保护目标调查

环境空气保护目标是指大气环境影响评价范围内所存在的主要环境空气保护目标,是指大气环境评价范围内按 GB 3095 规定划分为一类区的自然保护区、风景名胜区和其他需要特殊保护的区域,二类区中的居住区、文化区和农村地区中人群较集中的区域,又称为大气环境保护目标、大气环境敏感点。

根据大气环境导则的要求,开展大气环境影响评价时,需提供大气评价工作范围内的大气环境保护目标分布图,在带有地理信息的底图中标注,并列表给出环境空气保护目标内主要保护对象的名称、保护内容、所在大气环境功能区划以及与项目厂址的相对距离、方位、坐标等信息。

目前,针对报告书大气环境影响评价和报告表大气专项评价的环境空气保护目标以经估算模型确定的大气工作评价范围为准,而报告表大气环境影响评价的环境空气保护目标按《建设项目环境影响报告表编制技术指南(污染影响类)(试行)》中的规定:以厂界外 500 m 范围内的自然保护区、风景名胜区、居住区、文化区和农村地区中人群较集中的区域等为环境空气保护目标。

具体的环境空气保护目标调查相关内容与格式要求见表 7 - 3:

表 7 - 3 环境空气保护目标一览表

序号	名称	坐标(m)		保护对象	保护内容	环境功能区	相对厂址方位	相对厂界距离(m)
		X	Y					
1								
2								
3								
...								

注:坐标一般以项目厂址中心为原点,东西向为 X 坐标轴、南北向为 Y 坐标轴;环境空气保护目标坐标取环境空气保护目标距离厂址最近点位位置。

第四节 大气环境影响评价常用模型

一、大气环境影响评价模型简介

(一)空气质量模型

空气质量模型——指采用数值方法模拟大气中污染物的物理扩散和化学反应的数学模型,包括高斯扩散模型和区域光化学网格模型。

高斯扩散模型——指采用非网格、简化的输送扩散算法,无复杂化学机理,一般用于模拟一次污染物的输送与扩散,或通过简单的化学反应机理模拟二次污染物(模型又称之为高斯烟团或烟流模型,简称高斯模型)。

区域光化学网格模型——指采用包含复杂大气物理(平流、扩散、边界层、云、降水、干沉降等)和大气化学(气、液、气溶胶、非均相)算法以及网格化的输送化学转化模型,一般用于模拟城市和区域尺度的大气污染物输送与化学转化(简称网格模型)。

(二)推荐模型

推荐模型——指生态环境主管部门按照一定的工作程序遴选,并以推荐名录形式公开发布的环境模型。

凡列入推荐名录的环境模型简称推荐模型。

当推荐模型适用性不能满足需要时,可采用替代模型。替代模型一般需经模型领域专家评审推荐,并经生态环境主管部门同意后方可使用。

大气环境导则中导则推荐的模型包括估算模型 AERSCREEN、进一步预测模型 AERMOD、ADMS、AUSTAL2000、EDMS/AEDT、CALPUFF 以及 CMAQ 等光化学网格模型。另外,生态环境部模型管理部门还推荐了其他环境空气质量模型。

大气环境导则中推荐模型及适用情况见表 7-4:

表 7-4 推荐模型适用情况表

模型名称	适用性	适用污染源	适用排放形式	推荐预测范围	适用污染物	输出结果	其他特性
AERSCREEN	用于评价等级及评价范围判定	点源(含火炬源)、面源(矩形或圆形)、体源	连续源	局地尺度(≤50km)	一次污染物、二次PM$_{2.5}$(系数法)	短期浓度最大值及对应距离	可以模拟熏烟和建筑物下洗
AERMOD	用于进一步预测	点源(含火炬源)、面源、线源、体源	连续源、间断源	局地尺度(≤50km)	一次污染物、二次PM$_{2.5}$(系数法)	短期和长期平均质量浓度及分布	可以模拟建筑物下洗、干湿沉降
ADMS	用于进一步预测	点源、面源、线源、体源、网格源	连续源、间断源	局地尺度(≤50km)	一次污染物、二次PM$_{2.5}$(系数法)	短期和长期平均质量浓度及分布	可以模拟建筑物下洗、干湿沉降,包含街道窄谷模型
AUSTAL2000	用于进一步预测	烟塔合一源	连续源、间断源	局地尺度(≤50km)	一次污染物、二次PM$_{2.5}$(系数法)	短期和长期平均质量浓度及分布	可以模拟建筑物下洗
EDMS/AEDT	用于进一步预测	机场源	连续源、间断源	局地尺度(≤50km)	一次污染物、二次PM$_{2.5}$(系数法)	短期和长期平均质量浓度及分布	可以模拟建筑物下洗、干湿沉降
CALPUFF	用于进一步预测	点源、面源、线源、体源	连续源、间断源	城市尺度(50km到几百 km)	一次污染物和二次PM$_{2.5}$	短期和长期平均质量浓度及分布	可以用于特殊风场,包括长期静、小风和岸边熏烟
光化学网格模型(CMAQ或类似模型)	用于进一步预测	网格源	连续源、间断源	区域尺度(几百 km)	一次污染物和二次PM$_{2.5}$、O$_3$	短期和长期平均质量浓度及分布	网格化模型,可以模拟复杂化学反应及气象条件对污染物浓度的影响等

注:1. 生态环境部模型管理部门推荐的其他模型,按相应推荐模型适用情况进行选择。

2. 对光化学网格模型(CMAQ 或类似的模型),在应用前应根据应用案例提供必要的验证结果。

3. 此表来自大气环境导则的附录 Q 中的"表 A.1 推荐模型适用情况表"。

二、大气环境影响评价模型适用性

(一)按预测范围

模型选取需考虑所模拟的范围。模型按模拟尺度可分为三类,即局地尺度(50km以下)、城市尺度(几十到几百千米)、区域尺度(几百千米以上)模型。

在模拟局地尺度环境空气质量影响时,一般选用本导则推荐的估算模型、AERMOD、ADMS、AUSTAL2000等模型;在模拟城市尺度环境空气质量影响时,一般选用本导则推荐的CALPUFF模型;在模拟区域尺度空气质量影响或需考虑对二次$PM_{2.5}$及O_3有显著影响的排放源时,一般选用本导则推荐的包含有复杂物理、化学过程的区域光化学网格模型。

(二)按污染源的排放形式

模型选取需考虑所模拟污染源的排放形式。污染源从排放形式上可分为点源(含火炬源)、面源、线源、体源、网格源等;污染源从排放时间上可分为连续源、间断源、偶发源等;污染源从排放的运动形式上可分为固定源和移动源,其中移动源包括道路移动源和非道路移动源。此外还有一些特殊排放形式,比如烟塔合一源和机场源。

AERMOD、ADMS及CALPUFF等模型可直接模拟点源、面源、线源、体源,AUSTAL2000可模拟烟塔合一源,EDMS/AEDT可模拟机场源,光化学网格模型需要使用网格化污染源清单。

(三)污染物性质

模型选取需考虑评价项目和所模拟污染物的性质。污染物从性质上可分为颗粒态污染物和气态污染物,也可分为一次污染物和二次污染物。

当模拟SO_2、NO_2等一次污染物时,可依据预测范围选用适合尺度的模型。

当模拟二次$PM_{2.5}$时,可采用系数法进行估算,或选用包括物理过程和化学反应机理模块的城市尺度模型。

对于规划项目需模拟二次$PM_{2.5}$和O_3时,也可选用区域光化学网格模型。

(四)按适用特殊气象条件

目前,针对空气质量模型,按所适用特殊气象条例,可以划分成两类:岸边熏烟和长期静、小风。

1. 岸边熏烟

当在近岸内陆上建设高烟囱时,需要考虑岸边熏烟问题。由于水陆地表的辐射差异,水陆交界地带的大气由地面不稳定层结过渡到稳定层结,当聚集在大气稳定层内污染物遇到不稳定层结时将发生熏烟现象,在某固定区域将形成地面的高浓度。在缺少边界层气象数据或边界层气象数据的精确度和详细程度不能反映真实情况时,可选用大气环境导则推荐的估算模型获得近似的模拟浓度,或者选用CALPUFF模型。

2. 长期静、小风

长期静、小风的气象条件是指静风和小风持续时间达几个小时到几天,在这种气象条件下,空气污染扩散(尤其是来自低矮排放源),可能会形成相对高的地面浓度。CALPUFF模型对静风湍流速度做了处理,当模拟城市尺度以内的长期静、小风时的环境空气质量时,可选用大气环境导则推荐的 CALPUFF 模型。

三、估算模型 AERSCREEN 应用简介

(一)估算模型 AERSCREEN 简介

估算模型 AERSCREEN 主要用来进行大气环境影响评价工作等级和评价范围判定的模型,适用于连续排放的点源(含火炬源)、面源(矩形或圆形)、体源,输出短期浓度最大值及对应距离,并可以模拟熏烟和建筑物下洗。

估算模型 AERSCREEN 应采用项目正常运营期间满负荷运行条件下点源(含火炬源)、面源(矩形或圆形)、体源等排放强度及对应的污染源参数,污染源参数须严格按大气环境导则要求列出,确保估算模型的估算结果可信、可验证。

根据大气环境导则中的规定,关于估算模型 AERSCREEN 的模型参数见表 7-5。

表 7-5 估算模型参数表

参 数		取 值
城市/农村选项	城市/农村	
	人口数(城市选项时)	
最高环境温度(℃)		
最低环境温度(℃)		
土地利用类型		
区域湿度条件		
是否考虑地形	考虑地形	□是 □否
	地形数据分辨率/m	
是否考虑岸线熏烟	考虑岸线熏烟	□是 □否
	岸线距离/km	
	岸线方向/°	

注:此表来自大气环境导则的附录 C 中的"表 C.2 估算模型参数表"。

估算模型的参数选取方法:

1. 估算模型应采用满负荷运行条件下排放强度及对应的污染源参数。

2. 城市/农村选项:当项目周边 3km 半径范围内一半以上面积属于城市建成区或者规划区时,选择城市,否则选择农村。

当选择城市时,城市人口数按项目所属城市实际人口或者规划的人口数输入。

3. 估算模型 AERSCREEN 在距污染源 10m~25km 处默认为自动设置计算点,最远计算距离不超过污染源下风向 50km。

4. 最高和最低环境温度:一般需选取评价区域近 20 年以上资料统计结果。最小风速可取 0.5m/s,风速计高度取 10m。

5. 土地利用类型:选取项目周边 3km 范围内占地面积最大的土地利用类型来确定。土地利用类型主要包括水面、落叶林、针叶林、湿地或沼泽地、农作地、草地、城市和

沙漠化荒地,其中针对农村区域,应当选择农作地,城市及工业园区应选择城市。

6. 区域湿度条例:根据中国干湿地区划分进行选择,以淮河为界,淮河以南为潮湿,淮河以北为中等湿度。

7. 是否考虑地形:针对报告书,需要考虑地形,报告表不必考虑地形;原始地形数据分辨率不得小于90m。

8. 岸边熏烟选项:当污染源附近3km范围内有大型水体(湖泊、海洋)时,需选择岸边熏烟选项。

(二)估算模型 AERSCREEN 应用简介

目前,报告书大气环境影响评价和报告表大气专项评价均需采用估算模型 AERSCREEN 开展大气环境影响评价工作等级及评价范围判定,而报告表大气环境影响评价则无需采用估算模型 AERSCREEN 开展大气环境影响评价工作等级及评价范围判定。

估算模型 AERSCREEN 应用的前提条件主要包括两方面:项目所在区域的近3年近20年的气象统计数据和项目大气污染物排放源强清单,其中近3年近20年的气象统计数据是设置估算模型 AERSCREEN 参数的必备数据,项目大气污染物排放源强清单则是开展估算的对象和依据,最终经估算确定的大气评价工作等级和评价范围,其涉及的应用内容均须严格按大气环境导则规定的相关表格形式列出。

四、进一步预测模型 AERMOD、ADMS 应用简介

(一)进一步预测模型 AERMOD、ADMS 简介

进一步预测模型 AERMOD、ADMS 是进一步预测的推荐模型,其用于开展大气环境影响预测评价工作,适用于连续排放、间断排放的点源(含火炬源)、面源(矩形或圆形)、线源、体源等一次或二次污染物,预测范围≤50km,可输出短期、长期平均质量浓度分布及大气环境防护距离等,并可以模拟建筑物下洗、干湿沉降等。

进一步预测模型 AERMOD、ADMS 应包括正常排放和非正常排放下点源(含火炬源)、面源(矩形或圆形)、线源、体源等排放强度及对应的污染源参数,污染源参数须严格按大气环境导则要求列出,确保 AERMOD、ADMS 模型的大气环境影响预测结果可信、可验证。

(二)进一步预测模型 AERMOD、ADMS 应用简介

根据大气环境导则要求,进一步预测模型 AERMOD、ADMS 主要用于开展大气环境影响一级预测评价,其在生成大气一级预测评价模型应用时,需关注的模型参数设置如下:

1. 污染源参数

应包括正常排放和非正常排放下排放强度及对应的污染源参数。

2. 气象数据

地面气象数据选择距离项目最近或气象特征基本一致的气象站的基准年逐时地面气象数据,要素至少包括:风速、风向、总云量和干球温度。根据预测精度要求及预测因子特征,可选择观测资料包括:湿球温度、露点温度、相对湿度、降水量、降水类型、海平面

气压、地面气压、云底高度、水平能见度等。其中对观测站点缺失的气象要素,可采用经验证的模拟数据或采用观测数据进行插值得到。

高空气象数据选择模型所需观测或模拟的气象数据,要素至少包括一天早晚两次不同等压面上的气压、离地高度和干球温度等,其中离地高度3000m以内的有效数据层数应不少于10层。

3. 地形数据

原始地形数据分辨率不得小于90m。

4. 地表参数

根据模型特点取项目周边3km范围内占地面积最大的土地利用类型来确定,区域湿度条件划分可根据中国干湿地区划分进行选择。

5. 城市/农村选项

当项目周边3km半径范围内一半以上面积属于城市建成区或者规划区时,选择城市,否则选择农村。当选择城市时,城市人口数按项目所属城市实际人口或者规划的人口数输入。

6. 计算点和网格点设置

AERMOD和ADMS预测网格点的设置应具有足够的分辨率以尽可能精确预测污染源对预测范围的最大影响。网格点间距可以采用等间距或近密远疏法进行设置,距离源中心5km的网格间距不超过100m,5~15km的网格间距不超过250m,大于15km的网格间距不超过500m。

目前,大气环境影响一级预测评价均采用相关大气环境影响预测软件实现,其具体的AERMOD和ADMS模型参数设置详见各大气环境影响预测软件,各软件不限,但模型参数设置基本一致。

第五节 大气环境质量现状调查与评价

大气环境质量现状调查与评价属于环境影响评价中的环境质量评价内容,其包括大气环境质量现状调查与评价、大气污染源调查和气象观测资料调查等三方面内容。

一、大气环境质量现状调查与评价概念

大气环境质量现状调查与评价是指通过对项目所在区域环境大气质量现状的调查和监测,获知区域大气污染因子的现状本底值,再通过与环境空气质量标准对标来确定区域现有环境质量状况,从而为项目选址、选线及建设、运营等提供环境可行分析性依据。

目前,大气环境质量现状调查与评价按大气环境影响评价工作类型划分为:报告书大气环境质量现状调查和评价、报告表大气环境质量现状调查与评价和报告表大气专项现状调查评价三种类型,其中报告书和大气专项现状调查与评价严格按《环境影响评价技术导则 大气环境》(HJ 2.2—2018)要求开展,而报告表大气环境质量现状调查与评

价则按《建设项目环境影响报告表编制技术指南(污染影响类)(试行)》和《建设项目环境影响报告表编制技术指南(生态影响类)(试行)》要求开展。

二、大气环境质量现状调查与评价内容和目的

(一)报告书和专项评价内容和目的

报告书和大气专项的大气环境质量现状调查与评价的内容和目的是按大气评价工作等级和评价范围确定,具体如下:

1. 一级评价项目

①调查项目所在区域环境质量达标情况,作为项目所在区域是否为达标区的判断依据;②调查评价范围内有环境质量标准的评价因子的环境质量监测数据或进行补充监测,用于评价项目所在区域污染物环境质量现状,以及计算环境空气保护目标和网格点的环境质量现状浓度。

2. 二级评价项目

①调查项目所在区域环境质量达标情况;②调查评价范围内有环境质量标准的评价因子的环境质量监测数据或进行补充监测,用于评价项目所在区域污染物环境质量现状。

3. 三级评价项目

只调查项目所在区域环境质量达标情况。

(二)报告表评价内容和目的

报告表的大气环境质量现状调查与评价的内容和目的是根据建设项目所在环境功能区及适用的国家、地方环境质量标准,以及地方环境质量管理要求评价大气环境质量现状达标情况。

三、大气环境质量现状调查与评价数据来源

报告书和专项评价的大气环境质量现状调查与评价数据涉及基本污染物、其他污染物,其来源须符合大气环境导则要求,报告表现状评价的数据来源则符合报告表编制技术指南要求。

(一)基本污染物环境质量现状数据

1. 项目所在区域达标判定,优先采用国家或地方生态环境主管部门公开发布的评价基准年环境质量公告或环境质量报告中的数据或结论。

2. 采用评价范围内国家或地方环境空气质量监测网中评价基准年连续1年的监测数据,或采用生态环境主管部门公开发布的环境空气质量现状数据。

3. 评价范围内无环境空气质量监测网数据或公开发布的环境空气质量现状数据的,可选择符合《环境空气质量监测点位布设技术规范(试行)》(HJ 664—2013)规定,并且与评价范围地理位置邻近,地形、气候条件相近的环境空气质量城市点或区域点监测数据。

4. 对于位于环境空气质量一类区的环境空气保护目标或网格点,各污染物环境质量现状浓度可取符合《环境空气质量监测点位布设技术规范(试行)》(HJ 664—2013)规定,并且与评价范围地理位置邻近,地形、气候条件相近的环境空气质量区域点或背景点监测数据。

(二)其他污染物环境质量现状数据

1. 优先采用评价范围内国家或地方环境空气质量监测网中评价基准年连续 1 年的监测数据。

2. 评价范围内无环境空气质量监测网数据或公开发布的环境空气质量现状数据的,可收集评价范围内近 3 年与项目排放的其他污染物有关的历史监测资料。

3. 在无以上相关监测数据或监测数据不能满足大气环境质量现状调查与评价内容与方法规定的评价要求时,应按补充监测的要求进行补充监测。

(三)现状评价数据补充监测

1. 监测时段

(1)根据监测因子的污染特征,选择污染较重的季节进行现状监测。补充监测应至少取得 7d 有效数据。

(2)对于部分无法进行连续监测的其他污染物,可监测其一次空气质量浓度,监测时次应满足所用评价标准的取值时间要求。

2. 监测布点

以近 20 年统计的当地主导风向为轴向,在厂址及主导风向下风向 5km 范围内设置 1～2 个监测点。

如需在一类区进行补充监测,监测点应设置在不受人为活动影响的区域。

3. 监测方法

应选择符合监测因子对应环境质量标准或参考标准所推荐的监测方法,并在评价报告中注明。

4. 监测采样

环境空气监测中的采样点、采样环境、采样高度及采样频率,可按《环境空气质量监测点位布设技术规范(试行)》(HJ 664—2013)及相关评价标准规定的环境监测技术规范执行。

(四)报告表现状评价数据

针对报告表的大气环境质量现状调查与评价,大气环境质量现状调查与评价数据中基本污染物引用与建设项目距离近的有效数据,包括近 3 年的规划环境影响评价的监测数据,国家、地方环境空气质量监测网数据或生态环境主管部门公开发布的质量数据等。排放国家、地方环境空气质量标准中有标准限值要求的其他污染物时,引用建设项目周边 5km 范围内近 3 年的现有监测数据,无相关数据的选择当季主导风向下风向 1 个点位补充不少于 3 天的监测数据。

四、大气环境质量现状调查与评价内容与方法

(一)项目所在区域达标判断

1. 城市环境空气质量达标情况评价指标为 SO_2、NO_2、PM_{10}、$PM_{2.5}$、CO 和 O_3,六项污染物全部达标即为城市环境空气质量达标。

2. 根据国家或地方生态环境主管部门公开发布的城市环境空气质量达标情况,判断项目所在区域是否属于达标区。如项目评价范围涉及多个行政区(县级或以上,下同),

需分别评价各行政区的达标情况,若存在不达标行政区,则判定项目所在评价区域为不达标区。

3. 国家或地方生态环境主管部门未发布城市环境空气质量达标情况的,可按照 HJ 663 中各评价项目的年评价指标进行判定。年评价指标中的年均浓度和相应百分位数 24h 平均或 8h 平均质量浓度满足 GB 3095 中浓度限值要求的即为达标。

(二)各污染物的环境质量现状评价

长期监测数据的现状评价内容,按 HJ 663 中的统计方法对各污染物的年评价指标进行环境质量现状评价。对于超标的污染物,计算其超标倍数和超标率。

补充监测数据的现状评价内容,分别对各监测点位不同污染物的短期浓度进行环境质量现状评价。对于超标的污染物,计算其超标倍数和超标率。

(三)环境空气保护目标及网格点环境质量现状浓度

1. 对采用多个长期监测点位数据进行现状评价的,取各污染物相同时刻各监测点位的浓度平均值,作为评价范围内环境空气保护目标及网格点环境质量现状浓度。具体如计算公式(7-2)所示:

$$C_{现状(x,y,t)} = \frac{1}{n} \sum_{j=1}^{n} C_{现状(j,t)} \tag{7-2}$$

式中:$C_{现状(x,y,t)}$ —— 环境空气保护目标及网格点(x,y)在 t 时刻环境质量现状浓度,$\mu g/m^3$;

$C_{现状(j,t)}$ —— 第 j 个监测点位在 t 时刻环境质量现状浓度(包括短期浓度和长期浓度),$\mu g/m^3$;

n —— 长期监测点位数。

2. 对采用补充监测数据进行现状评价的,取各污染物不同评价时段监测浓度的最大值,作为评价范围内环境空气保护目标及网格点环境质量现状浓度。对于有多个监测点位数据的,先计算相同时刻各监测点位平均值,再取各监测时段平均值中的最大值。具体如计算公式(7-3)所示:

$$C_{现状(x,y)} = \text{MAX} \left[\frac{1}{n} \sum_{j=1}^{n} C_{监测(j,t)} \right] \tag{7-3}$$

式中:$C_{现状(x,y)}$ —— 环境空气保护目标及网格点(x,y)环境质量现状浓度,$\mu g/m^3$;

$C_{监测(j,t)}$ —— 第 j 个监测点位在 t 时刻环境质量现状浓度(包括1h平均、8h平均或日平均质量浓度),$\mu g/m^3$;

n —— 现状补充监测点位数。

(四)大气环境质量现状调查与评价内容与格式

大气环境质量现状调查与评价内容与格式适用于报告书、报告表和大气专项的大气环境现状评价,其中空气质量达标区判定、基本污染物环境质量现状评价、其他污染物环境质量现状评价及现状监测点位布设等均须严格按大气环境导则要求开展,确保大气环境现状合法合规。

五、大气污染源调查

(一)调查内容

1. 一级评价项目

(1)调查建设项目不同排放方案有组织及无组织排放源,对于改建、扩建项目还应调查建设项目现有污染源。建设项目污染源调查包括正常排放和非正常排放,其中非正常排放调查内容包括非正常工况、频次、持续时间和排放量。

(2)调查建设项目所有拟被替代的污染源(如有),包括被替代污染源名称、位置、排放污染物及排放量、拟被替代时间等。

(3)调查评价范围内与评价项目排放污染物有关的其他在建项目、已批复环境影响评价文件的拟建项目等污染源。

(4)对于编制报告书的工业项目,分析调查受建设项目物料及产品运输影响新增的交通运输移动源,包括运输方式、新增交通流量、排放污染物及排放量。

2. 二级评价项目

参照一级评价项目要求调查建设项目现有及新增污染源和拟被替代的污染源。

3. 三级评价项目,只调查建设项目新增污染源和拟被替代的污染源。

4. 对于城市快速路、主干路等城市道路的新建项目,需调查道路交通流量及污染物排放量。

5. 对于采用网格模型预测二次污染物的,需结合空气质量模型及评价要求,开展区域现状污染源排放清单调查。

(二)典型污染源参数

大气污染源按点源、面源、体源、线源、火炬源、烟塔合一排放源、机场源等不同污染源排放形式开展调查,并分别给出污染源参数。

对于网格污染源,按照源清单要求给出污染源参数,并说明数据来源。当污染源排放为周期性变化时,还需给出周期性变化排放系数。

1. 点源参数

针对点源,其污染源参数调查的主要内容包括:①排气筒底部中心坐标(坐标亦可采用 UTM 坐标或经纬度),以及排气筒底部的海拔(m);②排气筒几何高度(m)及排气筒出口内径(m);③烟气流速(m/s);④排气筒出口处烟气温度(℃);⑤各主要污染物排放速率(kg/h),排放工况(正常排放和非正常排放),年排放小时数(h)等。

2. 面源参数

针对面源,其污染源参数调查的主要内容包括:①面源坐标,其中,矩形面源:初始点坐标,面源的长度(m),面源的宽度(m),与正北方向逆时针的夹角;②面源的海拔和有效排放高度(m);③各主要污染物排放速率(kg/h),排放工况,年排放小时数(h)等。

(二)数据来源与要求

1. 新建项目的污染源调查,依据 HJ 2.1、HJ 130、HJ 942、行业排污许可证申请与核发技术规范及各污染源源强核算技术指南,并结合工程分析从严确定污染物排放量。

2. 评价范围内在建和拟建项目的污染源调查,可使用已批准的环境影响评价文件中的资料；改建、扩建项目现状工程的污染源和评价范围内拟被替代的污染源调查，可根据数据的可获得性，依次优先使用项目监督性监测数据、在线监测数据、年度排污许可执行报告、自主验收报告、排污许可证数据、环评数据或补充污染源监测数据等。污染源监测数据应采用满负荷工况下的监测数据或者换算至满负荷工况下的排放数据。

3. 网格模型模拟所需的区域现状污染源排放清单调查按国家发布的清单编制相关技术规范执行。

污染源排放清单数据应采用近 3 年内国家或地方生态环境主管部门发布的包含人为源和天然源在内所有区域污染源清单数据。在国家或地方生态环境主管部门未发布污染源清单之前，可参照污染源清单编制指南自行建立区域污染源清单，并对污染源清单准确性进行验证分析。

六、气象观测资料调查

大气环境现状调查和评价涉及的气象观测资料按估算模型 AERSCREEN、进一步预测模型 AERMOD、ADMS、AUSTAL2000、EDMS/AEDT、CALPUFF 以及 CMAQ 等光化学网格模型实施要求确定，确保模型实施的可行性和模型运算结果的正确性。

根据大气环境导则要求，各模型对气象观测资料调查的要求如下：

1. 估算模型 AERSCREEN

模型所需最高和最低环境温度，一般需选取评价区域近 20 年以上资料统计结果。最小风速可取 0.5m/s，风速计高度取 10m。

2. AERMOD 和 ADMS

地面气象数据选择距离项目最近或气象特征基本一致的气象站的逐时地面气象数据，要素至少包括：风速、风向、总云量和干球温度。根据预测精度要求及预测因子特征，可选择观测资料包括：湿球温度、露点温度、相对湿度、降水量、降水类型、海平面气压、地面气压、云底高度、水平能见度等。其中对观测站点缺失的气象要素，可采用经验证的模拟数据或采用观测数据进行插值得到。

高空气象数据选择模型所需观测或模拟的气象数据，要素至少包括一天早晚两次不同等压面上的气压、离地高度和干球温度等，其中离地高度 3000m 以内的有效数据层数应不少于 10 层。

3. AUSTAL2000

地面气象数据选择距离项目最近或气象特征基本一致的气象站的逐时地面气象数据，要素至少包括：风向、风速、干球温度、相对湿度，以及采用测量或模拟气象资料计算得到的稳定度。

4. CALPUFF

地面气象资料应尽量获取预测范围内所有地面气象站的逐时地面气象数据，要素至少包括风速、风向、干球温度、地面气压、相对湿度、云量、云底高度。若预测范围内地面观测站少于 3 个，可采用预测范围外的地面观测站进行补充，或采用中尺度气象模拟数据。

高空气象资料应获取最少 3 个站点的测量或模拟气象数据，要素至少包括一天早晚两次不同等压面上的气压、离地高度、干球温度、风向及风速,其中离地高度 3000m 以内的有效数据层数应不少于 10 层。

5. 光化学网格模型

光化学网格模型的气象场数据可由 WRF 或其他区域尺度气象模型提供。

气象场应至少涵盖评价基准年 1 月、4 月、7 月、10 月。气象模型的模拟区域范围应略大于光化学网格模型的模拟区域,气象数据网格分辨率、时间分辨率与光化学网格模型的设定相匹配。在气象模型的物理参数化方案选择时应注意和光化学网格模型所选择参数化方案的兼容性。非在线的 WRF 等气象模型计算的气象数据提供给光化学网格模型应用时,需要经过相应的数据前处理,处理的过程包括光化学网格模拟区域截取、垂直差值、变量选择和计算、数据时间处理以及数据格式转换等。

第六节 大气环境影响预测与评价

目前,大气环境影响评价工作类型主要包括:报告书大气环境影响评价、报告表大气环境影响评价和报告表大气专项评价三种,其中仅报告书、报告表大气专项评价中的大气一级评价工作需根据《环境影响评价技术导则 大气环境》(HJ 2.2—2018)开展大气环境影响预测与评价,其中针对一级评价项目应采用进一步预测模型开展大气环境影响预测与评价,二级评价项目不进行进一步预测与评价,只对污染物排放量进行核算,三级评价项目不进行进一步预测与评价;而报告表大气环境影响评价根据《建设项目环境影响报告表编制技术指南(污染影响类)(试行)》的要求,针对大气环境影响预测与评价只需结合源强、排放标准、污染治理措施等分析达标排放情况。

一、大气环境影响预测与评价基本要求

(一)预测因子、范围和周期

1. 预测因子

根据评价因子而定,选取有环境质量标准的评价因子作为预测因子。

2. 预测范围

(1)预测范围应覆盖评价范围,并覆盖各污染物短期浓度贡献值占标率大于 10% 的区域。

(2)对于经判定需预测二次污染物的项目,预测范围应覆盖 $PM_{2.5}$ 年平均质量浓度贡献值占标率大于 1% 的区域。

(3)对于评价范围内包含环境空气功能区一类区的,预测范围应覆盖项目对一类区最大环境影响。

(4)预测范围一般以项目厂址中心为原点,东西向为 X 坐标轴、南北向为 Y 坐标轴。

3. 预测周期

(1)选取评价基准年作为预测周期,预测时段取连续 1 年。

(2)选用网格模型模拟二次污染物的环境影响时,预测时段应至少选取评价基准年 1

月、4月、7月、10月。

(二)预测模型

1. 预测模型选择原则

一级评价项目应结合项目环境影响预测范围、预测因子及推荐模型的适用范围等选择空气质量模型。

大气环境影响预测与评价的推荐模型适用范围见表7-6:

表7-6 推荐模型适用范围一览表

模型名称	适用污染源	适用排放形式	推荐预测范围	模拟污染物			其他特性
				一次污染物	二次 $PM_{2.5}$	O_3	
AERMOD	点源、面源、线源、体源	连续源、间断源	局地尺度（≤50km）	模型模拟法	系数法	不支持	—
ADMS							
AUSTAL2000	烟塔合一源						
EDMS/AEDT	机场源						
CALPUFF	点源、面源、线源、体源	连续源、间断源	城市尺度（50km到几百千米）	模型模拟法	模型模拟法	不支持	局地尺度特殊风场,包括长期静小风和岸边熏烟
区域光化学网格模型	网格源	连续源、间断源	区域尺度（几百千米）	模型模拟法	模型模拟法	模型模拟法	模拟复杂化学反应

注:当推荐模型适用性不能满足需要时,可选择适用的替代模型。

2. 预测模型选取其他规定

(1)当项目评价基准年内存在风速≤0.5m/s的持续时间超过72h或近20年统计的全年静风(风速≤0.2m/s)频率超过35%时,应采用大气环境导则附录A中的CALPUFF模型进行进一步模拟。

(2)当建设项目处于大型水体(海或湖)岸边3km范围内时,应首先采用大气环境导则附录A中估算模型判定是否会发生熏烟现象。如果存在岸边熏烟,并且估算的最大1h平均质量浓度超过环境质量标准,应采用大气环境导则附录A中的CALPUFF模型进行进一步模拟。

3. 推荐模型使用要求

(1)采用HJ 2.2中的附录A推荐模型清单中的推荐模型时,应按HJ 2.2中的附录B推荐模型参数及说明要求提供污染源、气象、地形、地表参数等基础数据。

(2)环境影响预测模型所需气象、地形、地表参数等基础数据应优先使用国家发布的标准化数据。

采用其他数据时,应说明数据来源、有效性及数据预处理方案。

(三)典型预测模型参数选取规定

建设项目按要求开展大气环境一级评价时,需根据进一步预测的模型要求选取相应的参数,其典型的预测模型参数选取至关重要,关系到预测结果的正确性和可信性。

1. 污染源参数选取

① 估算模型应采用满负荷运行条件下排放强度及对应的污染源参数。

② 进一步预测模型应包括正常排放和非正常排放下排放强度及对应的污染源参数。

③ 对于源强排放有周期性变化的,还需根据模型模拟需要输入污染源周期性排放系数。

2. 气象数据选取

(1)估算模型 AERSCREEN:模型所需最高和最低环境温度,一般需选取评价区域近20年以上资料统计结果。最小风速可取 0.5m/s,风速计高度取 10m。

(2)AERMOD 和 ADMS

地面气象数据选择距离项目最近或气象特征基本一致的气象站的逐时地面气象数据,要素至少包括:风速、风向、总云量和干球温度。根据预测精度要求及预测因子特征,可选择观测资料包括:湿球温度、露点温度、相对湿度、降水量、降水类型、海平面气压、地面气压、云底高度和水平能见度等。其中对观测站点缺失的气象要素,可采用经验证的模拟数据或采用观测数据进行插值得到。

高空气象数据选择模型所需观测或模拟的气象数据,要素至少包括一天早晚两次不同等压面上的气压、离地高度和干球温度等,其中离地高度 3000m 以内的有效数据层数应不少于 10 层。

(3)地形数据

原始地形数据分辨率不得小于 90m。

(4)地表参数

估算模型 AERSCREEN 和 ADMS 的地表参数根据模型特点取项目周边 3km 范围内占地面积最大的土地利用类型来确定。

AERMOD 地表参数一般根据项目周边 3km 范围内的土地利用类型进行合理划分,或采用 AERSURFACE 直接读取可识别的土地利用数据文件。

AERMOD 和 AERSCREEN 所需的区域湿度条件划分可根据中国干湿地区划分进行选择。

(5)城市/农村选项

当项目周边 3km 半径范围内一半以上面积属于城市建成区或者规划区时,选择城市,否则选择农村。

当选择城市时,城市人口数按项目所属城市实际人口或者规划的人口数输入。

(6)岸边熏烟选项

对估算模型 AERSCREEN,当污染源附近 3km 范围内有大型水体时,需选择岸边熏烟选项。

(7)计算点和网格点设置

估算模型 AERSCREEN 在距污染源 10m～25km 处默认为自动设置计算点,最远计算距离不超过污染源下风向 50km。

AERMOD 和 ADMS 预测网格点的设置应具有足够的分辨率以尽可能精确预测污

染源对预测范围的最大影响。网格点间距可以采用等间距或近密远疏法进行设置,距离源中心 5km 的网格间距不超过 100m,5～15km 的网格间距不超过 250m,大于 15km 的网格间距不超过 500m。

(四)预测方法

1. 预测方法选择

一级评价项目应采用推荐模型预测建设项目或规划项目对预测范围不同时段的大气环境影响。

当建设项目或规划项目排放 SO_2、NO_x 及 VOCs 年排放量达到"表 7-1 二次污染物评价因子筛选一览表"规定的量时,可按下表推荐的方法预测二次污染物,如表 7-7 所示:

表 7-7 二次污染物预测方法一览表

	污染物排放量(t/a)	预测因子	二次污染物预测方法
建设项目	$SO_2 + NO_x \geqslant 500$	$PM_{2.5}$	AERMOD/ADMS(系数法) 或 CALPUFF(模型模拟法)
规划项目	$500 \leqslant SO_2 + NO_x < 2000$	$PM_{2.5}$	AERMOD/ADMS(系数法) 或 CALPUFF(模型模拟法)
	$SO_2 + NO_x \geqslant 2000$	$PM_{2.5}$	网格模型(模型模拟法)
	$NO_x + VOC_s \geqslant 2000$	O_3	网格模型(模型模拟法)

2. 预测方法应用

(1)采用 AERMOD、ADMS 等模型模拟 $PM_{2.5}$ 时,需将模型模拟的 $PM_{2.5}$ 一次污染物的质量浓度,同步叠加按 SO_2、NO_2 等前体物转化比率估算的二次 $PM_{2.5}$ 质量浓度,得到 $PM_{2.5}$ 的贡献浓度。前体物转化比率可引用科研成果或有关文献,并注意地域的适用性。对于无法取得 SO_2、NO_2 等前体物转化比率的,可取 φ_{SO2} 为 0.58、φ_{NO2} 为 0.44,按下列计算公式(7-4)计算二次 $PM_{2.5}$ 贡献浓度:

$$\rho_{二次PM_{2.5}} = \varphi_{SO2} \times \rho_{SO2} + \varphi_{NO2} \times \rho_{NO2} \tag{7-4}$$

式中:$\rho_{二次PM_{2.5}}$——二次 $PM_{2.5}$ 质量浓度,$\mu g/m^3$;

φ_{SO2}、φ_{NO2}——SO_2、NO_2 浓度换算为 $PM_{2.5}$ 浓度的系数;

ρ_{SO2}、ρ_{NO2}——SO_2、NO_2 的预测质量浓度,$\mu g/m^3$。

(2)采用 CALPUFF 或网格模型预测 $PM_{2.5}$ 时,模拟输出的贡献浓度应包括一次 $PM_{2.5}$ 和二次 $PM_{2.5}$ 质量浓度的叠加结果。

(3)对已采纳规划环评要求的规划所包含的建设项目,当工程建设内容及污染物排放总量均未发生重大变更时,建设项目环境影响预测可引用规划环评的模拟结果。

二、大气环境影响预测与评价内容

(一)达标区的评价项目

1. 项目正常排放条件下,预测环境空气保护目标和网格点主要污染物的短期浓度和长期浓度贡献值,评价其最大浓度占标率。

2.项目正常排放条件下,预测评价叠加环境空气质量现状浓度后,环境空气保护目标和网格点主要污染物的保证率日平均质量浓度和年平均质量浓度的达标情况;对于项目排放的主要污染物仅有短期浓度限值的,评价其短期浓度叠加后的达标情况。如果是改建、扩建项目,还应同步减去"以新带老"污染源的环境影响。如果有区域削减项目,应同步减去削减源的环境影响。如果评价范围内还有其他排放同类污染物的在建、拟建项目,还应叠加在建、拟建项目的环境影响。

3.项目非正常排放条件下,预测评价环境空气保护目标和网格点主要污染物的 1h 最大浓度贡献值及占标率。

(二)不达标区的评价项目

1.项目正常排放条件下,预测环境空气保护目标和网格点主要污染物的短期浓度和长期浓度贡献值,评价其最大浓度占标率。

2.项目正常排放条件下,预测评价叠加大气环境质量限期达标规划(简称"达标规划")的目标浓度后,环境空气保护目标和网格点主要污染物保证率日平均质量浓度和年平均质量浓度的达标情况;对于项目排放的主要污染物仅有短期浓度限值的,评价其短期浓度叠加后的达标情况。如果是改建、扩建项目,还应同步减去"以新带老"污染源的环境影响。如果有区域达标规划之外的削减项目,应同步减去削减源的环境影响。如果评价范围内还有其他排放同类污染物的在建、拟建项目,还应叠加在建、拟建项目的环境影响。

3.对于无法获得达标规划目标浓度场或区域污染源清单的评价项目,需评价区域环境质量的整体变化情况。

4.项目非正常排放条件下,预测环境空气保护目标和网格点主要污染物的 1h 最大浓度贡献值,评价其最大浓度占标率。

(三)区域规划

1.预测评价区域规划方案中不同规划年叠加现状浓度后,环境空气保护目标和网格点主要污染物保证率日平均质量浓度和年平均质量浓度的达标情况;对于规划排放的其他污染物仅有短期浓度限值的,评价其叠加现状浓度后短期浓度的达标情况。

2.预测评价区域规划实施后的环境质量变化情况,分析区域规划方案的可行性。

(四)污染控制措施

1.对于达标区的建设项目,按达标区项目正常排放要求预测评价不同方案主要污染物对环境空气保护目标和网格点的环境影响及达标情况,比较分析不同污染治理设施、预防措施或排放方案的有效性。

2.对于不达标区的建设项目,按不达标区项目正常排放要求预测不同方案主要污染物对环境空气保护目标和网格点的环境影响,评价达标情况或评价区域环境质量的整体变化情况,比较分析不同污染治理设施、预防措施或排放方案的有效性。

(五)大气环境防护距离

1.对于项目厂界浓度满足大气污染物厂界浓度限值,但厂界外大气污染物短期贡献浓度超过环境质量浓度限值的,可以自厂界向外设置一定范围的大气环境防护区域,以确保大气环境防护区域外的污染物贡献浓度满足环境质量标准。

　　2. 对于项目厂界浓度超过大气污染物厂界浓度限值的,应要求削减排放源强或调整工程布局,待满足厂界浓度限值后,再核算大气环境防护距离。

　　3. 大气环境防护距离内不应有长期居住的人群。

　　综上,不同评价对象或排放方案对应预测内容和评价要求见表7-8:

表7-8　预测内容和评价要求一览表

评价对象	污染源	污染源排放形式	预测内容	评价内容
达标区评价项目	新增污染源	正常排放	短期浓度 长期浓度	最大浓度占标率
	新增污染源 — "以新带老"污染源(如有) — 区域削减污染源(如有) + 其他在建、拟建污染源(如有)	正常排放	短期浓度 长期浓度	叠加环境质量现状浓度后的保证率日平均质量浓度和年平均质量浓度的占标率,或短期浓度的达标情况
	新增污染源	非正常排放	1h平均质量浓度	最大浓度占标率
不达标区评价项目	新增污染源	正常排放	短期浓度 长期浓度	最大浓度占标率
	新增污染源 — "以新带老"污染源(如有) — 区域削减污染源(如有) + 其他在建、拟建的污染源(如有)	正常排放	短期浓度 长期浓度	叠加达标规划目标浓度后的保证率日平均质量浓度和年平均质量浓度的占标率,或短期浓度的达标情况;年平均质量浓度变化率
	新增污染源	非正常排放	1h平均质量浓度	最大浓度占标率
区域规划	不同规划期/规划方案污染源	正常排放	短期浓度 长期浓度	叠加达标规划目标浓度后的保证率日平均质量浓度和年平均质量浓度的占标率,或短期浓度的达标情况;年平均质量浓度变化率

（续表）

评价对象	污染源	污染源排放形式	预测内容	评价内容
大气环境防护距离	新增污染源 － "以新带老"污染源（如有） ＋ 项目全厂现有污染源	正常排放	短期浓度	大气环境防护距离

三、大气环境影响预测评价方法

（一）环境影响叠加

1. 达标区环境影响叠加

预测评价项目建成后各污染物对预测范围的环境影响，应用建设项目的贡献浓度，叠加（减去）区域削减污染源以及其他在建、拟建项目污染源环境影响，并叠加环境质量现状浓度。具体的计算公式（7-5）如下所示：

$$C_{叠加(x,y,t)}=C_{建设项目(x,y,t)}-C_{区域削减(x,y,t)}+C_{拟在建(x,y,t)}+C_{现状(x,y,t)} \qquad (7-5)$$

式中：$C_{叠加(x,y,t)}$——在 t 时刻，预测点 (x,y) 叠加各污染源及现状浓度后的环境质量浓度，$\mu g/m^3$；

$C_{建设项目(x,y,t)}$——在 t 时刻，建设项目对预测点 (x,y) 的贡献浓度，$\mu g/m^3$；

$C_{区域削减(x,y,t)}$——在 t 时刻，区域削减污染源对预测点 (x,y) 的贡献浓度，$\mu g/m^3$；

$C_{现状(x,y,t)}$——在 t 时刻，预测点 (x,y) 的环境质量现状浓度，$\mu g/m^3$，各预测点环境质量现状浓度按环境空气保护目标及网格点环境质量现状浓度方法计算；

$C_{拟在建(x,y,t)}$——在 t 时刻，其他在建、拟建项目污染源对预测点 (x,y) 的贡献浓度，$\mu g/m^3$。

其中建设项目预测的贡献浓度除新增污染源环境影响外，还应减去"以新带老"污染源的环境影响，如下计算公式（7-6）所示：

$$C_{建设项目(x,y,t)}=C_{新增(x,y,t)}-C_{以新带老(x,y,t)} \qquad (7-6)$$

式中：$C_{新增(x,y,t)}$——在 t 时刻，建设项目新增污染源对预测点 (x,y) 的贡献浓度，$\mu g/m^3$；

$C_{以新带老(x,y,t)}$——在 t 时刻，"以新带老"污染源对预测点 (x,y) 的贡献浓度，$\mu g/m^3$。

2. 不达标区环境影响叠加

对于不达标区的环境影响评价，应在各预测点上叠加达标规划中达标年的目标浓度，分析达标规划年的保证率日平均质量浓度和年平均质量浓度的达标情况。叠加方法可以用达标规划方案中的污染源清单参与影响预测，也可直接用达标规划模拟的浓度场进行叠加计算。具体如计算公式（7-7）所示。

$$C_{叠加(x,y,t)}=C_{建设项目(x,y,t)}-C_{区域削减(x,y,t)}+C_{拟在建(x,y,t)}+C_{规划(x,y,t)} \qquad (7-7)$$

式中:$C_{规划(x,y,t)}$——在 t 时刻,预测点 (x,y) 的达标规划年目标浓度,$\mu g/m^3$。

(二)保证率日平均质量浓度

对于保证率日平均质量浓度,首先按达标区环境影响叠加或不达标区环境影响叠加的方法计算叠加后预测点上的日平均质量浓度,然后对该预测点所有日平均质量浓度从小到大进行排序,根据各污染物日平均质量浓度的保证率(p),计算排在 p 百分位数的第 m 个序数,序数 m 对应的日平均质量浓度即为保证率日平均浓度 m。其中序数 m 的计算公式(7-8)如下所示:

$$m=1+(n-1)\times p \qquad (7-8)$$

式中:p——该污染物日平均质量浓度的保证率,按 HJ 663 规定的对应污染物年评价中 24h 平均百分位数取值,%;

n——1 个日历年内单个预测点上的日平均质量浓度的所有数据个数,个;

m——百分位数 p 对应的序数(第 m 个),向上取整数。

(三)浓度超标范围

以评价基准年为计算周期,统计各网格点的短期浓度或长期浓度的最大值,所有最大浓度超过环境质量标准的网格,即为该污染物浓度超标范围。超标网格的面积之和即为该污染物的浓度超标面积。

(四)区域环境质量变化评价

当无法获得不达标区规划达标年的区域污染源清单或预测浓度场时,也可评价区域环境质量的整体变化情况。按下列公式计算实施区域削减方案后预测范围的年平均质量浓度变化率 k。当 $k\leqslant-20\%$ 时,可判定项目建设后区域环境质量得到整体改善。具体的计算公式(7-9)如下所示:

$$k=[C_{建设项目(a)}-C_{区域削减(a)}]/C_{区域削减(a)}\times100\% \qquad (7-9)$$

式中:k——预测范围年平均质量浓度变化率,%;

$C_{建设项目(a)}$——建设项目对所有网格点的年平均质量浓度贡献值的算术平均值,单位 $\mu g/m^3$;

$C_{区域削减(a)}$——区域削减污染源对所有网格点的年平均质量浓度贡献值的算术平均值,单位 $\mu g/m^3$。

(五)大气环境防护距离确定

采用进一步预测模型模拟评价基准年内,建设项目所有污染源(改建、扩建项目应包括全厂现有污染源)对厂界外主要污染物的短期贡献浓度分布。厂界外预测网格分辨率不应超过 50m。

在底图上标注从厂界起所有超过环境质量短期浓度标准值的网格区域,以自厂界起至超标区域的最远垂直距离作为大气环境防护距离。

(六)污染控制措施有效性分析与方案比选

达标区建设项目选择大气污染治理设施、预防措施或多方案比选时,应综合考虑成本和治理效果,选择最佳可行技术方案,保证大气污染物能够达标排放,并使环境影响可以接受。

不达标区建设项目选择大气污染治理设施、预防措施或多方案比选时,应优先考虑治理效果,结合达标规划和替代源削减方案的实施情况,在只考虑环境因素的前提下选择最优技术方案,保证大气污染物达到最低排放强度和排放浓度,并使环境影响可以接受。

污染治理设施及预防措施有效性分析与方案比选内容、结果与格式均须严格按大气环境导则要求列出。

（七）污染物排放量核算

污染物排放量核算包括建设项目的新增污染源及改建、扩建污染源(如有)。

根据最终确定的污染治理设施、预防措施及排污方案,确定建设项目所有新增及改建、扩建污染源大气排污节点、排放污染物、污染治理设施与预防措施以及大气排放口基本情况。

建设项目各排放口排放大气污染物的核算排放浓度、排放速率及污染物年排放量,应为通过环境影响评价,并且环境影响评价结论为可接受时对应的各项排放参数。建设项目大气污染物年排放量包括项目各有组织排放源和无组织排放源在正常排放条件下的预测排放量之和。建设项目各排放口污染物排放量核算内容与格式须严格按大气环境导则要求列出。

建设项目各排放口非正常排放量核算,应结合项目非正常排放条件下环境空气保护目标和网格点的非正常排放预测结果,优先提出相应的污染控制与减缓措施。当出现 1h 平均质量浓度贡献值超过环境质量标准时,应提出减少污染排放直至停止生产的相应措施。明确列出发生非正常排放的污染源、非正常排放原因、排放污染物、非正常排放浓度与排放速率、单次持续时间、年发生频次及应对措施等。

项目污染源非正常排放相关内容与格式要求须严格按大气环境导则要求列出。

四、大气环境影响预测评价结果表达

（一）基本信息底图

包含项目所在区域相关地理信息的底图,至少应包括评价范围内的环境功能区划、环境空气保护目标、项目位置、监测点位,以及图例、比例尺、基准年风频玫瑰图等要素。

（二）项目基本信息图

在基本信息底图上标示项目边界、总平面布置、大气排放口位置等信息。

（三）达标评价结果表

列表给出各环境空气保护目标及网格最大浓度点主要污染物现状浓度、贡献浓度、叠加现状浓度后保证率日平均质量浓度和年平均质量浓度、占标率、是否达标等评价结果。

（四）网格浓度分布图

包括叠加现状浓度后主要污染物保证率日平均质量浓度分布图和年平均质量浓度分布图。网格浓度分布图的图例间距一般按相应标准值的 5%～100% 进行设置。如果某种污染物环境空气质量超标,还需在评价报告及浓度分布图上标示超标范围与超标面积,以及与环境空气保护目标的相对位置关系等。

(五)大气环境防护区域图

在项目基本信息图上沿出现超标的厂界外延按 HJ 2.2 所确定的大气环境防护距离所包括的范围,作为建设项目的大气环境防护区域。大气环境防护区域应包含自厂界起连续的超标范围。

(六)污染治理设施、预防措施及方案比选结果表

列表对比不同污染控制措施及排放方案对环境的影响,评价不同方案的优劣。

(七)污染物排放量核算表

包括有组织及无组织排放量、大气污染物年排放量、非正常排放量等。

五、大气环境影响评价结论与建议

(一)大气环境影响评价结论

1. 达标区域的建设项目环境影响评价,当同时满足以下条件时,则认为环境影响可以接受。

(1)新增污染源正常排放下污染物短期浓度贡献值的最大浓度占标率≤100%;

(2)新增污染源正常排放下污染物年均浓度贡献值的最大浓度占标率≤30%(其中一类区≤10%);

(3)项目环境影响符合环境功能区划。叠加现状浓度、区域削减污染源以及在建、拟建项目的环境影响后,主要污染物的保证率日平均质量浓度和年平均质量浓度均符合环境质量标准;对于项目排放的主要污染物仅有短期浓度限值的,叠加后的短期浓度符合环境质量标准。

2. 不达标区域的建设项目环境影响评价,当同时满足以下条件时,则认为环境影响可以接受。

(1)达标规划未包含的新增污染源建设项目,需另有替代源的削减方案;

(2)新增污染源正常排放下污染物短期浓度贡献值的最大浓度占标率≤100%;

(3)新增污染源正常排放下污染物年均浓度贡献值的最大浓度占标率≤30%(其中一类区≤10%);

(4)项目环境影响符合环境功能区划或满足区域环境质量改善目标。现状浓度超标的污染物评价,叠加达标年目标浓度、区域削减污染源以及在建、拟建项目的环境影响后,污染物的保证率日平均质量浓度和年平均质量浓度均符合环境质量标准或满足达标规划确定的区域环境质量改善目标,或按区域环境质量变化评价计算的预测范围内年平均质量浓度变化率 k≤−20%;对于现状达标的污染物评价,叠加后污染物浓度符合环境质量标准;对于项目排放的主要污染物仅有短期浓度限值的,叠加后的短期浓度符合环境质量标准。

3. 区域规划的环境影响评价,当主要污染物的保证率日平均质量浓度和年平均质量浓度均符合环境质量标准,对于主要污染物仅有短期浓度限值的,叠加后的短期浓度符合环境质量标准时,则认为区域规划环境影响可以接受。

(二)污染控制措施可行性及方案比选结果

大气污染治理设施与预防措施必须保证污染源排放以及控制措施均符合排放标准的有关规定,满足经济、技术可行性。

从项目选址选线、污染源的排放强度与排放方式、污染控制措施技术与经济可行性等方面,结合区域环境质量现状及区域削减方案、项目正常排放及非正常排放下大气环境影响预测结果,综合评价治理设施、预防措施及排放方案的优劣,并对存在的问题(如果有)提出解决方案。经对解决方案进行进一步预测和评价比选后,给出大气污染控制措施可行性建议及最终的推荐方案。

(三)大气环境防护距离

根据大气环境防护距离计算结果,并结合厂区平面布置图,确定项目大气环境防护区域。若大气环境防护区域内存在长期居住的人群,应给出相应优化调整项目选址、布局或搬迁的建议。

项目大气环境防护区域之外,大气环境影响评价结论应符合大气环境影响评价结论规定的要求。

(四)污染物排放量核算结果

环境影响评价结论是环境影响可接受的,根据环境影响评价审批内容和排污许可证申请与核发所需表格要求,明确给出污染物排放量核算结果表。

评价项目完成后污染物排放总量控制指标能否满足环境管理要求,并明确总量控制指标的来源和替代源的削减方案。

(五)大气环境影响评价自查表

大气环境影响评价完成后,应对大气环境影响评价主要内容与结论进行自查。建设项目大气环境影响评价自查表内容与格式须结合项目大气环境影响评价内容,严格按大气环境导则要求列出。

(六)大气环境影响评价基本附件

1.估算模型相关文件(电子版):包括输入文件、控制文件和输出文件等。

2.环境质量现状监测报告(扫描件)。

3.气象、地形原始数据文件(电子版)。

4.进一步预测模型相关文件(电子版):包括输入文件、控制文件和输出文件等,附件中应说明各文件意义及原始数据来源。

思考题

1.何谓大气环境影响评价?包括哪些方面?划分哪些方式?

2.大气环境影响评价工作等级划分为几个级别?如何进行工作等级划分?

3.大气环境影响范围如何确定?划分依据是什么?有何区别?

4.大气环境影响评价的预测模型有哪些?典型模型应用于何处?

5.大气环境影响评价的典型模型参数选取有何要求?针对气象数据选取有何具体要求?

6.何谓大气环境防护距离?如何获取大气环境防护距离?

7. 大气环境影响评价基本附件有何要求?

参考文献

[1] 郭璐璐. 大气环境影响评价技术[M]. 北京:中国环境出版社,2017.

[2] 王栋成. 大气环境影响评价实用技术[M]. 北京:中国标准出版社,2010.

[3] 生态环境部. 环境影响评价技术导则 大气环境:HJ 2.2—2018[S].2018.

拓展阅读

1. 大气环境污染与大气扩散

2.《大气污染物综合排放标准》(GB 16297—1996) 新污染源大气污染物排放标准

3.《恶臭污染物排放标准》(GB 14554—93) 新污染源恶臭污染物排放标准

4. 常见大气污染物排放标准汇总一览表

5. 塑粉固化废气收集处理管线示意图(窑内收集 冷凝器方式)

6. 项目排气筒废气收集处理管线示意图(含标牌和采样平台)

7. 大气一级评价模板

第七章拓展阅读

第八章　声环境影响评价

本章要点:声环境影响评价是环境影响评价的重要内容之一,是对建设项目和规划进行评价的主要内容之一。通过声环境影响评价可评价建设项目实施引起的声环境质量的变化和外界噪声对需要安静建设项目的影响程度,提出合理可行的防治措施,把噪声污染降低到允许水平,从声环境影响角度评价建设项目实施的可行性,为建设项目优化选址、选线、合理布局以及城市规划提供科学依据。

第一节　噪声影响评价概述

一、环境噪声和噪声源

声音是一种物理现象,以不同的方式和途径传递着信息,在人类活动中起着非常重要的作用。声音由物体的振动引起,通过一定的媒介传向接收者。声源、传播介质和接收者是声音传播的三个要素。

噪声是声音的一种,通常指在工业生产、建筑施工、交通运输和社会生活中产生的干扰周围生活环境的声音(频率在 20～20000Hz 的可听声范围内)。

二、噪声的评价

不同噪声间的物理性质有着较大的差异,而且在不同环境和不同时间,人们对噪声的反感程度也有所差异。因此,需要根据人们对噪声的主观感受程度,对噪声进行评价。

1. 响度、等响曲线和响度级

人能听见声音的最低频率为 20Hz,最高频率为 20kHz,频率低于 20Hz 的声音称为次声,频率高于 20kHz 的声音称为超声。在声压方面,人耳的可听范围大致为 $2\times10^{-5}\sim20$Pa,其上下限分别称为可听阈和痛阈。人耳对强度相同而频率不同的声音有不同的响度感觉,即对于相同声压级但频率不同的声音,人耳听起来是不一样响的。响度是用来描述声音大小的主观感觉量,其单位是"宋"(sone),定义 1000Hz 纯音声压级为 40dB 时的响度为 1sone。

选取频率为 1000Hz 纯音的声压级 40dB 为基准声音,调节 1000Hz 纯音的声压级,使得某声源的噪声和该条件下的纯音一样响亮,则该噪声的响度级就等于这个纯音的声压级值。响度级的单位为方(phon)。

利用与基准音相比较的方法,可以得到整个可听频率范围纯音的响度级。如图 8-1

所示的等响曲线。

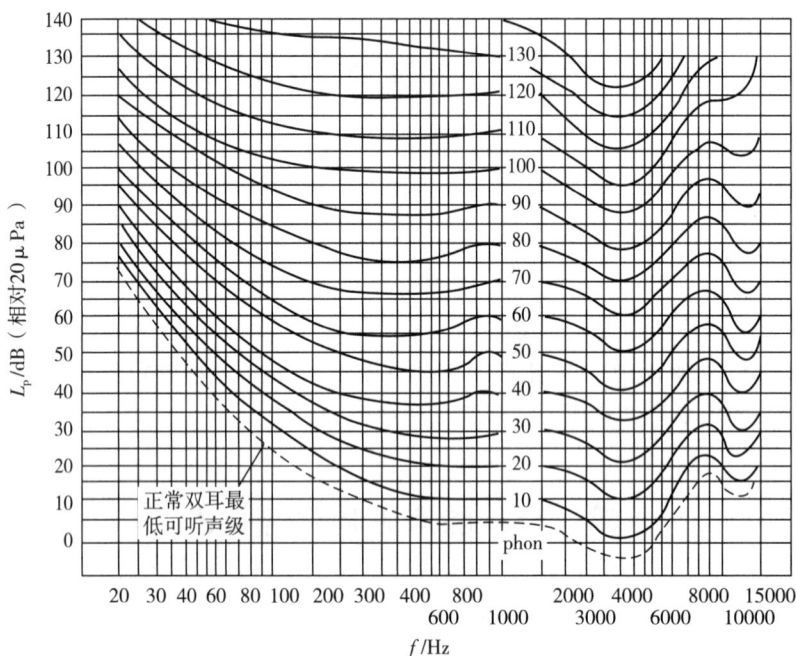

图 8-1 等响曲线

2. A 声级

A 声级又叫 A 计权声级,能较好地反映人耳对噪声强度与频率的主观感觉。为了模拟人耳的听觉特性,在测量仪器中安装一套滤波器,亦称计权网络,对不同频率的声音进行一定的衰减和放大,实际上是对不同频率的声压级进行一定的加权修正。

3. 等效连续 A 声级

A 声级能比较好地反映稳态宽频带噪声,但如果某一点的噪声呈现非稳定状态,则无法通过 A 声级来反映该点的噪声声级。为此,引入等效连续 A 声级,用来评价这种非稳态噪声。等效连续 A 声级为某时段内的非稳态噪声的 A 声级,用能量平均的方法,以一个连续不变的 A 声级来表示该时段内噪声的声级,见式(8-1)。

$$L_{eq} = 10 \lg \left(\frac{1}{T} \int_0^T 10^{\frac{L_A(t)}{10}} \right) dt \qquad (8-1)$$

4. 累计百分声级

在现实生活中,许多环境噪声属于非稳态噪声。对这类噪声,如用等效连续声级来表达,不能表达出噪声随机的起伏程度,为了描述噪声随时间的变化特性,在噪声评价中采用累积概率来表示,称为统计声级或累积百分声级,用 L_x 表示。通常把 L_{90} 定为背景噪声;L_{50} 为中间值噪声;L_{10} 为峰值噪声。通过可以 L_{10}、L_{50}、L_{90} 近似求出等效连续 A 声级。

$$L_{eq} \approx L_{50} + \frac{(L_{10} - L_{90})^2}{60} \qquad (8-2)$$

5. 等声级线

根据计算出的各网点噪声级,采用数学方法计算并绘制的声级曲线。等声级线的间隔不大于 5dB。对于 L_{eq},最低可画到 35dB,最高可画到 75dB 的等声级线;对于 WECPNL,一般应有 70、75、80、85、90dB 的等值线。

等声级图直观地表明了项目的噪声级分布,对分析功能区噪声超标状况提供了方便,同时为城市规划、城市环境噪声管理提供了依据。

三、声功能区分类

(一)按区域的使用功能特点和环境质量要求,声环境功能区分为以下五种类型

0 类声环境功能区:指康复疗养区等特别需要安静的区域。

1 类声环境功能区:指以居民住宅、医疗卫生、文化教育、科研设计、行政办公为主要功能,需要保持安静的区域。

2 类声环境功能区:指以商业金融、集市贸易为主要功能,或者居住、商业、工业混杂,需要维护住宅安静的区域。

3 类声环境功能区:指以工业生产、仓储物流为主要功能,需要防止工业噪声对周围环境产生严重影响的区域。

4 类声环境功能区:指交通干线两侧一定距离之内,需要防止交通噪声对周围环境产生严重影响的区域,包括 4a 类和 4b 类两种类型。4a 类为高速公路、一级公路、二级公路、城市快速路、城市主干路、城市次干路、城市轨道交通(地面段)、内河航道两侧区域;4b 类为铁路干线两侧区域。

(二)环境噪声限制

各类声环境功能区适用表 8-1 规定的环境噪声等级声级限值。

表 8-1　环境噪声限值

声环境功能类别		时段	
		昼间	夜间
0 类		50	40
1 类		55	45
2 类		60	50
3 类		65	55
4 类	4a 类	70	55
	4b 类	70	60

第二节　噪声的衰减和反射效应

噪声从声源传播到受声点,因几何发散、空气吸收、阻挡物的反射与屏障等因素的影响,会使其产生衰减。为了保证噪声影响预测和评价的准确性,对于由上述各因素所引起的衰减值需认真考虑,不能忽略。为了保证噪声影响预测和评价的准确性,必须考虑

各种因素引起的衰减值。一般噪声影响预测是根据声源附近某一位置(参考位置)处的已知声级来计算远处预测点的声级。

一、声波在户外传播过程中的衰减

(一)基本公式

户外声传播衰减包括几何发散(A_{div})、大气吸收(A_{atm})、地面效应(A_{gr})、障碍物屏蔽(A_{bar})、其他多方面效应(A_{misc})引起的衰减。

在环境影响评价中,应根据声源声功率级或声源某一参考位置处的声压级、户外声传播衰减、计算预测点的声级,分别用公式(8-3)或公式(8-4)计算。

$$L_p(r)=L_w+D_C-(A_{div}+A_{atm}+A_{gr}+A_{bar}+A_{misc}) \qquad (8-3)$$

$$L_p(r)=L_p(r_0)+D_C-(A_{div}+A_{atm}+A_{gr}+A_{bar}+A_{misc}) \qquad (8-4)$$

式中:$L_p(r)$——预测点处声压级,dB;

$\qquad L_w$——由点声源产生的声功率级(A计权或倍频带),dB;若只已知A计权声功率级,一般情况下有效频率的衰减可用作估算最终衰减;

$\qquad D_C$——指向性校正,它描述点声源的等效连续声压级与产生声功率级L_w的全向点声源在规定方向的声级的偏差程度,dB;

$\qquad A_{div}$——几何发散引起的衰减,dB;

$\qquad A_{atm}$——大气吸收引起的衰减,dB;

$\qquad A_{gr}$——地面效应引起的衰减,dB;

$\qquad A_{bar}$——障碍物屏蔽引起的衰减,dB;

$\qquad A_{misc}$——其他多方面效应引起的衰减,dB。

(二)衰减项的计算

1. 空气吸收引起的衰减

$$A_{atm}=a(r-r_0)/1000 \qquad (8-5)$$

式中:a——湿度、温度和声波频率的函数,预测计算中一般根据建设项目所处区域常年平均气温和相对湿度选择相应的空气吸收衰减系数。

2. 地面效应衰减(A_{gr})

地面类型可分为:

(1)坚实地面,包括铺筑过的路面、水面、冰面以及夯实地面。

(2)疏松地面,包括被草或其他植物覆盖的地面,以及农田等适合于植物生长的地面。

(3)混合地面,由坚实地面和疏松地面组成。

声波越过不同地面时,其衰减量是不一样的。声波越过疏松地面或大部分为疏松地面的混合地面传播时,在预测点仅计算A声级的前提下,地面效应引起的倍频带衰减可用式(8-6)计算。

$$A_{gr} = 4.8 - (2h_m/r)(17 + 300/r) \tag{8-6}$$

式中：r——声源到预测点的距离，m；

　　　h_m——传播路径的平均离地高度，m。

$$H_m = F/r \tag{8-7}$$

式中：F——面积，m^2；

　　若 A_{gr} 计算出负值，则 A_{gr} 可用"0"代替。

（4）有限长薄屏障在点声源声场中引起的衰减（A_{bar}）

位于声源和预测点之间的实体障碍物，如围墙、建筑物、土坡或地堑等起声屏障作用，从而引起声能量的较大衰减。在环境影响评价中，可将各种形式的屏障简化为具有一定高度的薄屏障，见图 8-2 和 8-3。S、O、P 三点在同一平面内且垂直于地面。

定义 $\delta = SO + OP - SP$ 为声程差，$N = 2\delta/\lambda$ 为菲涅尔数，其中 λ 为声波波长。首先计算如图 8-2 所示三个传播路径的声程差 δ_1、δ_2、δ_3 和相应的菲涅尔数 N_1、N_2、N_3。声屏障引起的衰减按式（8-8）计算。

$$A_{bar} = -10\lg[1/(3 + 20N_1) + 1/(3 + 20N_2) + 1/(3 + 20N_3)] \tag{8-8}$$

当屏障很长时，则

$$A_{bar} = -10\lg[1/(3 + 20N_1)] \tag{8-9}$$

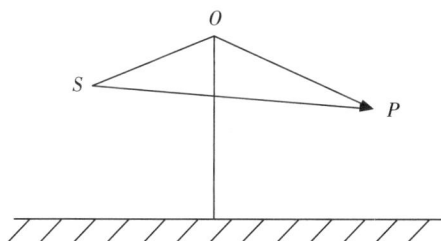

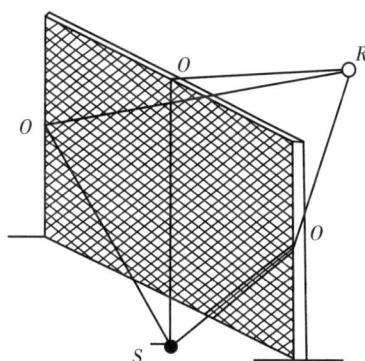

图 8-2　无限长声屏障　　　　图 8-3　在有限声屏障上不同的传播路径

（5）其他多方面效应引起的衰减（A_{misc}）

其他衰减包括通过工业场所的衰减以及通过房屋群的衰减等。在声环境影响评价中，一般情况下，不考虑自然条件（如风、温度梯度、雾）变化引起的附加修正。

绿化林带的附加衰减与树种、林带结构和密度等因素有关。在声源附近的绿化林带，或在预测点附近的绿化林带，或两者均有的情况都可以使声波衰减。

表 8-2 中的第一行给出了通过总长度为 10～20m（含 10m）的乔灌结合郁闭度较高的林带时，由林带引起的衰减；第二行为通过总长度 20～200m（含 20m）林带时的衰减系数；当通过林带的路径长度大于 200m 时，可使用 200m 的衰减值。

表 8 - 2　倍频带噪声通过林带传播时产生的衰减

项目	传播距离 d_f/m	倍频带中心频率/Hz							
		63	125	250	500	1000	2000	4000	8000
衰减/dB	$10 \leqslant d_f < 20$	0	0	1	1	1	1	2	3
衰减系数/(dB/m)	$20 \leqslant d_f < 200$	0.02	0.03	0.04	0.05	0.06	0.08	0.09	0.12

二、噪声源的几何发散

(一)点声源的几何发散

1. 实际声源近似点声源的条件

点声源的定义为以球面波形式辐射声波的声源,辐射声波的声压幅值与声波传播距离(r)成反比。从理论上可以认为:任何形状的声源,只要声波波长远远大于声源几何尺寸,该声源就可视为点声源。

2. 在自由声场条件下,点声源的声波遵循着球面发散规律,按声功率级作为点声源评价量,其衰减量公式为

$$\Delta L = 10 \lg(1/4\pi r^2) \qquad (8-10)$$

式中:ΔL——距离增加产生的衰减值,dB;

r——点声源至受声点的距离,m。

如果已知点声源的 A 计权声功率级 L_{AW},且声源处于自由空间,则 r 处的 A 声级可由式(8-11)求得:

$$L_A(r) = L_{AW} - 20 \lg r - 11 \qquad (8-11)$$

如果声源处于半自由空间,则 r 处的 A 声级可由公式(8-12)求得:

$$L_A(r) = L_{AW} - 20 \lg r - 8 \qquad (8-12)$$

由上述公式可推出,在距离点声源 r_1 处至 r_2 处的衰减值:

$$L(r) = L(r_0) - 20 \lg(r/r_0) \qquad (8-13)$$

当 $r_2 = 2r_1$ 时,$\Delta L = -6$dB,即点声源声传播距离增加 1 倍,衰减值是 6dB。

3. 已知靠近点声源 r_0 处声级时的几何发散衰减

无指向性点声源几何发散衰减的基本公式:

$$L(r) = L(r_0) - 20 \lg(r/r_0) \qquad (8-14)$$

式中:$L(r)$,$L(r_0)$——分别为 r,r_0 处的声级。

(二)线声源的几何发散

1. 无限长线声源的几何发散衰减

在自由声场条件下,无限长线声源的声波遵循着圆柱面辐射规律,按声功率级作为线声源评价量,则 r 处的声级 $L(r)$ 可由下式计算。

$$L(r) = L_w - 10 \lg(1/2\pi r) \tag{8-15}$$

式中：L_w——单位长度线声源的声功率级，dB；

　　　r——线声源至受声点的距离，m。

经推算，在距离无限长线声源 r_1 至 r_2 处的衰减值为

$$\Delta L = 10 \lg(r_1/r_2) \tag{8-16}$$

当 $r_1 = r_2$ 时，由上式可计算出 $\Delta L = -3\text{dB}$，即线声源声传播距离增加 1 倍，衰减值是 3dB。

已知垂直于无限长线声源的距离 r 处的声级，则 r 处的声级可由式（8-17）计算得到：

$$L(r) = L(r_0) - 10 \lg(r/r_0) \tag{8-17}$$

如果已知 r_0 处的 A 声级，则式（8-17）与式（8-18）等效，

$$LA(r) = LA(r_0) - 10 \lg(r/r_0) \tag{8-18}$$

式（8-17）和式（8-18）中第二项表示无限长线声源的几何发散衰减，则：

$$A_{\text{div}} = 10 \lg(r/r_0) \tag{8-19}$$

2. 有限长线声源的几何发散衰减

设线声源长为 l_0，单位长度线声源辐射的声功率级为 L_w。在线声源垂直平分线上距声源 r 处的声级为：

$$L_p(r) = L_w + 10 \lg[1/r \arctan(l_0/2r)] - 8 \tag{8-20}$$

当 $r > l_0$ 且 $r_0 > l_0$ 时，式（8-20）可近似简化为：

$$L_p(r) = L_p(r_0) - 20 \lg(r/r_0) \tag{8-21}$$

即在有限长线声源的远场，有限长线声源可当作点声源处理。

当 $r < l_0/3$ 且 $r_0 < l_0/3$ 时，式（8-20）可近似简化为：

$$L_p(r) = L_p(r_0) - 10 \lg(r/r_0) \tag{8-22}$$

即在近场区，有限长线声源可当作无限长线声源处理。

当 $l_0/3 < r < l_0$，且 $l_0/3 < r_0 < l_0$ 时，可以作近似计算：

$$L_p(r) = L_p(r_0) - 15 \lg(r/r_0) \tag{8-23}$$

（三）面声源的几何发散

一个大型机器设备的振动表面、车间透声的墙壁，在距离振动表面一定范围内可以近似为面声源。如果已知面声源单位面积的声功率为 W，各面积元噪声的位相是随机的，则面声源可看作由无数点声源连续分布组合而成，预测点的合成声级可由单个点声

源的预测声级按能量叠加法求出。

　　一个整体的长方形面声源($b>a$),中心轴线上的几何发散声衰减可近似如下:预测点和面声源中心距离 $r<a/\pi$ 时,几何发散衰减 $A_{div}\approx0$;当 $a/\pi<r<b/\pi$,距离加倍衰减 3dB 左右,类似线声源衰减,$A_{div}\approx10\lg(r/r_0)$;当 $r>b/\pi$ 时,距离加倍衰减趋近于 6dB,类似点声源衰减,$A_{div}\approx20\lg(r/r_0)$。其中面声源的 $b>a$。如图 8-4 所示,虚线为实际衰减量。

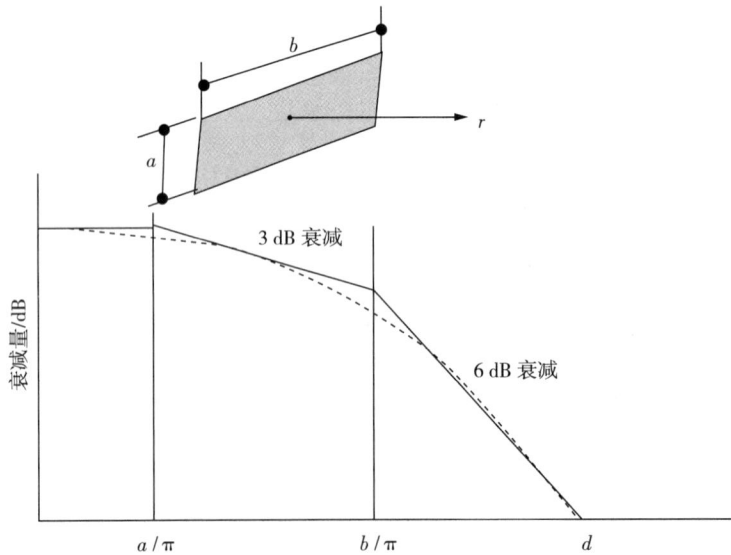

图 8-4　长方形面声源中心轴线上的衰减特性

三、噪声的反射效应

　　当点源与预测点在反射体(如平整、光滑、坚硬的固体表面)附近,到达预测点的声级是直达声与反射声叠加的结果,从而使预测点的声级增加。

第三节　噪声环境现状调查

一、声环境现状调查与评价基本要求

(一)声环境现状调查与评价基本要求

1. 一、二级评价

(1)调查评价范围内声环境保护目标的名称、地理位置、行政区划、所在声环境功能区、不同声环境功能区内人口分布情况、与建设项目的空间位置关系、建筑情况等。

(2)评价范围内具有代表性的声环境保护目标的声环境质量现状需要现场监测,其

余声环境保护目标的声环境质量现状可通过类比或现场监测结合模型计算给出。

（3）调查评价范围内有明显影响的现状声源的名称、类型、数量、位置、源强等。评价范围内现状声源源强调查应采用现场监测法或收集资料法确定。分析现状声源的构成及其影响，对现状调查结果进行评价。

2. 三级评价

（1）调查评价范围内声环境保护目标的名称、地理位置、行政区划、所在声环境功能区、不同声环境功能区内人口分布情况、与建设项目的空间位置关系、建筑情况等。

（2）对评价范围内具有代表性的声环境保护目标的声环境质量现状进行调查，可利用已有的监测资料，无监测资料时可选择有代表性的声环境保护目标进行现场监测，并分析现状声源的构成。

（二）声环境现状调查方法

现状调查方法主要包括：现场监测法、现场监测结合模型计算法以及收集资料法。开展声环境现状调查时，应根据评价等级的要求和现状噪声源情况，确定需采用的具体方法。

1. 监测布点原则

（1）布点应覆盖整个评价范围，包括厂界和声环境保护目标。当声环境保护目标高于三层建筑时，还应按照噪声垂直分布规律、建设项目与声环境保护目标高差等因素选取有代表性的声环境保护目标的代表性楼层设置测点。

（2）评价范围内没有明显的声源时，可选择有代表性的区域布设测点。

（3）评价范围内有明显声源，并对声环境保护目标的声环境质量有影响时，或建设项目为改、扩建工程，应根据声源种类采取不同的监测布点原则：当声源为固定声源时，现状测点应重点布设在可能同时受到既有声源和建设项目声源影响的声环境保护目标处，以及其他有代表性的声环境保护目标处；为满足预测需要，也可在距离既有声源不同距离处布设衰减测点。当声源为移动声源，且呈现线声源特点时，现状测点位置选取应兼顾声环境保护目标的分布状况、工程特点及线声源噪声影响随距离衰减的特点，布设在具有代表性的声环境保护目标处。为满足预测需要，可在垂直于线声源不同水平距离处布设衰减测点。

对于改、扩建机场工程，测点一般布设在主要声环境保护目标处，重点关注航迹下方的声环境保护目标及跑道侧向较近处的声环境保护目标，测点数量可根据机场飞行量及周围声环境保护目标情况确定，现有单条跑道、两条跑道或三条跑道的机场可分别布设 3～9 个、9～14 个或 12～18 个噪声测点，跑道增加或保护目标较多时可进一步增加测点。对于评价范围内少于 3 个声环境保护目标的情况，原则上布点数量不少于 3 个，结合声保护目标位置布点的，应优先选取跑道两端航迹 3km 以内范围的保护目标位置布点；无法结合保护目标位置布点的，可适当结合航迹下方的导航台站位置进行布点。

2. 监测依据

声环境质量现状监测执行 GB 3096；机场周围飞机噪声测量执行 GB 9661；工业企业厂界环境噪声测量执行 GB 12348；社会生活环境噪声测量执行 GB 22337；建筑施工场界

环境噪声测量执行 GB 12523;铁路边界噪声测量执行 GB 12525。

3. 现场监测结合模型计算法

当现状噪声声源复杂且声环境保护目标密集,在调查声环境质量现状时,可考虑采用现场监测结合模型计算法,如多种交通并存且周边声环境保护目标分布密集、机场改扩建等情形。利用监测或调查得到的噪声源强及影响声传播的参数,采用各类噪声预测模型进行噪声影响计算,将计算结果和监测结果进行比较验证,计算结果和监测结果在允许误差范围内时,可利用模型计算其他声环境保护目标的现状噪声值。

4. 噪声源调查表(表 8-3～表 8-7)

表 8-3 工业企业噪声源强调查清单(室外声源)

序号	声源名称	型号	空间相对位置			声源源强(任选一种)		源控制措施	运行时段
			X	Y	Z	(声压级/距声源距离)/ [dB(A)/m]	声功率级/ dB(A)		
1	1#设备	×××							

表 8-4 工业企业噪声源强调查清单(室外声源)

序号	建筑物名称	声源名称	型号	声源源强(任选一种)		声源控制措施	空间相对位置			距离室内边界距离/m	室内边界声级/ dB(A)	运行时段	建筑物外噪声	
				(声压级/距声源距离)/ [dB(A)/m]	声功率级/ dB(A)		X	Y	Z				声压级/ dB(A)	建筑物外距离
1	1#车间	1#设备	×××											

表 8-5 公路/城市道路噪声源强调查清单

路段	时期	车流量/(辆/h)								车速/(km/h)						源强/dB					
		小型车		中型车		大型车		合计		小型车		中型车		大型车		小型车		中型车		大型车	
		昼间	夜间	昼间	夜间	昼间	夜间	昼间	夜间	昼间	夜间	昼间	夜间	昼间	夜间	昼间	夜间	昼间	夜间	昼间	夜间
	近期																				
	中期																				
	远期																				

表 8-6 铁路/城市轨道交通噪声源强调查清单

	车速	线路形式 (桥梁/路堤/路堑)	无砟 有砟轨道	有缝 无缝	防撞墙/挡板结构 高出轨面高度	噪声源强值
车型 1						
车型 2						
……						

表 8-7 机场航空器噪声源调查清单

分类	航空器型号	发动机			机型噪声适航阶段代号[a]
		类型	型号	数量	
A	机型 1				
	机型 2				
	……				
B	机型 1				
	机型 2				
	……				
C	机型 1				
	机型 2				
	……				
D	机型 1				
	机型 2				
	……				
E	机型 1				
	机型 2				
	……				
F	机型 1				
	机型 2				
	……				

注:a. 按照中国民用航空局《航空器型号和适航合格审定噪声规定》(CCAT-36-R1)航空器噪声适航要求,给出项目设计机型的噪声适航阶段代号。

二、声环境影响评价基本任务

(一)评价建设项目实施引起的声环境变化

要评价建设项目实施前后声环境变化情况,就需要做好声环境现状调查评价和声环境影响预测评价工作。在分析声环境影响时,应说明建设项目对外界环境的影响。

(二)提出合理可行的防治对策措施,降低噪声影响

针对声环境影响评价结果,提出有针对性的噪声防治对策措施是声环境影响评价工作的重要内容。噪声防治措施应进行可行性论证,做到技术可行、经济合理与达标排放。

(三)为建设项目优化选址、选线、合理布局以及国土空间规划提供科学依据

要结合建设项目所在区域总体规划开展声环境影响评价工作,为建设项目优化选址、合理布局以及国土空间规划提供科学依据。在声环境影响评价及环保措施论证分析的基础上,从环境保护角度分析建设项目的可行性。

三、声环境影响评价类别和评价量

(一)评价类别

按建设项目声源种类划分,可分为固定声源和移动声源的环境影响评价。

建设项目同时包含固定声源和移动声源,应分别进行声环境影响评价;同一声环境保护目标既受到固定声源影响,又受到移动声源影响时,应叠加环境影响后进行评价。

(二)评价量

1. 声源源强

声源源强的评价量为:A 计权声功率级(L_{AW})或倍频带声功率级(L),必要时应包含声源指向性描述;距离声源 r 处的 A 计权声压级[$L_A(r)$]或倍频带声压级[$L_P(r)$],必要时应包含声源指向性描述;有效感觉噪声级(L_{EPN})。

2. 声环境质量

根据《声环境质量标准》(GB 3096—2008),声环境质量评价量为昼间等效 A 声级(L_d)、夜间等效 A 声级(L_n),夜间突发噪声的评价量为最大 A 声级(L_{Amax})。

根据《机场周围飞机噪声环境标准》(GB 9660)和《机场周围飞机噪声测量方法》(GB 9661),机场周围区域受飞机通过(起飞、降落、低空飞越)噪声影响的评价量为计权等效连续感觉噪声级(L_{WECPN})。

3. 厂界、场界、边界噪声

根据《工业企业厂界环境噪声排放标准》(GB 12348),工业企业厂界噪声评价量为昼间等效 A 声级(L_d)、夜间等效 A 声级(L_n);夜间频发、偶发噪声的评价量为最大 A 声级(L_{Amax})。

根据《建筑施工场界环境噪声排放标准》(GB 12523),建筑施工场界噪声评价量为昼间等效 A 声级(L_d)、夜间等效 A 声级(L_n)和夜间最大 A 声级(L_{Amax})。

根据《铁路边界噪声限值及其测量方法》(GB 12525),铁路边界噪声评价量为昼间等效 A 声级(L_d)、夜间等效 A 声级(L_n)。

根据《社会生活环境噪声排放标准》(GB 22337),社会生活噪声排放源边界噪声评价量为昼间等效 A 声级(L_d)、夜间等效 A 声级(L_n),非稳态噪声的评价量为最大 A 声级(L_{Amax})。

4. 列车通过噪声、飞机航空器通过噪声

铁路、城市轨道交通单列车通过时噪声影响评价量为通过时段内等效连续 A 声级(L_{Aeq},T_p),单架航空器通过时噪声影响评价量为最大 A 声级(L_{Amax})。

第四节 噪声环境影响的评价程序与等级

一、噪声环境影响评价工作程序

噪声环境影响评价工作程序见图 8-5。

```
┌─────────────────────────────────────┐
│ 收集建设项目建议书或可行性研究报告等资料，了  │
│ 解项目的性质、规模。初步确定声源种类、数量、   │
│       分布、运行时间及噪声级等          │
└─────────────────────────────────────┘
```

```
┌──────────────────────────┐      ┌──────────────────────────┐
│ 踏勘建设项目现场，初步确定建设项目所在 │ ──→ │ 编写环境影响评价工作方案—噪声部分，确 │
│ 区域的声环境功能，敏感目标数量、位置   │      │ 定环境评价工作等级，评价范围       │
└──────────────────────────┘      └──────────────────────────┘
```

```
┌──────────┐  ┌──────────┐  ┌──────────┐  ┌──────────┐  ┌──────────┐
│建设项目噪声  │  │ 声传播    │  │ 环境噪声   │  │ 区域社会   │  │ 声环境功   │
│部分工程分析  │  │ 路径分析   │  │ 现状调查   │  │ 环境调查   │  │ 能区确认   │
└──────────┘  └──────────┘  └──────────┘  └──────────┘  └──────────┘
```

```
┌──────────┐  ┌──────────┐  ┌──────┐ ┌──────┐  ┌──────────┐
│声源种类、数量、│  │地面状况、   │  │      │ │      │  │敏感目标的分  │
│分布、运行时间、│  │障碍物、气   │  │声源调查 │ │声环境质量 │  │布，数量及人  │               ┌──────┐
│噪声级等    │  │象条件、地   │  │      │ │现状调查  │  │口数量，房屋  │               │ 标准  │
└──────────┘  │形高差等    │  └──────┘ └──────┘  │面积，结构特  │               └──────┘
              └──────────┘                    │点等      │
┌──────────┐                                 └──────────┘
│设计文件中的噪声│
│防治对策和措施 │
└──────────┘
```

```
┌──────────────────┐        ┌──────────────────┐
│ 建设项目噪声贡献值预测   │        │  声环境质量现状评价     │
└──────────────────┘        └──────────────────┘
```

```
┌──────────────────┐        ┌──────────────────┐
│   声环境质量预测      │ ──────→ │   声环境影响评价       │
└──────────────────┘        └──────────────────┘
```

```
┌──────────────────┐        ┌──────────────────────┐
│  声环境影响专题报告    │ ←───── │ 声环境影响评价减缓对策和措施   │
└──────────────────┘        └──────────────────────┘
```

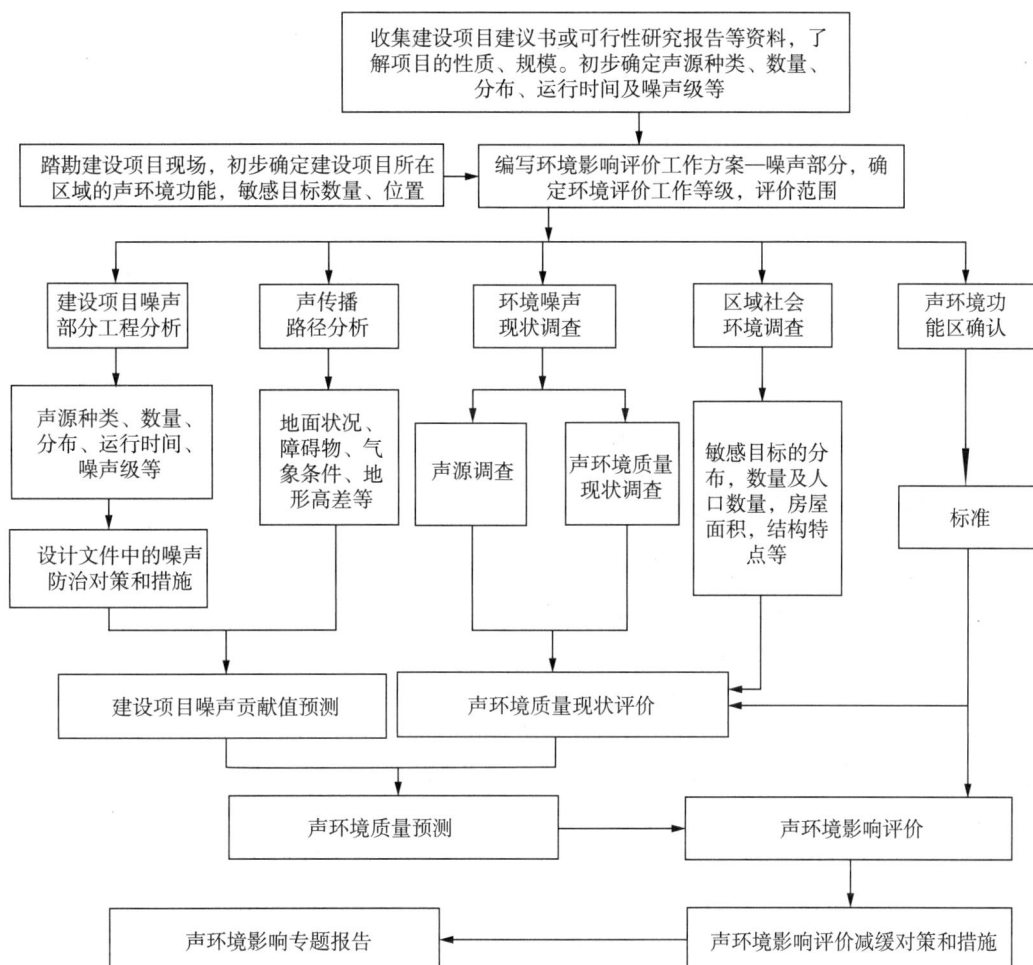

图 8-5 噪声环境影响评价工作程序

二、噪声环境影响评价等级

(一)划分依据

1. 建设项目所在区域的声环境功能区类别。

2. 建设项目建设前后所在区域的声环境质量变化程度。

3. 受建设项目影响的人口数量。

(二)评价等级划分基本原则

1. 声环境影响评价工作等级一般分为三级，一级为详细评价，二级为一般性评价，三级为简要评价。

2. 一级评价

评价范围内有适用于(GB 3096—2008)规定的 0 类声环境功能区域;或建设项目建

设前后评价范围内声环境保护目标噪声级增量达 5dB(A)以上[不含 5dB(A)];或受影响人口数量显著增加,按一级评价。

3. 二级评价

建设项目所处的声环境功能区为(GB 3096—2008)规定的 1 类、2 类地区;或建设项目建设前后评价范围内声环境保护目标噪声级增量达 3～5dB(A)[含 5dB(A)];或受噪声影响人口数量增加较多,按二级评价。

4. 三级评价

建设项目所处的声环境功能区为(GB 3096—2008)规定的 3 类、4 类地区;或建设项目建设前后评价范围内声环境保护目标噪声级增量在 3dB(A)以下[不含 3dB(A)],且受影响人口数量变化不大,按三级评价。

5. 在确定评价等级时,如果建设项目符合两个等级的划分原则,按较高等级评价;机场建设项目航空声环境影响评价等级均为一级。

三、噪声环境影响评价范围

除机场建设项目以外,声环境影响评价范围主要依据评价工作等级确定。

(一)对于以固定声源为主的建设项目(如工厂、码头、站场等)

满足一级评价的要求,一般以建设项目边界向外 200m 为评价范围;二级、三级评价范围可根据建设项目所在区域和相邻区域的声环境功能区类别及声环境保护目标等实际情况适当缩小;如依据建设项目声源计算得到的贡献值到 200m 处,仍不能满足相应功能区标准值时,应将评价范围扩大到满足标准值的距离。

(二)对于以移动声源为主的建设项目

满足一级评价的要求,一般以线路中心线外两侧 200m 以内为评价范围;二级、三级评价范围可根据建设项目所在区域和相邻区域的声环境功能区类别及声环境保护目标等实际情况适当缩小;如依据建设项目声源计算得到的贡献值到 200m 处,仍不能满足相应功能区标准值时,应将评价范围扩大到满足标准值的距离。

(三)机场项目声环境影响评价范围的确定

1. 机场项目按照每条跑道承担飞行量进行评价范围划分:对于单跑道项目,以机场整体的吞吐量及起降架次判定机场噪声评价范围;对于多跑道机场,根据各条跑道分别承担的飞行量情况各自划定机场噪声评价范围并取合集。单跑道机场,机场噪声评价范围应是以机场跑道两端、两侧外扩一定距离形成的矩形范围;对于全部跑道均为平行构型的多跑道机场,机场噪声评价范围应是各条跑道外扩一定距离后的最远范围形成的矩形范围;对于存在交叉构型的多跑道机场,机场噪声评价范围应为平行跑道与交叉跑道的合集范围。

2. 对于增加跑道项目或变更跑道位置项目,在现状机场噪声影响评价和扩建机场噪声影响评价工作中,可分别划定机场噪声评价范围。

3. 机场噪声评价范围应不小于计权等效连续感觉噪声级 70dB 等声级线范围。

4. 不同飞行量机场推荐噪声评价范围见表 8-8。

表 8-8　机场项目噪声评价范围

机场类别	起降架次 N(单条跑道成单量)	跑道两端推荐评价范围	跑道两端推荐评价范围
运输机场	N≥15 万架次/年	两端各 12km 以上	两端各 3km
	10 万架次/年≤N<15 万架次/年	两端各 10～12km	两端各 2km
	5 万架次/年≤N<10 万架次/年	两端各 8～10km	两端各 1.5km
	3 万架次/年≤N<5 万架次/年	两端各 6～8km	两端各 1km
	1 万架次/年≤N<3 万架次/年	两端各 3～6km	两端各 1km
	N<1 万架次/年	两端各 3km	两端各 0.5km
通用机场	无直升机	两端各 3km	两端各 0.5km
	有直升机	两端各 3km	两端各 1km

第五节　噪声环境影响预测与评价

一、基本要求

(一)预测范围、预测点和评价点的确定原则

1.预测范围:应与评价范围相同。

2.预测点和评价点的确定:建设项目声环境影响预测范围应与评价范围相同,评价范围内声环境保护目标和建设项目厂界应作为预测点和评价点。

3.预测基础数据规范与要求

建设项目声环境影响预测基础数据主要包括声源数据和环境数据。

(1)声源数据

建设项目的声源资料主要包括:声源种类、数量、空间位置、声级、发声持续时间和对声环境保护目标的作用时间等,环境影响评价文件中应标明噪声源数据的来源。工业企业等建设项目声源置于室内时,应给出建筑物门、窗、墙等围护结构的隔声量和室内平均吸声系数等参数。

(2)环境数据

影响声波传播的各类参数应通过资料收集和现场调查取得,包括:建设项目所处区域的年平均风速和主导风向、年平均气温、年平均相对湿度、大气压强;声源和预测点间的地形、高差;声源和预测点间障碍物的几何参数;声源和预测点间树林、灌木等的分布情况以及地面覆盖情况。

二、预测步骤

(一)声环境影响预测步骤

1.建立坐标系,确定各声源坐标和预测点坐标,并根据声源性质以及预测点与声源之间的距离等情况,把声源简化成点声源,或线声源,或面声源。

2. 根据已获得的声源源强的数据和各声源到预测点的声波传播条件资料,计算出噪声从各声源传播到预测点的声衰减量,由此计算出各声源单独作用在预测点时产生的 A 声级(L_{Ai})或有效感觉噪声级(L_{EPN})。

(二)声级计算

1. 建设项目声源在预测点产生的等效声级贡献值(L_{eqg})计算公式

$$L_{eqg} = 10\lg\left(\frac{1}{T}\sum_i t_i 10^{0.1L_{Ai}}\right) \tag{8-24}$$

式中:L_{eqg}——建设项目声源在预测点的等效声级贡献值,dB(A);
L_{Ai}——i 声源在预测点产生的 A 声级,dB(A);
T——预测计算的时间段,s;
t_i——i 声源在 T 时间内的运行时间,s。

2. 预测点的预测等效声级(L_{eq})计算公式

$$L_{eq} = 10\lg(10^{0.1L_{eqg}} + 10^{0.1L_{eqb}}) \tag{8-25}$$

式中:L_{eqg}——建设项目声源在预测点的等效声级贡献值,dB(A);
L_{eqb}——预测点的背景值,dB(A)。

3. 机场飞机噪声计权等效连续感觉噪声级(L_{WECPN})计算公式

$$L_{WECPN} = \overline{L_{EPN}} + 10\lg(N_1 + 3N_2 + 10N_3) - 39.4 \tag{8-26}$$

式中:N_1——7:00~19:00 对某个预测点声环境产生噪声影响的飞行架次;
N_2——19:00~22:00 对某个预测点声环境产生噪声影响的飞行架次;
N_3——22:00~7:00 对某个预测点声环境产生噪声影响的飞行架次;
$\overline{L_{EPN}}$——N 次飞行有效感觉噪声级能量平均值($N = N_1 + N_2 + N_3$),dB。

$\overline{L_{EPN}}$ 的计算公式:

$$\overline{L_{EPN}} = 10\lg\left(\frac{1}{N_1 + N_2 + N_3}\sum_i\sum_j 10^{0.1L_{EPNij}}\right) \tag{8-27}$$

式中:L_{EPNij}——j 航路,第 i 架次飞机在预测点产生的有效感觉噪声级,dB。

4. 按工作等级要求绘制等声级线图

等声级线的间隔应不大于 5dB(一般选 5dB)。对于 L_{eq} 等声级线最低值应与相应功能区夜间标准值一致,最高值可为 75dB;对于 L_{WECPN} 一般应有 70dB、75dB、80dB、85dB、90dB 的等声级线。

三、典型建设项目噪声影响预测

(一)工业噪声预测

1. 固定声源分析

(1)主要声源的确定

分析建设项目的设备类型、型号、数量,并结合设备类型、设备和工程边界、敏感目标的相对位置确定工程的主要声源。

（2）声源的空间分布

依据建设项目平面布置图、设备清单及声源源强等资料，标明主要声源的位置。建立坐标系，确定主要声源的三维坐标。

（3）声源的分类

将主要声源划分为室内声源和室外声源两类。确定室外声源的源强和运行的时间及时间段。当有多个室外声源时，为简化计算，可视情况将数个声源组合为声源组团，然后按等效声源进行计算。对于室内声源，需分析围护结构的尺寸及使用的建筑材料，确定室内声源源强和运行的时间及时间段。

（4）编制主要声源汇总表

以表格形式给出主要声源的分类、名称、型号、数量、坐标位置等；声功率级或某一距离处的倍频带声压级、A声级。

2. 声波传播途径分析

列表给出主要声源和敏感目标的坐标或相互间的距离、高差，分析主要声源和敏感目标之间声波的传播路径，给出影响声波传播的地面状况、障碍物、树林等。

3. 预测内容

（1）厂界（或场界、边界）噪声预测

预测厂界噪声，需要给出厂界噪声的最大值及位置。

（2）敏感目标噪声预测

预测敏感目标的贡献值、预测值、预测值与现状噪声值的差值，敏感目标所处声环境功能区的声环境质量变化，敏感目标所受噪声影响的程度，确定噪声影响的范围，并说明受影响人口分布情况。当敏感目标高于三层建筑时，还应预测有代表性的不同楼层所受的噪声影响。

（3）绘制等声级线图，说明噪声超标的范围和程度。

（4）根据厂界（场界、边界）和敏感目标受影响的状况，明确影响厂界（场界、边界）和周围声环境功能区声环境质量的主要声源，分析厂界和敏感目标的超标原因。

（5）根据调查内容绘制工业企业声环境保护目标噪声预测结果与达标分析表（表 8 - 9、表 8 - 10）。

表 8 - 9 工业企业声环境保护目标噪声预测结果与达标分析表

序号		
声环境保护目标名称		
噪声背景值/dB（A）	昼间	
	夜间	
噪声现状值/dB（A）	昼间	
	夜间	
噪声现状值/dB（A）	昼间	
	夜间	

（续表）

序号		
噪声标准/dB(A)	昼间	
	夜间	
噪声贡献值/dB(A)	昼间	
	夜间	
噪声预测值/dB(A)	昼间	
	夜间	
较现状增量/dB(A)	昼间	
	夜间	
超标和达标情况	昼间	
	夜间	

表 8-10　公路、城市道路预测点噪声预测结果与达标分析表

序号					
声环境保护目标名称					
预测点与声源高差/m					
功能区类别		X 类		Y 类	
时段		昼间	夜间	昼间	夜间
标准值/dB(A)					
背景值/dB(A)					
现状值/dB(A)					
运营近期	贡献值/dB(A)				
	预测值/dB(A)				
	较现状增量/dB(A)				
	超标量/dB(A)				
运营中期	贡献值/dB(A)				
	预测值/dB(A)				
	较现状增量/dB(A)				
	超标量/dB(A)				
运营远期	贡献值/dB(A)				
	预测值/dB(A)				
	较现状增量/dB(A)				
	超标量/dB(A)				

（二）公路、城市道路交通运输噪声预测

1. 预测参数

（1）工程参数

明确公路（或城市道路）建设项目各路段的工程内容，路面的结构、材料、坡度、标高等参数；明确公路（或城市道路）建设项目各路段昼间和夜间各类型车辆的比例、昼夜比例、平均车流量、高峰车流量、车速。

（2）声源参数

按照大、中、小车型的分类，利用相关模式计算各类型车的声源源强，也可通过类比测量进行修正。

（3）敏感目标参数

根据现场实际调查，给出公路（或城市道路）建设项目沿线敏感目标的分布情况，各敏感目标的类型、名称、规模、所在路段、桩号、与路基的相对高差及建筑物的结构、朝向和层数等。

2. 声传播途径分析

列表给出声源和预测点之间的距离、高差，分析声源和预测点之间的传播路径，给出影响声波传播的地面状况、障碍物、树林等。

3. 预测内容

预测各预测点的贡献值、预测值、预测值与现状噪声值的差值，预测高层建筑有代表性的不同楼层所受的噪声影响。按贡献值绘制代表性路段的等声级线图，分析敏感目标所受噪声影响的程度，确定噪声影响的范围，并说明受影响人口分布情况。给出满足相应声环境功能区标准要求的距离。依据评价工作等级要求，给出相应的预测结果。

（三）铁路、城市轨道交通噪声预测

1. 预测参数

（1）工程参数

明确铁路（或城市轨道交通）建设项目各路段的工程内容，分段给出线路的技术参数，包括线路形式、轨道和道床结构等。

（2）车辆参数

铁路列车可分为旅客列车、货物列车、动车组三大类，牵引类型主要有内燃牵引、电力牵引两大类；城市轨道交通可按车型进行分类。分段给出各类型列车昼间和夜间的开行对数、编组情况及运行速度等参数。

（3）声源源强参数

不同类型（或不同运行状况下）列车的声源源强，可参照国家相关部门的规定确定，无相关规定的应根据工程特点通过类比监测确定。

（4）敏感目标参数

根据现场实际调查，给出铁路（或城市轨道交通）建设项目沿线敏感目标的分布情况，各敏感目标的类型、名称、规模、所在路段、桩号、与路基的相对高差及建筑物的结构、朝向和层数等。视情况给出铁路边界范围内的敏感目标情况。

2. 声传播途径分析

列表给出声源和预测点间的距离、高差，分析声源和预测点之间的传播路径，给出影响声波传播的地面状况、障碍物、树林等。

3. 预测内容

预测各预测点的贡献值、预测值、预测值与现状噪声值的差值,预测高层建筑有代表性的不同楼层所受的噪声影响。按贡献值绘制代表性路段的等声级线图,分析敏感目标所受噪声影响的程度,确定噪声影响的范围,并说明受影响人口分布情况。给出满足相应声环境功能区标准要求的距离。依据评价工作等级要求,给出相应的预测结果。

(四)机场飞机噪声预测

1. 预测参数

(1)工程参数

① 机场跑道参数:跑道的长度、宽度、坐标、坡度、数量、间距、方位及海拔。

② 飞行参数:机场年日平均飞行架次;机场不同跑道和不同航向的飞机起降架次,机型比例,昼间、傍晚、夜间的飞行架次比例;飞行程序——起飞、降落、转弯的地面航迹;爬升、下滑的垂直剖面。

(2)声源参数

利用国际民航组织和飞机生产厂家提供的资料,获取不同型号发动机飞机的功率—距离—噪声特性曲线,或按国际民航组织规定的监测方法进行实际测量。

(3)气象参数

机场的年平均风速、年平均温度、年平均湿度、年平均气压。

(4)地面参数

分析飞机噪声影响范围内的地面状况(坚实地面,疏松地面,混合地面)。

2. 预测量的评价

根据 GB 9660 的规定,预测的评价量为 L_{WECPN}。

3. 预测范围

计权等效连续感觉噪声级(L_{WECPN})等值线应预测到 70dB。

4. 预测内容

在 1∶50000 或 1∶10000 地形图上给出计权等效连续感觉噪声级(L_{WECPN})为 70dB、75dB、80dB、85dB、90dB 的等声级线图。同时给出评价范围内敏感目标的计权等效连续感觉噪声级(L_{WECPN})。给出不同声级范围内的面积、户数、人口。依据评价工作等级要求,给出相应的预测结果。

(五)施工场地、调车场、停车场等噪声预测

1. 预测参数

施工场地、调车场、停车场等的范围。根据工程特点,确定声源的种类。固定声源:给出主要设备名称、型号、数量、声源源强、运行方式和运行时间;流动声源:给出主要设备型号、数量、声源源强、运行方式、运行时间、移动范围和路径。

2. 预测内容

根据建设项目工程的特点,分别预测固定声源和流动声源对场界(或边界)、敏感目标的噪声贡献值,进行叠加后作为最终的噪声贡献值。根据评价工作等级要求,给出相应的预测结果。

(六)敏感建筑建设项目声环境影响预测

1. 预测参数

(1)工程参数

① 给出敏感建筑建设项目(如居民区、学校、科研单位等)的地点、规模、平面布置图等,明确属于建设项目的敏感建筑物的位置、名称、范围等参数。

② 声源参数

建设项目声源:对建设项目的空调、冷冻机房、冷却塔,供水、供热,通风机,停车场,车库等设施进行分析,确定主要声源的种类、源强及其位置。外环境声源:对建设项目周边的机场、铁路、公路、航道、工厂等进行分析,给出外环境对建设项目有影响的主要声源的种类、源强及其位置。

2. 声传播途径分析

以表格形式给出建设项目声源和预测点(包括属于建设项目的敏感建筑物和建设项目周边的敏感目标)间的坐标、距离、高差,以及外环境声源和预测点(属于建设项目的敏感建筑物)之间的坐标、距离、高差,分别分析两部分声源和预测点之间的传播路径。

3. 预测内容

(1)敏感建筑建设项目声环境影响预测应包括建设项目声源对项目及外环境的影响预测和外环境(如周边公路、铁路、机场、工厂等)对敏感建筑建设项目的环境影响预测两部分内容。

(2)分别计算建设项目主要声源对属于建设项目的敏感建筑和建设项目周边的敏感目标的噪声影响,同时计算外环境声源对属于建设项目的敏感建筑的噪声影响,属于建设项目的敏感建筑所受的噪声影响是建设项目主要声源和外环境声源影响的叠加。

(3)根据评价工作等级要求,给出相应的预测结果。

第六节　噪声环境污染防控措施

坚持统筹规划、源头防控、分类管理、社会共治、损害担责的原则。加强源头控制,合理规划噪声源与声环境保护目标布局;从噪声源、传播途径、声环境保护目标等方面采取措施;在技术经济可行条件下,优先考虑对噪声源和传播途径采取工程技术措施,实施噪声主动控制。

一、噪声防治措施的一般要求

(一)工业建设项目

工业(工矿企业和事业单位)建设项目噪声防治措施应针对建设项目投产后噪声影响的最大预测值制定,以满足厂界(场界、边界)和厂界外敏感目标(或声环境功能区)的达标要求。

(二)交通运输类建设项目

交通运输类建设项目(如公路、铁路、城市轨道交通、机场项目等)的噪声防治措施应针对建设项目不同代表性时段的噪声影响预测值分期制定,以满足声环境功能区及敏感目标功能要求。其中,铁路建设项目的噪声防治措施还应同时满足铁路边界噪声排放标准要求。

二、噪声防治途径

(一)规划防治对策

主要指从建设项目的选址、规划布局、总图布置和设备布局等方面进行调整,提出降低噪声影响的建议。如根据"以人为本""闹静分开""合理布局"的原则,提出高噪声设备尽可能远离声环境保护目标、优化建设项目选址、调整规划用地布局等建议。

各级人民政府及其有关部门应当加强噪声污染防治法律法规和知识的宣传教育普及工作,增强公众噪声污染防治意识,引导公众依法参与噪声污染防治工作。

新闻媒体应当开展噪声污染防治法律法规和知识的公益宣传,对违反噪声污染防治法律法规的行为进行舆论监督。

国家鼓励基层群众性自治组织、社会组织、公共场所管理者、业主委员会、物业服务人、志愿者等开展噪声污染防治法律法规和知识的宣传。

国家鼓励、支持噪声污染防治科学技术研究开发、成果转化和推广应用,加强噪声污染防治专业技术人才培养,促进噪声污染防治科学技术进步和产业发展。

对在噪声污染防治工作中做出显著成绩的单位和个人,按照国家规定给予表彰、奖励。

(二)噪声源控制措施

主要包括:选用低噪声设备、低噪声工艺;采取声学控制措施,如对声源采用吸声、消声、隔声、减振等措施;改进工艺、设施结构和操作方法等;将声源设置于地下、半地下室内;优先选用低噪声车辆、低噪声基础设施、低噪声路面等。

(三)噪声传播途径控制措施

主要包括:设置声屏障等措施,包括直立式、折板式、半封闭、全封闭等类型声屏障。声屏障的具体型式根据声环境保护目标外超标程度、噪声源与声环境保护目标的距离、敏感建筑物高度等因素综合考虑来确定;利用自然地形物降低噪声;采取声学控制措施,例如对声源采取消声、隔振、减振措施,在传播途径上增加吸声、隔声等措施。

(四)声环境保护目标自身防护措施

主要包括:声环境保护目标自身增设吸声、隔声等措施;优化调整建筑物平面布局、建筑物功能布局;声环境保护目标功能置换或拆迁。

(五)管理措施主要包括

提出噪声管理方案,制定噪声监测方案,提出工程设施、降噪设施的运行使用、维护保养等方面的管理要求,必要时提出跟踪评价要求等。

三、防治噪声的工程措施

防治噪声污染的技术措施是以声学原理和声波传播规律为基础提出的。它自然与噪声产生的机理和传播形式有关。一般来说,噪声防治很少有成套或者说成型的供直接选择的设备或设施。原因是噪声源类型繁多、安装使用形式不同,周边环境状况不一,没有或者很难找到某种标准化设计成型的设备或者设施来适用各种不同的情况。因此,大多数治理噪声的技术措施都需要现场调查并根据实际进行现场设计,即非标化设计。这也是从事该项工作的艰难之处。

当然,也有一些发出噪声的设备配有固定的降噪声设施,如机动车排气管消声器、某种大型设备的隔声罩和一些可以振动发声的设备的减振垫等。这些一般是随设备一起配套安装使用的,属于设备噪声性能的一部分,评价时已经在工程分析的设备噪声源强中给出了。如汽车整车噪声包括发动机噪声、排气噪声和轮胎噪声等,城市轨道交通系统的减振扣件已经对列车运行产生的轮轨噪声源强起了应有作用。于是,在预测评价时,若对超标需采取环境噪声污染防治措施,则只要针对如何降低噪声源强或者在传播途径上如何降低噪声采取适当的对策。这时,除了必要的行政管理手段,那就是采取必要的技术措施。

降低噪声的常用工程措施大致包括隔声、吸声、消声、隔振等几种,需要针对不同发声对象综合考虑使用。

1. 隔声

应根据污染源的性质、传播形式及其与环境敏感点的位置关系,采用不同的隔声处理方案。

对固定声源进行隔声处理时,应尽可能靠近噪声源设置隔声措施,如各种设备隔声罩、风机隔声箱以及空压机和柴油发电机的隔声机房等建筑隔声结构。隔声设施应充分密闭,避免缝隙孔洞造成的漏声(特别是低频漏声);其内壁应采用足够量的吸声处理。

对敏感点采取隔声防护措施时,应采用隔声间(室)的结构形式,如隔声值班室、隔声观察窗等;对临街居民建筑可安装隔声窗或通风隔声窗。

对噪声传播途径进行隔声处理时,可采用具有一定高度的隔声墙或隔声屏障(如利用路堑、土堤、房屋建筑等);必要时应采用上述几种结构相结合的形式。

2. 吸声

吸声技术主要适用于降低因室内表面反射而产生的混响噪声,其降噪量一般不超过10dB;故在声源附近,以降低直达声为主的噪声控制工程不能单纯采用吸声处理的方法。

3. 消声

消声器设计或选用应满足以下要求:

(1)应根据噪声源的特点,在所需要消声的频率范围内有足够大的消声量;

(2)消声器的附加阻力损失必须控制在设备运行的允许范围内;

(3)良好的消声器结构应设计科学、小型高效、造型美观、坚固耐用、维护方便、使用寿命长;

(4)对于降噪要求较高的管道系统,应通过合理控制管道和消声器截面尺寸及介质流速,使流体再生噪声得到合理控制。

四、典型建设项目的噪声防治措施

(一)工业噪声防治措施

1. 应从选址,总图布置,声源,声传播途径及声环境保护目标自身防护等方面分别给出噪声防治的具体方案。主要包括:选址的优化方案及其原因分析,总图布置调整的具体内容及其降噪效果;给出各主要声源的降噪措施、效果和投资。

2. 给出设置声屏障和对声环境保护目标进行噪声防护等的措施方案、降噪效果及投资,并进行经济、技术可行性论证。

3. 根据噪声影响特点和环境特点,提出规划布局及功能调整建议。

4. 提出噪声监测计划、管理措施等对策建议。

(二)公路、城市道路交通噪声防治措施

1. 通过选线方案的声环境影响预测结果比较,分析声环境保护目标受影响的程度,影响规模,提出选线方案推荐建议。

2. 根据工程与环境特征,给出局部线路调整、声环境保护目标搬迁、临路建筑物使用功能变更、改善道路结构和路面材料、设置声屏障和对敏感建筑物进行噪声防护等具体的措施方案及其降噪效果,并进行经济、技术可行性论证。

3. 根据噪声影响特点和环境特点,提出城镇规划区路段线路与敏感建筑物之间的规划调整建议。

4. 给出车辆行驶规定及噪声监测计划等对策建议。

(三)铁路、城市轨道交通噪声防治措施

1. 通过不同选线方案声环境影响预测结果,分析声环境保护目标受影响的程度,提出优化的选线方案建议。

2. 根据工程与环境特征,提出局部线路和站场优化调整建议,明确声环境保护目标搬迁或功能置换措施,从列车、线路、轨道的优选,列车运行方式、运行速度、鸣笛方式的调整,设置声屏障和对敏感建筑物进行噪声防护等方面,给出具体的措施方案及其降噪效果,并进行经济、技术可行性论证。

3. 根据噪声影响特点和环境特点,提出城镇规划区段铁路与敏感建筑物之间的规划调整建议。

4. 给出列车行驶规定及噪声监测计划等对策建议。

(四)机场航空器噪声防治措施

1. 通过机场位置、跑道方位、飞行程序方案的声环境影响预测结果,分析声环境保护目标受影响的程度,提出优化的机场位置、跑道方位、飞行程序方案建议。

2. 根据工程与环境特征,给出机型优选,昼间、傍晚、夜间飞行架次比例的调整,对敏感建筑物进行噪声防护或使用功能变更、拆迁等具体的措施方案及其降噪效果,并进行经济、技术可行性论证。

3. 根据噪声影响特点和环境特点,提出机场噪声影响范围内的规划调整建议。

4. 给出机场航空器噪声监测计划等对策建议。

思 考 题

1. 简述噪声环境影响评价等级的划分依据和基本原则。

2. 简述噪声环境影响评价的基本要求。

3. 噪声污染的防治对策有哪些?

4. 某热电厂排气筒(直径为 1m)排出蒸汽产生噪声,在距排气筒为 2m 处测的噪声为 80dB,排气筒距居民楼为 12m,问排气筒噪声在居民楼处是否超标(标准为 60dB)? 如果超标,排气筒应远离居民楼至少多少米?

参考文献

[1] 陈杰瑢. 物理性污染控制[M]. 北京:高等教育出版社,2007.

[2] 左玉辉. 环境学[M]. 北京:高等教育出版社,2010.

[3] 生态环境部. 环境影响评价技术导则　声环境:H 2.4—2021[S]. 北京:中国环境科学出版社出版,2021.

[4] 环境保护部科技标准司. 声环境功能区划分技术规范:GB/T 15190—2014[S]. 北京:中国环境科学出版社出版,2014.

[5] 生态环境部环境工程评估中心. 环境影响评价技术方法[M]. 北京:中国环境出版集团,2022.

[6] 环境保护部科技标准司. 建筑施工场界环境噪声排放标准:GB 12523—11[S]. 北京:中国环境科学出版社出版,2011.

[7] 环境保护部科技标准司. 社会生活环境噪声排放标准:GB 22337—2008[S]. 北京:中国环境科学出版社出版,2008.

[8] 环境保护部科技标准司. 工业企业厂界环境噪声排放标准:GB 12348—2008[S]. 北京:中国环境科学出版社出版,2008.

[9] 朱世云. 环境影响评价[M]. 北京:化学工业出版社,2013.

[10] 章丽萍. 环境影响评价[M]. 北京:化学工业出版社,2019.

[11] 李淑芹. 环境影响评价[M]. 北京:化学工业出版社,2011.

第八章补充材料

第九章 固体废物环境影响评价

本章要点：建设项目在实施过程中的各个阶段都会产生固体废物，排向周围的环境，对环境造成不同程度的影响。固体废物环境影响评价是确定拟开发行动或建设项目建设和运行过程中固体废物的种类、产生量，对人群和生态环境影响的范围和程度，提出处理处置方法，避免、消除和减少其影响的措施。

第一节 固体废物影响评价概述

一、固体废物定义与分类

（一）固体废物的定义

固体废物是指在生产、生活和其他活动中产生的丧失原有利用价值或者虽未丧失利用价值但被抛弃或者放弃的固态、半固态和置于容器中的气态物品、物质以及法律、行政法规规定纳入固体废物管理的物品、物质。

（二）固体废物的分类

固体废物来源广泛，种类繁多。按来源可分为工业固体废物、农业固体废物和生活垃圾。

生活垃圾是指在日常生活中或者为日常生活提供服务的活动中产生的固体废物以及法律、行政法规规定视为生活垃圾的固体废物。工业固体废物是指在工业生产活动中产生的固体废物。工业固体废物按其特性可分为一般工业固体废物和危险废物，由于危险废物具有腐蚀性、急性毒性、浸出毒性、反应性、传染性和放射性等特性，因此危险废物对环境和人体健康可能造成更大的危害。

1. 危险废物

危险废物系指列入《国家危险废物名录》或者根据国家规定的危险废物鉴别标准和鉴别方法认定的具有腐蚀性、毒性、易燃性、反应性和感染性等一种或一种以上危险特性，以及不排除具有以上危险特性的固体废物。

2. 一般工业固体废物定义

一般工业固体废物系指未列入《国家危险废物名录》或者根据国家规定的危险废物鉴别标准认定其不具有危险特性的工业固体废物。一般工业固体废物又分为Ⅰ类和Ⅱ类。

Ⅰ类：按照《固体废物浸出毒性浸出方法》规定方法进行浸出试验而获得的浸出液

中,任何一种污染物的浓度均未超过《污水综合排放标准》(GB 8978)中最高允许排放浓度且 pH 在 6～9 的一般工业固体废物。

Ⅱ类:按照《固体废物浸出毒性浸出方法》规定的方法进行浸出试验而获得的浸出液中,有一种或一种以上的污染物浓度超过《污水综合排放标准》(GB 8978)中的最高允许排放浓度或者 pH 在 6～9 之外的一般工业固体废物。

3. 医疗废物

医疗废物是指各类医疗卫生机构在医疗、预防、保健以及其他相关活动中产生的具有直接或者间接传染性、毒性及其他相关危害性的废物。医疗废物共分五类,并列入《国家危险废物名录》。

二、固体废物的特点

固体废物来源广泛,种类繁多,主要特点如下:

(一)数量巨大、种类繁多、成分复杂

随着工业生产规模的扩大、人口的增加和居民生活水平的提高,各类固体废物的产生量也逐年增加。

(二)资源和废物的相对性

固体废物具有鲜明的时间和空间特征,是在错误时间放在错误地点的资源。从时间方面讲,它仅仅是在目前的科学技术和经济条件下无法加以利用的资源,但随着时间的推移,科学技术的发展以及人们的要求变化,今天的废物可能成为明天的资源。从空间角度看,废物仅仅相对于某一过程或某一方面没有使用价值,而并非在一切过程或一切方面都没有使用价值。

(三)危害具有潜在性、长期性和灾难性

固体废物呆滞性大、扩散性小,对环境的影响主要是通过水、气和土壤进行的。固态的危险废物一旦造成环境污染,很难补救恢复。其中污染成分的迁移转化,是一个比较缓慢的过程,其危害可能在数年以至数十年后才能发现。因此,从某种意义上讲,固体废物,特别是危险废物对环境造成的危害可能要比废水、废气造成的危害严重得多。

(四)处理过程的终态,污染环境的源头

废水和废气既是水体、大气和土壤环境的污染源,又是接受其所含污染物的环境。固体废物则不同,它们往往是许多污染成分的终极状态。由于固体废物对环境的危害影响需通过水、气或土壤等介质方能进行,因此,固体废物既是污染水、大气、土壤等的“源头”,又是废水和废气处理过程的“终态”,也正是由于这一特点,对固体废物的管理既要尽量避免和减少其产生,又要力求避免和减少其向水体、大气以及土壤环境的排放。最终处置需要解决的就是废物中有害组分的最终归宿问题,也是控制环境污染的最后步骤。

三、固体废物对环境和人类健康的影响

(一)对大气环境的影响

固体废物在堆存和处理处置过程中会产生有害气体,若不加以妥善处理将对大气环境造成不同程度的影响。例如,露天堆放和填埋的固体废物会由于有机组分的分解而产生沼气,一方面,沼气中的氨气、硫化氢、甲硫醇等的扩散会造成恶臭的影响;另一方面,沼气的主要成分甲烷气体是一种温室气体,其温室效应是二氧化碳的 21 倍,且甲烷在空气中含量达到 5%～15%时容易发生爆炸,对生命安全造成很大威胁。固体废物在焚烧过程中会产生粉尘、酸性气体、二噁英等,也会对大气环境造成污染。

另外,堆放的固体废物中的细微颗粒、粉尘等可随风飞扬,从而对大气环境造成污染。据研究表明,当发生 4 级以上的风力时,在粉煤灰或尾矿堆表层的粒径为 1～1.5cm 的粉末将出现剥离,其飘扬的高度可达 20～50m。在季风期间可使平均视程降低 30%～70%。一些有机固体废物,在适宜的湿度和温度下被微生物分解,能释放出有害气体,可以不同程度上产生毒气或恶臭,造成地区性空气污染。

采用焚烧法处理固体废物,已成为一些国家大气污染的主要污染源之一。据报道,有的发达国家的固体废物焚烧炉,约有 2/3 由于缺乏空气净化装置而污染大气,有的露天焚烧炉排出的粉尘在接近地面处的质量浓度达到 $0.56g/m^3$。我国的部分企业,采用焚烧法处理塑料排出的 Cl_2、HCl 和大量粉尘,也造成了严重的大气污染。

(二)对水环境的影响

固体废物对水环境的污染途径有直接污染和间接污染两种。前者是把水体作为固体废物的接纳体,向水体直接倾倒废物,从而导致水体的直接污染,严重危害水生生物的生存条件,并影响水资源的利用。后者是固体废物在堆积过程中,经过自身分解和雨水淋溶产生的渗滤液流入江河、湖泊和渗入地下而导致地表水和地下水的污染。

此外,向水体倾倒固体废物还将缩减江河湖面有效面积,使其排洪和灌溉能力降低。在陆地堆积的或简单填埋的固体废物,经过雨水的浸渍和废物本身的分解,将会产生含有害化学物质的渗滤液,对附近地区的地表及地下水系造成污染。

(三)对土壤环境的影响

固体废物对土壤有两个方面的环境影响,第一个影响是废物堆放、贮存和处置过程中,其中有害组分容易污染土壤。土壤是许多细菌、真菌等微生物聚居的场所。这些微生物与其周围环境构成一个生态系统,在大自然的物质循环中,担负着碳循环和氮循环的一部分重要任务。工业固体废物特别是有害固体废物,经过风化、雨雪淋溶、地表径流的侵蚀,产生高温和有毒液体渗入土壤,能杀害土壤中的微生物,改变土壤的性质和土壤结构,破坏土壤的腐解能力,导致草木不生。第二个影响是固体废物的堆放需要占用土地。固体废物的任意露天堆放,不但占用一定土地,而且其累积的存放量越多,所需的面积也越大,如此一来,势必使可耕地面积短缺的矛盾加剧。

(四)对人体健康的影响

固体废物,特别是在露天存放、处理或处置过程中,其中的有害成分在物理、化学和生物的作用下会发生浸出,含有害成分的浸出液可通过地表水、地下水、大气和土壤等环境介质直接或间接被人体吸收,从而对人体健康造成威胁。

第二节　固体废物环境影响识别

固体废物环境影响识别指对建设项目进行系统的调查,分析各项建设活动与固体废物之间的关联,识别可能产生的影响因子,主要分为一般固体废物和危险固体废物。

一、一般固体废物

产生工业固体废物的单位应当向所在地生态环境主管部门提供工业固体废物的种类、数量、流向、贮存、利用、处置等有关资料,以及减少工业固体废物产生、促进综合利用的具体措施,并执行排污许可管理制度的相关规定。

产生工业固体废物的单位应当根据经济、技术条件对工业固体废物加以利用;对暂时不利用或者不能利用的,应当按照国务院生态环境等主管部门的规定建设贮存设施、场所,安全分类存放,或者采取无害化处置措施。贮存工业固体废物应当采取符合国家环境保护标准的防护措施。

新建、改建、扩建的一般工业固体废物贮存场和填埋场的选址、建设、运行、封场、土地复垦的污染控制和环境管理,现有一般工业固体废物贮存场和填埋场的运行、封场、土地复垦的污染控制和环境管理,以及替代贮存、填埋处置的一般工业固体废物充填及回填利用的污染控制及环境管理应符合一般工业固体废物贮存和填埋污染控制标准(GB 18599—2020)。

针对特定一般工业固体废物贮存和填埋发布的专用国家环境保护标准的,其贮存、填埋过程执行专用环境保护标准。

采用库房、包装工具(罐、桶、包装袋等)贮存一般工业固体废物过程的污染控制,不适用一般工业固体废物贮存和填埋污染控制标准,其贮存过程应满足相应防渗漏、防雨淋、防扬尘等环境保护要求。

(一)贮存场和填埋场选址要求

一般工业固体废物贮存场、填埋场的选址应符合环境保护法律法规及相关法定规划要求。

贮存场、填埋场的位置与周围居民区的距离应依据环境影响评价文件及审批意见确定。

贮存场、填埋场不得选在生态保护红线区域、永久基本农田集中区域和其他需要特别保护的区域内。

贮存场、填埋场应避开活动断层、溶洞区、天然滑坡或泥石流影响区以及湿地等区域。

贮存场、填埋场不得选在江河、湖泊、运河、渠道、水库最高水位线以下的滩地和岸坡,以及国家和地方长远规划中的水库等人工蓄水设施的淹没区和保护区之内。

上述选址规定不适用于一般工业固体废物的充填和回填。

(二)贮存场和填埋场技术要求

1．一般规定

(1)根据建设、运行、封场等污染控制技术要求不同,贮存场、填埋场分为Ⅰ类场和Ⅱ类场。

(2)贮存场、填埋场的防洪标准应按重现期不小于50年一遇的洪水位设计,国家已有标准提出更高要求的除外。

(3)贮存场和填埋场一般应包括以下单元:

① 防渗系统、渗滤液收集和导排系统;

② 雨污分流系统;

③ 分析化验与环境监测系统;

④ 公用工程和配套设施;

⑤ 地下水导排系统和废水处理系统(根据具体情况选择设置)。

(4)贮存场及填埋场施工方案中应包括施工质量保证和施工质量控制内容,明确环保条款和责任,作为项目竣工环境保护验收的依据,同时可作为建设环境监理的主要内容。

(5)贮存场及填埋场在施工完毕后应保存施工报告、全套竣工图、所有材料的现场及实验室检测报告。采用高密度聚乙烯膜作为人工合成材料衬层的贮存场及填埋场还应提交人工防渗衬层完整性检测报告。上述材料连同施工质量保证书作为竣工环境保护验收的依据。

(6)贮存场及填埋场渗滤液收集池的防渗要求应不低于对应贮存场、填埋场的防渗要求。

(7)贮存场除应符合本标准规定污染控制技术要求之外,其设计、施工、运行、封场等还应符合相关行政法规规定、国家及行业标准要求。

(8)食品制造业、纺织服装和服饰业、造纸和纸制品业、农副食品加工业等为日常生活提供服务的活动中产生的与生活垃圾性质相近的一般工业固体废物,以及有机质含量超过5%的一般工业固体废物(煤矸石除外),其直接贮存、填埋处置应符合 GB 16889 要求。

(三)Ⅰ类场技术要求

1．当天然基础层饱和渗透系数不大于 1.0×10^{-5} cm/s,且厚度不小于 0.75m 时,可以采用天然基础层作为防渗衬层。

2．当天然基础层不能满足第1条防渗要求时,可采用改性压实黏土类衬层或具有同等以上隔水效力的其他材料防渗衬层,其防渗性能应至少相当于渗透系数为 1.0×10^{-5} cm/s且厚度为 0.75m 的天然基础层。

(四)Ⅱ类场技术要求

1．Ⅱ类场应采用单人工复合衬层作为防渗衬层,并符合以下技术要求:

(1)人工合成材料应采用高密度聚乙烯膜,厚度不小于 1.5mm,并满足 GB/T 17643 规定的技术指标要求。采用其他人工合成材料的,其防渗性能至少相当于 1.5mm 高密度聚乙烯膜的防渗性能。

(2)黏土衬层厚度应不小于 0.75m,且经压实、人工改性等措施处理后的饱和渗透系数应不大于 1.0×10^{-7} cm/s。使用其他黏土类防渗衬层材料时,应具有同等以上隔水效力。

2. Ⅱ类场基础层表面应与地下水年最高水位保持 1.5m 以上的距离。当场区基础层表面与地下水年最高水位距离不足 1.5m 时,应建设地下水导排系统。地下水导排系统应确保Ⅱ类场运行期地下水水位维持在基础层表面 1.5m 以下。

3. Ⅱ类场应设置渗漏监控系统,监控防渗衬层的完整性。渗漏监控系统的构成包括但不限于防渗衬层渗漏监测设备、地下水监测井。

4. 人工合成材料衬层、渗滤液收集和导排系统的施工不应对黏土衬层造成破坏。

二、危险废物

(一)基本原则

1. **重点评价,科学估算。**对于所有产生危险废物的建设项目,应科学估算产生危险废物的种类和数量等相关信息,并将危险废物作为重点进行环境影响评价,并在环境影响报告书的相关章节中细化完善,环境影响报告表中的相关内容可适当简化。

2. **科学评价,降低风险。**对建设项目产生的危险废物种类、数量、利用或处置方式、环境影响以及环境风险等进行科学评价,并提出切实可行的污染防治对策措施。坚持无害化、减量化、资源化原则,妥善利用或处置产生的危险废物,保障环境安全。

3. **全程评价,规范管理。**对建设项目危险废物的产生、收集、贮存、运输、利用、处置全过程进行分析评价,严格落实危险废物各项法律制度,提高建设项目危险废物环境影响评价的规范化水平,促进危险废物的规范化监督管理。

(二)技术要求

1. **基本要求**

工程分析应结合建设项目主辅工程的原辅材料使用情况及生产工艺,全面分析各类固体废物的产生环节、主要成分、有害成分、理化性质及其产生、利用和处置量。

2. **固体废物属性判定**

根据《中华人民共和国固体废物污染环境防治法》《固体废物鉴别标准通则》(GB 34330—2017),对建设项目产生的物质(除目标产物,即:产品、副产品外),依据产生来源、利用和处置过程鉴别属于固体废物并且作为固体废物管理的物质,应按照《国家危险废物名录》《危险废物鉴别标准通则》(GB 5085.7)等进行属性判定。

(1)列入《国家危险废物名录》的直接判定为危险废物。环境影响报告书(表)中应对照名录明确危险废物的类别、行业来源、代码、名称、危险特性。

(2)未列入《国家危险废物名录》,但从工艺流程及产生环节、主要成分、有害成分等角度分析可能具有危险特性的固体废物,环评阶段可类比相同或相似的固体废物危险特性判定结果,也可选取具有相同或相似性的样品,按照《危险废物鉴别技术规范》(HJ/T 298)、《危险废物鉴别标准》(GB 5085.1~6)等国家规定的危险废物鉴别标准和鉴别方法予以认定。该类固体废物产生后,应按国家规定的标准和方法对所产生的固体废物再次开展危险特性鉴别,并根据其主要有害成分和危险特性确定所属废物类别,按照《国家危险废物名录》要求进行归类管理。

（3）环评阶段不具备开展危险特性鉴别条件的可能含有危险特性的固体废物,环境影响报告书(表)中应明确疑似危险废物的名称、种类、可能的有害成分,并明确暂按危险废物从严管理,并要求在该类固体废物产生后开展危险特性鉴别,环境影响报告书(表)中应按《危险废物鉴别技术规范》(HJ/T 298)、《危险废物鉴别标准 通则》(GB 5085.7)等要求给出详细的危险废物特性鉴别方案建议。

3. 产生量核算方法

采用物料衡算法、类比法、实测法、产排污系数法等相结合的方法核算建设项目危险废物的产生量。

对于生产工艺成熟的项目,应通过物料衡算法分析估算危险废物产生量,必要时采用类比法、产排污系数法校正,并明确类比条件、提供类比资料;若无法按物料衡算法估算,可采用类比法估算,但应给出所类比项目的工程特征和产排污特征等类比条件;对于改、扩建项目可采用实测法统计核算危险废物产生量。

4. 污染防治措施

工程分析应给出危险废物收集、贮存、运输、利用、处置环节采取的污染防治措施,并以表格的形式列明危险废物的名称、数量、类别、形态、危险特性和污染防治措施等内容,样表见表 9-1。

表 9-1　工程分析中危险废物汇总样表

序号	危险废物名称	危险废物类别	危险废物代码	产生量(吨/年)	产生工序及装置	形态	主要成分	有害成分	产废周期	危险特性	污染防治措施
1											
2											
...											

注:污染防治措施一栏中应列明各类危险废物的贮存、利用或处置的具体方式。对同一贮存区同时存放多种危险废物的,应明确分类、分区、包装存放的具体要求。

(三)环境影响分析

1. 基本要求

在工程分析的基础上,环境影响报告书(表)应从危险废物的产生、收集、贮存、运输、利用和处置等全过程以及建设期、运营期、服务期满后等全时段角度考虑,分析预测建设项目产生的危险废物可能造成的环境影响,进而指导危险废物污染防治措施的补充完善。

同时,应特别关注与项目有关的特征污染因子,按《环境影响评价技术导则　地下水环境》《环境影响评价技术导则　大气环境》等要求,开展必要的土壤、地下水、大气等环境背景监测,分析环境背景变化情况。

2. 危险废物贮存场所(设施)环境影响分析

危险废物贮存场所(设施)环境影响分析内容应包括:

（1）按照《危险废物贮存污染控制标准》（GB 18597）及其修改单，结合区域环境条件，分析危险废物贮存场选址的可行性。

（2）根据危险废物产生量、贮存期限等分析、判断危险废物贮存场所（设施）的能力是否满足要求。

（3）按环境影响评价相关技术导则的要求，分析预测危险废物贮存过程中对环境空气、地表水、地下水、土壤以及环境敏感保护目标可能造成的影响。

3. 运输过程的环境影响分析

分析危险废物从厂区内产生工艺环节运输到贮存场所或处置设施可能产生散落、泄漏所引起的环境影响。对运输路线沿线有环境敏感点的，应考虑其对环境敏感点的环境影响。

4. 利用或者处置的环境影响分析

利用或者处置危险废物的建设项目环境影响分析应包括：

（1）按照《危险废物焚烧污染控制标准》（GB 18484）、《危险废物填埋污染控制标准》（GB 18598）等，分析论证建设项目危险废物处置方案选址的可行性。

（2）应按建设项目建设和运营的不同阶段开展自建危险废物处置设施（含协同处置危险废物设施）的环境影响分析预测，分析对环境敏感保护目标的影响，并提出合理的防护距离要求。必要时，应开展服务期满后的环境影响评价。

（3）对综合利用危险废物的，应论证综合利用的可行性，并分析可能产生的环境影响。

5. 委托利用或者处置的环境影响分析

环评阶段已签订利用或者委托处置意向的，应分析危险废物利用或者处置途径的可行性。暂未委托利用或者处置单位的，应根据建设项目周边有资质的危险废物处置单位的分布情况、处置能力、资质类别等，给出建设项目产生危险废物的委托利用或处置途径建议。

（四）污染防治措施技术经济论证

1. 基本要求

环境影响报告书（表）应对建设项目可研报告、设计等技术文件中的污染防治措施的技术先进性、经济可行性及运行可靠性进行评价，根据需要补充完善危险废物污染防治措施。明确危险废物贮存、利用或处置相关环境保护设施投资并纳入环境保护设施投资，"三同时"验收表。

2. 贮存场所（设施）污染防治措施

分析项目可研、设计等技术文件中危险废物贮存场所（设施）所采取的污染防治措施、运行与管理、安全防护与监测、关闭等要求是否符合有关要求，并提出环保优化建议。

危险废物贮存应关注"四防"（防风、防雨、防晒、防渗漏），明确防渗措施和渗漏收集措施，以及危险废物堆放方式、警示标识等方面内容。

对同一贮存场所（设施）贮存多种危险废物的，应根据项目所产生危险废物的类别和性质，分析论证贮存方案与《危险废物贮存污染控制标准》（GB 18597）中的贮存容器要求、相容性要求等的符合性,必要时,提出可行的贮存方案。

环境影响报告书(表)应列表明确危险废物贮存场所(设施)的名称、位置、占地面积、贮存方式、贮存容积、贮存周期等,样表见表9-2。

表9-2 建设项目危险废物贮存场所(设施)基本情况样表

序号	贮存场所(设施)名称	危险废物名称	危险废物类别	危险废物代码	位置	占地面积	贮存方式	贮存能力	贮存周期
1									
2									
…									

3. 运输过程的污染防治措施

按照《危险废物收集、贮存、运输技术规范》(HJ 2025),分析危险废物的收集和转运过程中采取的污染防治措施的可行性,并论证运输方式、运输线路的合理性。

4. 利用或者处置方式的污染防治措施

按照《危险废物焚烧污染控制标准》(GB 18484)、《危险废物填埋污染控制标准》(GB 18598)和《水泥窑协同处置固体废物污染控制标准》(GB 30485)等,分析论证建设项目自建危险废物处置设施的技术、经济可行性,包括处置工艺、处理能力是否满足要求,装备(装置)水平的成熟、可靠性及运行的稳定性和经济合理性,污染物稳定达标的可靠性。

5. 其他要求

(1)积极推行危险废物的无害化、减量化、资源化,提出合理、可行的措施,避免产生二次污染。

(2)改扩建及异地搬迁项目需说明现有工程危险废物的产生、收集、贮存、运输、利用和处置情况及处置能力,存在的环境问题及拟采取的"以新带老"措施等内容,改扩建项目产生的危险废物与现有贮存或处置的危险废物的相容性等。涉及原有设施拆除及造成环境影响的分析,明确应采取的措施。

(五)环境风险评价

按照《建设项目环境风险评价技术导则》(HJ/T 169)和地方环保部门有关规定,针对危险废物产生、收集、贮存、运输、利用、处置等不同阶段的特点,进行风险识别和源项分析并进行后果计算,提出危险废物的环境风险防范措施和应急预案编制意见,并纳入建设项目环境影响报告书(表)的突发环境事件应急预案专题。

(六)环境管理要求

按照危险废物相关导则、标准、技术规范等要求,严格落实危险废物环境管理与监测制度,对项目危险废物收集、贮存、运输、利用、处置各环节提出全过程环境监管要求。

列入《国家危险废物名录》附录《危险废物豁免管理清单》中的危险废物,在所列的豁免环节,且满足相应的豁免条件时,可以按照豁免内容的规定实行豁免管理。

对冶金、石化和化工行业中有重大环境风险,建设地点敏感,且持续排放重金属或者持久性有机污染物的建设项目,提出开展环境影响后评价要求,并将后评价作为其改扩建、技改环评管理的依据。

(七)危险废物环境影响评价结论与建议

归纳建设项目产生危险废物的名称、类别、数量和危险特性,分析预测危险废物产生、收集、贮存、运输、利用、处置等环节可能造成的环境影响,提出预防和减缓环境影响的污染防治、环境风险防范措施以及环境管理等方面的改进建议。

(八)附件

危险废物环境影响评价相关附件可包括:

1. 开展危险废物属性实测的,提供危险废物特性鉴别检测报告;

2. 改扩建项目附已建危险废物贮存、处理及处置设施照片等。

第三节　固体废物环境影响评价

一、固体废物环境影响评价类型与内容

固体废物的环境影响评价主要分两大类型:第一类是对一般工程项目产生的固体废物,由产生、收集、运输、处理到最终处置的环境影响评价;第二类是对处理、处置固体废物设施建设项目的环境影响评价。

对第一类的环境影响评价内容主要包括三方面。第一是污染源调查。根据调查结果,要给出包括固体废物的名称、组分、形态、数量等内容的调查清单,同时应按一般工业固体废物和危险废物分别列出。第二是污染防治措施的论证。根据工艺过程、各个产出环节提出防治措施,并对防治措施的可行性加以论证。第三是提出最终处置措施方案,如综合利用、填埋、焚烧等,并应包括对固体废物收集、贮运、预处理等全过程的环境影响及污染防治措施。

对处理、处置固体废物设施的环境影响评价内容,则是根据处理处置的工艺特点,依据《环境影响评价技术导则》,执行相应的污染控制标准进行环境影响评价。在这些工程项目污染物控制标准中,对厂址选择,污染控制项目,污染物排放限制等都有相应的规定,是环境影响评价必须严格予以执行的。将以生活垃圾填埋场为例,较全面地介绍环境影响评价方法。

二、固体废物环境影响评价特点

由于国家要求对固体废物污染实行由产生、收集、贮存、运输、预处理直至处置全过程控制,因此在环评中必须包括所建项目涉及的各个过程。对于一般工程项目产生的固体废物将可能涉及收集、运输过程。另外,为了保证固体废物处理、处置设施的安全稳定运行,必须建立一个完整的收、贮、运体系,因此在环评中这个体系是与处理、处置设施构成一个整体的。

此外,固体废弃物环境影响评价没有固定的评价模型。由于固体废弃物对环境的危

害是通过水体、大气、土壤等介质体现出来的,这决定了固体废物环境影响评价对水体、大气和土壤等环境影响评价的依赖性。

三、固体废物环境影响评价相关标准

(一)生活垃圾焚烧污染控制标准(见本章末补充资料)

1. 适用范围

《生活垃圾焚烧污染控制标准》(GB 18485—2014)规定了生活垃圾焚烧厂的选址要求、工艺要求、入炉废物要求、运行要求、排放控制要求、监测要求、实施与监督等内容。

该标准适用于生活垃圾焚烧厂的设计、环境影响评价、竣工验收以及运行过程中的污染控制及监督管理。

掺加生活垃圾质量超过入炉(窑)物料总质量 30% 的工业窑炉以及生活污水处理设施产生的污泥、一般工业固体废物的专用焚烧炉的污染控制参照本标准执行。该标准适用于法律允许的污染物排放行为;新设立污染源的选址和特殊保护区域内现有污染源的管理,按照《中华人民共和国大气污染防治法》《中华人民共和国水污染防治法》《中华人民共和国海洋环境保护法》《中华人民共和国固体废物污染环境防治法》《中华人民共和国放射性污染防治法》《中华人民共和国环境影响评价法》《中华人民共和国城乡规划法》《中华人民共和国土地管理法》等法律、法规、规章的相关规定执行。

2. 选址要求

(1)生活垃圾焚烧厂的选址应符合当地的城乡总体规划、环境保护规划和环境卫生专项规划,并符合当地的大气污染防治、水资源保护、自然生态保护等要求。

(2)应依据环境影响评价结论确定生活垃圾焚烧厂厂址的位置及其与周围人群的距离。经具有审批权的生态环境主管部门批准后,这一距离可作为规划控制的依据。

(3)在对生活垃圾焚烧厂厂址进行环境影响评价时,应重点考虑生活垃圾焚烧厂内各设施可能产生的有害物质泄漏、大气污染物(含恶臭物质)的产生与扩散以及可能的事故风险等因素,根据其所在地区的环境功能区类别,综合评价其对周围环境、居住人群的身体健康、日常生活和生产活动的影响,确定生活垃圾焚烧厂与常住居民居住场所、农用地、地表水体以及其他敏感对象之间合理的位置关系。

3. 工艺要求

(1)生活垃圾的运输应采取密闭措施,避免在运输过程中发生垃圾遗撒、气味泄漏和污水滴漏。

(2)生活垃圾贮存设施和渗滤液收集设施应采取封闭负压措施,并保证其在运行期和停炉期均处于负压状态。这些设施内的气体应优先通入焚烧炉中进行高温处理,或收集并经除臭处理满足 GB 14554 要求后排放。

(3)生活垃圾焚烧炉的主要技术性能指标应满足下列要求:

① 炉膛内焚烧温度、炉膛内烟气停留时间和焚烧炉渣热灼减率应满足表 9-3 的要求。

表9-3 生活垃圾焚烧炉主要技术性能指标

序号	项目	指标	检验方法
1	炉膛内焚烧温度	≥850℃	在二次空气喷入点所在断面、炉膛中部断面和炉膛上部断面中至少选择两个断面分别布设监测点,实行热电偶实时在线测量
2	炉膛内烟气停留时间	≥2s	根据焚烧炉设计书中的检验和制造图核验炉膛内焚烧温度监测点断面间的烟气停留时间
3	焚烧炉渣热灼减率	≤5%	HJ/T 20

② 2015年12月31日前,现有生活垃圾焚烧炉排放烟气中一氧化碳浓度执行 GB 18485—2001 中规定的限值。

③ 自2016年1月1日起,现有生活垃圾焚烧炉排放烟气中一氧化碳浓度执行表9-4规定的限值。

④ 自2014年7月1日起,新建生活垃圾焚烧炉排放烟气中一氧化碳浓度执行表9-4规定的限值。

表9-4 新建生活垃圾焚烧炉排放烟气中一氧化碳浓度限值

取值时间	限值/(mg/m³)	监测方法
24小时均值	80	HJ/T 44
1小时均值	100	

(4)每台生活垃圾焚烧炉必须单独设置烟气净化系统并安装烟气在线监测装置,处理后的烟气应采用独立的排气筒排放;多台生活垃圾焚烧炉的排气筒可采用多筒集束式排放。

(5)焚烧炉烟囱高度不得低于表9-5定的高度,具体高度应根据环境影响评价结论确定。如果在烟囱周围200m半径距离内存在建筑物时,烟囱高度应至少高出这一区域内最高建筑物3m以上。

表9-5 焚烧炉烟囱高度

焚烧处理能力/(t/d)	烟囱最低允许高度/m
<300	45
≥300	60

注:在同一厂区内如同时有多台焚烧炉,则以各焚烧窑焚烧处理能力总和作为评判依据。

(6)焚烧炉应设置助燃系统,在启、停炉时以及当炉膛内焚烧温度低于表9-3要求的温度时使用并保证焚烧炉的运行工况满足"3.工艺要求"中"(3)"的要求。

(7)应按照 GB/T 16157 的要求设置永久采样孔,并在采样孔的正下方约1m处设置不小于3m²的带护栏的安全监测平台,并设置永久电源(220V)以便放置采样设备进行采样操作。

4. 入炉废物要求

(1)下列废物可以直接进入生活垃圾焚烧炉进行焚烧处置：

① 由环境卫生机构收集或者生活垃圾产生单位自行收集的混合生活垃圾；

② 由环境卫生机构收集的服装加工、食品加工以及其他为城市生活服务的行业产生的性质与生活垃圾相近的一般工业固体废物；

③ 生活垃圾堆肥处理过程中筛分工序产生的筛上物，以及其他生化处理过程中产生的固态残余组分；

④ 按照 HJ/T 228、HJ/T 229、HJ/T 276 要求进行破碎毁形和消毒处理并满足消毒效果检验指标的《医疗废物分类目录》中的感染性废物。

(2)在不影响生活垃圾焚烧炉污染物排放达标和焚烧炉正常运行的前提下，生活污水处理设施产生的污泥和一般工业固体废物可以进入生活垃圾焚烧炉进行焚烧处置，焚烧炉排放烟气中污染物浓度执行表 9-6 规定的限值。

表 9-6　生活垃圾焚烧炉排放烟气中污染物限值

序号	污染物项目	限值	取值时间
1	颗粒物/(mg/m³)	30	1h 均值
		20	24h 均值
2	氮氧化物/(mg/m³)	300	1h 均值
		250	24h 均值
3	二氧化硫/(mg/m³)	100	1h 均值
		80	24h 均值
4	氯化氢/(mg/m³)	60	1h 均值
		50	24h 均值
5	汞及其化合物(以 Hg 计)/(mg/m³)	0.05	测定均值
6	镉、铊及其化合物(以镉＋铊计)/(mg/m³)	0.1	测定均值
7	锑、砷、铅、铬、钴、铜、锰、镍及其化合物(以锑、砷、铅、铬、钴、铜、锰、镍计)/(mg/m³)	1.0	测定均值
8	二噁英类/(ngTEQ/m³)	0.1	测定均值
9	一氧化碳/(mg/m³)	100	1h 均值
		80	24h 均值

(3)下列废物不得在生活垃圾焚烧炉中进行焚烧处置：

① 危险废物，"4. 入炉废物要求"中"(1)"规定的除外；

② 电子废物及其处理处置残余物。

国家生态环境主管部门另有规定的除外。

5. 运行要求

(1)焚烧炉在启动时，应先将炉膛内焚烧温度升至"3. 工艺要求"中"(3)"规定的温度后才能投入生活垃圾。自投入生活垃圾开始,应逐渐增加投入量直至达到额定垃圾处理量;在焚烧炉启动阶段,炉膛内焚烧温度应满足表9-3的要求,焚烧炉应在4h内达到稳定工况。

(2)焚烧炉在停炉时,自停止投入生活垃圾开始,启动垃圾助燃系统,保证剩余垃圾完全燃烧,并满足表9-3所规定的炉膛内焚烧温度的要求。

(3)焚烧炉在运行过程中发生故障,应及时检修,尽快恢复正常。如果无法修复,应立即停止投加生活垃圾,按照第2条要求操作停炉。每次故障或者事故持续排放污染物时间不应超过4h。

(4)焚烧炉每年启动、停炉过程排放污染物的持续时间以及发生故障或事故排放污染物持续时间累计不应超过60h。

(5)生活垃圾焚烧厂运行期间,应建立运行情况记录制度,如实记载运行管理情况,至少应包括废物接收情况、入炉情况、设施运行参数以及环境监测数据等。运行情况记录簿应按照国家有关档案管理的法律法规进行整理和保管。

6. 排放控制要求

(1)2015年12月31日前,现有生活垃圾焚烧炉排放烟气中污染物浓度执行GB 18485—2001中规定的限值。

(2)自2016年1月1日起,现有生活垃圾焚烧炉排放烟气中污染物浓度执行表9-6规定的限值。

(3)自2014年7月1日起,新建生活垃圾焚烧炉排放烟气中污染物浓度执行表9-6规定的限值。

(4)生活污水处理设施产生的污泥、一般工业固体废物的专用焚烧炉排放烟气中二噁英类污染物浓度执行表9-7中规定的限值。

表9-7　生活污水处理设施产生的污泥、一般工业固体废物专用焚烧炉排放烟气中二噁英类限值

焚烧处理能力	二噁英类排放限值	取值时间
>100	0.1	测定均值
50~100	0.5	测定均值
<50	1.0	测定均值

(5)在"5. 运行要求"中"(1)""(2)""(3)""(4)"规定的时间内,所获得的监测数据不作为评价是否达到本标准排放限值的依据,但在这些时间内颗粒物浓度的1h均值不得大于$150mg/m^3$。

(6)生活垃圾焚烧飞灰与焚烧炉渣应分别收集、贮存、运输和处置。生活垃圾焚烧飞灰应按危险废物进行管理,如进入生活垃圾填埋场处置,应满足GB 16889的要求;如进入水泥窑处置,应满足GB 30485的要求。

(7)生活垃圾渗滤液和车辆清洗废水应收集并在生活垃圾焚烧厂内处理或送至生活垃圾填埋场渗滤液处理设施处理,处理后满足GB 16889中表2的要求(如厂址在符合GB 16889中第9.1.4条要求的地区,应满足GB 16889中表3的要求)后,可直接排放。

若通过污水管网或采用密闭输送方式送至采用二级处理方式的城市污水处理厂处理,应满足以下条件:

① 在生活垃圾焚烧厂内处理后,总汞、总镉、总铬、六价铬、总砷、总铅等污染物浓度达到 GB 16889 中表 2 规定的浓度限值要求;

② 城市二级污水处理厂每日处理生活垃圾渗滤液和车辆清洗废水总量不超过污水处理量的 0.5%;

③ 城市二级污水处理厂应设置生活垃圾渗滤液和车辆清洗废水专用调节池,将其均匀注入生化处理单元;

④ 不影响城市二级污水处理厂的污水处理效果。

7. 监测要求

(1)生活垃圾焚烧厂运行企业应按照有关法律和《环境监测管理办法》等规定,建立企业监测制度,制定监测方案,并向当地生态环境主管部门和行业主管部门备案。对污染物排放状况及其对周边环境质量的影响开展自行监测,保存原始监测记录,并公布监测结果。

(2)生活垃圾焚烧厂运行企业应按照环境监测管理规定和技术规范的要求,设计、建设、维护永久采样口、采样测试平台和排污口标志。

(3)对生活垃圾焚烧厂运行企业排放废气的采样,应根据监测污染物的种类,在规定的污染物排放监控位置进行。烟气中二噁英类的采样按 HJ 77.2、HJ 916 的有关规定进行;其他污染物监测的采样按 GB/T 16157、HJ/T 397、HJ 75 的有关规定进行。

(4)生活垃圾焚烧厂运行企业对焚烧炉渣热灼减率的监测应每周至少开展 1 次;对烟气中重金属类污染物的监测应每月至少开展 1 次;对烟气中二噁英类的监测应每年至少开展 1 次。对其他大气污染物排放情况监测的频次、采样时间等要求,应按照有关环境监测管理规定和技术规范的要求执行。

(5)生态环境主管部门应采用随机方式对生活垃圾焚烧厂进行日常监督性监测,对焚烧炉渣热灼减率与烟气中颗粒物、二氧化硫、氮氧化物、氯化氢、重金属类污染物和一氧化碳的监测应每季度至少开展 1 次,对烟气中二噁英类的监测应每年至少开展 1 次。

(6)焚烧炉大气污染物浓度监测时的污染物浓度测定方法采用表 9-6 所列的方法标准。GB 18485—2014 实施后国家发布的污染物监测方法标准,如适用性满足要求,同样适用于该标准相应污染物的测定。

(7)生活垃圾焚烧厂应设置焚烧炉运行工况在线监测装置,监测结果应采用电子显示板进行公示并与当地生态环境主管部门和行业行政主管部门监控中心联网。焚烧炉运行工况在线监测指标应至少包括烟气中一氧化碳浓度和炉膛内焚烧温度。

(8)生活垃圾焚烧厂烟气在线监测装置安装要求应按《污染源自动监控管理办法》等规定执行并定期进行校对。在线监测结果应采用电子显示板进行公示并与当地生态环境主管部门和行业行政主管部门监控中心联网。烟气在线监测指标应至少包括烟气中一氧化碳、颗粒物、二氧化硫、氮氧化物和氯化氢,见表 9-8。

表 9-8　污染物浓度测定方法

序号	污染物项目	方法标准名称	标准编号
1	颗粒物	固定污染源排气中颗粒物测定与气态污染物采样方法	GB/T 16157
2	二氧化硫	固定污染源排气中二氧化硫的测定　碘量法	HJ/T 56
		固定污染源废气　二氧化硫的测定　定电位电解法	HJ/T 57
		固定污染源废气二氧化硫的测定　非分散红外吸收法	HJ 629
3	氮氧化物	固定污染源排气中氮氧化物的测定　紫外分光光度法	HJ/T 42
		固定污染源排气中氮氧化物的测定　盐酸萘乙二胺分光光度法	HJ/T 43
		固定污染源废气氮氧化物的测定　非分散红外吸收法	HJ 692
		固定污染源废气氮氧化物的测定　定电位电解法	HJ 693
4	氯化氢	固定污染源排气中氯化氢的测定　硫氰化汞分光光度法	HJ/T 27
		固定污染源废气氯化氢的测定　硝酸银容量法	HJ 548
		环境空气和废气氯化氢的测定　离子色谱法	HJ 549
5	汞	固定污染源废气汞的测定　冷原子吸收分光光度法（暂行）	HJ 543
6	锑、砷、铅、铬、钴、铜、锰、镍、锡、镉	空气和废气颗粒物中铅等金属元素的测定　电感耦合等离子体质谱法	HJ 657
7	二噁英类	环境空气和废气二噁英类的测定　同位素稀释高分辨气相色谱－高分辨质谱法	HJ 77.2
8	一氧化碳/(mg/m^3)	固定污染源排气中一氧化碳的测定　非色散红外吸收法	HJ/T 44

8. 实施与监督

(1)该标准由县级以上人民政府生态环境主管部门和行业主管部门负责监督实施。

(2)在任何情况下,生活垃圾焚烧厂均应遵守该标准的污染物排放控制要求,采取必要措施保证污染防治设施正常运行。各级生态环境主管部门在对生活垃圾焚烧厂进行监督性检查时,可以现场即时采样获得均值,将监测结果作为判定排污行为是否符合排放标准以及实施相关环境保护管理措施的依据。

(二)生活垃圾填埋场污染控制标准

1. 适用范围

生活垃圾填埋场控制标准规定了生活垃圾填埋场选址、设计与施工、填埋废物的入场条件、运行、封场、后期维护与管理的污染控制和监测等方面的要求。具体适用范围如下：

（1）法律允许的污染物排放行为；

（2）新设立污染源的选址和特殊保护区域内现有污染源的管理，按照《中华人民共和国大气污染防治法》《中华人民共和国水污染防治法》《中华人民共和国海洋环境保护法》《中华人民共和国固体废物污染环境防治法》《中华人民共和国放射性污染防治法》《中华人民共和国环境影响评价法》等法律、法规、规章的相关规定执行。

2. 生活垃圾填埋场的主要特点

生活垃圾填埋场即利用自然地形或人工构造形成一定的空间，将每日产生的生活垃圾填充、压实、覆盖，达到贮存、处置生活垃圾的目的。当预先修建的这一空间被充满后，采取封场措施，恢复场区的原貌。生活垃圾中的厨余物、纸类、纤维物、草木类、有机污泥等，填埋后，在微生物作用下，逐步分解为气态物质、水和无机盐类，而达到减容和稳定的目的。在这一稳定过程中，将产生填埋气体和由垃圾本身水分加上降水而形成的渗滤液。

生活垃圾填埋场除了要有导排气系统外，为了防止渗滤液对地下水和地表水的污染，必须将渗滤液与外界的联系隔断，同时收集后引出处理，因此填埋场必须设有防渗层及渗滤液集排水系统。

3. 生活垃圾填埋场对环境的主要影响

（1）填埋场渗滤液未处理或处理不达标造成对地表水的污染以及流经填埋区地表径流可能受到污染。

（2）填埋场产生的气体污染物对大气的污染，以及产生的气体在无组织排放情况下可能产生燃烧爆炸。

（3）填埋堆体对周围地质环境的影响，如造成滑坡、崩塌、泥石流等。

（4）垃圾运输及填埋场作业，产生的噪声对公众的影响。

（5）填埋场对周围景观的不利影响。

（6）填埋场滋生的害虫、昆虫以及在填埋场觅食的鸟类和其他动物可能传染疾病。

（7）当填埋场防渗衬层受到破坏后，渗滤液下渗对地下水的影响，属非正常情况。

4. 生活垃圾填埋场环评的主要内容

生活垃圾填埋场环境影响评价的主要工作内容有以下几个方面：

（1）场址合理性论证

生活垃圾填埋场场址选择原则主要是符合当地城乡建设总体规划要求，避开不允许建设的区域。场址选择是评价中的关键所在，场址选择得合理，环评工作存在的问题就较易解决，因此要根据所选场址的场地自然条件，按照国家标准逐项进行评判。有条件的地方可以选择多个备选场址，根据制约性条件和参考性条件，淘汰部分场址，并对优化出的场址进一步做比选。考虑到生活垃圾填埋渗滤液是最重要的污染源，因此选址过程中，特别要关注场址的水文地质条件、工程地质条件、土壤自净能力等。

（2）环境质量现状调查

在选择场址的基础上，通过历史资料调查和现场监测对拟选场址及其周围的空气、地表水、地下水、噪声等环境质量现状进行评价,其评价结果既是生活垃圾填埋场建设前的本底值,也是评价环境现状是否容许建设生活垃圾填埋场的评判条件。

（3）工程污染因素分析

对生活垃圾填埋场不仅要考虑在建设过程中产生的污染源和污染物,而且重要的是要考虑在营运期从收集、运输、贮存、预处理直至填埋全过程产生的污染源和污染物,并给出它们产生的种类、数量和排放方式等。

在建设期主要是施工场地内排放生活污水,各类施工机械产生的机械噪声、振动及二次扬尘对周围地区产生的环境影响。生活垃圾填埋场在营运期,主要的污染源有渗滤液、释放气体、恶臭、噪声。

（4）大气环境影响预测与评价

主要是预测垃圾在填埋过程中产生的释放气体和臭气对环境的影响。首先是预测和评价填埋释放气体利用的可能性,当释放气体未被利用,应采取的处置手段及其对环境的影响。另外,预测在垃圾运输和填埋过程中及封场后产生的恶臭可能对环境的影响,同时要根据不同时段及垃圾的不同组成,预测臭气产生的部位、种类、浓度及其影响范围和影响程度。

（5）水环境影响预测与评价

根据《生活垃圾填埋场污染控制标准》（GB 16889—2008）的规定,对应不同的受纳水体,对渗滤液处理要求达到的级别不同。预测出渗滤液经过收集、处理正常的达标排放对水体产生的影响和影响程度。预测防渗层损坏后,渗滤液对地下水的影响与危害程度。

5. 生活垃圾填埋场选址要求

生活垃圾填埋场的选址应符合区域性环境规划、环境卫生设施建设规划和当地的城市规划。

生活垃圾填埋场场址不应选在城市工农业发展规划区、农业保护区、自然保护区、风景名胜区、文物保护区、生活饮用水水源保护区、供水远景规划区、矿产资源储备区、军事要地、国家保密地区和其他需要特别保护的区域内。

生活垃圾填埋场选址的标高应位于重现期不小于50年一遇的洪水位之上,并建设在长远规划中的水库等人工蓄水设施的淹没区和保护区之外。拟建有可靠防洪设施的山谷型填埋场,并经过环境影响评价证明洪水对生活垃圾填埋场的环境风险在可接受范围内,前款规定的选址标准可以适当降低。

生活垃圾填埋场场址的选择应避开下列区域:破坏性地震及活动构造区;活动中的坍塌、滑坡和隆起地带;活动中的断裂带;石灰岩溶洞发育带;废弃矿区的活动塌陷区;活动沙丘区;海啸及涌浪影响区;湿地;尚未稳定的冲积扇及冲沟地区;泥炭以及其他可能危及填埋场安全的区域。

生活垃圾填埋场场址的位置及与周围人群的距离应依据环境影响评价结论确定,并经地方生态环境主管部门批准。

此外,在对生活垃圾填埋场场址进行环境影响评价时,应考虑生活垃圾填埋场产生的渗滤液、大气污染物、滋生的动物等因素,根据其所在地区的环境功能区类别,综合评价其对周围环境、居住人群的身体健康、日常生活和生产活动的影响,确定生活垃圾填埋场与常住居民居住场所、地表水域、高速公路、交通主干道、铁路、飞机场、军事基地等敏感对象之间合理的位置关系以及合理的防护距离。环境影响评价的结论可作为规划控制的依据。

6. 填埋废物的入场要求

(1)下列废物可以直接进入生活垃圾填埋场填埋处置:

① 由环境卫生机构收集或者自行收集的混合生活垃圾,以及企事业单位产生的办公废物。

② 生活垃圾焚烧炉渣。

③ 生活垃圾堆肥处理产生的固态残余物。

④ 服装加工、食品加工以及其他城市生活服务行业产生的性质与生活垃圾相近的一般工业固体废物。

(2)《医疗废物分类目录》中的感染性废物经过下列方式处理后,可以进入生活垃圾填埋场填埋处置。

① 按照 HJ/T 228 要求进行破碎毁形和化学消毒处理,并满足消毒效果检验指标。

② 按照 HJ/T 229 要求进行破碎毁形和微波消毒处理,并满足消毒效果检验指标。

③ 按照 HJ/T 276 要求进行破碎毁形和高温蒸汽处理,并满足处理效果检验指标。

④ 医疗废物焚烧处置后的残渣按照 HJ/T 276 要求进行破碎毁形和高温蒸汽处理,并满足处理效果检验指标。

(3)生活垃圾焚烧飞灰和医疗废物焚烧残渣经处理后满足下列条件,可以进入生活垃圾填埋场填埋处置。

① 含水率小于30%。

② 二噁英含量低于 3μg TEQ/kg。

③ 按照 HJ/T 300 制备的浸出液中危害成分浓度低于表 9-9 规定的限值。

表 9-9　浸出液污染物浓度限值　　　　　　　　　单位 mg/L

序号	污染物项目	浓度限值	序号	污染物项目	浓度限值
1	汞	0.05	7	钡	25
2	铜	40	8	镍	0.5
3	锌	100	9	砷	0.3
4	铅	0.25	10	总铬	4.5
5	镉	0.15	11	六价铬	1.5
6	铍	0.02	12	硒	0.1

(4)一般工业固体废物经处理后,按照 HJ/T 300 制备的浸出液中危害成分浓度低于表 9-9 规定的限值,可以进入生活垃圾填埋场填埋处置。

(5)经处理后满足(3)要求的生活垃圾焚烧飞灰和医疗废物焚烧残渣和满足(4)要求的一般工业固体废物在生活垃圾填埋场中应单独分区填埋。

（6）厌氧产沼等生物处理后的固态残余物、粪便经处理后的固态残余物和生活污水处理厂污泥经处理含水率小于60％，可以进入生活垃圾填埋场填埋处置。

（7）处理后分别满足（2）、（3）、（4）和（6）要求的废物应由地方生态环境主管部门认可的监测部门检测、经地方生态环境主管部门批准后，方可进入生活垃圾填埋场。

（8）下列废物不得在生活垃圾填埋场中填埋处置。

除符合（3）规定的生活垃圾焚烧飞灰以外的危险废物；未经处理的餐饮废物；未经处理的粪便；禽畜养殖废物；电子废物及其处理处置残余物；除本填埋场产生的渗滤液之外的任何液态废物和废水。国家生态环境标准另有规定的除外。

7. 污染物排放控制要求

（1）水污染物排放控制要求

① 生活垃圾填埋场应设置污水处理装置，生活垃圾渗滤液等污水经处理并符合本标准规定的污染物排放控制要求后，可直接排放。

② 现有和新建生活垃圾填埋场自2008年7月1日起执行表9－10规定的水污染物排放浓度限值。

表9－10　现有和新建生活垃圾填埋场水污染物排放浓度限值

序号	控制污染物	排放浓度限值	污染物排放监控位置
1	色度（稀释倍数）	40	常规污水处理设施排放口
2	化学需氧量（mg/L）	100	
3	生化需氧量（mg/L）	30	
4	悬浮物（mg/L）	30	
5	总氮（mg/L）	40	
6	氨氮（mg/L）	25	
7	总磷（mg/L）	3	
8	粪大肠菌群数个/L	10000	
9	总汞（mg/L）	0.001	
10	总镉（mg/L）	0.01	
11	总铬（mg/L）	0.1	
12	六价铬（mg/L）	0.05	
13	总砷（mg/L）	0.1	
14	总铅（mg/L）	0.1	

③ 现有生活垃圾填埋场无法满足表9－10规定的水污染物排放浓度限值要求的，满足以下条件时可将生活垃圾渗滤液送往城市二级污水处理厂进行处理：

生活垃圾渗滤液在填埋场经过处理后，总汞、总镉、总铬、六价铬、总砷、总铅等污染物浓度达到表9－10规定的浓度限值；城市二级污水处理厂每日处理生活垃圾渗滤液总量不超过污水处理量的0.5％，并不超城市二级污水处理厂额定的污水处理能力；生活垃圾渗滤液应均匀注入城市二级污水处理厂；不影响城市二级污水处理场的污水处理效果。

④ 根据环境保护工作的要求,在国土开发密度已经较高、环境承载能力开始减弱或环境容量较小、生态环境脆弱,容易发生严重环境污染问题而需要采取特别保护措施的地区,应严格控制生活垃圾填埋场的污染物排放行为,在上述地区的现有和新建生活垃圾填埋场执行表 9-11 规定的水污染物特别排放限值。

表 9-11 现有和新建生活垃圾填埋场水污染物排放浓度限值

序号	控制污染物	排放浓度限值	污染物排放监控位置
1	色度(稀释倍数)	30	常规污水处理设施排放口
2	化学需氧量(mg/L)	60	
3	生化需氧量(mg/L)	20	
4	悬浮物(mg/L)	30	
5	总氮(mg/L)	20	
6	氨氮(mg/L)	8	
7	总磷(mg/L)	1.5	
8	粪大肠菌群数(个/L)	100	
9	总汞(mg/L)	0.001	
10	总镉(mg/L)	0.01	
11	总铬(mg/L)	0.1	
12	六价铬(mg/L)	0.05	
13	总砷(mg/L)	0.1	
14	总铅(mg/L)	0.1	

(2)甲烷排放控制要求

填埋工作面上 2m 以下高度范围内甲烷的体积百分比应不大于 0.1%。生活垃圾填埋场应采取甲烷减排措施;当通过导气管道直接排放填埋气体时,导气管排放口的甲烷的体积百分比不大于 5%。

(3)生活垃圾填埋场在运行中应采取必要的措施防止恶臭物质的扩散。在生活垃圾填埋场周围环境敏感点方位的场界的恶臭污染物浓度应符合 GB 14554 的规定。

(4)生活垃圾转运站产生的渗滤液经收集后,可采用密闭运输送到城市污水处理厂处理、排入城市排水管道进入城市污水处理厂处理或者自行处理等方式。排入设置城市污水处理厂的排水管网的,应在转运站内对渗滤液进行处理,总汞、总镉、总铬、六价铬、总砷、总铅等污染物浓度限值达到规定的浓度限值,其他水污染物排放控制要求由企业与城镇污水处理厂根据其污水处理能力商定或执行相关标准。排入环境水体或排入未设置污水处理厂的排水管网的,应在转运站内对渗滤液进行处理并达到规定的浓度限值。

第四节　固体废物环境污染防控措施

一、固体废物的管理制度

固体废物的管理指探讨固体废物从产生到最终处置对环境的影响及其对策。运用环境管理的理论和方法,结合我国实际情况,通过法律、经济、教育和行政等手段,在相关政策的指导下,实施具体可行的行动计划,采用行之有效的技术措施和适当的管理办法,多方位地控制固体废物的环境污染,促进经济与环境的协调发展,保证可持续发展战略的实施。

（一）废物的交换制度

一个行业或企业的废物可能是另一个行业或企业的原料。通过信息系统对固体废物进行交换,这种废物交换已不同于一般意义上的废物综合利用,而是利用信息技术实行废物资源合理配置的系统工程。

（二）废物审核制度

废物审核制度是对废物从产生、处理到处置、排放实行全过程监督的有效手段。主要内容:废物合理产生的估量;废物流向和分配及监测记录;废物处理和转化;废物有效排放和废物总量核算;废物从产生到处置的全过程评估。废物审核结果可及时判断工艺的合理性,发现操作过程中是否有跑、冒、滴、漏或非法排放,有助于改善工艺、改进操作,实现废物最小量化。

（三）申报登记制度

为使环境保护主管部门掌握工业固体废物和危险废物的种类、产生量、流向以及对环境的影响等情况,有效地防治工业固体废物和危险废物对环境的污染,《中华人民共和国固体废物污染环境防治法》要求实施工业固体废物和危险废物申报登记制度。

（四）排污收费制度

根据《中华人民共和国固体废物污染环境防治法》规定:"企业事业单位对其产生的不能利用或者暂时不利用的工业固体废物,必须按照国务院环境保护主管部门的规定建设贮存或处置的设施、场所"。固体废物排污费的交纳,是对那些在按照规定和环境保护标准建成工业固体废物贮存或者处置的设施、场所或经改造这些设施、场所达到环境保护标准之前产生的工业固体废物而言。

（五）许可证制度

废物的储存、转运、加工处理特别是处置实行经营许可证制度。经营者原则上应独立于生产者,经营者和经营人员必须经过专门的培训,并经考核取得专门的资格证书,经营者必须持有专门的废物管理机构发放的经营许可证,并接受废物管理机构的监督检查。废物经营实行收费制,促使废物最小量化。

（六）建立废物信息系统和转移跟踪制度

废物从产生起到最终处置的每个环节实行申报、登记、监督跟踪管理。废物产生者和经营者要对所有产生的废物名称、时间、地点、生产厂家、生产工艺,废物种类、组成、数量、物理化学特性和加工、处理、转移、储存、处置及对环境的影响向废物管理机构进行申报、登记,所有数据和信息都存入信息系统并实行跟踪。管理部门对废物业主和经营者进行监督管理和指导。

二、一般工业固废管理制度与台账制定

为加强对一般工业固体废物的产生、收集、暂存、移出管理,防止污染环境,根据《中华人民共和国固体废物污染环境防治法》等有关法律法规,制定本管理制度。

(一)贮存和填埋污染控制标准

本标准规定了一般工业固体废物贮存场、填埋场的选址、建设、运行、封场、土地复垦等过程的环境保护要求,以及替代贮存、填埋处置的一般工业固体废物充填及回填利用环境保护要求,以及监测要求和实施与监督等内容。

本标准适用于新建、改建、扩建的一般工业固体废物贮存场和填埋场的选址、建设、运行、封场、土地复垦的污染控制和环境管理,现有一般工业固体废物贮存场和填埋场的运行、封场、土地复垦的污染控制和环境管理,以及替代贮存、填埋处置的一般工业固体废物充填及回填利用的污染控制及环境管理。

针对特定一般工业固体废物贮存和填埋发布的专用国家环境保护标准的,其贮存、填埋过程执行专用环境保护标准。

采用库房、包装工具(罐、桶、包装袋等)贮存一般工业固体废物过程的污染控制,不适用本标准,其贮存过程应满足相应防渗漏、防雨淋、防扬尘等环境保护要求。

(二)台账制定

1. 目的和依据

台账制度是规范工业固体废物流向的重要抓手,是实现工业固体废物全过程管理的基础性、保障性制度。产生工业固体废物的单位(以下简称产废单位)建立工业固体废物管理台账,如实记录工业固体废物的种类、数量、流向、贮存、利用、处置等信息,可以实现工业固体废物可追溯、可查询的目的,推动企业提升固体废物管理水平。

为落实《中华人民共和国固体废物污染环境防治法》第三十六条关于建立工业固体废物管理台账的要求,规范一般工业固体废物管理台账制定工作,制定本指南。

2. 适用范围

本指南适用于规范产废单位制定一般工业固体废物管理台账。工业危险废物管理台账制定不适用本指南。

3. 前期准备工作

分析一般工业固体废物的产生情况。从原辅材料与产品、生产工艺等方面分析固体废物的产生情况,确定固体废物的种类,了解并熟悉所产生固体废物的基本特性;明确负责人及相关设施、场地。明确固体废物产生部门、贮存部门、自行利用部门和自行处置部门负责人,为固体废物产生设施、贮存设施、自行利用设施和自行处置设施编码;确定接受委托的利用处置单位。委托他人利用、处置的,应当按照《中华人民共和国固体废物污染环境防治法》第三十七条要求,选择有资格、有能力的利用处置单位。

4. 台账管理要求(见本章末二维码,表格见附录9-1)

(1)一般工业固体废物管理台账实施分级管理。附表9-1至附表9-3为必填信息,主要用于记录固体废物的基础信息及流向信息,所有产废单位均应当填写。附9-1按年填写,应当结合环境影响评价、排污许可等材料,根据实际生产运营情况记录固体废物产生信息,生产工艺发生重大变动等原因导致固体废物产生种类等发生变化的,应当及时另行填写附表9-1;附表9-2按月填写,记录固体废物的产生、贮存、利用、处置数量和利用、处置方式等信息;附表9-3按批次填写,每一批次固体废物的出厂以及转移信息均应当如实记录。

(2)附表9-4至附表9-5为选填信息,主要用于记录固体废物在产废单位内部的贮存、利用、处置等信息。附表9-4至附表9-7,根据地方及企业管理需要填写,省级生态环境主管部门可根据工作需要另行规定具体适用范围和记录要求。填写时应确保固体废物的来源信息、流向信息完整准确;根据固体废物产生周期,可按日或按班次、批次填写。

(3)产废单位填写台账记录表时,应当根据自身固体废物产生情况,从附表9-8中选择对应的固体废物种类和代码,并根据固体废物种类确定固体废物的具体名称。

(4)鼓励产废单位采用国家建立的一般工业固体废物管理电子台账,简化数据填写、台账管理等工作。地方和企业自行开发的电子台账要实现与国家系统对接。建立电子台账的产废单位,可不再记录纸质台账。

(5)台账记录表各表单的负责人对记录信息的真实性、完整性和规范性负责。

(6)产废单位应当设立专人负责台账的管理与归档,一般工业固体废物管理台账保存期限不少于5年。

(7)鼓励有条件的产废单位在固体废物产生场所、贮存场所及磅秤位置等关键点位设置视频监控,提高台账记录信息的准确性。

三、危险废物管理与台账制定

为贯彻《中华人民共和国固体废物污染环境防治法》,防止危险废物贮存过程造成的环境污染,加强对危险废物贮存的监督管理,制定本标准。本标准规定了对危险废物贮存的一般要求,对危险废物包装、贮存设施的选址、设计、运行、安全防护、监测和关闭等要求。

(一)适用范围

本标准适用于所有危险废物(尾矿除外)贮存的污染控制及监督管理,适用于危险废物的产生者、经营者和管理者。

(二)一般要求

1. 所有危险废物产生者和危险废物经营者应建造专用的危险废物贮存设施,也可利用原有构筑物改建成危险废物贮存设施。

2. 在常温常压下易爆、易燃及排出有毒气体的危险废物必须进行预处理,使之稳定后贮存,否则按易爆、易燃危险品贮存。

3. 在常温常压下不水解、不挥发的固体危险废物可在贮存设施内分别堆放。

4. 除 3 规定外、必须将危险废物装入容器内。

5. 禁止将不相容(相互反应)的危险废物在同一容器内混装。

6. 无法装入常用容器的危险废物可用防漏胶袋等盛装。

7. 装载液体、半固体危险废物的容器内须留足够空间,容器顶部与液体表面之间保留 100mm 以上的空间。

8. 医院产生的临床废物,必须当日消毒,消毒后装入容器。常温下贮存期不得超过 1d,于 5℃ 以下冷藏的,不得超过 7d。

9. 盛装危险废物的容器或者设施上必须粘贴相应标签(见本章末二维码,见附录 9 - 2)。

10. 危险废物贮存设施在施工前应做环境影响评价。

(三)标准的实施与监督

本标准由县级以上人民政府环境保护行政主管部门负责实施与监督。

(四)台账管理

产生危险废物的单位,应当按照国家有关规定制定危险废物管理计划;建立危险废物管理台账,如实记录有关信息,并通过国家危险废物信息管理系统向所在地生态环境主管部门申报危险废物的种类、产生量、流向、贮存、处置等有关资料。

产生危险废物的单位已经取得排污许可证的,执行排污许可管理制度的规定。

危险废物利用、处置排污单位,应满足《危险废物经营许可证管理办法》、GB 18597、GB 18598、HJ 2042 等法规、标准中关于台账记录和报告的要求。

1. 记录内容

包括基本信息、接收固体废物信息、生产设施运行管理信息、污染防治设施运行管理信息、监测记录信息及其他环境管理信息等。生产设施、污染防治设施、排放口编码应与排污许可证副本中载明的编码一致。

(1)基本信息

基本信息主要包括企业名称、生产经营场所地址、行业类别、法定代表人、统一社会信用代码、接收废物类别、利用处置方式、利用处置规模、危险废物经营许可证编号(已取得经营许可证的)、环保投资、排污权交易文件、环境影响评价审批、审核意见及排污许可证编号等。

(2)接收固体废物信息

排污单位应记录外来一般工业固体废物进场信息、外来危险废物入库信息、库存危险废物出库信息、填埋场填埋情况、库存危险废物利用/处置信息、危险废物样品分析信息、危险废物样品小试报告。

外来一般工业固体废物进场信息应包括进场时间、固体废物名称、废物类别、废物产生单位、物理状态、废物重量、贮存设施编码。

填埋场填埋情况记录应包括进入填埋场时间、废物名称、废物类别(属于危险废物的还需记录危险废物代码)、废物取出位置、填埋的废物质量、是否固化/稳定化、固化/稳定化后废物重量、固化/稳定化后废物体积、累计填埋量、剩余库容。

外来危险废物入库信息、库存危险废物出库信息、库存危险废物利用/处置信息、危险废物样品分析信息和危险废物样品小试报告,按照《危险废物经营单位记录和报告经营情况指南》相关要求执行。

3. 生产设施运行管理信息

排污单位应定期记录生产运行状况,并留档保存,记录内容主要包括原辅料及燃料信息、主要生产单元正常工况。

辅料消耗情况应包括记录日期、批次、主要辅料名称、用量、有毒有害成分及占比。燃料消耗情况应包括记录日期、批次、用量、低位热值以及含硫量等信息。

主要生产单元正常工况信息应包括设施名称/编码、利用或处置固体废物的名称及类别、记录时间内的实际处理量。

4. 污染防治设施运行管理信息

(1)正常情况:污染防治设施运行信息应按照设施类别分别记录设施的实际运行相关参数和维护记录。

① 有组织废气治理设施记录设施名称/编码、设施运行时间、主要运行参数、排气量、主要污染因子及治理效率、排气筒高度、排气筒温度、停运时间、使用药剂的名称和添加量。

② 无组织废气排放控制记录措施执行情况,应包括记录时间、无组织排放源、采取的控制措施及简要描述。

③ 废水处理设施运行情况应包括设施名称/编码、主要运行参数、废水流量、污染因子及治理效率、排放去向、污泥产生量及处理方式、停运时间、使用药剂的名称和添加量。

④ 自身产生的一般工业固体废物/危险废物贮存、利用、处置信息应包括记录时间、产废设施名称/编码、产生的废物名称及类别(属于危险废物的还包括危险废物代码)、废物去向。废物去向包括利用、处置、贮存和委外转移,按照实际情况分别记录利用量、处置量、贮存量以及相应的设施名称或编号,委外的记录转移量、转移联单编号、委托单位。

(2)非正常工况应记录起止时间、生产设施名称/编码、非正常工况下的固体废物利用/处置情况、辅料添加情况、燃料适用情况、时间原因、对应措施,并记录是否报告。

污染防治设施异常情况应记录异常情况起止时间、设施名称或编码、设施异常情况下的污染物排放情况、时间原因、对应措施,并记录是否报告。

(3)环保设施检查、维护记录要求

① 除尘设施

除尘设施应每班检查:是否正常、故障原因、维护过程、检查人、检查日期及班次。袋式除尘器应每周检查:提升阀、脉冲阀、气源压力、提升盖板、有无漏风、维护过程、运行时间、检查人、检查日期。

电除尘器应每周检查:电场编号、二次电流、二次电压、分布板振打装置、阳极振打装置、电场漏风与否、维护过程、运行时间、检查人、检查日期。

电袋复合除尘器应每周检查:电场编号、二次电流、二次电压、分布板振打装置、阳极振打装置、电场漏风与否、提升阀、脉冲阀、气源压力、提升盖板、维护过程、运行时间、检查人、检查日期。

② 脱硫脱硝设施

脱硝、脱硫设施应每班检查:是否与主机同步运行、是否正常、故障原因、维护过程、检查人、检查日期。

③ 有机废气治理设施

有机废气治理设施应每班检查:是否正常、故障原因、维护过程、检查人、检查日期及班次。

④ 除臭设施

除臭设施应每班检查:是否正常、故障原因、维护过程、检查人、检查日期及班次。

⑤ 无组织治理设施

无组织治理设施应每天检查并记录:设施(设备)名称、无组织管控措施是否正常、故障原因、维护过程、检查人、检查日期等信息。

⑥ 污水处理设施

污水处理设施应每天检查:风机、水泵和处理设施等是否正常、故障原因、维护过程、检查人、检查日期等信息。

污水处理设施应每周记录:药剂名称、药剂投加量、污水处理水量、污水排放量、污水回用量。

⑦ 一般工业固体废物贮存、处置场

每周检查记录:环保标识设置情况,维护堤、坝、挡土墙、导流渠是否正常无损坏,是否出现地基下沉、坍塌、滑坡,防渗工程是否正常,问题原因,维护过程,检查人,检查日期等信息。

⑧ 危险废物贮存场

每周检查记录:环保标识设施情况,贮存容器是否破损,应急防护设施情况,防渗工程是否正常,问题原因,维护过程,检查人,检查日期等信息。

⑨ 危险废物填埋场

每周检查记录:环保标识设施情况,填埋区覆盖情况,渗滤液产生量和渗漏检测层流出量,防渗工程是否正常,问题原因,维护过程,检查人,检查日期等信息。

⑩ 其他

其他内容检查维护记录按照《危险废物经营单位记录和报告经营情况指南》相关要求执行。

5. 监测记录信息

排污单位应建立污染防治设施运行管理监测记录,记录、台账的形式和质量控制参照 HJ/T 373、HJ 819 等相关要求执行。

监测记录包括有组织废气污染物监测、无组织废气污染物监测、废水污染物监测以及地下水监测。监测记录信息应包括监测日期、监测时间、监测结果、监测期间工况、若有超标记录超标原因。有监测报告的可只记录监测期间工况及超标排放的超标原因。

6. 其他环境管理信息

排污单位应记录无组织废气污染治理措施运行、维护、管理相关的信息。排污单位在特殊时段应记录管理要求、执行情况(包括特殊时段生产设施运行管理信息和污染防治设施运行管理信息)等。

日常检查记录按照《危险废物经营单位记录和报告经营情况指南》相关要求执行。

排污单位还应根据管理部门要求和排污单位自行监测内容需求,自行增补记录(见本章末二维码,危险废物的其他规定见附录9-3)。

四、固体废物的管理体系

体系是以环境保护主管部门为主;结合有关的工业主管部门以及建设主管部门共同对固体废物实行全过程管理。为实现固体废物的"三化",各主管部门在职权范围内,建立相应的管理体系和管理制度。

各级环境保护主管部门工作职责有:制定有关固体废物管理的规定、规则和标准;建立固体废物污染环境的监测制度;审批产生固体废物的项目以及建设贮存、处置固体废物的项目的环境影响评价;验收、监督和审批固体废物污染环境防治设施的"三同时"及其关闭、拆除;对与固体废物污染环境有关的单位进行现场检查;对固体废物的转移、处置进行审批、监督;进口可用作原料的废物的审批。

国务院有关部门、地方人民政府有关部门工作职责有:对所管辖范围内的有关单位的固体废物污染环境防治工作进行监督管理;对造成固体废物严重污染环境的企事业单位进行限期治理;制定防治工业固体废物严重污染环境的技术政策,组织推广先进的防治工业固体废物污染环境的生产工艺和设备;组织、研究、开发和推广减少工业固体废物产生量的生产工艺和设备,限期淘汰产生严重污染环境的工业固体废物的落后生产工艺、落后设备;制定工业固体废物污染环境防治工作规划;组织建设工业固体废物和危险废物贮存、处置设施。

各级人民政府环境卫生行政主管部门工作职责有:组织制定有关城市生活垃圾管理的规定和环境卫生标准;组织建设城市生活垃圾的清扫、贮存、运输和处置设施,并对其运转进行监督管理;对城市生活垃圾的清扫、贮存、运输和处置经营单位进行统一管理。

五、固体废物污染防治原则

根据《固体废物污染环境防治法》的有关规定,固体废物污染防治原则有以下四项。

(一)"减量化、资源化、无害化"原则

对固体废物实行减量化、资源化和无害化是防治固体废物污染环境的重要原则,简称"三化"原则。国家对固体废物污染环境的防治,实行减少固体废物的产生量和危害性、充分合理利用固体废物和无害化处置固体废物的原则,促进清洁生产和循环经济发展。国家采取有利于固体废物综合利用活动的经济、技术政策和措施,对固体废物实行充分回收和合理利用。国家鼓励、支持采取有利于保护环境的集中处置固体废物的措施,促进固体废物污染环境防治产业发展。

(二)全过程管理的原则

《固体废物污染环境防治法》有关条款对固体废物从产生、收集、贮存、运输、利用直到最终处置各个环节都有管理规定和要求,实际上就是要对固体废物从产生、收集、贮存、运输、利用直到最终处置实行全过程管理。

(三)分类管理的原则

鉴于固体废物的成分、性质和危险性存在较大差异,所以,在管理上必须采取分别、分类管理的方法,针对不同的固体废物制定不同的对策或措施。防治工业固体废物、生活垃圾以及危险废物三类固体废物造成对环境的污染。其中对工业固体废物、生活垃圾的污染环境防治采取一般性的管理措施,而对危险废物则规定采取严格的管理措施。

(四)污染者负责的原则

国家对固体废物污染环境防治实行污染者依法负责的原则。产品的生产者、销售者、进口者和使用者对其产生的固体废物依法承担污染防治责任。

六、固体废物的处理与处置

(一)固体废物处理

指将固体废弃物转变成适于运输、利用、储存或最终处置的过程。固体废物处理主要方法包括物理处理、化学处理、生物处理、热处理等。

(二)固体废物处置

是指最终处置或安全处置,是固体废物污染控制的末端环节,解决固体废物的归宿问题。主要方法包括陆地处置和海洋处置。

(三)固体废弃物处理技术

固体废物处理技术涉及物理学、化学、生物学、机械工程等多种学科,主要处理技术如下:

1. 固体废物的预处理。在对固体废物进行综合利用和最终处理之前,往往需要实行预处理,以便于进行下一步处理。预处理主要包括固体废物的破碎、筛分、粉磨、压缩等工序。

2. 物理法处理固体废物。利用固体废物的物理和物理化学性质,从中分选或分离有用或有害物质。根据固体废物的特性可分别采用重力分选、磁力分选、电力分选、光电分选、弹道分选、摩擦分选和浮选等分选方法。

3. 化学法处理固体废物。通过固体废物发生化学转换回收有用物质和能源。煅烧、焙烧、烧结、溶剂浸出、热分解、焚烧、电离辐射都属于化学处理方法。

4. 生物法处理固体废物。利用微生物的作用处理固体废物。其基本原理是利用微生物的生物化学作用,将复杂有机物分解为简单物质,将有毒物质转化为无毒物质。沼气发酵和堆肥即属于生物处理法。

5. 固体废物的最终处理。没有利用价值的有害固体废物需进行最终处理。最终处理的方法有焚化法、填埋法、海洋投弃法等。固体废物在填埋和投弃海洋之前尚需进行无害化处理。

(四)固体废弃物处理技术

1. 卫生填埋

卫生填埋技术采取防渗、填埋、压实、覆盖和填埋场地气体、渗沥水治理等环境保护处理措施,它是生活垃圾最终处理的形式,它是将生活垃圾集中到一个特定的地方、埋起来,同时既要解决垃圾污水的渗漏及覆土,又要解决蝇蚊滋生、臭气,并对发酵时产生的气体进行导引,以防止甲烷富集引发堆场爆炸等问题。

卫生填埋的特点主要有占地多、运距较远、日处理量大,单位投资少、运行费用低。

卫生填埋是国内外普遍采用的一种方式,操作简单,抗冲击负荷大,可以处理不同种类的垃圾。但是卫生填埋二次污染严重,垃圾发酵产生的甲烷气体是火灾及爆炸隐患,排放到大气中又会产生温室效应,且填埋地点很难找。

2. 堆肥

堆肥技术是在一定的工艺条件下,利用微生物的分解作用,使生活垃圾中有机组分达到稳定化的处理技术,也就是将生活垃圾堆放在特定的容器内,在缺氧或供氧的状况下,自然发酵升温降解有机物,实现垃圾无害化。

堆肥可以分为静态堆肥、动态堆肥以及介于两者之间的间歇式动态堆肥;按需氧情况分为好氧发酵堆肥与厌氧发酵堆肥两种。

堆肥处理的缺点有三个方面:一是垃圾中的石块、金属、玻璃、塑料等废弃物不能被微生物分解,这些废弃物必须分拣出来,另行处理;二是堆肥周期长,占地面积大,卫生条件差;三是肥效低、成本高,与化肥比销售困难,经济效益差。

堆肥处理是针对垃圾中可被微生物分解的有机物,所以它是垃圾中有机成分的处理技术,而不是全部垃圾的最终处理技术。只有与分选方法相结合,与其他处理如填埋、焚烧相配合,堆肥才是一种有前途的垃圾处理技术。

3. 焚烧

焚烧是目前世界上一些经济发达国家广泛采用的一种城市生活垃圾处理技术。焚烧是热处理的一种形式,热处理方法分成三类:焚烧、气化、热解。焚烧是充分燃烧,热解在绝氧状况下进行,而气化是供氧不足情况下将物料变成可燃气体后即燃烧,不充分再进行二次燃烧。焚烧在 $800 \sim 1300℃$ 进行,热解是在 $400 \sim 600℃$ "低"温下进行,是吸热反应。

焚烧优点是无害化、减量化显著,产生热能可充分利用,占地少,污染小。缺点是单位投资相对较大,运行费用较多,对焚烧后尾气处理技术要求高,对垃圾低位热值有一定要求,产生的烟气必须净化。焚烧垃圾时会产生一些有害气体、有机物和炉渣。如果将他们直接排放到环境中,同样会导致污染,因此有必要将垃圾送进焚烧炉进行集中处理。

(五)固体废弃物处置技术

固体废物处置方法包括海洋和陆地处置两大类。

1. 海洋处置

海洋处置主要分为海洋倾倒与远洋焚烧两种方法。近年来,随着人们对保护环境生态重要性认识的加深和总体环境意识的提高,海洋处置已受到越来越多的限制。

2. 陆地处置

陆地处置包括土地耕作、工程库或贮留池贮存、土地填埋以及深井灌注等。其中土地填埋法是最常用方法。

思考题

1. 什么是固体废物? 如何对固体废物进行分类?

2. 什么是危险废物,危险废物的分类?

3. 垃圾填埋场主要有哪些环境影响？

4. 简述固体废物的控制措施。

参考文献

[1] 宁平. 固体废物处理与处置[M]. 北京:高等教育出版社,2007.

[2] 生态环境部环境工程评估中心. 环境影响评价技术导则与标准[M]. 北京:中国环境出版集团,2022.

[3] 生态环境部环境工程评估中心. 环境影响评价技术方法[M]. 北京:中国环境出版集团,2022.

[4] 环境保护部科技标准司. 生活垃圾填埋场污染控制标准:GB 16889—2008[S]. 北京:中国环境科学出版社出版,2008.

[5] 生态环境部固体废物与化学品司、法规与标准司. 一般工业固体废物贮存和填埋污染控制标准:GB 18599—2020[S]. 北京:中国环境出版集团,2020.

[6] 陈广洲. 环境影响评价[M]. 合肥:合肥工业大学出版社,2005.

[7] 钱瑜. 环境影响评价[M]. 南京:南京大学出版社,2020.

[8] 王琪. 固体废物及其处理处置技术(上)[J]. 环境保护,2010.

[9] 王琪. 固体废物及其处理处置技术(中)[J]. 环境保护,2010.

[10] 王琪. 固体废物及其处理处置技术(下)[J]. 环境保护,2010.

第九章补充资料

第十章 土壤环境影响评价

本章要点: 土壤环境影响评价是通过对建设项目建设期、运营期和服务期满后对土壤环境理化特性以及生态学功能可能造成的影响进行分析、预测和评估,提出预防或者减轻不良影响的措施和对策,为建设项目土壤环境保护提供科学依据。通过本章的学习,了解土壤环境的基础知识,明确土壤环境影响评价的工作程序和技术方法,掌握土壤环境现状调查方法、土壤污染预测方法等基本技能,能够对土壤环境污染提出防治措施。

第一节 土壤的基本概念

土壤环境是指受自然或人为因素作用的,由矿物质、有机质、水、空气、生物有机体等组成的陆地表面疏松综合体,包括陆地表层能够生长植物的土壤层和污染物能够影响的松散层等。土壤是人类生存的最重要环境要素之一,人类从土壤中源源不断地获得生存所需的物质,又向土壤中排放不同的物质,进而对土壤环境产生影响,这种影响通常分为土壤环境生态影响和土壤环境污染影响。

一、土壤的主要特征

土壤是位于地球陆地表面具有肥力能生长植物的疏松层。它以不完全连续的状况存在于陆地表面,称为土壤圈。土壤圈是与人类关系最密切的一种环境要素。土壤的最本质特征是土壤肥力,即土壤具有使植物在其上生长的能力。同时,土壤还具有自净和调节作用。这些特性使得土壤成为人类社会生存发展的一种重要资源,也使土壤在稳定和保护人类生存环境中起着重要的作用。

1. 土壤肥力

土壤具有能够不断供应和协调植物生长所必需的养分、水分、空气和热量的能力。这是土壤区别于其他自然体的本质特征,是土壤物理、化学、生物等性质的综合反映。土壤中各个肥力因素(水肥、气热)是相互联系和相互制约的。

在生态系统的能量流动中,植物处于"能量金字塔"的最底部,其上方是各级动物和微生物,生态系统也必须依赖于绿色植物的固定太阳能转化为化学能的能力。而土壤是绿色植物生长的基础条件,所有陆生生物都依赖于土壤的这种巨大的生产能力,因此生态系统也必须依赖于土壤的肥力。在人类环境中,土壤具有这种生产植物产品的独特功能,为人类的生活、生产提供了必需的食物和生产资料,是不可替代的、重要的自然资源。

土壤肥力是土壤理化性质和土壤生物的综合指标,来源于两个方面的作用:一个方面是自然因素作用下形成,是土壤周边各环境要素共同作用的结果;另一个方面与人为的措施有关,可在耕种、施肥、灌排等人为因素作用下形成。但土壤肥力的自然产生是非常缓慢的过程,一旦被破坏,短期内很难恢复。因此,保护土壤肥力是非常重要的。

2. 土壤调节能力

土壤的缓冲性、多孔性和吸收性是其调节作用的主要表现。土壤能抵抗、减缓酸性物质和碱性物质的作用,对大气降水和气温有调节和缓冲作用,并有调节和平衡向大气环境中释放 CO_2、CH_4、SO_2 等温室气体的能力。

3. 土壤自净能力

土壤是一个多相的疏松多孔体,土壤中存在多种性质的化合物、无机及有机胶体和微生物,能与进入土壤的有毒有害物质,通过物理的、化学的和生物的多种作用,使有毒有害物质在土壤中的浓度、数量或活性、毒性降低。这种自净能力能够有效地保持土壤的各项功能维持正常。

但是,土壤中有毒有害物质的输入、积累与土壤的自净作用是两个方向相反、同时存在的过程,在正常情况下两者处于动态平衡状态,此时不会发生土壤污染,但在输入土壤的有毒有害物质数量和速度超过土壤的自净能力时,打破了这种动态平衡,使有毒有害物质的积累占据优势,则可发生土壤污染,导致土壤正常功能失调、土壤环境质量下降。

二、土壤质量的主要影响因素

(一)影响土壤质量的自然因素

1. 土壤水分

自然界中的水分通过降水、灌溉、地下水上升等途径进入并保持在土壤中,便成为农作物吸收水分的主要来源。

2. 土壤养分

土壤养分是土壤肥力中最重要的因素。作物生长发育所需的营养元素,除来自空气和水的碳、氢、氧外,其他均来自土壤。

3. 土壤空气

土壤空气存在于未被液态水占据的土壤孔隙中,随土壤含水量的变化而变化,一般旱地作物要求耕作层的空气容量在 $10\%\sim15\%$。

4. 土壤温度

土壤温度是土壤热量的量度,随太阳辐射的周期性变化而变化。作物在各个生育阶段都需要一定的土壤温度,土壤温度也影响土壤水分的汽化、凝结以及空气的对流和养分的转化。

5. 土壤微生物

土壤中聚集着大量微生物,微生物从土壤中汲取物质和能量,依托于土壤环境生存;同时又通过自身代谢以及其他生理活动改变着土壤环境。土壤中微生物的种类和数量是衡量土壤质量的一个重要方面。

(二)影响土壤质量的人为因素

影响土壤环境质量的人为因素很多,从建设项目对土壤环境的影响来分析,主要包括土壤环境污染影响和土壤环境生态影响两个方面。

1. 土壤环境污染影响

因人为因素导致某种物质进入土壤环境,引起土壤物理、化学、生物等方面特性的改变,导致土壤质量恶化的过程或状态。土壤污染具有隐蔽性、不可逆性和长期性等特点。

建设项目不同,产生的污染物类型也不同。有色金属冶炼厂或矿山,主要污染物为重金属和酸性物质;化学工业或冶炼工业,则主要污染物为矿物油和其他有机物;而以煤为能源的火电厂,主要污染物为粉煤灰等固体废弃物和 SO_2 等可沉降转化的气体污染物。

污染物性质不同,影响环境的程度各异。重金属中的汞、镉、铬等和有机物中的多环芳烃,远比其他重金属和其他有机物毒害重、影响深。污染物通过大气沉降、地面漫流、垂直入渗等方式进入土壤,污染范围和影响也有所区别。

2. 土壤环境生态影响

由于人为因素引起土壤环境特征变化导致其生态功能变化的过程或状态。

人为因素引发严重的土壤生态学功能退化主要是限于人类认识土壤自然体及其与环境条件关系的水平,在利用土壤及其环境条件时,存在着盲目性。主要表现在农业生产和工矿、交通及其他事业的发展中。

在农业生产中,如草原土壤地区,盲目追求牲畜产量,放牧过度,牧草破坏,会引起土壤沙化。平原地区,为追求粮食高产,盲目发展灌溉,引起地下水位升高,会发生土壤沼泽化,如地下水矿化度较高,还会发生土壤次生盐渍化。降水量较少地区,为发展农业生产,大量抽取地下水灌溉,会导致地下水下降、土壤沙化、空洞等情况。

工矿、交通及其他事业生产,需要占用大量土地、减少土壤资源,改变土壤利用方向,同时影响土壤环境条件,打破各成土因素之间的协调与平衡,导致土壤退化和破坏。水库和灌渠建设,可能引起库岸和渠道附近地下水位抬升,促使土壤沼泽化发展,在干旱和半干旱化地区,地下水矿化度较高的情况下还可能使土壤发生盐渍化。而厂房、道路、矿山,特别是露采矿山的建设,均要开挖、剥离土壤,破坏植被,有可能引发土壤侵蚀,造成严重的土壤破坏,并促进附近土壤向沙化发展。

三、土壤环境影响类型

土壤环境影响按不同依据,可划分为如下类型。

(一)按影响结果划分

1. 污染影响型

是指因人为因素导致某种物质进入土壤环境,引起土壤物理、化学、生物等方面特性的改变,导致土壤质量恶化的过程或状态。建设项目在建设、生产使用过程或项目服务期满后,可能会产生或残留有毒害物质,对土壤环境产生化学性和物理性或生物性污染危害。一般工业建设项目中产生的土壤环境影响,大部分属于这种类型。

2. 生态影响型

是指由于人为因素引起土壤环境特征变化导致其生态功能变化的过程或状态。通常建设项目对土壤环境施加的主要影响不是污染,而是项目本身固有特性和对条件的改变,如地质、地貌、水文、气候和生物的改变,引发土壤的退化、破坏。一般水利工程、交通工程、森林开采、矿产资源开发等造成的土壤环境影响,多属于这种类型。

(二)按影响时段划分

1. 建设阶段影响

指建设项目在施工期间对土壤产生的影响,主要包括在厂房、道路等施工过程中,建筑材料和生产设备的运输、装卸、贮存等过程中对土壤的占压、开挖、土地利用的改变以及植被破坏可能引起的土壤环境影响等。

2. 运行阶段影响

指建设项目运行期间产生的影响,主要包括项目生产过程排放的废气、废水和固体废弃物对土壤的污染,部分水利、交通、矿山生产过程中引起的土壤的退化和破坏。

3. 服务期满后的影响

指建设项目使用寿命期结束后仍继续对土壤环境产生的影响。主要包括地质、地貌、气候、水文、生物等土壤条件,随着土地利用类型改变而带来的土壤影响,如矿山开采结束以后,留下矿坑、采矿场、排土场、尾矿场,继续对土壤的退化、破坏影响。厂区遗留的有机、无机污染物以及重金属等对土壤环境的影响等。

(三)按影响方式划分

1. 直接影响

指影响因子产生后直接作用于被影响的对象,并直接显示出因果关系,例如土壤沙化,固体废弃物造成的土壤污染,土壤中某些重金属污染通过以土—手—口直接进入人体,都属于直接污染。

2. 间接影响

指影响因子产生后需要通过中间转化过程才能作用于被影响的对象。例如土壤沼泽化、盐渍化,一般需经过地下水或地表水的浸泡作用和矿物盐类的浸渍作用才能分别发生,属于间接影响。土壤中大部分污染物通过植物、动物—人体以食物链方式进入人体并在体内富集从而危害机体健康,也属于间接影响。

(四)按影响性质划分

1. 可逆影响

指施加影响的活动停止后,土壤可迅速或逐渐恢复到原来的状态,例如土壤退化、土壤有机物污染,属于可逆影响。

2. 不可逆影响

指施加影响的活动一旦发生,土壤就不可能或很难恢复到原来的状态。例如土壤侵蚀,特别是严重的土壤侵蚀,就很难恢复原来的土层和土剖面。一些重金属污染,由于重金属在土壤中不能被降解或转化,一般难以恢复,也属于不可逆影响。

3. 积累影响

指排放到土壤中的某些污染物,对土壤产生的影响需要经过长期作用,直到积累超过一定的临界值以后才会体现出来。

4. 协同影响

指两种以上的污染物同时作用于土壤时因协同作用所产生的影响大于每一种污染物单独影响的总和。

第二节　土壤环境影响评价等级与程序

一、土壤环境影响评价工作的程序

土壤环境影响评价应按划分的评价工作等级开展工作,识别建设项目土壤环境影响类型、影响途径、影响源及影响因子,确定土壤环境影响评价工作等级;开展土壤环境现状调查,完成土壤环境现状监测与评价;预测与评价建设项目对土壤环境可能造成的影响,提出相应的防控措施与对策。

土壤环境影响评价工作可划分为准备阶段、现状调查与评价阶段、预测分析与评价阶段和结论阶段。具体工作流程如图 10-1 所示。

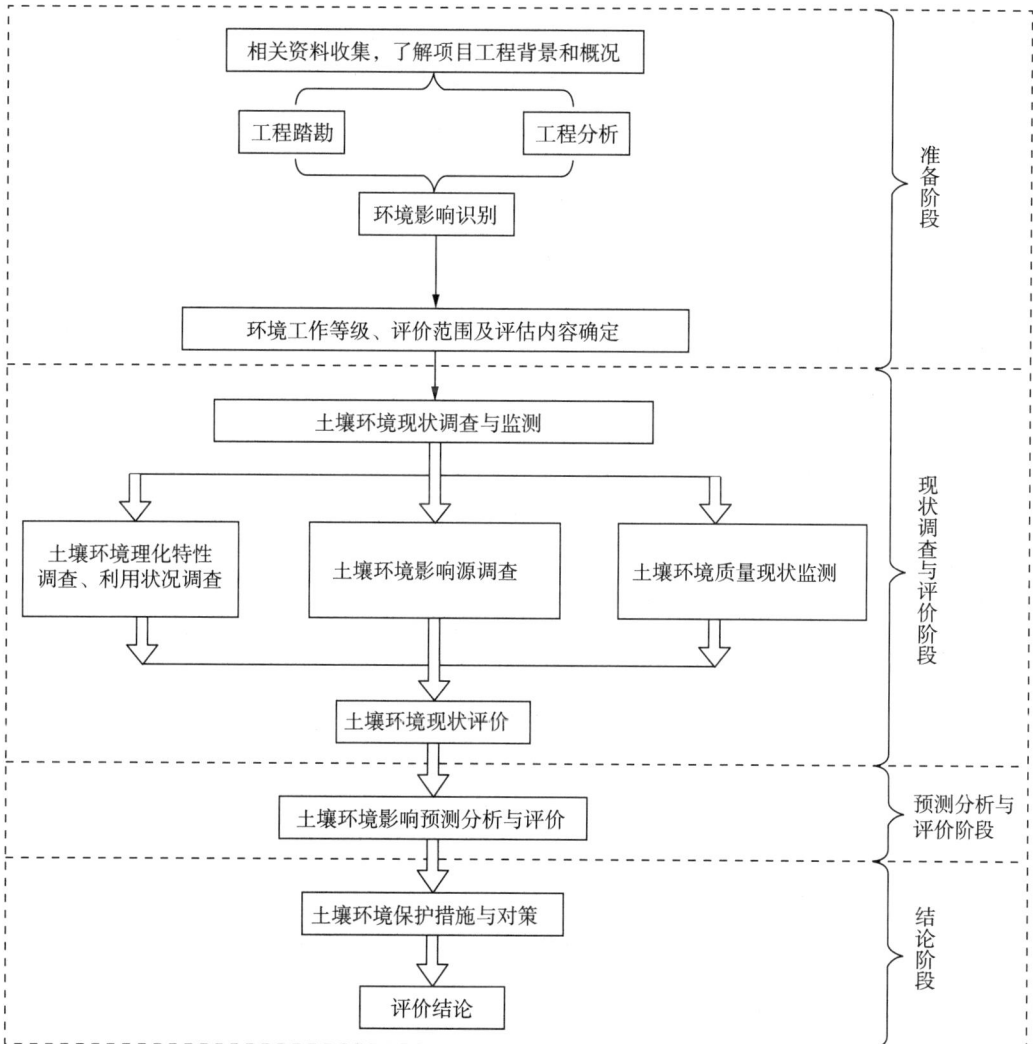

图 10-1　土壤环境影响评价工作程序图

二、土壤环境影响的评价等级

根据建设项目的类型以及占地面积、地形条件和土壤类型,可能会破坏的植物种类、面积及对当地生态系统影响的程度等因素,土壤环境影响评价的工作等级可以划分为一、二、三级。土壤环境影响评价项目类别见表 10-1。

表 10-1　土壤环境影响评价项目类别

行业类别		项目类别			
		Ⅰ类	Ⅱ类	Ⅲ类	Ⅳ类
农林牧渔业		灌溉面积大于 50 万亩的灌区工程	新建 5 万亩至 50 万亩的、改造 30 万亩及以上的灌区工程;年出栏生猪 10 万头(其他畜禽种类折合猪的养殖规模)及以上的畜禽养殖场或养殖小区	年出栏生猪 5000 头(其他畜禽种类折合猪的养殖规模)及以上的畜禽养殖场或养殖小区	其他
水利		库容 1 亿 m³ 及以上水库;长度大于 1000km 的引水工程	库容1000 万 m³ 至 1 亿 m³ 的水库;跨流域调水的引水工程	其他	
采矿业		金属矿、石油、页岩油开采	化学矿采选;石棉矿采选;煤矿采选、天然气开采、页岩气开采、砂岩气开采、煤层气开采(含净化、液化)	其他	
制造业	纺织、化纤、皮革等及服装、鞋制造	制革、毛皮鞣制	化学纤维制造;有洗毛、染整、脱胶工段及产生缫丝废水、精炼废水的纺织品;有湿法印花、染色、水洗工艺的服装制造;使用有机溶剂的制鞋业	其他	
	造纸和纸制品		纸浆、溶解浆、纤维浆等制造;造纸(含制浆工艺)	其他	
	设备制造、金属制品、汽车制造及其他用品制造[a]	有电镀工艺的;金属制品表面处理及热处理加工的;使用有机涂层的(喷粉、喷塑和电泳除外);有钝化工艺的热镀锌	有化学处理工艺的	其他	

（续表）

行业类别		项目类别			
		Ⅰ类	Ⅱ类	Ⅲ类	Ⅳ类
制造业	石油、化工	石油加工、炼焦；化学原料和化学制品制造；农药制造；涂料、染料、颜料、油墨及其类似产品制造；合成材料制造；炸药、火工及焰火产品制造；水处理剂等制造；化学药品制造；生物、生化制品制造	半导体材料、日用化学品制造；化学肥料制造	其他	
	金属冶炼和压延加工及非金属矿物制品	有色金属冶炼（含再生有色金属冶炼）	有色金属铸造及合金制造；炼铁；球团；烧结炼钢；冷轧压延加工；铬铁合金制造；水泥制造；平板玻璃制造；石棉制品；含焙烧的石墨、碳素制品	其他	
电力热力燃气及水生产和供应业		生活垃圾及污泥发电	水力发电；火力发电（燃气发电除外）；矸石、油页岩、石油焦等综合利用发电；工业废水处理；燃气生产	生活污水处理；燃煤锅炉总容量65t/h（不含）以上的热力生产工程；燃油锅炉总容量65t/h（不含）以上的热力生产工程	其他
交通运输仓储邮政业			油库（不含加油站的油库）；机场的供油工程及油库；涉及危险品、化学品、石油、成品油储罐区的码头及仓储；石油及成品油的输送管线	公路的加油站；铁路的维修场所	其他
环境和公共设施管理业		危险废物利用及处置	采取填埋和焚烧方式的一般工业固体废物处置及综合利用；城镇生活垃圾（不含餐厨废弃物）集中处置	一般工业固体废物处置及综合利用（除采取填埋和焚烧方式以外的）；废旧资源加工、再生利用	其他
社会事业与服务业				高尔夫球场；加油站；赛车场	其他
其他行业					全部

注：1. 仅切割组装的、单纯混合和分装的、编织物及其制品制造的，列入Ⅳ类。

2. 建设项目土壤环境影响评价项目类别不在本表的，可根据土壤环境影响源、影响途径、影响因子的识别结果，参照相近或相似项目类别确定。a. 其他用品制造包括①木材加工和木、竹、藤、棕、草制品业；②家具制造业；③文教、工美、体育和娱乐用品制造业；④仪器仪表制造业等制造业。

(一)生态影响型

建设项目所在地土壤环境敏感程度分为敏感、较敏感、不敏感,判别依据见表 10-2;同一建设项目涉及两个或两个以上场地或地区,应分别判定其敏感程度;产生两种或两种以上生态影响后果的,敏感程度按相对最高级别判定。

表 10-2　生态影响型敏感程度分级表

敏感程度	判别依据		
	盐化	酸化	碱化
敏感	建设项目所在地干燥度[a]>2.5 且常年地下水位平均埋深<1.5m 的地势平坦区域;或土壤含盐量>4g/kg 的区域	pH≤4.5	pH≥9.0
较敏感	建设项目所在地干燥度>2.5 且常年地下水位平均埋深≥1.5m 的,或 1.8<干燥度≤2.5 且常年地下水位平均埋深<1.8m 的地势平坦区域;建设项目所在地干燥度>2.5 或常年地下水位平均埋深<1.5m 的平原区;或 2g/kg<土壤含盐量≤4g/kg 的区域	4.5<pH≤5.5	8.5≤pH<9.0
不敏感	其他	5.5<pH<8.5	

注:a 是指采用 E601 观测的多年平均水面蒸发量与降水量的比值,即蒸降比值。

根据《环境影响评价技术导则　土壤环境(试行)》(HJ 964—2018)识别的土壤环境影响评价项目类别与表 10-2 敏感程度分级结果划分评价工作等级,详见表 10-3。

表 10-3　生态影响型评价工作等级划分表

项目类别　　评价工作等级　　敏感程度	Ⅰ类	Ⅱ类	Ⅲ类
敏感	一级	二级	三级
较敏感	二级	二级	三级
不敏感	二级	三级	—

注:"—"表示可不开展土壤环境影响评价工作。

(二)污染影响型

将建设项目占地规模分为大型(≥50hm²)、中型(5~50hm²)、小型(≤5hm²),建设项目占地主要为永久占地。

建设项目所在地周边的土壤环境敏感程度分为敏感、较敏感、不敏感,判别依据见表 10-4。

表 10 - 4　污染影响型敏感程度分级表

敏感程度	判别依据
敏感	建设项目周边存在耕地、园地、牧草地、饮用水水源地或居民区、学校、医院、疗养院、养老院等土壤环境敏感目标的
较敏感	建设项目周边存在其他土壤环境敏感目标的
不敏感	其他情况

根据土壤环境影响评价项目类别、占地规模与敏感程度划分评价工作等级,详见表10-5。

表 10 - 5　污染影响型评价工作等级划分表

评价工作等级　　敏感程度　项目类别	Ⅰ类			Ⅱ类			Ⅲ类		
	大	中	小	大	中	小	大	中	小
敏感	一级	一级	一级	二级	二级	二级	三级	三级	三级
较敏感	一级	一级	二级	二级	二级	三级	三级	三级	—
不敏感	一级	二级	二级	二级	三级	三级	三级	—	—

注:"—"表示可不开展土壤环境影响评价工作。

建设项目同时涉及土壤环境生态影响型与污染影响型时,应分别判定评价工作等级,并按相应等级分别开展评价工作。

当同一建设项目涉及两个或两个以上场地时,各场地应分别判定评价工作等级,并按相应等级分别开展评价工作。

线性工程重点针对主要站场位置(如输油站、泵站、阀室、加油站、维修场所等)参照表 10 - 5 分段判定评价等级,并按相应等级分别开展评价工作。

第三节　土壤环境现状调查与评价

土壤环境现状调查与评价是指采用相应标准与方法,开展现场调查、取样、监测和数据分析与处理等工作,进行土壤环境现状评价。主要内容包括土壤环境现状调查、土壤环境现状监测、土壤环境现状评价等,根据建设项目影响类型、污染途径、气象条件、地形地貌、水文地质条件等确定土壤环境影响现状调查评价范围。

一、土壤环境质量现状调查

(一)资料收集

根据建设项目特点、可能产生的环境影响和当地环境特征,有针对性收集调查评价范围内的相关资料,即进行区域自然环境和经济社会特征的调查。

1. 土地利用现状图、土地利用规划图、土壤类型分布图。用来掌握土地资源的利用现状和规划等情况,分析建设项目所在地的周边土地敏感程度,确定现状监测布点要求。

2. 气象资料、地形地貌特征资料、水文及水文地质资料等。气象资料主要包括该区域内的风向和风速、气温、降水、蒸发及干旱、湿润等气候类型和气象要素。地形地貌地质主要包括区域地层、岩性、地质构造等基本情况;地貌特征主要包括地貌类型(如山地、丘陵、平原、盆地等)和形态特征(如坡度、坡长等)。水文情况主要包括区域水系的分布、河湖水文及其时空变化情况以及地下水的类型、水化学状况等。

3. 土地利用历史情况。分析土地利用历史情况,确定项目地历史上的污染情况,识别影响源,对于历史上存在土壤污染可能性的场地要强化现状监测。

4. 与建设项目土壤环境影响评价相关的其他资料,例如环境质量公告、区域环境影响评价报告书、监测报告等。

(二)理化特性调查

在充分收集资料的基础上,根据土壤环境影响类型、建设项目特征与评价需要,有针对性地选择土壤理化特性调查内容,主要包括土体构型、土壤颜色、土壤结构、土壤质地、砂砾含量、pH 值、阳离子交换量、氧化还原电位、饱和导水率、土壤容重、孔隙度等。土壤环境生态影响型建设项目还应调查植被、地下水位埋深、地下水溶解性总固体等。评价工作等级为一级的建设项目应进行土壤剖面调查。根据调查情况,填写土壤理化特性调查表,绘制土体构型图。

(三)影响源调查

通过现场调查和分析场地历史使用情况等,调查与建设项目产生同种特征因子或造成相同土壤环境影响后果的影响源。

改、扩建的污染影响型建设项目,其评价工作等级为一级、二级的,应对现有工程的土壤环境保护措施情况进行调查,并重点调查主要设备或设施附近的土壤污染现状。

(四)现场调查范围

调查评价范围包括建设项目可能影响的范围,能满足土壤环境影响预测和评价要求;改、扩建类建设项目的现状调查评价范围还应兼顾现有工程可能影响的范围。

建设项目(除线性工程外)土壤环境影响现状调查评价范围可根据建设项目影响类型、污染途径、气象条件、地形地貌、水文地质条件等确定并说明,或参考表10-6确定。

表 10-6 现状调查范围

评价工作等级	影响类型	调查范围[a]	
		占地[b] 范围内	占地范围外
一级	生态影响型	全部	5km 范围内
	污染影响型		1km 范围内
二级	生态影响型		2km 范围内
	污染影响型		0.2km 范围内

（续表）

评价工作等级	影响类型	调查范围ᵃ	
		占地ᵇ范围内	占地范围外
三级	生态影响型	全部	1km 范围内
	污染影响型		0.05km 范围内

注：a. 涉及大气沉降途径影响的，可根据主导风向下风向的最大落地浓度点适当调整。

　　b. 矿山类项目指开采区与各场地的占地；改、扩建类的指现有工程与拟建工程的占地。

建设项目同时涉及土壤环境生态影响与污染影响时，应各自确定调查评价范围。

危险品、化学品或石油等输送管线应以工程边界两侧向外延伸 200m 作为调查评价范围。

二、土壤环境质量现状监测

建设项目土壤环境现状监测应根据建设项目的影响类型、影响途径，有针对性地开展监测工作，掌握调查评价范围内土壤环境现状。

（一）布点原则

土壤环境现状监测点布设应根据建设项目土壤环境影响类型、评价工作等级、土地利用类型确定，采用均布性与代表性相结合的原则，充分反映建设项目调查评价范围内的土壤环境现状，可根据实际情况优化调整。要考虑调查区内土壤类型及其分布、土地利用及地形地貌条件，分别情况各布置一定数量采样点，使其在空间分布上均匀并有一定的密度，以保证土壤环境质量调查的代表性和精度。

1. 调查评价范围内的每种土壤类型应至少设置 1 个表层样监测点，应尽量设置在未受人为污染或相对未受污染的区域。

2. 生态影响型建设项目应根据建设项目所在地的地形特征、地面径流方向设置表层样监测点。

3. 涉及入渗途径影响的，主要产污装置区应设置柱状样监测点，采样深度需至装置底部与土壤接触面以下，根据可能影响的深度适当调整。涉及大气沉降影响的，应在占地范围外主导风向的上、下风向各设置 1 个表层样监测点，可在最大落地浓度点增设表层样监测点。涉及大气沉降影响的改、扩建项目，可在主导风向下风向适当增加监测点位，以反映降尘对土壤环境的影响。涉及地面漫流途径影响的，应结合地形地貌，在占地范围外的上、下游各设置 1 个表层样监测点。

4. 线性工程应重点在站场位置（如输油站、泵站、阀室、加油站及维修场所等）设置监测点，涉及危险品、化学品或石油等输送管线的应根据评价范围内土壤环境敏感目标或厂区内的平面布局情况确定监测点布设位置。

5. 评价工作等级为一级、二级的改、扩建项目，应在现有工程厂界外可能产生影响的土壤环境敏感目标处设置监测点。

6. 建设项目占地范围及其可能影响区域的土壤环境已存在污染风险的，应结合用地历史资料和现状调查情况，在可能受影响最重的区域布设监测点；取样深度根据其可能影响的情况确定。建设项目现状监测点设置应兼顾土壤环境影响跟踪监测计划。

(二)现状监测点数量要求

1. 对照表 10-6 的现状调查范围,各评价工作等级的监测点数不少于表 10-7 要求。

表 10-7　现状监测布点类型与数量

评价工作等级		占地范围内	占地范围外
一级	生态影响型	5 个表层样点[a]	6 个表层样点
	污染影响型	5 个柱状样点[b],2 个表层样点	4 个表层样点
二级	生态影响型	3 个表层样点	4 个表层样点
	污染影响型	3 个柱状样点,1 个表层样点	2 个表层样点
三级	生态影响型	1 个表层样点	2 个表层样点
	污染影响型	3 个表层样点	—

注:"—"表示无现状监测布点类型与数量的要求。

　　a. 表层样应在 0~0.2m 取样。

　　b. 柱状样通常在 0~0.5m、0.5~1.5m、1.5~3m 分别取样,3m 以下每 3m 取 1 个样,可根据基础埋深、土体构型适当调整。

2. 生态影响型建设项目可优化调整占地范围内、外监测点数量,保持总数不变;占地范围超过 5000hm² 的,每增加 1000hm² 增加 1 个监测点。

污染影响型建设项目占地范围超过 100hm² 的,每增加 20hm² 增加 1 个监测点。

(三)现状监测因子

土壤中的污染指标归纳起来主要有以下几种:

1. 重金属:镉、汞、铬、铅、砷等。

2. 挥发性有机物。

3. 半挥发性有机物。

4. 有机毒物,其中数量较大、毒性较大的是化学农药,其种类繁多,主要可分为有机氯和有机磷农药两大类。

5. 土壤中 pH、土壤含盐量、全氮量、硝态氮量及全磷量等。

土壤环境现状监测因子分为基本因子和建设项目的特征因子。基本因子必须监测,特征因子根据实际情况确定。其中,在农用地土壤污染风险筛选中应监测重金属类,在建设用地土壤污染风险筛选中应监测重金属类、挥发性有机物和半挥发性有机物,属于基本因子。同时,根据建设项目的特点以及污染源调查情况和评价目的,选择适当数量既有代表性又切实可行的污染指标作为特征评价因子。

(1)基本因子

基本因子为《土壤环境质量　农用地土壤污染风险管控标准》(GB 15618—2018)、《土壤环境质量　建设用地土壤污染风险管控标准》(GB 36600—2018)中规定的基本项目,分别根据调查评价范围内的土地利用类型选取(表 10-8、表 10-9)。

表 10-8　农用地土壤污染风险筛选值(基本项目)　　单位:mg/kg

序号	污染物项目		风险筛选值			
			pH≤5.5	5.5<pH≤6.5	6.5<pH≤7.5	pH>7.5
1	镉	水田	0.3	0.4	0.6	0.8
		其他	0.3	0.3	0.3	0.6
2	汞	水田	0.5	0.5	0.6	1.0
		其他	1.3	1.8	2.4	3.4
3	砷	水田	30	30	25	20
		其他	40	40	30	25
4	铅	水田	80	100	140	240
		其他	70	90	120	170
5	铬	水田	250	250	300	350
		其他	150	150	200	250
6	铜	果园	150	150	200	200
		其他	50	50	100	100
7	镍		60	70	100	190
8	锌		200	200	250	300

注:① 重金属和类金属砷均按元素总量计。

② 对于水旱轮作地,采用其中较严格的风险筛选值。

表 10-9　建设用地土壤污染风险筛选值和管制值(基本项目)　　单位:mg/kg

序号	污染物项目	CAS编号	筛选值		管制值	
			第一类用地	第二类用地	第一类用地	第二类用地
重金属和无机物						
1	砷	7440-38-2	20①	60①	120	140
2	镉	7440-43-9	20	65	47	172
3	铬(六价)	18540-29-9	3.0	5.7	30	78
全表获取二维码						

注:① 具体地块土壤中污染物检测含量超过筛选值,但等于或者低于土壤环境背景值水平的,不纳入污染地块管理。土壤环境背景值可参见相关规定。

② 共45项,其中重金属和无机物7项,挥发性有机物27项,半挥发性有机物11项目,具体数据见二维码。

第一类用地:包括城市建设用地中的居住用地、公共管理与公共服务用地中的中小学用地、医疗卫生用地和社会福利设施用地,以及公园绿地中的社区公园或儿童公园用地等。

第二类用地:包括城市建设用地中的工业用地,物流仓储用地,商业服务业设施用地,道路与交通设施用地,公用设施用地,公共管理与公共服务用地(中小学用地、医疗卫生用地和社会福利设施用地除外),以及绿地与广场用地(社区公园或儿童公园用地除外)等。

(2)特征因子

特征因子为建设项目产生的特有因子,根据建设项目的工艺流程中涉及的物质以及污染途径来确定;既是特征因子又是基本因子的,按特征因子对待。调查评价范围内的每种土壤的表层样监测点和建设项目占地范围及其可能影响区域的土壤环境已存在污染风险的监测点需监测基本因子与特征因子;其他监测点位可仅监测特征因子。

(四)现状监测方法

1. 取样方法

表层样监测点及土壤剖面的土壤监测取样方法一般参照《土壤环境监测技术规范》(HJ/T 166—2004),可以分为简单随机、分块随机、系统随机等布点方法。柱状样监测点和污染影响型改、扩建项目的土壤监测取样方法还可参照《建设用地土壤污染状况调查技术导则》(HJ 25.1—2019)、《建设用地土壤污染风险管控和修复监测技术导则》(HJ 25.2—2019)等技术规范执行。

2. 频次要求

基本因子:评价工作等级为一级的建设项目,应至少开展1次现状监测;评价工作等级为二级、三级的建设项目,若掌握近3年至少1次的监测数据,可不再进行现状监测;引用监测数据应满足布点原则和现状监测点数量等要求,并说明数据有效性。特征因子应至少开展1次现状监测。

三、现状评价

针对现状监测的结果,按照相关标准对监测因子进行现状评价。

(一)生态影响型

1. 评价标准

土壤盐化、酸化、碱化等的分级标准参见表10-10、表10-11。

表 10-10 土壤盐化分级标准表

分级	土壤含盐量(SSC)/(g/kg)	
	滨海、半湿润和半干旱地区	干旱、半荒漠和荒漠地区
未盐化	SSC<1	SSC<2
轻度盐化	1≤SSC<2	2≤SSC<3

（续表）

分级	土壤含盐量(SSC)/(g/kg)	
	滨海、半湿润和半干旱地区	干旱、半荒漠和荒漠地区
中度盐化	2≤SSC<4	3≤SSC<5
重度盐化	4≤SSC<6	5≤SSC<10
极重度盐化	SSC≥6	SSC≥10

注：根据区域自然背景状况适当调整。

表 10-11　土壤酸化、碱化分级标准

土壤 pH 值	土壤酸化、碱化强度
pH<3.5	极重度酸化
3.5≤pH<4.0	重度酸化
4.0≤pH<4.5	中度酸化
4.5≤pH<5.5	轻度酸化
5.5≤pH<8.5	无酸化或碱化
8.5≤pH<9.0	轻度碱化
9.0≤pH<9.5	中度碱化
9.5≤pH<10.0	重度碱化
pH≥10.0	极重度碱化

注：土壤酸化、碱化强度指受人为影响后呈现的土壤 pH 值，可根据区域自然背景状况适当调整。

2. 评价方法

对照表 10-10、表 10-11 给出各监测点位土壤盐化、酸化、碱化的级别，统计样本数量、最大值、最小值和均值，并评价均值对应的级别。

3. 评价结论

生态影响型建设项目应给出土壤盐化、酸化、碱化的现状。

(二)污染影响型

1. 评价标准

根据调查评价范围内的土地利用类型，分别选取《土壤环境质量　农用地土壤污染风险管控标准》(GB 15618—2018)、《土壤环境质量　建设用地土壤污染风险管控标准》(GB 36600—2018)等标准中的筛选值进行评价，土地利用类型无相应标准的可只给出现状监测值。

评价因子在《土壤环境质量　农用地土壤污染风险管控标准》(GB 15618—2018)、《土壤环境质量　建设用地土壤污染风险管控标准》(GB 36600—2018)等标准中未规定的，可参照行业、地方或国外相关标准进行评价，无可参照标准的可只给出现状监测值。

2. 评价方法

土壤环境质量现状评价应采用标准指数法,并进行统计分析,给出样本数量、最大值、最小值、均值、标准差、检出率和超标率、最大超标倍数等。

3. 评价结论

污染影响型建设项目应给出评价因子是否满足相关标准要求的结论;当评价因子存在超标时,应分析超标原因。

4. 评价模式

(1)单因子评价

土壤质量单因子评价,一般以污染指数表示,其计算方法如下:

$$P_i = \frac{C_i}{C_{si}} \qquad (10-1)$$

式中:P—— 土壤中污染物 i 的污染指数;

C_i、C_{si}—— 分别为土壤中污染物 i 的实测浓度、评价标准,$\mu g / kg$。

(2)多因子评价

多因子评价一般以污染综合指数表示。

① 若不同污染物对土壤的污染是同一方向,且具有相加的性质,可将各污染物的污染指数叠加,作为土壤污染综合指数,计算式如下:

$$P = \sum_{i=1}^{n} P_i = \sum_{i=1}^{n} \frac{C_i}{C_{si}} \qquad (10-2)$$

式中:n—— 土壤中污染物的种类数。其余符号意义同前。

② 当要兼顾到污染指数最大值对土壤环境质量影响时,可用 N. L. Nemerow 污染指数计算土壤污染综合指数,公式如下:

$$P = \sqrt{\frac{1}{2}\left[\left(\frac{1}{n}\sum_{i=1}^{n}\frac{C_i}{C_{si}}\right)^2 + \left(\frac{C_i}{C_{si}}\right)_{max}^2\right]} \qquad (10-3)$$

③ 以均方根的方法求综合指数:

$$P = \sqrt{\frac{1}{n}\sum_{i=1}^{n}P_i^2} \qquad (10-4)$$

④ 若考虑到各种污染物的毒性和危害程度不同,对土壤环境质量的影响也不同,则应对土壤中各污染物的污染指数进行加权,然后加和求综合污染指数:

$$P = \sum_{i=1}^{n} P_i w_i \qquad (10-5)$$

式中:w_i—— 第 i 种污染物的权重。其余符号意义同前。

第四节　土壤环境影响预测与评价

根据影响识别结果与评价工作等级,结合当地土地利用规划确定影响预测的范围、时段、内容和方法。选择适宜的预测方法,预测评价建设项目各实施阶段不同环节与不同环境影响防控措施下的土壤环境影响,给出预测因子的影响范围与程度,明确建设项目对土壤环境的影响结果。应重点预测评价建设项目对占地范围外土壤环境敏感目标的累积影响,并根据建设项目特征兼顾对占地范围内的影响预测。土壤环境影响分析可定性或半定量地说明建设项目对土壤环境产生的影响及趋势。

一、预测与评价因子

1. 污染影响型建设项目应根据环境影响识别出的特征因子选取关键预测因子。

2. 可能造成土壤盐化、酸化、碱化影响的建设项目,分别选取土壤盐分含量、pH 值等作为预测因子。

3. 预测范围应与现状调查范围相一致。

4. 根据建设项目土壤环境影响识别结果,确定重点预测时段。

二、预测评价标准

预测评价标准是《土壤环境质量　农用地土壤污染风险管控标准》《土壤环境质量　建设用地土壤污染风险管控标准》相关要求,以及表 10 - 10、表 10 - 11 中的土壤盐化、酸化、碱化分级标准。

三、预测与评价方法

根据土壤评价类型与工程等级确定土壤环境影响预测与评价方法。

污染影响型建设项目,其评价工作等级为一级、二级的,预测方法根据土壤环境影响面源形式预测方法、点源形式预测方法或土壤盐化综合评分预测方法进行。

污染影响型建设项目,其评价工作等级为一级、二级的,预测方法根据土壤盐化综合评分预测方法或进行类比分析;占地范围内还应根据土体构型、土壤质地、饱和导水率等分析其可能影响的深度。

评价工作等级为三级的建设项目,可采用定性描述或类比分析法进行预测。

(一)面源形式土壤环境影响预测方法

某种物质可概化为以面源形式进入土壤环境的影响预测,包括大气沉降、地面漫流以及盐、酸、碱类等物质进入土壤环境引起的土壤盐化、酸化、碱化等。

1. 一般方法和步骤

可通过工程分析计算土壤中某种物质的输入量;涉及大气沉降影响的,可参照相关技术方法给出。

土壤中某种物质的输出量主要包括淋溶或径流排出、土壤缓冲消耗等两部分;植物吸收量通常较小,不予考虑;涉及大气沉降影响的,可不考虑输出量。分析比较输入量和输出量,计算土壤中某种物质的增量。将土壤中某种物质的增量与土壤现状值进行叠加后,进行土壤环境影响预测。

2. 预测方法

(1)单位质量土壤中某种物质的增量可用下式计算:

$$\Delta S = n(I_s \Delta L_s \Delta R_s)/(\rho_b \times A \times D) \tag{10-6}$$

式中:ΔS—— 单位质量表层土壤中某种物质的增量,g/kg。

表层土壤中游离酸或游离碱浓度增量,mmol/kg。

I_s—— 预测评价范围内单位年份表层土壤中某种物质的输入量,g;预测评价范围内单位年份表层土壤中游离酸、游离碱输入量,mmol。

L_s—— 预测评价范围内单位年份表层土壤中某种物质经淋溶排出的量,g;预测评价范围内单位年份表层土壤中经淋溶排出的游离酸、游离碱的量,mmol。

R_s—— 预测评价范围内单位年份表层土壤中某种物质经径流排出的量,g;预测评价范围内单位年份表层土壤中经径流排出的游离酸、游离碱的量,mmol。

ρ_b—— 表层土壤容重,kg/m³。

A—— 预测评价范围,m²。

D—— 表层土壤深度,一般取 0.2m,可根据实际情况适当调整。

n—— 持续年份,a。

(2)单位质量土壤中某种物质的预测值可根据其增量叠加现状值进行计算,如下式:

$$S = S_b + \Delta S \tag{10-7}$$

式中:S_b—— 单位质量土壤中某种物质的现状值,g/kg;

S—— 单位质量土壤中某种物质的预测值,g/kg。

(3)酸性物质或碱性物质排放后表层土壤 pH 预测值,可根据表层土壤游离酸或游离碱浓度的增量进行计算,如下式:

$$pH = pH_b \pm \Delta S/BC_{pH} \tag{10-8}$$

式中:pH_b—— 土壤 pH 现状值;

BC_{pH}—— 缓冲容量,mmol/(kg·pH);

pH—— 土壤 pH 预测值。

(4)缓冲容量(BC_{pH})测定方法:采集项目区土壤样品,样品加入不同量游离酸或游离碱后分别进行 pH 值测定,绘制不同浓度游离酸或游离碱和 pH 值之间的曲线,曲线斜率即为缓冲容量。

(二)点源形式土壤环境影响预测方法

某种污染物以点源形式垂直进入土壤环境的影响预测,重点预测污染物可能影响到的深度。

1. 一维非饱和溶质垂向运移控制方程:

$$\frac{\partial(\theta c)}{\partial t} = \frac{\partial}{\partial z}\left(\theta D \frac{\partial c}{\partial z}\right) - \frac{\partial}{\partial z}(qc) \tag{10-9}$$

式中:c—— 污染物介质中的浓度,mg/L;

$\quad$ D—— 弥散系数,m^2/d;

$\quad$ q—— 渗流速率,m/d;

$\quad$ z—— 沿 z 轴的距离,m;

$\quad$ t—— 时间变量,d;

$\quad$ θ—— 土壤含水率,%。

2. 初始条件

$$c(z,t)=0 \quad t=0, L \leqslant z < 0 \qquad (10-10)$$

3. 边界条件

第一类 Dirichlet 边界条件,其中公式 10-11 适用于连续点源情景,公式 10-12 适用于非连续点源情景。

$$c(z,t)=c_0 \quad t>0, z=0 \qquad (10-11)$$

$$c(z,t)=\begin{cases} c_0 & 0<t \leqslant t_0 \\ 0 & t>t_0 \end{cases} \qquad (10-12)$$

第二类 Neumann 零梯度边界。

$$-\theta D \frac{\partial c}{\partial z}=0 \quad t>0, z=L \qquad (10-13)$$

(三) 土壤盐化综合评分法

根据土壤盐化影响因素赋值表(表 10-12)选取各项影响因素分值与权重,采用如下公式土壤盐化综合评分值(Sa),对照土壤盐化预测表(表 10-13)得出土壤盐化综合评分预测结果。

$$Sa=\sum_{i=1}^{n} Wx_i \times Ix_i \qquad (10-14)$$

式中:n—— 影响因素指标数目;

$\quad$ Ix_i—— 影响因素 i 指标评分;

$\quad$ Wx_i—— 影响因素 i 指标权重。

表 10-12　土壤盐化影响因素赋值表

影响因素	分值				权重
	0 分	2 分	4 分	6 分	
地下水位埋深(GWD)/(m)	GWD≥2.5	1.5≤GWD<2.5	1.0≤GWD<1.5	GWD<1.0	0.35

(续表)

影响因素	分值				权重
	0 分	2 分	4 分	6 分	
干燥度(蒸降比值)(EPR)	EPR<1.2	1.2≤EPR<2.5	2.5≤EPR<6	EPR≥6	0.25
土壤本底含盐量(SSC)/(g/kg)	SSC<1	1≤SSC<2	2≤SSC<4	SSC≥4	0.15
地下水溶解性总固体(TDS)/(g/L)	TDS<1	1≤TDS<2	2≤TDS<5	TDS≥5	0.15
土壤质地	黏土	砂土	壤土	砂壤、粉土、砂粉土	0.10

表 10-13　土壤盐化预测表

土壤盐化综合评分值(Sa)	$Sa<1$	$1≤Sa<2$	$2≤Sa<3$	$3≤Sa<4.5$	$Sa≥4.5$
土壤盐化综合评分预测结果	未盐化	轻度盐化	中度盐化	重度盐化	极重度盐化

四、预测评价结论

(一)以下情况可得出建设项目土壤环境影响可接受的结论。

1. 建设项目各不同阶段,土壤环境敏感目标处且占地范围内各评价因子均满足《土壤环境质量　农用地土壤污染风险管控标准》(GB 15618—2018)、《土壤环境质量　建设用地土壤污染风险管控标准》(GB 36600—2018)等相关标准要求的。

2. 生态影响型建设项目各不同阶段,出现或加重土壤盐化、酸化、碱化等问题,但采取防控措施后,可满足相关标准要求的。

3. 污染影响型建设项目各不同阶段,土壤环境敏感目标处或占地范围内有个别点位、层位或评价因子出现超标,但采取必要措施后,可满足《土壤环境质量　农用地土壤污染风险管控标准》(GB 15618—2018)、《土壤环境质量　建设用地土壤污染风险管控标准》(GB 36600—2018)或其他土壤污染防治相关管理规定的。

(二)以下情况不能得出建设项目土壤环境影响可接受的结论。

1. 生态影响型建设项目:土壤盐化、酸化、碱化等对预测评价范围内土壤原有生态功能造成重大不可逆影响的。

2. 污染影响型建设项目各不同阶段,土壤环境敏感目标处或占地范围内多个点位、层位或评价因子出现超标,采取必要措施后,仍无法满足《土壤环境质量　农用地土壤污染风险管控标准》(GB 15618—2018)、《土壤环境质量　建设用地土壤污染风险管控标准》(GB 36600—2018)或其他土壤污染防治相关管理规定的。

第五节　土壤环境污染防治措施

一、加强土壤环境保护法制建设

1. 严格执法

严格执行《中华人民共和国宪法》《中华人民共和国环境保护法》《中华人民共和国土地管理法》《中华人民共和国黑土地保护法》《中华人民共和国矿产资源法》《中华人民共和国水土保持法》《中华人民共和国土地管理法实施条例》等有关土壤保护的法规和条例。

2. 强化宣传

加强土壤资源法制管理的宣传教育,宣传、普及有关土壤基础知识以及防治土壤污染、退化和破坏的政策和法规知识,提高全民土壤保护法制管理意识。

二、加强建设项目环境管理

1. 重视建设项目选址的评价

选择对土壤环境影响最小,占用农、牧、林业土地最少的地区进行建设项目开发。

2. 加强清洁生产意识

对建设项目的工艺流程、施工设计、生产经营方式,提出减少土壤污染、退化和破坏的替代方案,减小对土壤环境的影响。

3. 执行建设项目的"三同时"管理

认真执行建设项目相关的防治土壤污染、退化和破坏的措施,必须与主要工程同时设计、同时施工、同时投产的"三同时"管理制度。

4. 加强事故或灾害风险的及时监测,制定事故灾害风险发生的应急措施

三、加强建设项目环境保护措施建设

建设项目土壤环境保护措施与对策应包括:保护的对象、目标,措施的内容、设施的规模及工艺、实施部位和时间、实施的保证措施、预期效果的分析等,在此基础上估算(概算)环境保护投资,并编制环境保护措施布置图。

在建设项目可行性研究提出的影响防控对策基础上,结合建设项目特点、调查评价范围内的土壤环境质量现状,根据环境影响预测与评价结果,提出合理、可行、操作性强的土壤环境影响防控措施。

(一)生态影响型建设项目

1. 源头控制措施

生态影响型建设项目应结合项目的生态影响特征、按照生态系统功能优化的理念、坚持高效适用的原则提出源头防控措施。

2. 过程防控措施

涉及酸化、碱化影响的可采取相应措施调节土壤 pH 值,以减轻土壤酸化、碱化的程

度。涉及盐化影响的,可采取排水排盐或降低地下水位等措施,以减轻土壤盐化的程度。

(二)污染影响型建设项目

1. 源头控制措施

污染影响型建设项目应针对关键污染源、污染物的迁移途径提出源头控制措施,并与《环境影响评价技术导则 大气环境》《环境影响评价技术导则 地表水环境》《环境影响评价技术导则 生态影响》《建设项目环境风险评价技术导则》《环境影响评价技术导则 地下水环境》等标准要求相协调。

2. 过程防控措施

涉及大气沉降影响的,占地范围内应采取绿化措施,以种植具有较强吸附能力的植物为主。

涉及地面漫流影响的,应根据建设项目所在地的地形特点优化地面布局,必要时设置地面硬化、围堰或围墙,以防止土壤环境污染。

涉及入渗途径影响的,应根据相关标准规范要求,对设备设施采取相应的防渗措施,以防止土壤环境污染。

四、加强土壤环境跟踪监测措施建设

土壤环境跟踪监测措施包括制定跟踪监测计划、建立跟踪监测制度,以便及时发现问题,采取措施。

土壤环境跟踪监测计划应明确监测点位、监测指标、监测频次以及执行标准等。监测点位应布设在重点影响区和土壤环境敏感目标附近。监测指标应选择建设项目特征因子。评价工作等级为一级的建设项目一般每3年内开展1次监测工作,二级的每5年内开展1次,三级的必要时可开展跟踪监测。执行标准应与现状评价标准相同。

五、加强分区管控

为改善环境质量,坚守生态保护红线、环境质量底线、资源利用上线,各地应依据国家相关法律法规,结合本地国土空间规划,构建环境分区管控体系。编制“三线一单”,明确允许的开发建设活动、禁止或限制的开发建设活动、不符合空间布局要求活动的退出方案等。其中,土壤环境风险防控分区包括优先保护区、土壤环境风险重点防控区和一般防控区,执行不同的分区管控要求。

优先保护区:依据《中华人民共和国土壤污染防治法》《基本农田保护条例》《土壤污染防治行动计划》等要求对优先保护区实施管控。将永久基本农田等作为土壤优先保护区,加强空间布局约束。

重点防控区:土壤环境风险重点防控区细类分为重金属污染风险重点防控区、农用地污染风险防控分区和建设用地污染风险防控分区3个类型。从加强污染物排放管控、环境风险防控和资源开发利用效率等方面,重点提出建设项目禁入清单、污染物排放管控、土壤风险防控、能源资源利用控制要求等。

一般防控区:除优先保护区和土壤环境风险重点防控区以外的区域划定为土壤环境风险一般防控区。按照现有环境管理要求,在坚持生态优先的前提下进行管控。

六、加强土壤环境修复建设

污染土壤修复技术指通过物理、化学、生物和生态工程的方法和原理，并采用人工调控措施，使土壤污染物浓度降低，或无害化和稳定化的措施。

按修复场地划分，分为原位修复和异位修复。按照技术类别分为物理修复、化学修复、生物修复、联合修复等。物理修复主要包括物理分离、蒸汽浸提、固定/稳定化、玻璃化、低温冰冻、热力学方法、电动力学方法。物理分离修复技术依据污染物和土壤颗粒的特性，借助物理手段将污染物从土壤分离开来的技术，工艺简单，费用低，是常用的技术方法之一，包括粒径分离、密度分离、浮选分离、水动力学分离、磁分离等。

化学修复通常是利用加入土壤中的化学修复剂与污染物发生一定的化学反应，使污染物浓度降低的修复技术，修复剂包括氧化剂、还原剂、解吸剂、增溶剂和沉淀剂。由于需要添加药剂，相对来说投资较大，化学修复技术可以处理一些难降解的污染物，如油、有机溶剂、农药及非水溶态氯化物等。

生物修复是指利用生物（包括动物、植物和微生物），通过人为调控，吸收、分解或转化土壤中污染物的过程。具有成本低，不破坏土壤结构，无二次污染，操作简单的优点，往往被优先采用。原位修复技术包括投菌、生物通风、生物搅拌等，异位修复包括土地填埋、生物农耕、预备床、堆腐、泥浆生物反应器等技术。

现有的各种单一的污染土壤修复技术，都有适用范围的限制，并存在某些问题，因而联合修复的研究与应用是未来的方向，例如植物－微生物结合的菌根菌剂联合修复、物理-化学-生物联合稳定化修复技术、物理化学和生物法结合的淋洗－反应器联合修复等。

思 考 题

1. 土壤环境影响评价的目的是什么？
2. 土壤环境影响评价的主要程序有哪些？
3. 土壤环境影响评价的现状监测要求有哪些？
4. 土壤点源污染环境影响评价的预测方法是什么？
5. 土壤面源污染环境影响评价的预测方法是什么？
6. 土壤环境污染的防治措施有哪些？

参考文献

[1] 生态环境部. 环境影响评价技术导则　土壤环境（试行）HJ 964—2018[S]. 北京：中国环境科学出版社出版，2019.

[2] 生态环境部·土壤环境质量　农用地土壤污染风险管控标准（试行）GB 15618—2018[S]. 北京：中国环境科学出版社出版，2018.

[3] 生态环境部. 土壤环境质量　建设用地土壤污染风险管控标准（试行）GB 36600—2018[S]. 北京：中国环境科学出版社出版，2018.

[4] 陈广洲，徐圣友. 环境影响评价[M]. 合肥：合肥工业大学出版社，2015.

［5］李淑芹,孟宪林．环境影响评价[M]．北京:化学工业出版社,2021.

［6］王罗春．环境影响评价[M].2 版．北京:冶金工业出版社,2017.

［7］黄昌勇．土壤学[M].3 版．北京:中国农业出版社,2012.

［8］林云琴．环境影响评价[M]．广州:广东高等教育出版社,2017.

［9］马太玲,张江山．环境影响评价[M]．武汉:华中科技大学出版社,2019.

［10］刘晓东,王鹏．环境影响评价基础[M].北京:科学出版社,2021.

［11］周国强．环境影响评价[M].3 版．武汉:武汉理工大学出版社,2009.

第十章补充材料

第十一章 生态环境影响评价

本章要点：掌握生态环境影响评价的相关概念、评价等级和评价流程，掌握生态环境影响评价的现状调查内容、预测与分析方法以及生态保护措施等。

为贯彻《中华人民共和国环境保护法》《中华人民共和国环境影响评价法》和《建设项目环境保护管理条例》，规范和指导生态影响评价工作，生态环境部于 1997 年 11 月发布了《环境影响评价技术导则　非污染生态影响》(HJ/T 19—1997)，2011 年 4 月进行了第一次修订，版本为《环境影响评价技术导则　生态影响》(HJ 19—2011)，2022 年 1 月进行了第二次修订，版本为《环境影响评价技术导则　生态影响》(HJ 19—2022)。本次修订的主要内容有：调整、补充了规范性引用文件；调整、补充了术语和定义；调整总则内容，增加了评价基本任务、工作程序；完善了工程分析，增加了评价因子筛选；调整了评价等级判定依据等。

第一节 生态环境影响评价概述

一、生态环境影响评价目的及原则

1. 生态环境影响评价目的

生态环境影响评价主要目的是在建设项目工程分析和生态现状调查的基础上，识别、预测和评价建设项目在施工期、运行期以及服务期满后（可根据项目具体情况选择）等不同阶段的生态影响，提出预防或者减缓不利影响的对策和措施，制定相应的环境管理和监测计划，从生态影响角度明确建设项目是否可行。

2. 生态环境影响评价原则

(1)依法评价原则

环境影响评价过程中应贯彻执行我国环境保护相关的法律法规、标准、政策，分析建设项目与环境保护政策、资源能源利用政策、国家产业政策和技术政策等有关政策及相关规划的相符性，并关注国家或地方在法律法规、标准、政策、规划及相关主体功能区划等方面的新动向。

(2)早期介入原则

环境影响评价应尽早介入工程前期工作中，重点关注选址（或选线）、工艺路线（或施工方案）的环境可行性。

（3）完整性原则

根据建设项目的工程内容及其特征，对工程内容、影响时段、影响因子和作用因子进行分析、评价，突出环境影响评价重点。

（4）广泛参与原则

环境影响评价应广泛吸收相关学科和行业的专家、有关单位和个人及当地环境保护管理部门的意见。

二、生态环境影响评价的有关术语

1. 物种

物种（species）：是具有一定形态和生理特征以及一定自然分布区域的生物类群，是动、植物和微生物分类的基本单位。

在生态影响评价中需要重点关注、具有较高保护价值或保护要求的物种，包括国家或地方重点保护野生动植物名录所列的物种，《中国生物多样性红色名录》中列为极危（critically endangered）、濒危（endangered）和易危（vulnerable）的物种，国家和地方政府列入拯救保护的极小物种群、特有种以及古树名木等。

2. 种群

种群（population）：指同一时间生活在一定自然区域内，同种生物的所有个体。种群中的个体并不是机械地集合在一起，而是彼此可以交配，并通过繁殖将各自的基因传给可育后代。

3. 生物群落

生物群落（biotic community 或 biocoenosis）是指在特定时间内聚集在一定地域或生境中各种生物种群的集合。这个集合体组成了一个具有相对独立成分、结构和机能的"生物社会"，具有一定的外貌及结构特征（包括形态结构、生态结构和营养结构）和特定的功能。

4. 生态空间

生态空间（ecological space）是指具有自然属性、以提供生态服务或生态产品为主体功能的国土空间，包括森林、草原、湿地、河流、湖泊、滩涂、岸线、海洋、荒地、荒漠、戈壁、冰川、高山冻原、无居民海岛等。

5. 生态敏感区

生态敏感区（ecological sensitive region）包括法定生态保护区域、重要生境以及其他具有重要生态功能、对保护生物多样性具有重要意义的区域。其中，法定生态保护区域包括：依据法律法规、政策等规范性文件划定或确认的国家公园、自然保护区、自然公园等自然保护地、世界自然遗产、生态保护红线等区域；重要生境包括：重要物种的天然集中分布区、栖息地，重要水生生物的产卵场、索饵场、越冬场和洄游通道，迁徙鸟类的重要繁殖地、停歇地、越冬地以及野生动物迁徙通道等。

6. 生态保护红线

生态保护红线（ecological protection red line）是指在自然生态服务功能、环境质量安全、自然资源利用等方面，需要实行严格保护的空间边界与管理限值，以维护国家和区域生态安全及经济社会可持续发展,保障人民群众健康。通常包括具有重要水源涵养、生物多样性维护、水土保持、防风固沙、海岸生态稳定等功能的生态功能重要区域,以及水土流失、土地沙化、石漠化、盐渍化等生态环境敏感脆弱区域。

7. 生态保护目标

生态保护目标(ecological protection objects)是指受影响的重要物种、生态敏感区以及其他需要保护的物种、种群、生物群落及生态空间等。

8. 生态影响

生态影响是指外力(一般指"人"为作用)作用于生态系统,导致其发生结构和功能变化的过程。

9. 生态影响评价

生态环境影响评价,是对人类开发建设活动可能导致的生态环境影响进行分析和预测,并提出减少影响或改善生态环境的策略和措施。

三、生态环境影响评价的总体要求

1. 建设项目的选址选线应尽量避让各类生态敏感区,符合自然保护地、世界自然遗产、生态保护红线等管理要求,以及国土空间规划、生态环境分区管控要求等。

2. 建设项目生态环境影响评价应结合本行业特点、工程建设规模以及对生态保护目标的影响方式,合理确定评价范围,按照相应评价等级的技术要求开展现状调查、影响分析和预测工作。

3. 应按照避让、减缓、修复和补偿的次序提出生态保护对策措施,所采取的对策措施应有利于保护生物多样性、维持或修复生态系统功能。

第二节 生态环境影响识别

一、生态类项目工程分析

1. 按照《建设项目环境影响评价技术导则 总纲》(HJ 2.1)的要求开展工程分析,主要采用工程设计文件的数据和资料以及类比工程的资料,明确建设项目地理位置、建设规模、总平面及施工布置、施工方式、施工时序、建设周期和运行方式,各种工程行为及其发生的地点、时间、方式和持续时间,以及设计方案中的生态保护措施等。

2. 结合建设项目特点和区域生态环境状况,分析项目在施工期、运行期以及服务期满后(可根据项目情况选择)可能产生生态影响的工程行为及其影响方式,判断生态影响性质和影响程度。重点关注影响强度大、范围广、历时长或涉及重要物种、生态敏感区的工程行为。

3. 工程设计文件中包括工程位置、工程规模、平面布局、工程施工及工程运行等不同比选方案的,应对不同方案进行工程分析。现有方案均占用生态敏感区,或明显可能对生态保护目标产生显著不利影响,还应补充提出基于减缓生态影响考虑的比选方案。

二、生态评价因子筛选

1. 在工程分析基础上筛选评价因子。生态影响评价因子筛选表见表 11-1。

表 11-1　生态影响评价因子筛选表

受影响对象	评价因子	工程内容及影响方式	影响性质	影响程度
物种	分布范围、种群数量、种群结构、行为等			
生境	生境面积、质量、连通性等			
生物群落	物种组成、群落结构等			
生态系统	植被覆盖度、生产力、生物量、生态系统功能等			
生物多样性	物种丰富度、均匀度、优势度等			
生态敏感区	主要保护对象、生态功能等			
自然景观	景观多样性、完整性等			
自然遗迹	遗迹多样性、完整性等			
……	……	……	……	……

注:1. 应按施工期、运行期以及服务期满后(可根据项目情况选择)等不同阶段进行工程分析和评价因子筛选。

2. 影响性质主要包括长期与短期、可逆与不可逆生态影响。

3. 影响方式可分为直接、间接、累积生态影响,可依据以下内容进行判断:

(1)直接生态影响:临时、永久占地导致生境直接破坏或丧失;工程施工、运行导致个体直接死亡;物种迁徙(或洄游)、扩散、种群交流受到阻隔;施工活动以及运行期噪声、振动、灯光等对野生动物行为产生干扰;工程建设改变河流、湖泊等水体天然状态等;

(2)间接生态影响:水文情势变化导致生境条件、水生生态系统发生变化;地下水水位、土壤理化特性变化导致动植物群落发生变化;生境面积和质量下降导致个体死亡、种群数量下降或种群生存能力降低;资源减少及分布变化导致种群结构或种群动态发生变化,因阻隔影响造成种群间基因交流减少,导致小种群灭绝危险增加,滞后反应(例如,由于关键物种的消失使捕食者和被捕食者的关系发生变化)等;

(3)累积生态影响:整个区域生境的逐渐丧失和破碎化;在景观尺度上生境的多样性减少;不可逆转的生物多样性下降;生态系统持续退化等。

4. 影响程度可分为强、中、弱、无四个等级,可依据以下原则进行初步判断:

(1)强:生境受到严重破坏,水系开放连通性受到显著影响;野生动植物难以栖息繁衍(或生长繁殖),物种种类明显减少,种群数量显著下降,种群结构明显改变;生物多样性显著下降,生态系统结构和功能受到严重损害,生态系统稳定性难以维持;自然景观、自然遗迹受到永久性破坏;生态修复难度较大;

(2)中:生境受到一定程度破坏,水系开放连通性受到一定程度影响;野生动植物栖息繁衍(或生长繁殖)受到一定程度干扰,物种种类减少,种群数量下降,种群结构改变;生物多样性有所下降,生态系统结构和功能受到一定程度破坏,生态系统稳定性受到一定程度干扰;自然景观、自然遗迹受到暂时性影响;通过采取一定措施上述不利影响可以得到减缓和控制,生态修复难度一般;

（3）弱：生境受到暂时性破坏，水系开放连通性变化不大；野生动植物栖息繁衍（或生长繁殖）受到暂时性干扰，物种种类、种群数量、种群结构变化不大；生物多样性、生态系统结构、功能以及生态系统稳定性基本维持现状；自然景观、自然遗迹基本未受到破坏；在干扰消失后可以修复或自然恢复；

（4）无：生境未受到破坏，水系开放连通性未受到影响；野生动植物栖息繁衍（或生长繁殖）未受到影响；生物多样性、生态系统结构、功能以及生态系统稳定性维持现状；自然景观、自然遗迹未受到破坏。

2. 评价标准可参照国家、行业、地方或国外相关标准，无参照标准的可采用所在地区及相似区域生态背景值或本底值、生态阈值或引用具有时效性的相关权威文献数据等。

第三节　生态环境影响评价程序及评价等级判定

一、生态环境影响评价程序

生态环境影响评价工作程序见图 11 - 1[2]。

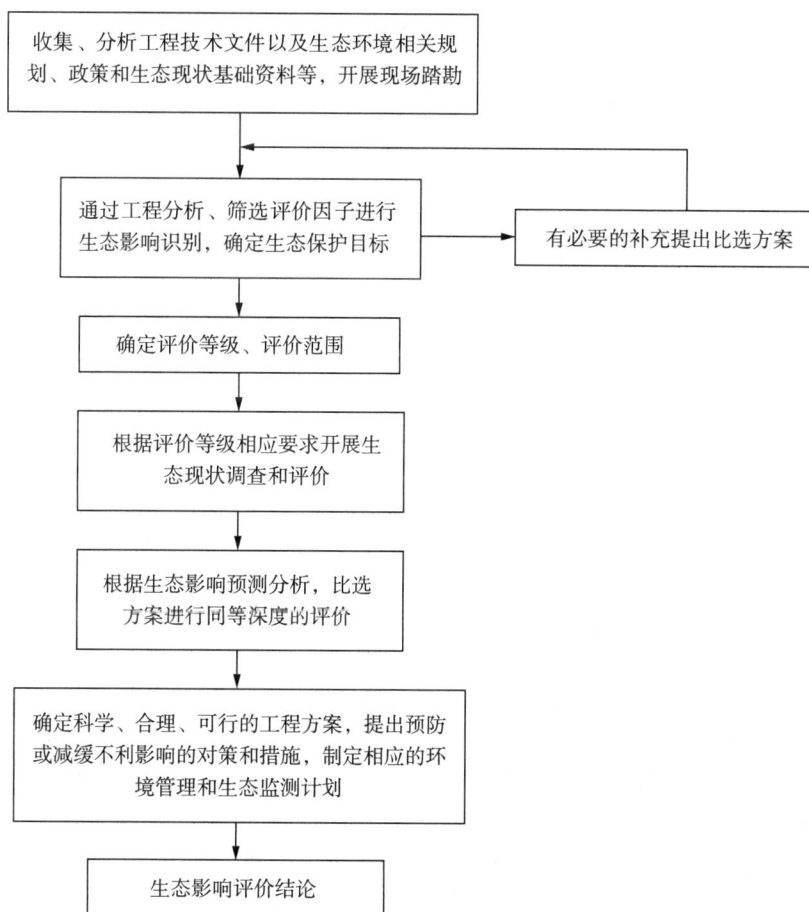

图 11 - 1　生态影响评价工作程序

二、生态环境影响评价等级判定

生态环境影响评价等级判定是按照《环境影响评价技术导则　生态影响》(HJ 19—2022)中确定的评价等级的方法,并随其变化而改变。

1. 依据建设项目影响区域的生态敏感性和影响程度,评价等级划分为一级、二级和三级。

2. 按照以下原则确定评价等级:

(1)涉及国家公园、自然保护区、世界自然遗产、重要生境时,评价等级为一级;

(2)涉及自然公园时,评价等级为二级;

(3)涉及生态保护红线时,评价等级不低于二级;

(4)根据 HJ 2.3 判断属于水文要素影响型且地表水评价等级不低于二级的建设项目,生态影响评价等级不低于二级;

(5)根据 HJ 610、HJ 964 判断地下水水位或土壤影响范围内分布有天然林、公益林、湿地等生态保护目标的建设项目,生态影响评价等级不低于二级;

(6)当工程占地规模大于 $20 km^2$ 时(包括永久和临时占用陆域或水域),评价等级不低于二级;改扩建项目的占地范围以新增占地(包括陆域和水域)确定;

(7)除上述(1)(2)(3)(4)(5)(6)以外的情况,评价等级为三级;

(8)当评价等级判断同时符合上述多种情况时,应采用其中最高的评价等级。

3. 建设项目涉及经论证对保护生物多样性具有重要意义的区域时,可适当上调评价等级。

4. 建设项目同时涉及陆生、水生生态影响时,可针对陆生生态、水生生态分别判定评价等级。

5. 在矿山开采可能导致矿区土地利用类型明显改变,或拦河闸坝建设可能明显改变水文情势等情况下,评价等级应上调一级。

6. 线性工程可分段确定评价等级,线性工程地下穿越或地表跨越生态敏感区,在生态敏感区范围内无永久、临时占地时,评价等级可下调一级。

7. 符合生态环境分区管控要求且位于原厂界(或永久用地)范围内的污染影响类改扩建项目,位于已批准规划环评的产业园区内且符合规划环评要求、不涉及生态敏感区的污染影响类建设项目,可不确定评价等级,直接进行生态影响简单分析。

三、生态环境影响评价范围确定

1. 总体原则:生态环境影响评价应能够充分体现生态系统的完整性和生物多样性保护要求,涵盖评价项目全部活动的直接影响区域和间接影响区域。评价范围应依据评价项目对生态因子的影响方式、影响程度和生态因子之间的相互影响和相互依存关系确定,可综合考虑评价项目与项目区的气候过程、水文过程、生物过程等生物地球化学循环过程的相互作用关系,以评价项目影响区域所涉及的完整气候单元、水文单元、生态单元、地理单元界限为参照边界。

2. 涉及占用或穿(跨)越生态敏感区时,应考虑生态敏感区的结构、功能及主要保护对象合理确定评价范围。

3. 矿山开采项目评价范围应涵盖开采区及其影响范围、各类场地及运输系统占地以及施工临时占地范围等。

4. 水利水电项目评价范围应涵盖枢纽工程建筑物、水库淹没、移民安置等永久占地、施工临时占地以及库区坝上、坝下地表地下、水文水质影响河段及区域、受水区、退水影响区、输水沿线影响区等。

第四节　生态环境现状调查与评价

一、生态现状调查方法

生态现状调查方法很多,确定生态调查方法要根据调查目的、特点和实际需要而定,生态现状调查的原则是:凡只需一次性专门调查的,就不制定定期统计表;凡不需全面调查的,就可采用非全面调查;在人力、物力、财力较强的情况下,可以开展全面调查,否则,尽量采用非全面调查。至于在非全面调查中对重点调查、典型或抽样调查方法的选择,可根据实际情况来确定。常用的生态现状调查方法如下:

1. 资料收集法

即收集现有的能反映生态现状或生态背景的资料,分类:按表现形式分为文字资料和图形资料;按时间可分为历史资料和现状资料,按行业类别可分为农、林、牧、渔和 EP 部门;按资料性质可分为环境影响报告书、有关污染源调查、生态保护规划、规定、生态功能区划、生态敏感目标的基本情况以及其他生态调查材料等。使用资料收集法时,应保证资料的现时性,引用资料必须建立在现场校验的基础上。

2. 现场勘查法

现场勘查应遵循整体与重点相结合的原则,在综合考虑主导生态因子结构与功能的完整性的同时,突出重点区域和关键时段的调查,并通过对影响区域的实际踏勘,核实收集资料的准确性,以获取实际资料和数据。

3. 专家和公众咨询法

专家和公众咨询法是对现场勘查的有益补充。通过咨询有关专家,收集评价工作范围内的公众、社会团体和相关管理部门对项目影响的意见,发现现场踏勘中遗漏的生态问题。专家和公众咨询应与资料收集和现场勘查同步开展。

4. 生态监测法

当资料收集、现场勘查、专家和公众咨询提供的数据无法满足评价的定量需要,或项目可能产生潜在的或长期累积效应时,可考虑选用生态监测法。生态监测应根据监测因子的生态学特点和干扰活动的特点确定监测位置和频次,有代表性地布点。生态监测方法与技术要求须符合国家现行的有关生态监测规范和监测标准分析方法;对于生态系统生产力的调查,必要时需现场采样、实验室测定。

5. 遥感调查法

当涉及区域范围较大或主导生态因子的空间等级尺度较大,通过人力踏勘较为困难或难以完成评价时,可采用遥感调查法。遥感调查过程中必须辅助必要的现场勘查工作。

6. 陆生、水生动植物调查方法

陆生、水生动植物野外调查所需要的仪器、工具和常用技术方法见 HJ 710.1~13。其中植物多样性调查可采用样方调查的形式进行,样地的大小一般需要事先进行实验,对于草本群落,一般最初用 10cm×10cm,对于森林群落,一般最初用 5m×5m 或者更大的面积,登记这一面积内所有的植物种类,然后按照一定顺序,扩大样地编程,每扩大一次,登记新增加的种类,扩大样地的方式如图 11-2 所示。

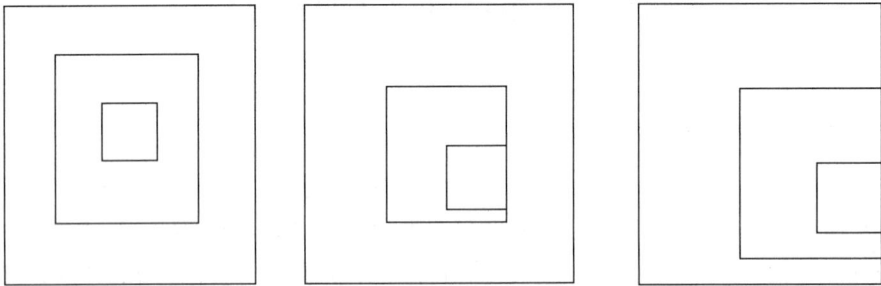

图 11-2 确定样地表现面积的方法:从小到大按一定顺序逐渐扩大样地面积

7. 淡水渔业资源调查方法

按照《淡水渔业资源调查规范 河流》(SC/T 9429—2019)中有关要求,调查方式包括渔获物调查(包括捕捞采用调查或渔获物抽样调查)、声学调查和鱼卵仔鱼调查等。具体采用时间、采样工具、仪器、器具、试剂等见 SC/T 9429。

8. 淡水浮游生物调查方法

淡水浮游生物常规调查中所需的试剂与器具、水样采集与处理、种类鉴定、计数、生物量计算、数据整理、浮游植物叶绿素和初级生产力的测定见表《淡水浮游生物调查技术规范》(SC/T 9402—2010)。

二、生态现状调查常用的统计表格

生态调查常用的统计表格见表 11-2 至表 11-5。

表 11-2 植物群落调查结果统计表

植被型组	植被型	植被亚型	群系	分布区域	工程占用情况	
					占用面积(hm²)	占用比例(%)
I.××	一、××	(一)××				
		(二)××				
		……				
	二、××	(一)××				
		……				
	……	……				

（续表）

植被型组	植被型	植被亚型	群系	分布区域	工程占用情况	
					占用面积(hm²)	占用比例(%)
Ⅱ.××	一、××	(一)××				
		……				
	二、××	(一)××				
		……				
……	……	……				

表 11-3　重要野生植物调查结果统计表

序号	物种名称(中文名/拉丁名)	保护级别	濒危等级	特有种(是/否)	极小种群野生植物(是/否)	分布区域	资料来源	工程占用情况(是/否)
1								
2								
…								

注:1. 保护级别根据国家及地方正式发布的重点保护野生植物名录确定。

2. 濒危等级、特有种根据《中国生物多样性红色名录》确定。

3. 资料来源包括环评现场调查、文献记录、历史调查资料及科考报告等。

4. 涉及占用的应说明具体工程内容和占用情况(如株数等),不直接占用的应说明与工程的位置关系。

表 11-4　重要野生动物调查结果统计表

序号	物种名称(中文名/拉丁名)	保护级别	濒危等级	特有种(是/否)	分布区域	资料来源	工程占用情况(是/否)
1							
2							
…							

注:1. 保护级别根据国家及地方正式发布的重点保护野生动物名录确定。

2. 濒危等级、特有种根据《中国生物多样性红色名录》确定。

3. 分布区域应说明物种分布情况及生境类型。

4. 资料来源包括环评现场调查、文献记录、历史调查资料及科考报告等。

5. 说明工程占用生境情况。涉及占用的应说明具体工程内容和占用面积,不直接占用的应说明生境分布与工程的位置关系。

表 11-5　古树名木调查结果统计表

序号	树种名称(中文名/拉丁名)	生长状况	树龄	经纬度和海拔	工程占用情况(是/否)
1					
2					
...					

注:涉及占用的应说明具体工程内容和占用情况,不直接占用的应说明与工程的位置关系。

三、生态现状调查要求

生态现状调查应在充分收集资料的基础上开展现场工作,生态现状调查范围应不小于评价范围。具体调查要求如下:

1. 引用的生态现状资料其调查时间宜在 5 年以内,用于回顾性评价或变化趋势分析的资料可不受调查时间限制。

2. 当已有资料不能满足评价要求时,应通过现场调查获取现状资料,现场调查遵循全面性、代表性和典型性原则。项目涉及生态敏感区时,应开展专题调查。

3. 工程永久占用或施工临时占用区域应在收集资料基础上开展详细调查,查明占用区是否分布有重要物种及重要生境。

4. 陆生生态一级、二级评价应结合调查范围、调查对象、地形地貌和实际情况选择合适的调查方法。开展样线、样方调查的,应合理确定样线、样方的数量、长度或面积,涵盖评价范围内不同的植被类型即生境类型,山地区域还应结合海拔、坡位、坡向进行布设。根据植物群落类型(宜以群系及以下分类单位为调查单元)设置调查样地,一级评价每种群落类型设置的样方数量不少于 5 个,二级评价不少于 3 个,调查时间宜选择植物生长旺盛季节;一级评价每种生境类型设置的野生动物调查样线数量不少于 5 条,二级评价不少于 3 条,除了收集历史资料外,一级评价还应获得近 1~2 个完整年度不同季节的现状资料,二级评价尽量获得野生动物繁殖期、越冬期、迁徙期等关键活动期的现状资料等。

5. 水生生态一级评价、二级评价的调查点位、断面等应涵盖评价范围内的干流、支流、河口、湖库等不同水域类型。一级评价应至少开展丰水期、枯水期(河流、湖库)或春季、秋季两期(季)调查,二级评价至少获得一期(季)调查资料,涉及显著改变水文情势的项目应该增加调查强度。鱼类调查时间应该包括主要繁殖期,水生生境调查内容应该包括水域形态结构、水文情势、水体理化性质和底泥等。

6. 三级评价现状调查以收集有效资料为主,可开展必要的遥感调查或现场校核等。

7. 生态现状调查中还应充分考虑生物多样性保护的要求。

四、生态现状调查内容

生态现状调查内容可以根据具体工程建设项目特点和区域环境,可以适当增减或有所侧重,具体调查内容如下:

1. 陆生生态现状调查内容

主要包括评价范围内的植物区系、植被类型、植物群落结构及演替规律、群落中的关键种、建群种、优势种;动物区系、物种组成及分布特征;生态系统的类型、面积及空间分布;重要物种的分布、生态学特征、种群现状、迁徙物种的主要迁徙路线、迁徙时间、重要生境的分布及现状等。

2. 水生生态现状调查内容

主要包括评价范围内的水生生物、水生生境和渔业现状;重要物种的分布、生态学特征、种群现状以及生境状况;鱼类等重要水生动物调查包括种类组成、种群结构、资源时空分布,产卵场、索饵场、越冬场等重要生境的分布、环境条件以及洄游路线、洄游时间等行为习性。

3. 收集生态敏感区的相关规划资料、图件、数据,调查评价范围内生态敏感区主要保护对象、功能区划、保护要求等。

4. 调查区域存在的主要生态问题,如水土流失、沙漠化、石漠化、盐渍化、生物入侵和污染危害等。调查已经存在的对生态保护目标产生不利影响的干扰因素。

5. 对改扩建、分期实施的建设项目,调查既有工程、前期已经实施工程的实际生态影响以及采取的生态保护措施等。

五、生态现状评价内容及要求

1. 一级、二级评价应根据现状调查结果选择以下全部或部分内容开展评价:

(1)根据植被和植物群落调查结果,编制植被类型图,统计评价范围内的植被类型及面积,可采用植被覆盖度等指标分析植被现状,图示植被覆盖度空间分布特点。

(2)根据土地利用调查结果,编制土地利用现状图,统计评价范围内的土地利用类型及面积。

(3)根据物种及生境调查结果,分析评价范围内的物种分布特点,重要物种的种群现状以及生境的质量、连通性、破碎化程度等,编制重要物种、重要生境分布图,迁徙、洄游物种的迁徙、洄游路线;涉及国家重点保护野生动植物、极危、濒危物种的,可通过模型模拟物种适宜生境分布,图示工程与物种生境分布的空间关系。

(4)根据生态系统调查结果,编制生态系统类型分布图,统计评价范围内的生态系统类型及面积;结合区域生态问题调查结果,分析评价范围内的生态系统结构与功能状况以及总体变化趋势;涉及陆地生态系统的,可采用生物量、生产力、生态系统服务功能等指标开展评价,涉及河流、湖泊、湿地生态系统的,可采用生物完整性指数等指标开展评价。

(5)涉及生态敏感区的,分析其生态现状、保护现状和存在的问题,明确并图示生态敏感区及其主要保护对象、功能分区与工程的位置关系。

(6)可采用物种丰富度、香农—威纳多样性指数、Pielou 均匀度指数、Simpson 优势度指数等对评价范围内的物种多样性进行评价。

2. 三级评价可采用定性描述或面积、比例等定量指标,重点对评价范围内的土地利用现状、植被现状、野生动植物现状等进行分析,编制土地利用现状图、植被类型图、生态保护目标分布图等图件。

3. 对于改建、分期实施的建设项目。应对既有工程、前期已实施工程的实际生态影响、已采取的生态保护措施的有效性和存在问题进行评价。

第五节　生态环境影响预测与评价

根据建设项目的特点、区域生物多样性保护要求以及生态系统功能等选择评价预测指标。

一、生态环境影响预测与评价方法

生态影响预测与评价尽量采用定量方法进行描述和分析,常用的生态环境影响预测与评价的方法如下:

1. 列表清单法

列表清单法是一种定性分析方法,该方法的特点是简单明了、针对性强。

(1)方法

将拟实施的开发建设活动的影响因素与可能受影响的环境因子分别列在同一张表格的行与列内,逐点进行分析,并逐渐阐明影响的性质、强度等,由此分析开发建设活动的生态影响。

(2)应用

① 进行开发建设活动对生态因子的影响分析;

② 进行生态保护措施的筛选;

③ 进行物种或栖息地重要性或优先度比选。

2. 图形叠置法

图形叠置法是把两个以上的生命信息叠合到一张图上,构成复合图,用以表示生态变化的方向和程度,该方法的特点是直观、形象、简单明了。

图形叠置法有两种基本制作手段:指标法和3S叠图法。

(1)指标法

① 确定评价范围;

② 开展生态调查,收集评价范围及周边地区自然环境、动植物等信息;

③ 识别影响并筛选评价因子,包括识别和分析主要生态问题;

④ 建立表征评价因子特性的指标体系,通过定性分析或定量方法对指标赋值或分级,依据指标值进行区域划分;

⑤ 将上述区划信息绘制在生态图上。

(2)3S叠图法

① 选用符合要求的工作底图,底图范围应大于评价范围;

② 在底图上描绘主要生态因子信息,如植被覆盖、动植物分布、河流水系、土地利用、生态敏感区等;

③ 进行影响识别与筛选评价因子；

④ 运用 3S 技术分析影响性质、方式和程度；

⑤ 将影响因子图和底图叠加，得到生态影响评价图。

3. 生态机理分析法

生态机理分析法是根据建设项目的特点和受影响物种的生物学特征，依照生态学原理分析、预测建设项目生态影响的方法。生态机理分析法的工作步骤如下：

(1)调查环境背景现状，收集工程组成、建设、运行等有关资料；

(2)调查植物和动物分布，动物栖息地和迁徙、洄游路线；

(3)根据调查结果分别对植物或动物种群、群落和生态系统进行分析，描述其分布特点，结构特征和演化特征；

(4)识别有无珍稀濒危物种、特有物种等需要保护的物种；

(5)预测项目建成后该地区动物、植物生长环境的变化；

(6)根据项目建设后的环境变化，对照无开发项目条件下动、植物或生态系统演替或变化趋势，预测建设项目对个体、种群和群落的影响，并预测生态系统演替方向。

评价过程中可根据实际情况进行相应的生物模拟实验，如环境条件、生物习性模拟试验、生物毒理学试验、实地种植或放养试验等；或进行数学模拟，如种群增长模型的应用。

该方法需要与生物学、地理学、水文学、数学及其他多学科合作评价，才能得出较为客观的结果。

4. 指数法与综合指数法

指数法是利用同度量因素的相对值来表明因素变化状况的方法。指数法的难点在于需要建立表征生态环境质量的标准体系并进行赋值和准确定量。综合指数法是从确定同度量因素出发，把不能直接对比的事物变成能够同度量的方法。

(1)单因子指数法

选定合适的评价标准，可进行生态因子现状或预测评价。例如，以同类型立地条件的森林植被覆盖率为标准，可评价项目建设区的植被覆盖现状情况；以评价区现状植被盖度为标准，可评价项目建设后植被盖度的变化率。

(2)综合指数法

① 分析各生态因子的性质及变化规律；

② 建立表征各生态因子特征的指标体系；

③ 确定评价标准；

④ 建立评价函数曲线，将生态因子的现状值(开发建设活动前)与预测值(开发建设活动后)转换成统一的无量纲的生态环境质量指标，用 1~0 表示优劣("1"表示最佳的、顶级的、原始或人类干预甚少的生态状况，"0"表示最差的、极度破坏的、几乎无生物性的生态状况)，计算开发建设活动前后各因子质量的变化值；

⑤ 根据各因子的相对重要性赋予权重；

⑥ 将各因子的变化值综合、提出综合影响评价值。

$$\Delta E = \sum (E_{hi} - E_{qi}) \times W_i \qquad (11-1)$$

式中：ΔE——开发建设活动前后生态环境质量变化值；

E_{hi}——开发建设活动后 i 因子的质量指标；

E_{qi}——开发建设活动前 i 因子的质量指标；

W_i——i 因子的权重。

（3）指数法应用

① 可用于生态因子单因子质量评价；

② 可用于生态多因子综合质量评价；

③ 可用于生态系统功能评价。

5. 类比分析法

类比分析法是一种比较常用的定性和半定量评价方法，一般有生态整体类比、生态因子类比和生态问题类比等。

（1）方法

根据已有的建设项目的生态影响，分析或预测拟建项目可能产生的影响。选择好类比对象（类比项目）是进行类比分析或预测评价的基础，也是该方法成败的关键。

类比对象的选择条件是：工程性质、工艺和规模与拟建项目基本相当，生态因子（地理、地质、气候、生物因素）相似，项目建设已有一定时间，所产生的影响已基本全部显现。

类比对象确定后，需要选择和确定类比因子和指标，并对类比对象开展调查与评价，再分析拟建项目与类比对象的差异。根据类比对象与拟建项目的比较，做出类比分析结论。

（2）应用

① 进行生态影响识别（包括评价因子筛选）；

② 以原始生态系统作为参照，可评价目标生态系统的质量；

③ 进行生态影响的定性分析与评价；

④ 进行某一个或几个生态因子的影响评价；

⑤ 预测生态问题的发生与发展趋势及其危害；

⑥ 确定环境保护目标和寻求最有效、可行的生态保护措施。

6. 系统分析法

系统分析法是指把要解决的问题作为一个系统，对系统要素进行综合分析，找出解决问题的可行方案的咨询方法，具体步骤包括：限定问题、确定目标、调查研究、收集数据、提出备选方案和评价标准、备选方案评估和提出最可行方案等。

系统分析法因其能妥善解决一些多目标动态性问题，已广泛应用于各行各业，尤其是在进行区域开发或解决优化方案选择问题时，系统分析法显示出其他方法所不能达到的效果。

在生态系统质量评价中使用系统分析的具体方法有专家咨询法、层次分析法、模糊综合评判法、综合排序法、系统动力学、灰色关联等方法。

7. 生物多样性评价方法

生物多样性是生物（动物、植物、微生物）与环境形成的生态复合体以及与此相关的各种生态过程的总和，包括生态系统、物种和基因三个层次。

生态系统多样性指生态系统的多样化程度,包括生态系统的类型、结构、组成、功能和生态过程的多样性等。物种多样性指物种水平的多样化程度,包括物种丰富度和物种均匀度。基因多样性(或遗传多样性)指一个物种的基因组成中遗传特征的多样性,包括种内不同种群之间或同一种群内不同个体的遗传变异性。

物种多样性常用的评价指标包括物种丰富度、香农－威纳多样性指数、Pielou 均匀度指数、Simpso 优势度指数等。

物种丰富度(species richness):调查区域内物种种数之和。

香农－威纳多样性指数(Shannon-Wiener diversity index)计算公式为

$$H = -\sum_{i=1}^{s} P_i \ln P_i \qquad (11-2)$$

式中:H——香农-威纳多样性指数;

　　S—— 调查区域内物种种类总数;

　　P_i—— 调查区域内属于第 i 种的个体比例,如总个体数为 N,第 i 种个体数为 n_i,则 $P_i = n_i / N$。

Pielou 均匀度指数是反映调查区域各物种个体数目分配均匀程度的指数,计算公式为

$$J = \left(-\sum_{i=1}^{s} P_i \ln P_i \right) / \ln S \qquad (11-3)$$

式中:J——Pielou 均匀度指数;

　　S—— 调查区域内物种种类总数;

　　P_i—— 调查区域内属于第 i 种的个体比例。

Simpson 优势度指数与均匀度指数相对应,计算公式为

$$D = 1 - \sum_{i=1}^{s} P_i^2 \qquad (11-4)$$

式中:D——Simpson 优势度指数;

　　S—— 调查区域内物种种类总数;

　　P_i—— 调查区域内属于第 i 种的个体比例。

8. 生态系统评价方法

(1)植被覆盖度

植被覆盖度可用于定量分析评价范围内的植被现状。

基于遥感估算植被覆盖度可根据区域特点和数据基础采用不同的方法,如植被指数法、回归模型、机器学习法等。

植被指数法主要是通过对各像元中植被类型及分布特征的分析,建立植被指数覆盖度的转换关系,采用归一化植被指数(NDVI)估算植被覆盖度的方法如下:

$$FVC = (NDVI - NDVIs) / (NDVIv - NVIs) \qquad (11-5)$$

式中:FVC——所计算像元的植被覆盖度;

NDVI——所计算像元的 NDVI 值；

NDVIs——纯植物像元的 NDVI 值；

NDVIv——完全无植被覆盖像元的 NDVI 值。

(2)生物量

生物量是指一定地段面积内某个时期生存着的活有机体的重量。不同生态系统的生物量测定方法不同，可采用实测与估算相结合的方法。

地上生物量估算可采用植被指数法、异速生长方程法等方法进行计算。基于植被指数的生物量统计法是通过实地测量的生物量数据和遥感植被指数建立统计模型，在遥感数据的基础上反演得到评价区域的生物量。

(3)生产力

生产力是生态系统的生物生产能力，反映生产有机质或积累能量的速率。群落(或生态系统)初级生产力是单位面积、单位时间群落(或生态系统)中植物利用太阳能固定的能量或生产的有机质的量。净初级生产力(NPP)是从固定的总能量或产生的有机质总量中减去植物呼吸所消耗的量，直接反映了植被群落在自然环境条件下的生产能力，表征陆地生态系统的质量状况。

NPP 可利用统计模型(如 Miami 模型)、过程模型(如 BIOME - BGC 模型、BEPS 模型)和光能利用率模型(如 CASA 模型)进行计算。根据区域植被特点和数据基础确定具体方法。

通过 CASA 模型计算净初级生产力的公式如下：

$$NPP(x,t) = APAR(x,t) \times \varepsilon(x,t) \tag{11-6}$$

式中：NPP——净初级生产力；

APAR——植被所吸收的光合有效辐射；

ε——光能转化率；

t——时间；

x——空间位置。

(4)生物完整性指数

生物完整性指数(index of biotic integrity，IBI)已被广泛应用于河流、湖泊、沼泽、海岸滩涂、水库等生态系统健康状况评价，指示生物类群也由最初的鱼类扩展到底栖动物、着生藻类、微管植物、两栖动物和鸟类等。生物完整性指数评价工作步骤如下：

① 结合工程影响特点和所在区域水生态系统特征，选择指示物种；

② 根据指示物种种群特征，在指标库中确定指示物种状况参数指标；

③ 选择参考点(未开发建设、未受干扰的点或受干扰极小的点)和干扰点(已开发建设、受干扰的点)，采集参数指标数据，通过对参数指标值的分布范围分析、判别能力分析(敏感性分析)和相关关系分析，建立评价指标体系；

④ 确定每种参数指标值以及生物完整性指数的计算方法，分别计算参考点和干扰点的指数值；

⑤ 建立生物完整性指数的评分标准；

⑥ 评价项目建设前所在区域水生态系统状况,预测分析项目建设后水生态系统变化情况。

9. 景观生态学评价方法

景观生态学主要研究宏观尺度上景观类型的空间格局和生态过程的相互作用及其动态变化特征。景观格局是指大小和形状不一的景观斑块在空间上的排列,是各种生态过程在不同尺度上综合作用的结果。景观格局变化对生物多样性产生直接而强烈影响,其主要原因是生境丧失和破碎化。

景观变化的分析方法主要有三种:定性描述法、景观生态图叠置法和景观动态的定量化分析法。目前较常用的方法是景观动态的定量化分析法,主要是对收集的景观数据进行解译或数字化处理,建立景观类型图,通过计算景观格局指数或建立动态模型对景观面积变化和景观类型转化等进行分析,揭示景观的空间配置以及格局动态变化趋势。

景观指数是能够反映景观格局特征的定量化指标,分为三个级别,代表三种不同的应用尺度,即斑块级别指数、斑块类型级别指数和景观级别指数,可根据需要选取相应的指标,采用 FRAGSTATS 等景观格局分析软件进行计算分析。涉及显著改变土地利用类型的矿山开采、大规模的农林业开发以及大中型水利水电建设项目等可采用该方法对景观格局的现状及变化进行评价,公路、铁路等线性工程造成的生境破碎化等累积生态影响也可采用该方法进行评价。常用的景观指数及其含义见表 11-3。

表 11-3　常用的景观指数及其含义

名　称	含　义
斑块类型面积(CA) Class area	斑块类型面积是度量其他指标的基础,其值的大小影响依此斑块类型作为生境的物种数量及丰度
斑块所占景观面积比例(PLAND) Percent of landscape	某一斑块类型占整个景观面积的百分比,是确定优势景观元素重要依据,也是决定景观中优势种和数量等生态系统指标的重要因素
最大斑块指数(LPI) Largest patch index	某一斑块类型中最大斑块占整个景观的百分比,用于确定景观中的优势斑块,可间接反应景观变化受人类活动的干扰程度
香农多样性指数(SHDI) Shannon's diversity index	反映景观类型的多样性和异质性,对景观中各斑块类型非均衡分布状况较敏感,值增大表明斑块类型增加或各斑块类型呈均衡趋势分布
蔓延度指数(CONTAG) Contagion index	高蔓延度值表明景观中的某种优势斑块类型形成了良好的连接线,反之则表明景观具有多种要素的密集格局,破碎化程度较高
散布与并列指数(IJI) Interspersion juxtaposition index	反映斑块类型的隔离分布情况,值越小表明斑块与相同类型斑块相邻越多,而与其他类型斑块相邻的较少
聚集度指数(AI) Aggregation index	基于栅格数量测度景观或者某种斑块类型的聚集程度

二、生态影响预测评价内容及要求

1. 生态环境评价等级为一、二级评价的,应根据现状评价内容选择以下全部或部分内容开展预测评价。

(1)采用图形叠置法分析工程占用的植被类型、面积及比例;通过引起地表沉陷或改变地表径流、地下水水位、土壤理化性质等方式对植被产生影响的,采用生态机理分析法、类比分析法等方法分析植物群落的物种组成、群落结构等变化情况。

(2)结合工程的影响方式预测分析重要物种的分布、种群数量、生境状况等变化情况;分析施工活动和运行产生的噪声、灯光等对重要物种的影响;涉及迁徙、洄游物种的,分析工程施工和运行对迁徙、洄游行为的阻隔影响;涉及国家重点保护野生动植物、极危、濒危物种的,可采用生境评价方法预测分析物种适宜生境的分布及面积变化、生境破碎化程度等,图示建设项目实施后的物种适宜生境分布情况。

(3)结合水文情势、水动力和冲淤、水质(包括水温)等影响预测结果,预测分析水生生境质量、连通性以及产卵场、索饵场、越冬场等重要生境的变化情况,图示建设项目实施后的重要水生生境分布情况;结合生境变化预测分析鱼类等重要水生生物的种类组成、种群结构、资源时空分布等变化情况。

(4)采用图形叠置法分析工程占用的生态系统类型、面积及比例;结合生物量、生产力、生态系统功能等变化情况预测分析建设项目对生态系统的影响。

(5)结合工程施工和运行引入外来物种的主要途径、物种生物学特征以及区域生态环境特点,参考《外来物种环境风险评估技术导则》分析建设项目实施可能导致外来物种造成生态危害的风险。

(6)结合物种、生境以及生态系统变化情况,分析建设项目对所在区域生物多样性的影响;分析建设项目通过时间或空间的积累作用方式产生的生态影响,如生境丧失、退化及破碎化、生态系统退化、生物多样性下降等。

(7)涉及生态敏感区的,结合主要保护对象开展预测评价;涉及以自然景观、自然遗迹为主要保护对象的生态敏感区时,分析工程施工对景观、遗迹完整性的影响,结合工程建筑物、构筑物或其他设施的布局及设计,分析与景观、遗迹的协调性。

2. 生态环境评价等级为三级评价的,可采用图形叠置法、生态机理分析法、类比分析法等预测分析工程建设对土地利用、植被、野生动植物等的影响。

3. 不同行业应结合项目规模、影响方式、影响对象等确定评价重点:

(1)矿产资源开发项目应对开采造成的植物群落及植被覆盖度变化、重要物种的活动、分布及重要生境变化以及生态系统结构和功能变化、生物多样性变化等开展重点预测与评价;

(2)水利水电项目应对河流、湖泊等水体天然状态改变引起的水生生境变化、鱼类等重要水生生物的分布及种类组成、种群结构变化,水库淹没、工程占地引起的植物群落、重要物种的活动、分布及重要生境变化,调水引起的生物入侵风险,以及生态系统结构和功能变化、生物多样性变化等开展重点预测与评价;

(3)公路、铁路、管线等线性工程应对植物群落及植被覆盖度变化、重要物种的活动、

分布及重要生境变化、生境连通性及破碎化程度变化、生物多样性变化等开展重点预测与评价;

(4)农业、林业、渔业等建设项目应对土地利用类型或功能改变引起的重要物种的活动、分布及重要生境变化、生态系统结构和功能变化、生物多样性变化以及生物入侵风险等开展重点预测与评价。

第六节　生态环境保护措施及生态监测

一、生态环境保护措施总体要求

1. 应对生态系统影响的对象、范围、时段、程度,提出避让、减缓、修复、补偿、管理、监测、科研等对策措施,分析措施的技术可行性、经济合理性、运行稳定性、生态保护和修复效果的可达性,选择技术先进、经济合理、便于实施、运行稳定、长期有效的措施,明确措施的内容、设施的规模及工艺、实施位置和时间、责任主体、实施保障、实施效果等,编制生态保护措施平面布置图、生态保护措施设计图,并估算(概算)生态保护投资。

2. 优先采取避让方案,源头防止生态破坏,包括通过选址选线调整或局部方案优先避让生态敏感区,施工作业避让重要物种的繁殖期、越冬期、迁徙洄游期等关键活动期和特别保护期,取消或调整产生显著不利影响的工程内容和施工方式等,优先采用生态友好的工程建设技术、工艺及材料等。

3. 坚持山水林田湖草沙一体化保护和系统治理的思路,提出生态保护对策措施。必要时开展专题研究和设计,确保生态保护措施有效。坚持尊重自然、顺应自然、保护自然的理念,采取自然的恢复措施或绿色修复工艺,避让生态保护措施自身的不利影响。不应采取违背自然规律的措施,切实保护生物多样性。

二、生态环境保护措施

1. 项目施工前应对工程占用区域可利用的表土进行剥离,单独堆存,加强表土堆存防护及管理,确保有效回用。施工过程中,采取绿色施工工艺,减少地表开挖,合理设计高陡边坡支挡,加固措施,减少对脆弱生态的扰动。

2. 项目建设造成地表植被破坏的,应提出生态修复措施,充分考虑自然生态条件,因地制宜,制定生态修复方案,优先使用原生表土和选用乡土物种,防止外来生物入侵,构建与周边生态环境相协调的植物群落,最终形成可自我维持的生态系统。生态修复的目标主要包括:恢复植被和土壤,保证一定的植被覆盖度和土壤肥力;维持物种种类和组成,保护生物多样性;实现生物群落的恢复,提高生态系统的生产力和自我维持力;维持生境的连通性等。生态修复应综合考虑物理(非生物)方法、生物方法和管理措施,结合项目施工工期、扰动范围,有条件的可提出"边施工、边修复"的措施要求。

3. 尽量减少对动植物的伤害和生境占用。项目建设对重点保护野生植物、特有植物、古树名木等造成不利影响的,应提出优化工程布置或设计、就地或迁地保护、加强观测等措施,具备移栽条件、长势较好的尽量全部移栽。项目建设对重点保护野生动物、特有动物及其生境造成不利影响的,应提出优化工程施工方案、运行方式,实施物种救护,划定生境保护区域,开展生境保护和修复,构建活动廊道或建设食源地等措施。采取增殖放流、人工繁育等措施恢复受损的重要生物资源。项目建设产生阻隔影响的,应提出减缓阻隔、恢复生境连通的措施,如野生动物通道、过鱼设施等。项目建设和运行噪声、灯光等对动物造成不利影响的,应提出优化工程施工方案、设计方案或降噪遮光等防护措施。

4. 矿山开采项目还应采取保护性开采技术或其他措施控制沉陷深度和保护地下水的生态功能。水利水电项目还应结合工程实施前后的水文情势变化情况、已批复的所在河流生态流量(水量)管理与调度方案等相关要求,确定合适的生态流量,具备调蓄能力且有生态需求的,应提出生态调度方案。涉及河流、湖泊或海域治理的,应尽量塑造近自然水域形态、底质、亲水岸线,尽量避免采取完全硬化措施。

三、生态监测计划

1. 结合项目规模、生态影响特点及所在区域的生态敏感性,针对性地提出全生命周期、长期跟踪或常规的生态监测计划,提出必要的科技支撑方案。大中型水利水电项目、采掘类项目、新建100km以上的高速公路或铁路项目、大型海上机场项目等应开展全生命周期生态监测;新建50~100km的高速公路及铁路项目、新建码头项目、高等级航道项目以及占用或穿(跨)越生态敏感区的其他项目应开展长期跟踪生态监测(施工期并延续至正式投运后5~10年),其他项目可根据情况开展常规生态监测。

2. 生态监测计划应明确监测因子、方法、频次、点位等,开展全生命周期和长期跟踪生态监测的项目,其监测点位以代表性为原则,在生态敏感区可适当增加调查密度、频次。

3. 施工期重点监测施工活动干扰下生态保护目标的受影响状况,如植物群落变化、重要物种的活动、分布变化、生境质量变化等,运行期重点监测对生态保护目标的实际影响、生态保护对策措施的有效性以及生态修复效果等。有条件或有必要的,可开展生物多样性监测。

4. 明确施工期和运行期环境管理原则与技术要求。可提出开展施工期工程环境监理、环境影响后评价等环境管理和技术要求。

四、生态环境影响评价结论

对生态现状、生态影响预测与评价结果、生态保护对策措施等内容进行概括总结,从生态影响角度明确建设项目是否可行。

五、生态环境影响评价中附图要求

生态环境影响评价图件是指以图形、图像的形式,对生态影响评价有关空间内容的描述、表达或定量分析,生态影响评价图件是生态影响评价报告的必要组成部分,是评价的主要依据和成果的重要表现形式,是指导生态保护措施设计的重要依据。

1. 图件内容要求

生态影响评价成图应能准确、清晰地反映评价主题内容,满足生态影响判别和生态保护措施的实施,当成图范围过大时,可采用点线面相结合的方式,分幅成图;涉及生态敏感区时,应分幅单独成图。图件内容要求可见表 11-5。

表 11-5　生态评价图件内容要求

图件名称	图件内容要求
项目地理位置图	项目位于区域或流域的相对位置
地表水系图	项目涉及的地表水系分布情况,标明干流即主要支流
项目总平面布置图及施工总布置图	各工程内容的平面布置及施工布置情况
线性工程平纵断面图	线路走向、工程形式等
土地利用现状图	评价范围内的土地利用类型及分布情况,采用 GB/T 21010 土地利用分类体系,以二级类型作为基础制图单位
植被类型图	评价范围内的植被类型及分布情况,以植物群落调查成果作为基础制图单位。植被遥感制图应结合工作底图精度选择适宜性分辨率的遥感数据,必要时应采用高分辨率遥感数据。山地植被还应完成典型剖面植被示意图
植被覆盖度空间分布图	评价范围内的植被状况、基于遥感数据并采用归一化植被指数(NDVI)估算得到的植被覆盖度空间分布情况
生态系统类型图	评价范围内的生态系统类型分布情况,采用 HJ 1166 生态系统分类体系,以 Ⅱ 级类型作为基础制图单位
生态保护目标空间分布图	项目与生态保护目标的空间位置关系。针对重要物种、生态敏感区等不同的生态保护目标应分别成图,生态敏感区分布图应在行政主管部门公布的功能分区图上叠加工程要素,当不同生态敏感区重叠时,应通过不同边界线型加以区分
物种迁徙、洄游路线图	物种迁徙、洄游的路线、方向以及时间
物种适宜生境分布图	通过模型预测得到的物种分布图,以不同色彩表示不同适宜性等级的生境空间分布范围
调查样方、样线、点位、断面等布设图	调查样方、样线、点位、断面等布设位置,在不同海拔布设的样方、样线等,应说明其海拔
生态监测布点图	生态监测点位布置情况
生态保护措施平面布置图	主要生态保护措施的空间位置
生态保护措施设计图	典型生态保护措施的设计方案及主要设计参数等信息

2. 图件编制规范要求

生态影响评价图件应符合专题地图制图的规范化要求,图面内容包括主图以及图名、图例、比例尺、方向标、注记、制图数据源(调查数据、实验数据、遥感信息数据、预测数据或其他)、成图时间等辅助要素。图式应符合 GB/T 20257,图面配置应在科学性、美观性、清晰性等方面相互协调。良好的图面配置总体效果包括:符号及图形的清晰与易读;整体图面的视觉对比强度;图形突出于背景;图形的视觉平衡效果好;图面设计的层次结构合理。

思 考 题

1. 生态影响评价等级及评价范围如何确定?

2. 生态环境现状调查内容有哪些?

3. 生态环境影响评价与分析常用的方法是什么?

4. 生态图件编制有哪些规范要求?

参考文献

[1] 汪俊三,梁明易,张玉环. 建设项目生态环境影响评价[M]. 北京:中国环境科学出版社,2012.

[2] 生态环境部. 环境影响评价技术导则生态影响:HJ19—2022[S]. 北京:中国环境科学出版社出版,2022.

[3] 山宝琴. 生态环境影响评价[M]. 西安:西安交通大学出版社,2018.

[4] 孔繁德. 生态学基础[M].2 版. 北京:中国环境科学出版社,2006.

第十一章补充材料

第十二章　规划环境影响评价

本章要点:规划环境影响评价是环境影响评价的重要组成部分。本章详细介绍了规划环境影响评价的评价目的、评价原则、评价范围、评价流程及评价方法、规划环境影响评价的编制要求,以及产业园区、流域综合规划。

第一节　规划环境影响评价概述

一、评价目的

以改善环境质量和保障生态安全为目标,论证规划方案的生态环境合理性和环境效益,提出规划优化调整建议;明确不良生态环境影响的减缓措施,提出生态环境保护建议和管控要求,为规划决策和规划实施过程中的生态环境管理提供依据。

二、评价原则

(一)早期介入、过程互动

评价应在规划编制的早期阶段介入,在规划前期研究和方案编制、论证、审定等关键环节和过程中充分互动,不断优化规划方案,提高环境合理性。

(二)统筹衔接、分类指导

评价工作应突出不同类型、不同层级规划及其环境影响特点,充分衔接"三线一单"成果,分类指导规划所包含建设项目的布局和生态环境准入。

(三)客观评价、结论科学

依据现有知识水平和技术条件对规划实施可能产生的不良环境影响的范围和程度进行客观分析,评价方法应成熟可靠,数据资料应完整可信,结论建议应具体明确且具有可操作性。

三、评价范围

（一）按照规划实施的时间维度和可能影响的空间尺度来界定评价范围。

（二）时间维度上，应包括整个规划期，并根据规划方案的内容、年限等选择评价的重点时段。

（三）空间尺度上，应包括规划空间范围以及可能受到规划实施影响的周边区域。周边区域确定应考虑各环境要素评价范围，兼顾区域流域污染物传输扩散特征、生态系统完整性和行政边界。

四、评价流程

（一）工作流程

规划环境影响评价的一般工作流程如下：

规划环境影响评价应在规划编制的早期阶段介入，并与规划编制、论证及审定等关键环节和过程充分互动，互动内容一般包括：

1. 在规划前期阶段，同步开展规划环评工作。通过对规划内容的分析，收集与规划相关的法律法规、环境政策等，收集上层位规划和规划所在区域战略环评及"三线一单"成果，对规划区域及可能受影响的区域进行现场踏勘，收集相关基础数据资料，初步调查环境敏感区情况，识别规划实施的主要环境影响，分析提出规划实施的资源、生态、环境制约因素，反馈给规划编制机关。

2. 在规划方案编制阶段，完成现状调查与评价，提出环境影响评价指标体系，分析、预测和评价拟定规划方案实施的资源、生态、环境影响，并将评价结果和结论反馈给规划编制机关，作为方案比选和优化的参考和依据。

3. 在规划的审定阶段：

（1）进一步论证拟推荐的规划方案的环境合理性，形成必要的优化调整建议，反馈给规划编制机关。针对推荐的规划方案提出不良环境影响减缓措施和环境影响跟踪评价计划，编制环境影响报告书。

（2）如果拟选定的规划方案在资源、生态、环境方面难以承载，或者可能造成重大不良生态环境影响且无法提出切实可行的预防或减缓对策和措施，或者根据现有的数据资料和专家知识对可能产生的不良生态环境影响的程度、范围等无法做出科学判断，应向规划编制机关提出对规划方案做出重大修改的建议并说明理由。

4. 规划环境影响报告书审查会后，应根据审查小组提出的修改意见和审查意见对报告书进行修改完善。

5. 在规划报送审批前，应将环境影响评价文件及其审查意见正式提交给规划编制机关。

（二）技术流程

规划环境影响评价的技术流程见图 12-1。

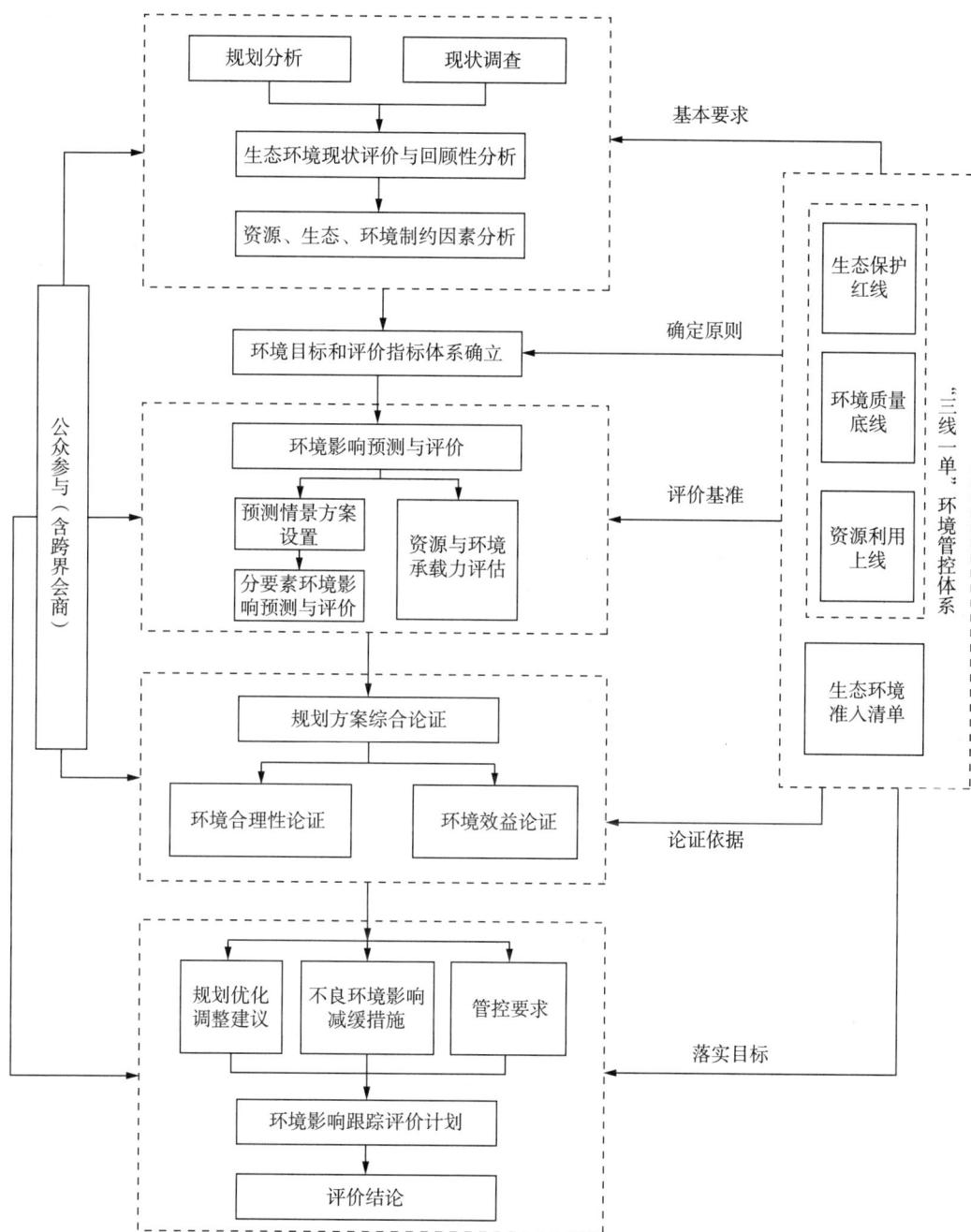

图 12-1　规划环境影响评价技术流程图

五、规划环境影响评价方法

规划环境影响评价各工作环节常用方法参见表 12-1。开展具体评价工作时可根据需要选用,也可选用其他已广泛应用、可验证的技术方法。

表 12 - 1   规划环境影响评价的常用方法

评价环节	可采用的主要方式和方法
规划分析	核查表、叠图分析、矩阵分析、专家咨询(如智暴法、德尔斐法等)、情景分析、类比分析、系统分析
现状调查与评价	现状调查:资料收集、现场踏勘、环境监测、生态调查、问卷调查、访谈、座谈会。环境要素的调查方式和监测方法可参考 HJ 2.2、HJ 2.3、HJ 2.4、HJ 19、HJ 610、HJ 623、HJ 964 和有关监测规范执行现状分析与评价:专家咨询、指数法(单指数、综合指数)、类比分析、叠图分析、生态学分析法(生态系统健康评价法、生物多样性评价法、生态机理分析法、生态系统服务功能评价方法、生态环境敏感性评价方法、景观生态学法等,以下同)、灰色系统分析法
环境影响识别与评价指标确定	核查表、矩阵分析、网络分析、系统流图、叠图分析、灰色系统分析法、层次分析、情景分析、专家咨询、类比分析、压力-状态-响应分析
规划实施生态环境压力分析	专家咨询、情景分析、负荷分析(估算单位国内生产总值物耗、能耗和污染物排放量等)趋势分析、弹性系数法、类比分析、对比分析、供需平衡分析
环境影响预测与评价	类比分析、对比分析、负荷分析(估算单位国内生产总值物耗、能耗和污染物排放量等)、弹性系数法、趋势分析、系统动力学法、投入产出分析、供需平衡分析、数值模拟、环境经济学分析(影子价格、支付意愿、费用效益分析等)、综合指数、生态学分析法、灰色系统分析法、叠图分析、情景分析、相关性分析、剂量-反应关系评价环境要素影响预测与评价的方式和方法可参考 HJ 2.2、HJ 2.3、HJ 2.4、HJ 19、HJ 610、HJ 623、HJ 964 执行
环境风险评价	灰色系统分析法、模糊数学法、数值模拟、风险概率统计、事件树分析、生态学分析法、类比分析可参考 HJ 169 执行

第二节   规划环境影响评价的内容

一、规划分析

(一)基本要求

规划分析包括规划概述和规划协调性分析。规划概述应明确可能对生态环境造成影响的规划内容;规划协调性分析应明确规划与相关法律、法规、政策的相符性,以及规划在空间布局、资源保护与利用、生态环境保护等方面的冲突和矛盾。

(二)规划概述

介绍规划编制背景和定位,结合图、表梳理分析规划的空间范围和布局,规划不同阶段目标、发展规模、布局、结构(包括产业结构、能源结构、资源利用结构等)、建设时序,配套基础设施等可能对生态环境造成影响的规划内容,梳理规划的环境目标、环境污染治理要求、环保基础设施建设、生态保护与建设等方面的内容。如规划方案包含的具体建设项目有明确的规划内容,应说明其建设时段、内容、规模、选址等。

（三）规划协调性分析

1. 筛选出与本规划相关的生态环境保护法律法规、环境经济政策、环境技术政策、资源利用和产业政策，分析本规划与其相关要求的符合性。

2. 分析规划规模、布局、结构等规划内容与上层位规划、区域"三线一单"管控要求、战略或规划环评成果的符合性，识别并明确在空间布局以及资源保护与利用、生态环境保护等方面的冲突和矛盾。

3. 筛选出在评价范围内与本规划同层位的自然资源开发利用或生态环境保护相关规划，分析与同层位规划在关键资源利用和生态环境保护等方面的协调性，明确规划与同层位规划间的冲突和矛盾。

二、现状调查与评价

（一）基本要求

开展资源利用和生态环境现状调查、环境影响回顾性分析，明确评价区域资源利用水平和生态功能、环境质量现状、污染物排放状况，分析主要生态环境问题及成因，梳理规划实施的资源、生态、环境制约因素。

（二）现状调查

1. 调查应包括自然地理状况、环境质量现状、生态状况及生态功能、环境敏感区和重点生态功能区、资源利用现状、社会经济概况、环保基础设施建设及运行情况等内容。实际工作中应根据规划环境影响特点和区域生态环境保护要求，从表 12-2 中选择相应内容开展调查和资料收集，并附相应图件。

表 12-2　资源、生态、环境现状调查内容

调查要素		主要调查内容
自然地理状况		地形地貌，河流、湖泊（水库）、海湾的水文状况，水文地质状况，气候与气象特征等
环境质量现状	地表水环境	1. 水功能区划、海洋功能区划、近岸海域环境功能区划、保护目标及各功能区水质达标情况； 2. 主要水污染因子和特征污染因子、水环境控制单元主要污染物排放现状、环境质量改善目标要求； 3. 地表水控制断面位置及达标情况、主要水污染源分布和污染贡献率（包括工业、农业、生活污染源和移动源）、单位国内生产总值废水及主要水污染物排放量； 4. 附水功能区划图、控制断面位置图、海洋功能区划图、近岸海域环境功能区划图、水环境控制单元图、主要水污染源排放口分布图和现状监测点位图
	地下水环境	1. 环境水文地质条件，包括含（隔）水层结构及分布特征、地下水补径排条件，地下水流场等； 2. 地下水利用现状，地下水水质达标情况，主要污染因子和特征污染因子； 3. 附环境水文地质相关图件，现状监测点位图

(续表)

调查要素		主要调查内容
环境质量现状	大气环境	1. 大气环境功能区划、保护目标及各功能区环境空气质量达标情况； 2. 主要大气污染因子和特征污染因子、大气环境控制单元主要污染物排放现状、环境质量改善目标要求； 3. 主要大气污染源分布和污染贡献率(包括工业、农业和生活污染源)、单位国内生产总值主要大气污染物排放量； 4. 附大气环境功能区划图、大气环境管控分区图、重点污染源分布图和现状监测点位图
	声环境	声环境功能区划、保护目标及各功能区声环境质量达标情况,附声环境功能区划图和现状监测点位图
	土壤环境	1. 土壤主要理化特征,主要土壤污染因子和特征污染因子,土壤中污染物含量,土壤污染风险防控区及防控目标,附土壤现状监测点位图； 2. 海洋沉积物质量达标情况
生态状况及生态功能		1. 生态保护红线与管控要求； 2. 生态功能区划、主体功能区划； 3. 生态系统的类型(森林、草原、荒漠、冻原、湿地、水域、海洋、农田、城镇)等及其结构、功能和过程； 4. 植物区系与主要植被类型,珍稀、濒危、特有、狭域野生动植物的种类、分布和生境状况； 5. 主要生态问题的类型、成因、空间分布、发生特点等； 6. 附生态保护红线图、生态空间图、重点生态功能区划图及野生动植物分布图等
环境敏感区和重点生态功能区		1. 环境敏感区的类型、分布、范围、敏感性(或保护级别)、主要保护对象及相关环境保护要求等,与规划布局空间位置关系,附相关图件； 2. 重点生态功能区的类型、分布、范围和生态功能,与规划布局空间位置关系,附相关图件
资源利用现状	土地资源	主要用地类型、面积及其分布,土地资源利用上线及开发利用状况,土地资源重点管控区,附土地利用现状图
	水资源	水资源总量、时空分布,水资源利用上线及开发利用状况和耗用状况(包括地表水和地下水),海水与再生水利用状况,水资源重点管控区,附有关的水系图及水文地质相关图件
	能源	能源利用上线及能源消费总量、能源结构及利用效率
	矿产资源	矿产资源类型与储量、生产和消费总量、资源利用效率等,附矿产资源分布图
	旅游资源	旅游资源和景观资源的地理位置、范围和开发利用状况等,附相关图件
	岸线和滩涂资源	滩涂、岸线资源及其利用状况,附相关图件

（续表）

调查要素		主要调查内容
资源利用现状	重要生物资源	重要生物资源（如林地资源、草地资源、渔业资源、海洋生物资源）和其他对区域经济社会发展有重要价值的资源地理分布、储量及其开发利用状况，附相关图件
其他	固体废物	固体废物（一般工业固体废物、一般农业固体废物、危险废物、生活垃圾）产生量及单位国内生产总值固体废物产生量，危险废物的产生量、产生源分布等
社会经济概况		评价范围内的人口规模、分布，经济规模与增长率，交通运输结构、空间布局等； 重点关注评价区域的产业结构、主导产业及其布局、重大基础设施布局及建设情况等，附相应图件
环保基础设施建设及运行情况		评价范围内的污水处理设施（含管网）规模、分布、处理能力和处理工艺、服务范围；集中供热、供气情况；大气、水、土壤污染综合治理情况；区域噪声污染控制情况；一般工业固体废物与危险废物利用处置方式和利用处置设施情况（包括规模分布、处理能力、处理工艺、服务范围和服务年限等）；现有生态保护工程及实施效果；环保投诉情况等

2. 现状调查应立足于收集和利用评价范围内已有的常规现状资料，并说明资料来源和有效性。有常规监测资料的区域，资料原则上包括近 5 年或更长时间段资料，能够说明各项调查内容的现状和变化趋势。对其中的环境监测数据，应给出监测点位名称、监测点位分布图、监测因子、监测时段、监测频次及监测周期等，分析说明监测点位的代表性。

3. 当已有资料不能满足评价要求，或评价范围内有需要特别保护的环境敏感区时，可利用相关研究成果，必要时进行补充调查或监测，补充调查样点或监测点位应具有针对性和代表性。

（三）现状评价与回顾性分析

1. 资源利用现状评价

明确与规划实施相关的自然资源、能源种类，结合区域资源禀赋及其合理利用水平或上线要求，分析区域水资源、土地资源、能源等各类资源利用的现状水平和变化趋势。

2. 环境与生态现状评价

① 结合各类环境功能区划及其目标质量要求，评价区域水、大气、土壤、声等环境要素的质量现状和演变趋势，明确主要污染因子和特征污染因子，并分析其主要来源；分析区域环境质量达标情况、主要环境敏感区保护等方面存在的问题及成因，明确需解决的主要环境问题。

② 结合区域生态系统的结构与功能状况，评价生态系统的重要性和敏感性，分析生态状况和演变趋势及驱动因子。当评价区域涉及环境敏感区和重点生态功能区时，应分

析其生态现状、保护现状和存在的问题等;当评价区域涉及受保护的关键物种时,应分析该物种种群与重要生境的保护现状和存在问题。明确需解决的主要生态保护和修复问题。

3. 环境影响回顾性分析

结合上一轮规划实施情况或区域发展历程,分析区域生态环境演变趋势和现状生态环境问题与上一轮规划实施或发展历程的关系,调查分析上一轮规划环评及审查意见落实情况和环境保护措施的效果。提出本次评价应重点关注的生态环境问题及解决途径。

(四)制约因素分析

分析评价区域资源利用水平、生态状况、环境质量等现状与区域资源利用上线、生态保护红线、环境质量底线等管控要求间的关系,明确提出规划实施的资源、生态、环境制约因素。

三、环境影响识别与评价指标体系构建

(一)基本要求

识别规划实施可能产生的资源、生态、环境影响,初步判断影响的性质、范围和程度,确定评价重点,明确环境目标,建立评价的指标体系。

(二)环境影响识别

1. 根据规划方案的内容、年限,识别和分析评价期内规划实施对资源、生态、环境造成影响的途径、方式,以及影响的性质、范围和程度。识别规划实施可能产生的主要生态环境影响和风险。

2. 对于可能产生具有易生物蓄积、长期接触对人群和生物产生危害作用的无机和有机污染物、放射性污染物、微生物等的规划,还应识别规划实施产生的污染物与人体接触的途径以及可能造成的人群健康风险。

3. 对资源、生态、环境要素的重大不良影响,可从规划实施是否导致区域环境质量下降和生态功能丧失、资源利用冲突加剧、人居环境明显恶化等三个方面进行分析与判断,具体判断标准如下:

结合以下因素,判断和识别规划实施是否会产生重大不良生态环境影响。

① 导致区域环境质量、生态功能恶化的重大不良生态环境影响,主要包括规划实施使评价区域的环境质量下降(环境质量降级)或导致生态保护红线、重点生态功能区的组成、结构、功能发生显著不良变化或导致其功能丧失。

② 导致资源利用、环境保护严重冲突的重大不良生态环境影响,主要包括规划实施与规划范围内或相邻区域内的其他资源开发利用规划和环境保护规划等产生的显著冲突,规划实施可能导致的跨行政区、跨流域以及跨国界的显著不良影响。

③ 导致人居环境发生显著不利变化的重大不良生态环境影响,主要包括规划实施导致具有易生物蓄积、长期接触对人体和生物产生危害作用的无机和有机污染物、放射性污染物、微生物等在水、大气和土壤等人群主要环境暴露介质中污染水平显著增加,农牧渔产品污染风险、人群健康风险显著增加,规划实施导致人居生态环境发生显著不良变化。

4. 通过环境影响识别,筛选出受规划实施影响显著的资源、生态、环境要素,作为环境影响预测与评价的重点。

(三)环境目标与评价指标确定

1. 确定环境目标

分析国家和区域可持续发展战略、生态环境保护法规与政策、资源利用法规与政策等的目标及要求,重点依据评价范围涉及的生态环境保护规划、生态建设规划以及其他相关生态环境保护管理规定,结合规划协调性分析结论,衔接区域"三线一单"成果,设定各评价时段有关生态功能保护、环境质量改善、污染防治、资源开发利用等的具体目标及要求。

2. 建立评价指标体系

结合规划实施的资源、生态、环境等制约因素,从环境质量、生态保护、资源利用、污染排放、风险防控、环境管理等方面构建评价指标体系。评价指标应符合评价区域生态环境特征,体现环境质量和生态功能不断改善的要求,体现规划的属性特点及其主要环境影响特征。

3. 确定评价指标值

评价指标应易于统计、比较和量化,指标值符合相关产业政策、生态环境保护政策、相关标准中规定的限值要求,如国内政策、标准中没有相应的规定,也可参考国际标准来确定;对于不易量化的指标可参考相关研究成果或经过专家论证,给出半定量的指标值或定性说明。

四、环境影响预测与评价

(一)基本要求

1. 主要针对环境影响识别出的资源、生态、环境要素,开展多情景的影响预测与评价,一般包括预测情景设置、规划实施生态环境压力分析,环境质量、生态功能的影响预测与评价,对环境敏感区和重点生态功能区的影响预测与评价,环境风险预测与评价,资源与环境承载力评估等内容。

2. 环境影响预测与评价应给出规划实施对评价区域资源、生态、环境的影响程度和范围,叠加环境质量、生态功能和资源利用现状,分析规划实施后能否满足环境目标要求,评估区域资源与环境承载能力。

3. 应充分考虑不同层级和属性规划的环境影响特征以及决策需求,采用定性和定量相结合的方式开展评价。对主要环境要素的影响预测和评价可参考相应的环境影响评价技术导则(HJ 2.2、HJ 2.3、HJ 2.4、HJ 19、HJ 169、HJ 610、HJ 623、HJ 964 等)来进行。

(二)环境影响预测与评价的内容

1. 预测情景设置

应结合规划所依托的资源环境和基础设施建设条件、区域生态功能维护和环境质量改善要求等,从规划规模、布局、结构、建设时序等方面,设置多种情景开展环境影响预测与评价。

2. 规划实施生态环境压力分析

(1)依据环境现状评价和回顾性分析结果,考虑技术进步等因素,估算不同情景下水、土地、能源等规划实施支撑性资源的需求量和主要污染物(包括常规污染物和特征污染物)的产生量、排放量。

(2)依据生态现状评价和回顾性分析结果,考虑生态系统演变规律及生态保护修复等因素,评估不同情景下主要生态因子(如生物量、植被覆盖度/率、重要生境面积等)的变化量。

3. 影响预测与评价

(1)水环境影响预测与评价。预测不同情景下规划实施导致的区域水资源、水文情势、海洋水文动力环境和冲淤环境、地下水补径排状况等的变化,分析主要污染物对地表水和地下水、近岸海域水环境质量的影响,明确影响的范围、程度,评价水环境质量的变化能否满足环境目标要求,绘制必要的预测与评价图件。

(2)大气环境影响预测与评价。预测不同情景下规划实施产生的大气污染物对环境空气质量的影响,明确影响范围、程度,评价大气环境质量的变化能否满足环境目标要求,绘制必要的预测与评价图件。

(3)土壤环境影响预测与评价。预测不同情景下规划实施的土壤环境风险,评价土壤环境的变化能否满足相应环境管控要求,绘制必要的预测与评价图件。

(4)声环境影响预测与评价。预测不同情景下规划实施对声环境质量的影响,明确影响范围、程度,评价声环境质量的变化能否满足相应的功能区目标,绘制必要的预测与评价图件。

(5)生态影响预测与评价。预测不同情景下规划实施对生态系统结构、功能的影响范围和程度,评价规划实施对生物多样性和生态系统完整性的影响,绘制必要的预测与评价图件。

(6)环境敏感区影响预测与评价。预测不同情景下规划实施对评价范围内生态保护红线、自然保护区等环境敏感区的影响,评价其是否符合相应的保护和管控要求,绘制必要的预测与评价图件。

(7)人群健康风险分析。对可能产生具有易生物蓄积、长期接触对人群和生物产生危害作用的无机和有机污染物、放射性污染物、微生物等的规划,根据上述特定污染物的环境影响范围,估算暴露人群数量和暴露水平,开展人群健康风险分析。

(8)环境风险预测与评价。对于涉及重大环境风险源的规划,应进行风险源及源强、风险源叠加、风险源与受体响应关系等方面的分析,开展环境风险评价。

4. 资源与环境承载力评估

(1)资源与环境承载力分析。分析规划实施支撑性资源(水资源、土地资源、能源等)可利用(配置)上线和规划实施主要环境影响要素(大气、水等)污染物允许排放量,结合现状利用和排放量、区域削减量,分析各评价时段剩余可利用的资源量和剩余污染物允许排放量。

(2)资源与环境承载状态评估。根据规划实施新增资源消耗量和污染物排放量,分析规划实施对各评价时段剩余可利用资源量和剩余污染物允许排放量的占用情况,评估资源与环境对规划实施的承载状态。

五、规划方案综合论证和优化调整建议

(一)基本要求

以改善环境质量和保障生态安全为核心,综合环境影响预测与评价结果,论证规划目标、规模、布局、结构等规划内容的环境合理性以及评价设定的环境目标的可达性,分析判定规划实施的重大资源、生态、环境制约的程度、范围、方式等,提出规划方案的优化调整建议并推荐环境可行的规划方案。如果规划方案优化调整后资源、生态、环境仍难以承载,不能满足资源利用上线和环境质量底线要求,应提出规划方案的重大调整建议。

(二)规划方案综合论证

1. 规划方案的综合论证包括环境合理性论证和环境效益论证两部分内容

前者从规划实施对资源、生态、环境综合影响的角度,论证规划内容的合理性;后者从规划实施对区域经济、社会与环境发挥的作用,以及协调当前利益与长远利益之间关系的角度,论证规划方案的合理性。

2. 规划方案的环境合理性论证

(1)基于区域环境保护目标以及"三线一单"要求,结合规划协调性分析结论,论证规划目标与发展定位的环境合理性。

(2)基于环境影响预测与评价和资源与环境承载力评估结论,结合资源利用上线和环境质量底线等要求,论证规划规模和建设时序的环境合理性。

(3)基于规划布局与生态保护红线、重点生态功能区、其他环境敏感区的空间位置关系和对以上区域的影响预测结果,结合环境风险评价的结论,论证规划布局的环境合理性。

(4)基于环境影响预测与评价和资源与环境承载力评估结论,结合区域环境管理和循环经济发展要求,以及规划重点产业的环境准入条件和清洁生产水平,论证规划用地结构、能源结构、产业结构的环境合理性。

(5)基于规划实施环境影响预测与评价结果,结合生态环境保护措施的经济技术可行性、有效性,论证环境目标的可达性。

3. 规划方案的环境效益论证

分析规划实施在维护生态功能、改善环境质量、提高资源利用效率、减少温室气体排放、保障人居安全、优化区域空间格局和产业结构等方面的环境效益。

4. 不同类型规划方案综合论证重点

进行综合论证时,应针对不同类型和不同层级规划的环境影响特点,选择论证方向,突出重点。

(1)对于资源能源消耗量大、污染物排放量高的行业规划,重点从流域和区域资源利用上线、环境质量底线对规划实施的约束,规划实施可能对环境质量的影响程度、环境风险、人群健康风险等方面,论述规划拟定的发展规模、布局(及选址)和产业结构的环境合理性。

(2)对于土地利用的有关规划和区域、流域、海域的建设、开发利用规划,农业、畜牧

业、林业、能源、水利、旅游、自然资源开发专项规划,重点从流域或区域生态保护红线、资源利用上线对规划实施的约束,以及规划实施对生态系统及环境敏感区、重点生态功能区结构、功能的影响和生态风险等角度,论述规划方案的环境合理性。

(3)对于公路、铁路、城市轨道交通、航运等交通类规划,重点从规划实施对生态系统结构、功能所造成的影响,规划布局与评价区域生态保护红线、重点生态功能区、其他环境敏感区的协调性等方面,论述规划布局(及选线、选址)的环境合理性。

(4)对于产业园区等规划,重点从区域资源利用上线、环境质量底线对规划实施的约束、规划及包括的交通运输实施可能对环境质量的影响程度以及环境风险与人群健康风险等方面,综合论述规划规模、布局、结构、建设时序以及规划环境基础设施、重大建设项目的环境合理性。

(5)对于城市规划、国民经济与社会发展规划等综合类规划,重点从区域资源利用上线、生态保护红线、环境质量底线对规划实施的约束,城市环境基础设施对规划实施的支撑能力、规划及相关交通运输实施对改善环境质量、优化城市生态格局、提高资源利用效率的作用等方面,综合论述规划方案的环境合理性。

(三)规划方案的优化调整建议

1. 根据规划方案的环境合理性和环境效益论证结果,对规划内容提出明确的、具有可操作性的优化调整建议,特别是出现以下情形时:

(1)规划的主要目标、发展定位不符合上层位主体功能区规划、区域"三线一单"等要求。

(2)规划空间布局和包含的具体建设项目选址、选线不符合生态保护红线、重点生态功能区,以及其他环境敏感区的保护要求。

(3)规划开发活动或包含的具体建设项目不满足区域生态环境准入清单要求、属于国家明令禁止的产业类型或不符合国家产业政策、环境保护政策。

(4)规划方案中配套的生态保护、污染防治和风险防控措施实施后,区域的资源、生态、环境承载力仍无法支撑规划实施,环境质量无法满足评价目标,或仍可能造成重大的生态破坏和环境污染,或仍存在显著的环境风险。

(5)规划方案中有依据现有科学水平和技术条件,无法或难以对其产生的不良环境影响的程度或范围作出科学、准确判断的内容。

2. 应明确优化调整后的规划布局、规模、结构、建设时序,给出相应的优化调整图、表,说明优化调整后的规划方案具备资源、生态和环境方面的可支撑性。

3. 将优化调整后的规划方案,作为评价推荐的规划方案。

4. 说明规划环评与规划编制的互动过程、互动内容和各时段向规划编制机关反馈的建议及其被采纳情况等互动结果。

六、环境影响减缓对策和措施

1. 规划的环境影响减缓对策和措施是针对评价推荐的规划方案实施后可能产生的不良环境影响,在充分评估规划方案中已明确的环境污染防治、生态保护、资源能源增效等相关措施的基础上,提出的环境保护方案和管控要求。

2. 环境影响减缓对策和措施应具有针对性和可操作性,能够指导规划实施中的生态环境保护工作,有效预防重大不良生态环境影响的产生,并促进环境目标在相应的规划期限内可以实现。

3. 环境影响减缓对策和措施一般包括生态环境保护方案和管控要求。主要内容包括:

(1)提出现有生态环境问题解决方案,规划区域整体性污染治理、生态修复与建设、生态补偿等环境保护方案,以及与周边区域开展联防联控等预防和减缓环境影响的对策措施。

(2)提出规划区域资源能源可持续开发利用、环境质量改善等目标、指标性管控要求。

(3)对于产业园区等规划,从空间布局约束、污染物排放管控、环境风险防控、资源开发利用等方面,以清单方式列出生态环境准入要求,成果形式见表 12-3。

表 12-3　生态环境准入清单包含内容

清单类型	准入内容
空间布局约束	针对生态保护红线,明确不符合生态功能定位的各类禁止开发活动; 针对生态保护红线外的生态空间,明确应避免损害其生态服务功能和生态产品质量的开发建设活动; 针对大气、水等重点管控单元,开发建设活动避免降低管控单元环境质量,避免环境风险,管控单元外新建、改扩建污染型项目,需划定缓冲区域
污染物排放管控	如果区域环境质量不达标,现有污染源提出削减计划,严格控制新增污染物排放的开发建设活动,新建、改扩建项目应提出更加严格的污染物排放控制要求;如果区域未完成环境质量改善目标,禁止新增重点污染物排放的建设项目; 如果区域环境质量达标,新建、改扩建项目保证区域环境质量维持基本稳定
环境风险防控	针对涉及易导致环境风险的有毒有害和易燃易爆物质的生产、使用、排放、贮运等新建、改扩建项目,提出禁止准入要求或限制性准入条件以及环境风险防控措施
资源开发利用要求	执行区域已确定的土地、水、能源等主要资源能源可开发利用总量; 针对新建、改扩建项目,明确单位面积产值、单位产值水耗、用水效率、单位产值能耗等限制性准入要求; 对于取水总量已超过控制指标的地区,提出禁止高耗水产业准入的要求;对于地下水禁止开采区或者限制开采区,提出禁止新增、限制地下水开发的准入要求; 针对高污染燃料禁燃区,禁止新建、改扩建采用高污染燃料的项目和设施

七、规划所包含建设项目环评要求

1. 如规划方案中包含具体的建设项目,应针对建设项目所属行业特点及其环境影响特征,提出建设项目环境影响评价的重点内容和基本要求,并依据规划环评的主要评价结论提出建设项目的生态环境准入要求(包括选址或选线、规模、资源利用效率、污染物排放管控、环境风险防控和生态保护要求等)、污染防治措施建设要求等。

2. 对符合规划环评环境管控要求和生态环境准入清单的具体建设项目,应将规划环评结论作为重要依据,其环评文件中选址选线、规模分析内容可适当简化。当规划环评资源、环境现状调查与评价结果仍具有时效性时,规划所包含的建设项目环评文件中现状调查与评价内容可适当简化。

八、环境影响跟踪评价计划

1. 结合规划实施的主要生态环境影响,拟定跟踪评价计划,监测和调查规划实施对区域环境质量、生态功能、资源利用等的实际影响,以及不良生态环境影响减缓措施的有效性。

2. 跟踪评价取得的数据、资料和结果应能够说明规划实施带来的生态环境质量实际变化,反映规划优化调整建议、环境管控要求和生态环境准入清单等对策措施的执行效果,并为后续规划实施、调整、修编,完善生态环境管理方案和加强相关建设项目环境管理等提供依据。

3. 跟踪评价计划应包括工作目的、监测方案、调查方法、评价重点、执行单位、实施安排等内容。主要包括:

(1)明确需重点调查、监测、评价的资源生态环境要素,提出具体监测计划及评价指标,以及相应的监测点位、频次、周期等。

(2)提出调查和分析规划优化调整建议、环境影响减缓措施、环境管控要求和生态环境准入清单落实情况和执行效果的具体内容和要求,明确分析和评价不良生态环境影响预防和减缓措施有效性的监测要求和评价准则。

(3)提出规划实施对区域环境质量、生态功能、资源利用等的阶段性综合影响,环境影响减缓措施和环境管控要求的执行效果,后续规划实施调整建议等跟踪评价结论的内容和要求。

九、公众参与和会商意见处理

收集整理公众意见和会商意见,对于已采纳的,应在环境影响评价文件中明确说明修改的具体内容;对于未采纳的,应说明理由。

十、评价结论

1. 评价结论是对全部评价工作内容和成果的归纳总结,应文字简洁、观点鲜明、逻辑清晰、结论明确。

2. 在评价结论中应明确以下内容:

（1）区域生态保护红线、环境质量底线、资源利用上线，区域环境质量现状和演变趋势，资源利用现状和演变趋势，生态状况和演变趋势，区域主要生态环境问题、资源利用和保护问题及成因，规划实施的资源、生态、环境制约因素。

（2）规划实施对生态、环境影响的程度和范围，区域水、土地、能源等各类资源要素和大气、水等环境要素对规划实施的承载能力，规划实施可能产生的环境风险，规划实施环境目标可达性分析结论。

（3）规划的协调性分析结论，规划方案的环境合理性和环境效益论证结论，规划优化调整建议等。

（4）减缓不良环境影响的生态环境保护方案和管控要求。

（5）规划包含的具体建设项目环境影响评价的重点内容和简化建议等。

（6）规划实施环境影响跟踪评价计划的主要内容和要求。

（7）公众意见、会商意见的回复和采纳情况。

第三节 规划环境影响评价的编制要求

一、编制要求

规划环境影响评价文件应图文并茂、数据翔实、论据充分、结构完整、重点突出、结论和建议明确。

二、规划环境影响报告书应包括的主要内容

1. 总则。概述任务由来，明确评价依据、评价目的与原则、评价范围、评价重点、执行的环境标准、评价流程等。

2. 规划分析。介绍规划不同阶段目标、发展规模、布局、结构、建设时序，以及规划包含的具体建设项目的建设计划等可能对生态环境造成影响的规划内容；给出规划与法规政策、上层位规划、区域"三线一单"管控要求、同层位规划在环境目标、生态保护、资源利用等方面的符合性和协调性分析结论，重点明确规划之间的冲突与矛盾。

3. 现状调查与评价。通过调查评价区域资源利用状况、环境质量现状、生态状况及生态功能等，说明评价区域内的环境敏感区、重点生态功能区的分布情况及其保护要求，分析区域水资源、土地资源、能源等各类自然资源现状利用水平和变化趋势，评价区域环境质量达标情况和演变趋势，区域生态系统结构与功能状况和演变趋势，明确区域主要生态环境问题、资源利用和保护问题及成因。对已开发区域进行环境影响回顾性分析，说明区域生态环境问题与上一轮规划实施的关系。明确提出规划实施的资源、生态、环境制约因素。

4. 环境影响识别与评价指标体系构建。识别规划实施可能影响的资源、生态、环境要素及其范围和程度，确定不同规划时段的环境目标，建立评价指标体系，给出评价指标值。

5. 环境影响预测与评价。设置多种预测情景,估算不同情景下规划实施对各类支撑性资源的需求量和主要污染物的产生量、排放量,以及主要生态因子的变化量。预测与评价不同情景下规划实施对生态系统结构和功能、环境质量、环境敏感区的影响范围与程度,明确规划实施后能否满足环境目标的要求。根据不同类型规划及其环境影响特点,开展人群健康风险分析、环境风险预测与评价。评价区域资源与环境对规划实施的承载能力。

6. 规划方案综合论证和优化调整建议。根据规划环境目标可达性论证规划的目标、规模、布局、结构等规划内容的环境合理性,以及规划实施的环境效益。介绍规划环评与规划编制互动情况。明确规划方案的优化调整建议,并给出调整后的规划布局、结构、规模、建设时序。

7. 环境影响减缓对策和措施。给出减缓不良生态环境影响的环境保护方案和管控要求。

8. 如规划方案中包含具体的建设项目,应给出重大建设项目环境影响评价的重点内容要求和简化建议。

9. 环境影响跟踪评价计划。说明拟定的跟踪监测与评价计划。

10. 说明公众意见、会商意见回复和采纳情况。

11. 评价结论。归纳总结评价工作成果,明确规划方案的环境合理性,以及优化调整建议和调整后的规划方案。

三、规划环境影响报告书中图件的要求

1. 规划环境影响评价文件中图件一般包括规划概述相关图件,环境现状和区域规划相关图件,现状评价、环境影响评价、规划优化调整、环境管控、跟踪评价计划等成果图件。

2. 成果图件应包含地理信息、数据信息,依法需要保密的除外。

3. 报告书应包含的成果图件及格式、内容要求如下。实际工作中应根据规划环境影响特点和区域环境保护要求,选取提交相应图件。

(1)工作基础底图要求

采用法定基础地理信息数据作为工作基础底图,精度与规划尺度和精度相匹配。底图要素包括行政区划、地形地貌、河流水系、道路交通、城区与乡村居民点、土地利用与土地覆盖等。

数据规格为:平面基准采用 2000 国家大地坐标系(CGCS2000),高程基准采用 1985 国家高程基准;深度基准采用理论深度基准面;投影方式一般采用高斯-克吕格投影,分带方式采用 3°分带或 6°分带,坐标单位为"米",保留 2 位小数,涉及跨带的研究范围,应采用同一投影带。

工作基础底图数据的平面与高程精度应不低于所采用的数据源精度。依据影像补充采集或修正的数据采集精度应控制在 5 个像素以内。

(2)基础图件要求

环境影响评价文件中包含的基础图件主要包括规划数据图件、环境现状和区域规划数据图件,图件具体要求见表 12-4。

表 12-4　基础图件要求

图件名称		图件和属性数据要求	图件类型
规划数据	规划范围图	规划范围(面积)	面状矢量图
	规划布局图	规划空间布局,各分区范围(面积);规划不同时期线路走向(针对轨道交通等线性规划)	面状矢量图或线状矢量图
	规划区土地利用规划图	规划范围内各地块规划用地类型(用地类型名称、面积)	面状矢量图
环境现状和区域规划数据	生态保护红线分布图	评价范围内各生态保护红线区范围(红线区名称、面积)	面状矢量图
	环境管控单元图	评价范围内大气、水、土壤等环境管控单元图(管控单元名称、面积)	面状矢量图
	全国/省级主体功能区规划图	评价范围内全国/省级主体功能区范围(主体功能区类型名称)	
	全国/省级生态功能区划图	评价范围内全国/省级生态功能区范围(生态功能区类型名称)	
	城市大气环境功能区划图	评价范围内大气环境功能区范围(功能区类型和保护目标)	
	城市声环境功能区划图	评价范围内声环境功能区范围(功能区类型和保护目标)	
	城市水环境功能区划图	评价范围内水环境功能区范围(功能区类型和保护目标)	
	土地利用现状和规划图	规划所在市(县)土地利用现状和规划(用地类型)	
	城市总体规划图	规划所在市(县)城市总体规划(各功能分区名称)	
	环境质量(水、大气、噪声、土壤)点位图	评价范围内环境质量(水、大气、噪声、土壤)监测点位置(监测点经纬度、监测时间、监测数据、达标情况)	
	主要污染源(水、大气、土壤)分布图	评价范围内水、大气、土壤主要污染源位置(污染物种类、排放量达标情况)	
	其他环境敏感区分布图	评价范围内自然保护区、风景名胜区、森林公园等除生态保护红线外其他环境敏感区范围(名称、级别、面积、主要保护对象和保护要求)	
	珍稀、濒危野生动植物分布图	评价范围内珍稀、濒危野生动植物分布位置(名称、保护级别)	

（3）评价图件要求

环境影响评价文件中包含的评价图件主要包括现状评价成果图件、环境影响评价成果图件、规划优化调整成果图件、环境管控成果图件和跟踪评价计划成果图件,图件具体要求见表 12-5。成果数据应与工作基础底图采用统一的地理信息数据格式,按要素类型可将相关数据按不同图层存储。

表 12-5　评价图件要求

图件名称		图件和属性数据要求	图件类型
现状评价成果	规划布局与生态保护红线区位置关系图	规划功能分区或具体建设项目与生态保护红线区位置关系(最小直线距离或重叠范围和面积)	
	规划布局与除生态保护红线外其他环境敏感区位置关系图	规划功能分区或具体建设项目与除生态保护红线外其他环境敏感区位置关系(最小直线距离或重叠范围和面积)	
	规划区与全国/省级主体功能区叠图	规划区所处主体功能区位置(功能区名称)	
	规划区与全国/省级生态功能区叠图	规划区所处生态功能区位置(功能区名称)	
	环境质量评价结果图	评价范围内各环境功能区达标情况	
	生态系统演变评价结果图	评价范围内生态系统演变情况,如土地利用变化情况、水土流失变化情况等(评价时段、变化范围和面积等)	
	环境质量变化评价结果图	评价范围内环境质量变化情况(评价时段、各环境功能区环境质量变好或恶化)	
环境影响评价成果	水环境影响评价结果图	规划实施后水环境影响范围和程度(各规划期水环境影响范围、面积或长度,规划实施后各环境功能区达标情况)	
	大气环境影响评价结果图	规划实施后大气环境影响范围和程度(各规划期大气环境影响范围、面积,规划实施后各环境功能区达标情况)	
	土壤环境影响评价结果图	规划实施后土壤环境影响范围和程度(各规划期土壤环境影响范围、面积)	
	噪声环境影响评价结果图	规划实施后噪声环境影响范围和程度(各规划期噪声环境影响范围、面积,规划实施后各环境功能区达标情况)	

（续表）

图件名称		图件和属性数据要求	图件类型
规划优化调整成果	规划布局优化调整成果图	规划布局调整前后对比（边界变化情况、面积变化情况）	面状矢量图
	规划规模优化调整成果图	规划规模调整前后对比（各规划期规模变化情况，对应规划内容建设时序调整情况）	面状矢量图
环境管控成果	环境管控成果图	规划范围内环境管控单元划分结果（各管控单元空间范围、面积、管控要求、生态环境准入清单）	面状矢量图
跟踪评价计划成果	监测点位布局图	跟踪监测方案提出的大气、水、土壤、生态等跟踪监测点位分布情况（位置、监测频率、监测内容）	点状矢量图

四、规划环境影响篇章（或说明）应包括的主要内容

1. 环境影响分析依据。重点明确与规划相关的法律法规、政策、规划和环境目标、标准。

2. 现状调查与评价。通过调查评价区域资源利用状况、环境质量现状、生态状况及生态功能等，分析区域水资源、土地资源、能源等各类资源现状利用水平，评价区域环境质量达标情况和演变趋势，区域生态系统结构与功能状况和演变趋势等，明确区域主要生态环境问题、资源利用和保护问题及成因。明确提出规划实施的资源、生态、环境制约因素。

3. 环境影响预测与评价。分析规划与相关法律法规、政策、上层位规划和同层位规划在环境目标、生态保护、资源利用等方面的符合性和协调性。预测与评价规划实施对生态系统结构和功能、环境质量、环境敏感区的影响范围与程度。根据规划类型及其环境影响特点，开展环境风险预测与评价。评价区域资源与环境对规划实施的承载能力，以及环境目标的可达性。给出规划方案的环境合理性论证结果。

4. 环境影响减缓措施。给出减缓不良生态环境影响的环境保护方案和环境管控要求。针对主要环境影响提出跟踪监测和评价计划。

5. 根据评价需要，在篇章（或说明）中附必要的图、表。

第四节　区域规划环境影响评价

一、产业园区

产业园区（industrial park）指经各级人民政府依法批准设立，具有统一管理机构及产业集群特征的特定规划区域。主要目的是引导产业集中布局、集聚发展，优化配置各种生产要素，并配套建设公共基础设施。

（一）评价范围

1. 时间维度上，应包括产业园区整个规划期，并将规划近期作为评价的重点时段。

2. 空间尺度上，基于产业园区规划范围，结合规划实施对各生态环境要素可能影响的产业园区外周边地区及环境敏感区，统筹确定评价空间范围。

（二）评价总体原则

突出规划环境影响评价源头预防作用，优化完善产业园区规划方案，强化产业园区污染防治，改善区域生态环境质量。

1. 全程互动

评价在规划编制早期介入并全程互动，确定公众参与及会商对象，吸纳各方意见，优化规划。

2. 统筹协调

协调好产业发展与区域、产业园区环境保护关系，统筹产业园区减污降碳协同共治、资源集约节约及循环化利用、能源智慧高效利用、环境风险防控等重大事项，引导产业园区生态化、低碳化、绿色化发展。

3. 协同联动

衔接区域生态环境分区管控成果，细化产业园区环境准入，指导建设项目环境准入及其环境影响评价内容简化，实现区域、产业园区、建设项目环境影响评价的系统衔接和协同管理。

4. 突出重点

立足规划方案重点和特点以及区域资源生态环境特征，充分利用区域空间生态环境评价的数据资料及成果，对规划实施的主要影响进行分析评价，并重点关注制约区域生态环境改善的主要环境影响因子和重大环境风险因子。

（三）评价基本任务

1. 开展产业园区发展情况与区域生态环境现状调查、生态环境影响回顾性评价，规划实施主要生态、环境、资源制约因素分析。

2. 识别规划实施主要生态环境影响和风险因子，分析规划实施生态环境压力、污染物减排和节能降碳潜力，预测与评价规划实施环境影响和潜在风险，分析资源与环境承载状态。

3. 论证规划产业定位、发展规模、产业结构、布局、建设时序及环境基础设施等的环境合理性，并提出优化调整建议，说明优化调整的依据和潜在效果或效益。

4. 提出既有环境问题及不良环境影响的减缓对策、措施，明确规划实施环境影响跟踪监测与评价要求、规划所含建设项目的环境影响评价重点，制定或完善产业园区环境准入及产业园区环境管理要求，形成评价结论与建议。

（四）评价技术流程

产业园区规划环境影响评价的技术流程见图 12-2。

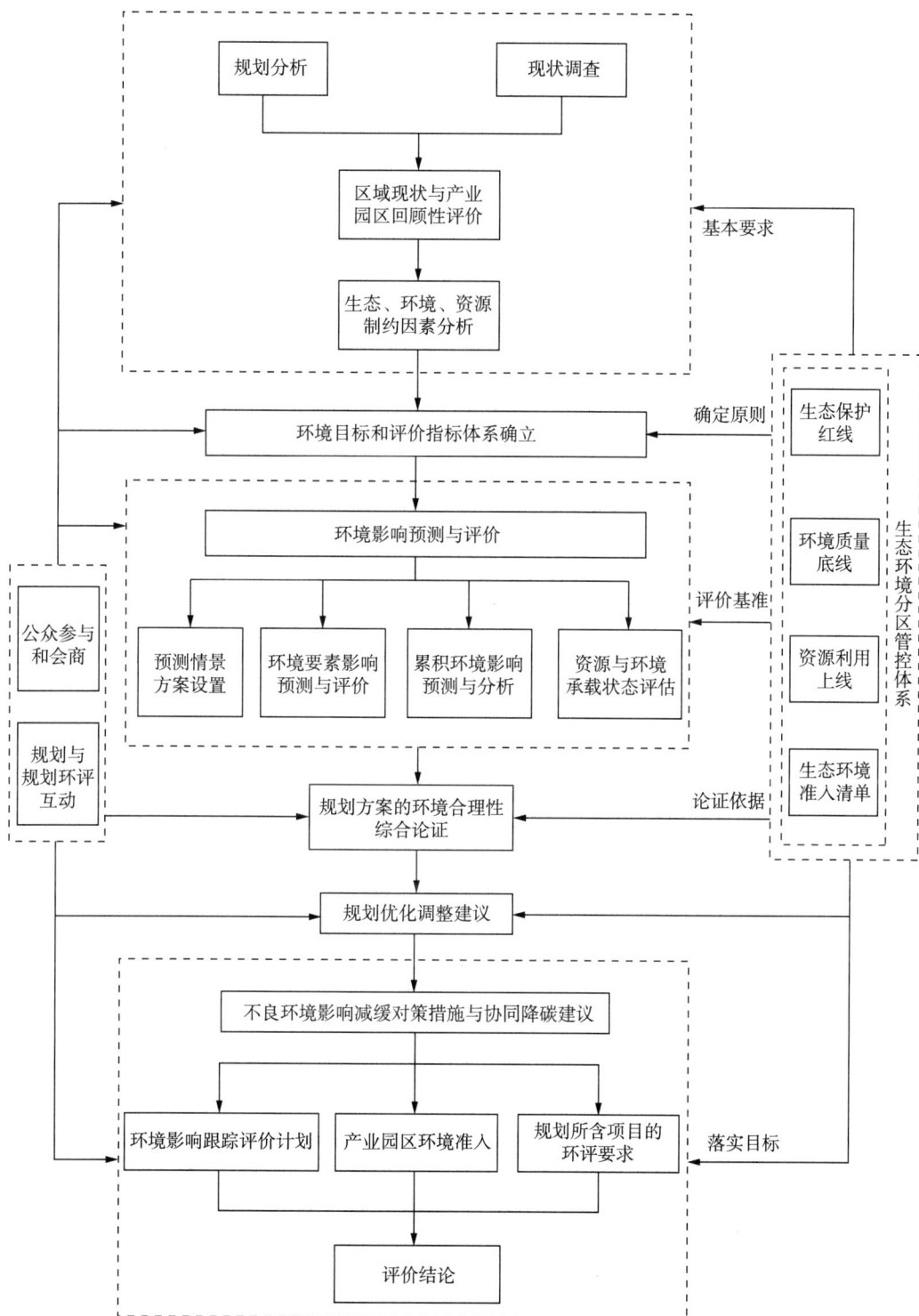

图 12-2 产业园区规划环境影响评价技术流程图

二、流域综合规划

(一)评价目的

以改善水生态环境质量、维护生态安全为目标,以落实碳达峰碳中和目标和加强生物多样性保护为导向,论证规划方案的环境合理性和社会环境效益,统筹流域治理、开发、利用和保护的关系,提出优化调整建议、不良生态环境影响的减缓措施及生态环境保护对策,推动流域绿色高质量发展,为规划综合决策和实施提供依据。

(二)评价原则

1. 全程参与、充分互动

评价应及早介入规划编制工作,并与规划前期研究和方案编制、论证、审定等关键环节和过程充分互动,吸纳各方意见,优化规划方案。

2. 严守红线、强化管控

评价应充分衔接已发布实施的"三线一单"成果,严守生态保护红线、环境质量底线和资源利用上线要求,结合评价结果进一步提出流域环境保护要求及细化重点区域生态环境管控要求的建议,指导流域专业规划或专项规划、支流下层位规划或建设项目环境准入,实现流域规划、建设项目环境影响评价的系统衔接和协同管理。

3. 统筹衔接、突出重点

评价应科学统筹水陆、江湖、河海,以及流域上下游、左右岸、干支流生态环境保护和绿色发展,系统考虑流域开发、治理、利用、保护和管理任务与流域内各生态环境要素的关系,重点关注规划实施对流域生态系统整体性、累积性影响。

4. 协调一致、科学系统

评价内容和深度应与规划的层级、详尽程度协调一致,与规划涉及流域和区域的环境管理要求相适应,并依据不同层级规划的决策需求,提出相应的宏观决策建议以及具体的生态环境管理要求,加强流域整体性保护。

(三)评价范围及评价时段

1. 评价范围应覆盖规划空间范围及可能受到规划实施影响的区域,统筹兼顾流域上下游、干支流、左右岸、河(湖)滨带、地表和地下集水区、调入区和调出区及江河湖海交汇区。

2. 评价时段与流域综合规划的规划时段一致,必要时可根据规划实施可能产生的累积性生态环境影响适当扩展,并根据规划方案的生态环境影响特征确定评价的重点时段。

(四)评价技术流程

流域综合规划环境影响评价的技术流程见图 12-3。

针对某市工业集中区规划环境影响评价案例节选见本章末二维码。

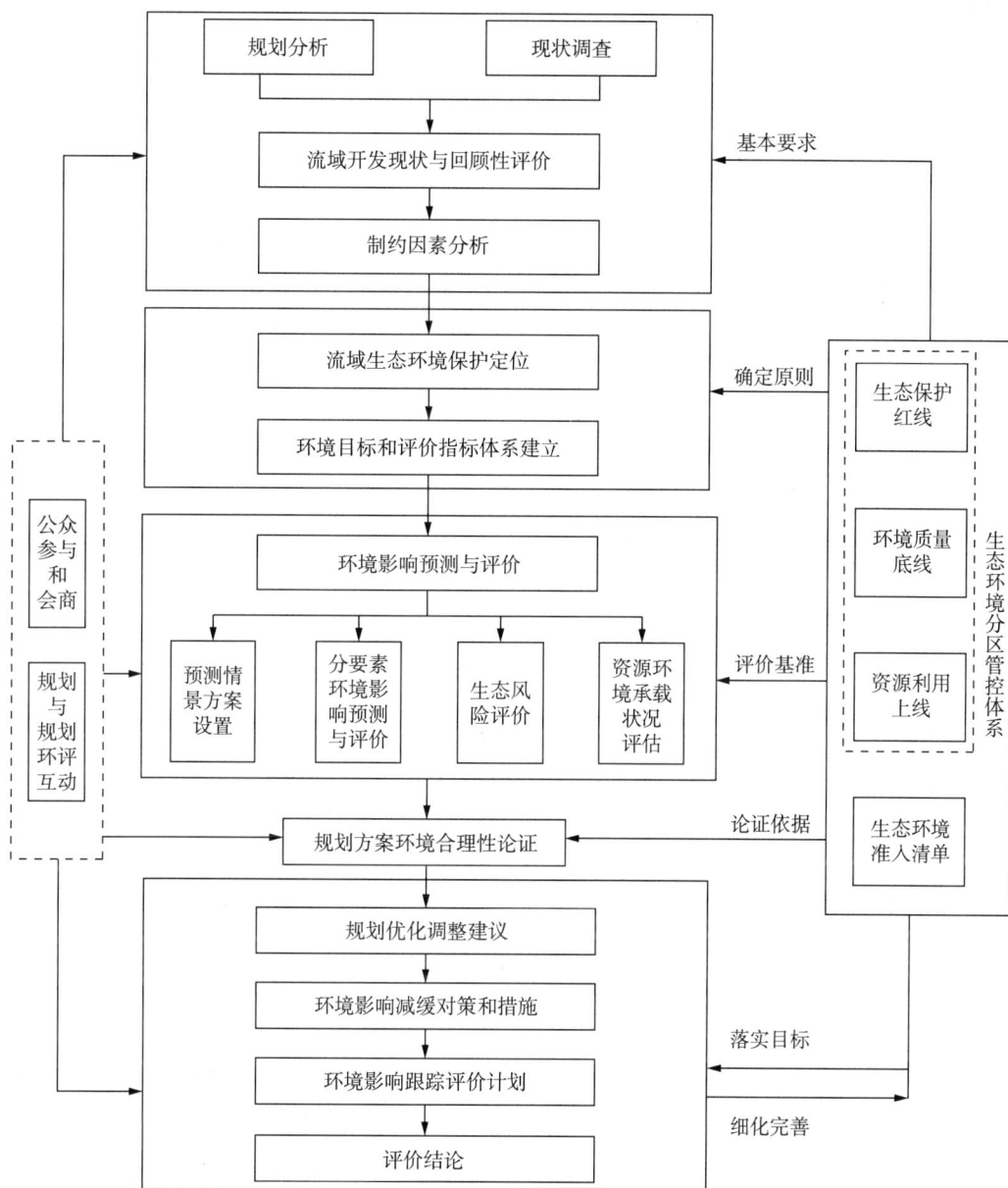

图 12-3 流域综合规划环境影响评价技术流程图

思考题

1. 规划环境影响评价过程中,如何考虑不同环境因素之间的相互作用,以及评价结果对环境的长期影响?

2. 在规划环境影响评价中,如何确定可能的环境风险和对策,以保障人类和生态环境的安全和健康?

3. 在进行规划环境影响评价时,如何与相关利益相关者进行沟通和协商,以达成最佳的环境保护和社会经济效益的平衡?

    4. 简述规划环境影响评价的主要内容。

    5. 分析产业园区规划环评实施中可能存在的主要问题并提出对策建议。

    6. 分析流域综合规划规划环评实施中可能存在的主要问题并提出对策建议。

参考文献

[1] 生态环境部环境影响评价与排放管理司、法规与标准司. 规划环境影响评价技术导则 产业园区:HJ 131—2021[S]. 北京:中国环境科学出版社出版,2021.

[2] 生态环境部. 规划环境影响评价技术导则 总纲:HJ 130—2019[S]. 北京:中国环境科学出版社出版,2019.

[3] 生态环境部. 规划环境影响评价技术导则 流域综合规划,HJ 1218—2021[S]. 北京:中国环境科学出版社出版,2021.

[4] 李淑芹,孟宪林. 环境影响评价[M]. 北京:化学工业出版社,2021.

[5] 何德文. 环境影响评价[M]. 北京:科学出版社,2023.

[6] 李冰强. 化工园区规划环境影响评价存在的问题及对策[J]. 清洗世界,2023,39(11):157-159.

[7] 张明博,于梓涵,高照琴,等. "两高"产业园区规划环境影响评价指标体系构建研究[J]. 环境工程技术学报,2022,12(6):1788-1795.

[8] 孙越芳. 产业园区规划环境影响评价工作的若干问题及对策建议——以湖南省为例[J]. 皮革制作与环保科技,2023,4(12):174-176.

[9] 邹从欢. 工业园区规划环境影响评价与建设项目环境影响评价的联动研究[J]. 皮革制作与环保科技,2023,4(13):65-67.

[10] 田亦尧,许亚舟. 规划环境影响评价与国土空间规划衔接的理论耦合、制度困境与规范重构[J]. 干旱区资源与环境,2022,36(10):8-17.

[11] 王清扬,吴婧. 英国城乡规划环评对我国国土空间规划环评的启示[J]. 环境影响评价,2022,44(6):11-15.

[12] 中华人民共和国国务院. 规划环境影响评价条例:国令第 559 号[EB/OL]. (2009—10—01)[2024—04—15]. https://www.gov.cn/zhengce/content/2009—08/21/content_4815.htm.

[13] 生态环境部. 规划环境影响评价技术导则 总纲:HJ 130—2019[S].2019.

[14] 生态环境部. 规划环境影响评价技术导则 产业园区:HJ 131—2021[S].2021.

[15] 生态环境部. 规划环境影响评价技术导则 流域综合规划:HJ 1218—2021[S].2021.

[16] 生态环境部. 关于进一步加强产业园区规划环境影响评价工作的意见:环环评〔2020〕65 号[EB/OL]. (2020—11—12)[2024—04—15]. https://www.gov.cn/zhengce/zhengceku/2020—11/25/content_5564093.htm.

[17] 何乃晓,李非非. 产业园区规划环境影响跟踪评价要点分析[J]. 皮革制作与环保科技,2024,5(13):165-167.

[18] 柴璐艳,过美超,王垂涨. 关于新发展阶段规划环境影响评价的几点思考[J]. 黑龙江环境通报,2024,37(5):75－77.

[19] 李丽平,陈吉峰,工业园区规划环评中大气环境影响评价方法探讨[J]. 皮革制作与环保科技.2024,5(12):180－181＋184.

第十二章补充材料

第十三章　环境风险评价

本章要点：根据环境保护和环境影响评价等法律法规要求，结合《建设项目环境风险评价技术导则》等要求，明确建设项目环境风险评价的一般性原则、内容、程序和方法，掌握建设项目环境风险评价的相关概念以及主要内容：评价等级、评价范围、风险预测与评价、评价结论和评价建议等。

环境风险评价的主要工作依据为《建设项目环境风险评价技术导则》，原国家环境保护总局于 2004 年 12 月 11 日发布了中华人民共和国环境保护行业标准《建设项目环境风险评价技术导则》（HJ/T 169—2004），自发布之日起实施，其适用于涉及有毒有害和易燃易爆物质的生产、使用、贮运等的新建、改建、扩建和技术改造项目（不包括核建设项目）的环境风险评价，并作为建设项目环境影响报告书环境风险评价篇章的编制与审核的技术依据。

2018 年 10 月 14 日，生态环境部发布了《建设项目环境风险评价技术导则》（HJ 169—2018），于 2019 年 3 月 1 日起实施，原《建设项目环境风险评价技术导则》（HJ/T 169—2004）废止，其适用于涉及有毒有害和易燃易爆危险物质生产、使用、储存（包括使用管线输运）的建设项目可能发生的突发性事故（不包括人为破坏及自然灾害引发的事故）的环境风险评价，不适用于生态风险评价及核与辐射类建设项目的环境风险评价；对于有特定行业环境风险评价技术规范要求的建设项目，一般性原则可适用；相关规划类环境影响评价中的环境风险评价可参考使用。主要修订内容有：调整了适用范围，与环境影响评价导则重构体系衔接；调整、补充规范了相关术语和定义；增加了风险潜势初判，改进了评价工作等级划分方法；规范了风险识别和源项分析的内容和方法；优化调整了大气、地表水风险预测与评价内容；增加了地下水风险预测与评价的技术要求；调整、细化了风险防范措施内容；增加了评价结论与建议章节；补充、完善了附录，增加了附图、附表的编制要求。

第一节　环境风险评价概述

一、环境风险评价简介

(一)相关基本概念

1. 突发环境事件是指由于污染物排放或者自然灾害、生产安全事故等因素，导致污染物或者放射性物质等有毒有害物质进入大气、水体、土壤等环境介质,突然造成或者可能造成环境质量下降,危及公众身体健康和财产安全,或者造成生态环境破坏,或者造成重大社会影响,需要采取紧急措施予以应对的事件。

2. 突发环境事件风险是指企业发生突发环境事件的可能性及可能造成的危害程度(简称环境风险)。

3. 突发环境事件风险物质是指具有有毒、有害、易燃易爆、易扩散等特性,在意外释放条件下可能对企业外部人群和环境造成伤害、污染的化学物质(简称为风险物质、危险物质)。

4. 风险源是指存在物质或能量意外释放,并可能产生环境危害的源。

5. 环境风险单元是指由一个或多个风险源构成的具有相对独立功能的单元,事故状况下应可实现与其他功能单元的分割(简称风险单元、危险单元)。

一般情况下,风险单元系指长期地或临时地生产、加工、使用或储存风险物质的一个(套)装置、设施或场所,或同属一个企业的且边缘距离小于500m的几个(套)装置、设施或场所,存在物质或能量意外释放,并可能产生环境危害的源。

6. 环境风险受体是指在突发环境事件中可能受到危害的企业外部人群、具有一定社会价值或生态环境功能的单位或区域等。

7. 清净废水是指未受污染或受较轻微污染以及水温稍有升高,不经处理即符合排放标准的废水。

8. 事故废水是指事故状态下排出的含有泄漏物,以及施救过程中产生的含有其他有毒有害物质的生产废水、清净废水、雨水或消防水等。

9. 初期雨水是指降雨初期时的雨水,一般指下雨时的前15min左右的雨水,因其含有较多污染物,须经收集并处理后才能排放,如经雨水管直排入河道,会给水环境造成一定程度的污染。

10. 最大可信事故是指基于经验统计分析,在一定可能性区间内发生的事故中,造成环境危害最严重的事故。

11. 大气毒性终点浓度是指人员短期暴露可能会导致出现健康影响或死亡的大气污染物浓度,用于判断周边环境风险影响程度。

12. 环境风险评价是指涉及有毒有害和易燃易爆危险物质生产、使用、储存的建设项目可能发生的突发性事故的环境风险影响评价。

目前,建设单位需按《建设项目环境风险评价技术导则》(HJ 169—2018)(简称风险导则)要求开展环境风险评价。风险导则适用于涉及风险源的项目建设,包括使用管线输运项目,但不包括人为破坏及自然灾害引发的事故。风险导则不适用于生态风险评价及核与辐射类建设项目的环境风险评价,相关规划类环境影响评价可参考。

(二)环境风险评价原则

建设项目环境风险评价的一般性原则为:环境风险评价应以突发性事故导致的危险物质环境急性损害防控为目标,对建设项目的环境风险进行分析、预测和评估,提出环境风险预防、控制、减缓措施,明确环境风险监控及应急建议要求,为建设项目环境风险防控提供科学依据。

二、环境风险评价工作内容

(一)风险评价基本内容

环境风险评价基本内容包括风险调查、环境风险潜势初判、风险识别、风险事故情形分析、风险预测与评价、环境风险管理等。

基于风险调查,分析建设项目物质及工艺系统危险性和环境敏感性,进行风险潜势的判断,确定风险评价等级。

风险识别及风险事故情形分析应明确危险物质在生产系统中的主要分布,筛选具有代表性的风险事故情形,合理设定事故源项。

各环境要素按确定的评价工作等级分别开展预测评价,分析说明环境风险危害范围与程度,提出环境风险防范的基本要求。

(二)风险预测基本内容

1. 大气环境风险预测

一级评价需选取最不利气象条件和事故发生地的最常见气象条件,选择适用的数值方法进行分析预测,给出风险事故情形下危险物质释放可能造成的大气环境影响范围与程度。对于存在极高大气环境风险的项目,应进一步开展关心点概率分析。二级评价需选取最不利气象条件,选择适用的数值方法进行分析预测,给出风险事故情形下危险物质释放可能造成的大气环境影响范围与程度。三级评价应定性分析说明大气环境影响后果。

2. 地表水环境风险预测

一级、二级评价应选择适用的数值方法预测地表水环境风险,给出风险事故情形下可能造成的影响范围与程度;三级评价应定性分析说明地表水环境影响后果。

3. 地下水环境风险预测

一级评价应优先选择适用的数值方法预测地下水环境风险,给出风险事故情形下可能造成的影响范围与程度;低于一级评价的,风险预测分析与评价要求参照 HJ 610执行。

(三)风险管理基本内容

提出环境风险管理对策,明确环境风险防范措施及突发环境事件应急预案编制的基本要求。

最终,综合环境风险评价过程,给出评价结论与建议。

三、风险事故情形分析

(一)风险事故情形设定

1. 风险事故情形设定内容

在风险识别的基础上,选择对环境影响较大并具有代表性的事故类型,设定风险事故情形。风险事故情形设定内容应包括环境风险类型、风险源、危险单元、危险物质和影响途径等。

2. 风险事故情形设定原则

(1)同一种危险物质可能有多种环境风险类型。风险事故情形应包括危险物质泄漏,以及火灾、爆炸等引发的伴生/次生污染物排放情形。对不同环境要素产生影响的风险事故情形,应分别进行设定。

(2)对于火灾、爆炸事故,需将事故中未完全燃烧的危险物质在高温下迅速挥发释放至大气,以及燃烧过程中产生的伴生/次生污染物对环境的影响作为风险事故情形设定的内容。

(3)设定的风险事故情形发生可能性应处于合理的区间,并与经济技术发展水平相适应。一般而言,发生频率小于 10^{-6}/年的事件是极小概率事件,可作为代表性事故情形中最大可信事故设定的参考。

(4)风险事故情形设定的不确定性与筛选。由于事故触发因素具有不确定性,因此事故情形的设定并不能包含全部可能的环境风险,但通过具有代表性的事故情形分析可为风险管理提供科学依据。事故情形的设定应在环境风险识别的基础上筛选,设定的事故情形应具有危险物质、环境危害、影响途径等方面的代表性。

(二)源项分析

1. 源项分析方法

源项分析应基于风险事故情形的设定,合理估算源强。泄漏频率可参考风险导则附录 E 的推荐方法确定,也可采用事故树、事件树分析法或类比法等确定。

2. 事故源强的确定

事故源强是为事故后果预测提供分析模拟情形。事故源强设定可采用计算法和经验估算法。计算法适用于以腐蚀或应力作用等引起的泄漏型为主的事故;经验估算法适用于以火灾、爆炸等突发性事故伴生/次生的污染物释放。

(1)物质泄漏量的计算

液体、气体和两相流泄漏速率的计算参见 HJ 610 的附录 F(资料性附录)事故源强计算方法中推荐的方法。

泄漏时间应结合建设项目探测和隔离系统的设计原则确定。一般情况下,设置紧急隔离系统的单元,泄漏时间可设定为 10min;未设置紧急隔离系统的单元,泄漏时间可设定为 30min。

泄漏液体的蒸发速率计算可采用 HJ 610 的附录 F(资料性附录)事故源强计算方法中推荐的方法。蒸发时间应结合物质特性、气象条件、工况等综合考虑,一般情况下,可按 15~30min 计;泄漏物质形成的液池面积以不超过泄漏单元的围堰(或堤)内面积计。

(2)经验法估算物质释放量

火灾、爆炸事故在高温下迅速挥发释放至大气的未完全燃烧危险物质,以及在燃烧过程中产生的伴生/次生污染物,可参照 HJ 610 的附录 F(资料性附录)事故源强计算方法中采用经验法估算释放量。

(3)其他估算方法

针对装卸事故,泄漏量按装卸物质流速和管径及失控时间计算,失控时间一般可按 5~30min 计。

对于油气长输管线泄漏事故,按管道截面 100% 断裂估算泄漏量,应考虑截断阀启动前、后的泄漏量。截断阀启动前,泄漏量按实际工况确定;截断阀启动后,泄漏量以管道泄压至与环境压力平衡所需要时间计。

至于水体污染事故源强应结合污染物释放量、消防用水量及雨水量等因素综合确定。

（4）源强参数确定

根据风险事故情形确定事故源参数（如泄漏点高度、温度、压力、泄漏液体蒸发面积等）、释放/泄漏速率、释放/泄漏时间、释放/泄漏量、泄漏液体蒸发量等，给出源强汇总。

第二节　环境风险识别与度量

一、环境风险识别

（一）风险识别内容

环境风险识别内容主要包括物质危险性识别、生产系统危险性识别和危险物质向环境转移的途径识别等方面。

物质危险性识别包括主要原辅材料、燃料、中间产品、副产品、最终产品、污染物、火灾和爆炸伴生/次生物等的识别。

生产系统危险性识别包括主要生产装置、储运设施、公用工程和辅助生产设施，以及环境保护设施等的识别。

危险物质向环境转移的途径识别包括分析危险物质特性及可能的环境风险类型，识别危险物质影响环境的途径，分析可能影响的环境敏感目标等的识别。

（二）风险识别方法

1. 资料收集和准备

根据危险物质泄漏、火灾、爆炸等突发性事故可能造成的环境风险类型，收集和准备建设项目工程资料，周边环境资料，国内外同行业、同类型事故统计分析及典型事故案例资料。对已建工程应收集环境管理制度，操作和维护手册，突发环境事件应急预案，应急培训、演练记录，历史突发环境事件及生产安全事故调查资料，设备失效统计数据等。

2. 物质危险性识别

按突发环境事件风险物质及临界量识别出的危险物质，以图表的方式给出其易燃易爆、有毒有害危险特性，明确危险物质的分布。

3. 生产系统危险性识别

按工艺流程和平面布置功能区划，结合物质危险性识别，以图表的方式给出危险单元划分结果及单元内危险物质的最大存在量。按生产工艺流程分析危险单元内潜在的风险源。

按危险单元分析风险源的危险性、存在条件和转化为事故的触发因素。

采用定性或定量分析方法筛选确定重点风险源。

4. 环境风险类型及危害分析

环境风险类型包括危险物质泄漏，以及火灾、爆炸等引发的伴生/次生污染物排放。

根据物质及生产系统危险性识别结果，分析环境风险类型、危险物质向环境转移的可能途径和影响方式。

（三）风险识别结果

在风险识别的基础上，图示危险单元分布。给出建设项目环境风险识别汇总，包括危险单元、风险源、主要危险物质、环境风险类型、环境影响途径、可能受影响的环境敏感目标等，说明风险源的主要参数。

建设项目的环境风险识别可按《建设项目环境风险评价技术导则》（以下简称"风险导则"）中相关源强识别表格开展源强识别。

二、环境风险度量

环境风险度量是指用来确定并衡量建设项目环境风险程度的相关参数及参数指标，主要包括风险物质及临界量、危险物质及工艺系统危险性（P）分级和环境敏感程度（E）分级等。

（一）风险物质及临界量

建设项目是否存在风险物质及风险物质的存在量是环境风险度量的重要依据，亦是项目是否需要开展环境风险评价的前提决定性条件。

常见突发环境事件风险物质及临界量见表 13-1：

表 13-1　突发环境事件风险物质及临界量一览表

序号	物质名称	CAS 号	临界量（t）
1	氨气	7664-41-7	5
2	苯	71-43-2	10
3	甲苯	108-88-3	10
⋮	...		

注：此表为 HJ 169—2018 中的附录 B 表 B.1，该表为其简化，可扫描本章末二维码获知全部表格内容。

对未列入上表中的其他危险物质临界量，但根据风险调查需要分析计算的危险物质，其临界量推荐值见表 13-2：

表 13-2　其他危险物质临界量推荐值

序号	物质	推荐临界量（t）
1	健康危险急性毒性物质（类别1）	5
2	健康危险急性毒性物质（类别2，类别3）	50
3	危害水环境物质（急性毒性类别1）	100

注：健康危害急性毒性物质分类见 GB 30000.18，危害水环境物质分类见 GB 30000.28。该类物质临界量参考欧盟《塞维索指令Ⅲ》（2012/18/EU）。

（二）危险物质及工艺系统危险性（P）分级

1. 危险物质数量与临界量比值（Q）

危险物质数量与临界量比值（Q）是指项目计算所涉及的每种危险物质在厂界内的最

大存在总量与上述表 13-1、表 13-2 中对应临界量的比值。在不同厂区的同一种物质，按其在厂界内的最大存在总量计算。对于长输管线项目，按照两个截断阀室之间管段危险物质最大存在总量计算。

当只涉及一种危险物质时，计算该物质的总量与其临界量比值，即为 Q；当存在多种危险物质时，则按下列公式 13-1 计算物质总量与其临界量比值（Q）：

$$Q = \frac{q_1}{Q_1} + \frac{q_2}{Q_2} + \cdots + \frac{q_n}{Q_n} \qquad (13-1)$$

式中：$q_1, q_2, \cdots, q_n$——每种危险物质的最大存在总量，t；

$Q_1, Q_2, \cdots, Q_n$——每种危险物质的临界量，t。

当 $Q < 1$ 时，该项目环境风险潜势为 I。

当 $Q \geqslant 1$ 时，将 Q 值划分为：(1) $1 \leqslant Q < 10$；(2) $10 \leqslant Q < 100$；(3) $Q \geqslant 100$。

2. 行业及生产工艺（M）

分析项目所属行业及生产工艺特点，按照表 13-3 评估生产工艺情况。具有多套工艺单元的项目，对每套生产工艺分别评分并求和。将 M 划分为：(1) M>20；(2) 10<M≤20；(3) 5<M≤10；(4) M=5，分别以 M1、M2、M3 和 M4 表示，具体见表 13-3：

表 13-3 行业及生产工艺（M）表

行业	评估依据	分值
石化、化工、医药、轻工、化纤、有色冶炼等	涉及光气及光气化工艺、电解工艺（氯碱）、氯化工艺、硝化工艺、合成氨工艺、裂解（裂化）工艺、氟化工艺、加氢工艺、重氮化工艺、氧化工艺、过氧化工艺、胺基化工艺、磺化工艺、聚合工艺、烷基化工艺、新型煤化工工艺、电石生产工艺、偶氮化工艺	10/套
	无机酸制酸工艺、焦化工艺	5/套
	其他高温或高压，且涉及危险物质的工艺过程[a]、危险物质贮存罐区	5/套（罐区）
管道、港口/码头等	涉及危险物质管道运输项目、港口/码头等	10
石油天然气	石油、天然气、页岩气开采（含净化），气库（不含加气站的气库），油库（不含加气站的油库）、油气管线[b]（不含城镇燃气管线）	10
其他	涉及危险物质使用、贮存的项目	5

注：a. 高温指工艺温度≥300℃，高压指压力容器的设计压力（P）≥10.0MPa；

b. 长输管道运输项目应按站场、管线分段进行评价。

3. 危险物质及工艺系统危险性（P）分级

根据危险物质数量与临界量比值（Q）和行业及生产工艺（M），按照表 13-4 确定危险物质及工艺系统危险性等级（P），分别以 P1、P2、P3、P4 表示，具体见表 13-4：

表 13-4 危险物质及工艺系统危险性等级判断(P)表

危险物质数量与临界量比值(Q)	行业及生产工艺(M)			
	M1	M2	M3	M4
$Q \geqslant 100$	P1	P1	P2	P3
$10 \leqslant Q < 100$	P1	P2	P3	P4
$1 \leqslant Q < 10$	P2	P3	P4	P4

(三)环境敏感程度(E)分级

1. 大气环境

依据环境敏感目标环境敏感性及人口密度划分环境风险受体的敏感性,共分为三种类型,E1 为环境高度敏感区,E2 为环境中度敏感区,E3 为环境低度敏感区,分级原则见表 13-5:

表 13-5 大气环境敏感程度分级表

分级	大气环境敏感性
E1	周边 5km 范围内居住区、医疗卫生、文化教育、科研、行政办公等机构人口总数大于 5 万人,或其他需要特殊保护区域;或周边 500m 范围内人口总数大于 1000 人;油气、化学品输送管线管段周边 200m 范围内,每千米管段人口数大于 200 人
E2	周边 5km 范围内居住区、医疗卫生、文化教育、科研、行政办公等机构人口总数大于 1 万人,小于 5 万人;或周边 500m 范围内人口总数大于 500 人,小于 1000 人;油气、化学品输送管线管段周边 200m 范围内,每千米管段人口数大于 100 人,小于 200 人
E3	周边 5km 范围内居住区、医疗卫生、文化教育、科研、行政办公等机构人口总数小于 1 万人;或周边 500m 范围内人口总数小于 500 人;油气、化学品输送管线管段周边 200m 范围内,每千米管段人口数小于 100 人

2. 地表水环境

依据事故情况下危险物质泄漏到水体的排放点受纳地表水体功能敏感性,与下游环境敏感目标情况,共分为三种类型,E1 为环境高度敏感区,E2 为环境中度敏感区,E3 为环境低度敏感区,分级原则见表 13-6。其中地表水功能敏感性分区和环境敏感目标分级分别见表 13-7 和表 13-8。

表 13-6 地表水环境敏感程度分级表

环境敏感目标	地表水功能敏感性		
	F1	F2	F3
S1	E1	E1	E2
S2	E1	E2	E3
S3	E1	E2	E3

表 13-7　地表水功能敏感性分区表

敏感性	地表水环境敏感特征
敏感 F1	排放点进入地表水水域环境功能为Ⅱ类及以上,或海水水质分类第一类; 或以发生事故时,危险物质泄漏到水体的排放点算起,排放进入受纳河流最大流速时,24h流经范围内涉跨国界的
较敏感 F2	排放点进入地表水水域环境功能为Ⅲ类,或海水水质分类第二类; 或以发生事故时,危险物质泄漏到水体的排放点算起,排放进入受纳河流最大流速时,24h流经范围内涉跨省界的
低敏感 F3	上述地区之外的其他地区

表 13-8　环境敏感目标分级表

分级	环境敏感目标
S1	发生事故时,危险物质泄漏到内陆水体的排放点下游(顺水流向)10km 范围内、近岸海域一个潮周期水质点可能达到的最大水平距离的两倍范围内,有如下一类或多类环境风险受体:集中式地表水饮用水水源保护区(包括一级保护区、二级保护区及准保护区);农村及分散式饮用水水源保护区。 自然保护区;重要湿地;珍稀濒危野生动植物天然集中分布区;重要水生生物的自然产卵场及索饵场、越冬场和洄游通道;世界文化和自然遗产地;红树林、珊瑚礁等滨海湿地生态系统;珍稀、濒危海洋生物的天然集中分布区;海洋特别保护区;海上自然保护区;盐场保护区;海水浴场;海洋自然历史遗迹;风景名胜区;或其他特殊重要保护区域
S2	发生事故时,危险物质泄漏到内陆水体的排放点下游(顺水流向)10km 范围内、近岸海域一个潮周期水质点可能达到的最大水平距离的两倍范围内,有如下一类或多类环境风险受体的:水产养殖区;天然渔场;森林公园;地质公园;海滨风景游览区;具有重要经济价值的海洋生物生存区域
S3	排放点下游(顺水流向)10km 范围、近岸海域一个潮周期水质点可能达到的最大水平距离的两倍范围内无上述类型 1 和类型 2 包括的敏感保护目标

3. 地下水环境

依据地下水功能敏感性与包气带防污性能,共分为三种类型,E1 为环境高度敏感区,E2 为环境中度敏感区,E3 为环境低度敏感区,分级原则见表 13-9。其中地下水功能敏感性分区和包气带防污性能分级分别见表 13-10 和表 13-11。当同一建设项目涉及两个 G 分区或 D 分级及以上时,取相对高值。

表 13-9　地下水环境敏感程度分级表

包气带防污性能	地下水功能敏感性		
	G1	G2	G3
D1	E1	E1	E2
D2	E1	E2	E3
D3	E2	E3	E3

表 13 - 10　地下水功能敏感性分区表

敏感性	地下水环境敏感特征
敏感 G1	集中式饮用水水源(包括已建成的在用、备用、应急水源,在建和规划的饮用水水源)准保护区;除集中式饮用水水源以外的国家或地方政府设定的与地下水环境相关的其他保护区,如热水、矿泉水、温泉等特殊地下水资源保护区
较敏感 G2	集中式饮用水水源(包括已建成的在用、备用、应急水源,在建和规划的饮用水水源)准保护区以外的补给径流区;未划定准保护区的集中式饮用水水源,其保护区以外的补给径流区;分散式饮用水水源地;特殊地下水资源(如热水、矿泉水、温泉等)保护区以外的分布区等其他未列入上述敏感分级的环境敏感区ᵃ
不敏感 G3	上述地区之外的其他地区

注:a."环境敏感区"是指《建设项目环境影响评价分类管理名录》中所界定的涉及地下水的环境敏感区。

表 13 - 11　包气带防污性能分级表

分级	包气带岩土的渗透性能
D3	$M_b \geqslant 1.0\text{m}, K \leqslant 1.0 \times 10^{-6}\text{cm/s}$,且分布连续、稳定
D2	$0.5\text{m} \leqslant M_b < 1.0\text{m}, K \leqslant 1.0 \times 10^{-6}\text{cm/s}$,且分布连续、稳定 $M_b \geqslant 1.0\text{m}, 1.0 \times 10^{-6}\text{cm/s} < K \leqslant 1.0 \times 10^{-4}\text{cm/s}$,且分布连续、稳定
D1	岩(土)层不满足上述"D2"和"D3"条件

注:M_b 为岩土层单层厚度;K 为渗透系数。

综上,建设项目环境敏感程度 E 值确定见表 13 - 12:

表 13 - 12　建设项目环境敏感程度(E)表

类别	环境敏感特征				
环境空气	厂址周边 5km 范围内				
	序号	敏感目标名称	相对方位	距离/m	属性	人口数
	厂址周边 500m 范围内人口数小计				
	厂址周边 5km 范围内人口数小计				
	管段周边 200m 范围内				
	序号	敏感目标名称	相对方位	距离/m	属性	人口数
	每公里管段人口数(最大)				
	大气环境敏感程度 E 值				

类别	环境敏感特征			
地表水	受纳水体			
	序号	受纳水体名称	排放点水域环境功能	24h内流经范围/km
	内陆水体排放点下游10km(近岸海域一个潮周期最大水平距离两倍)范围内敏感目标			
	序号	敏感目标名称	环境敏感特征	水质目标	与排放点距离/m
	地表水环境敏感程度 E 值			

类别	序号	环境敏感区名称	环境敏感特征	水质目标	包气带防污性能	与下游厂界距离/m
地下水						
	地下水环境敏感程度 E 值					

建设项目环境敏感程度 E 值确定表填报要求见表13-13:

表13-13 建设项目环境敏感特征表填表说明

表格内容		填写要求
环境空气	敏感目标名称	指大气环境敏感程度分级表中所列的调查对象的名称
	属性	选填居住区、医疗卫生、文化教育、科研、行政办公或其他
	管段周边200m范围内	油气、化学品输送管线项目需按管段分别统计
地表水	24h内流经范围	说明24h内流经范围涉跨国界、跨省界情况,不涉及填其他
	敏感目标名称	指地表水环境敏感目标分级表中涉及的环境风险受体名称
	环境敏感特征	按照地表水环境敏感目标分级表中涉及的环境风险受体类型填写
	水质目标	内陆水体选填Ⅰ类、Ⅱ类、Ⅲ类、Ⅳ类、Ⅴ类,近岸海域选填第一类、第二类、第三类
地下水	环境敏感区名称	指地下水功能敏感分区表中涉及的环境敏感区名称
	环境敏感特征	按照地下水功能敏感分区表中环境敏感特征填写
	水质目标	选填Ⅰ类、Ⅱ类、Ⅲ类、Ⅳ类、Ⅴ类
	包气带防污性能	按照包气带防污性能分级中包气带岩土的渗透性能填写

第三节　环境风险评价工作程序与评价等级范围

一、环境风险评价工作程序

目前,建设单位的环境风险评价工作程序如图 13-1 所示:

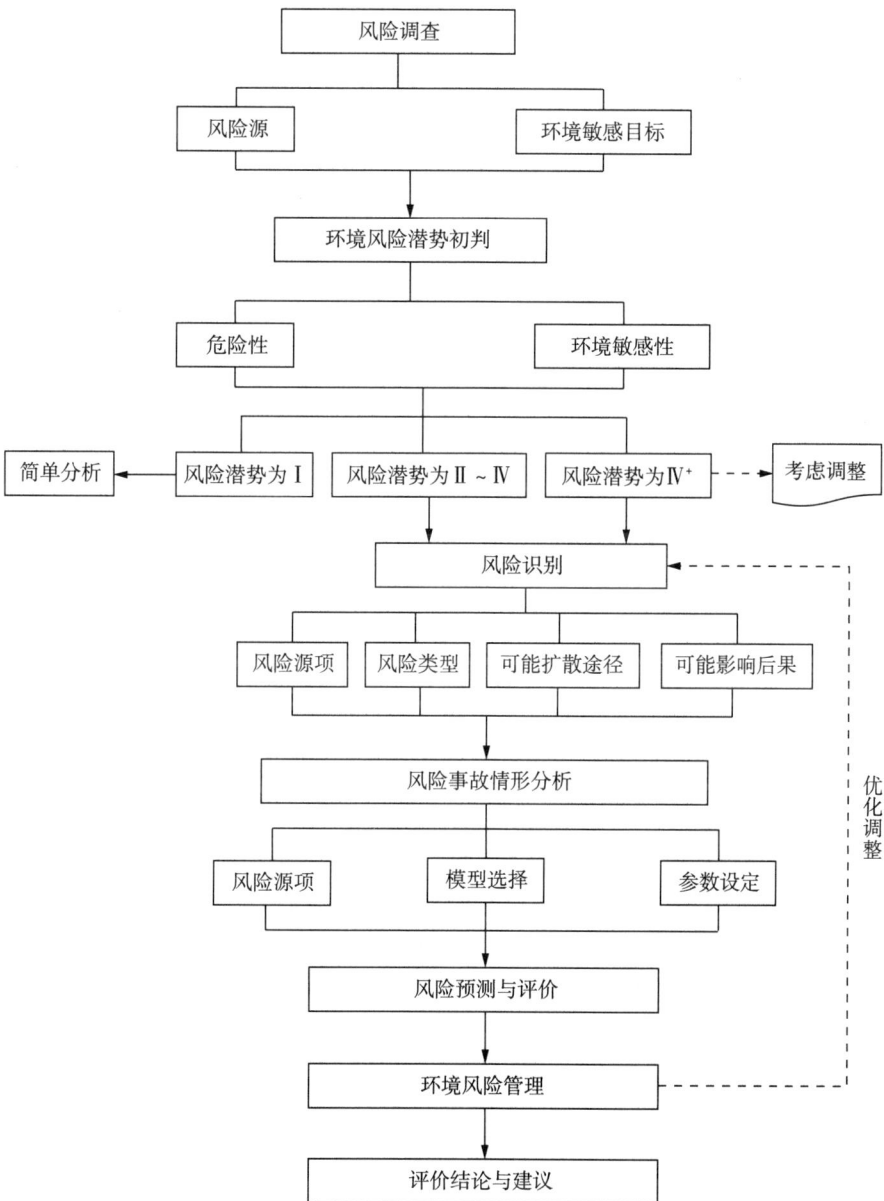

图 13-1　环境风险评价工程程序

二、环境风险调查

(一)建设项目风险源调查

调查建设项目危险物质数量和分布情况、生产工艺特点,收集危险物质安全技术说明书(MSDS)等基础资料。

(二)环境敏感目标调查

根据危险物质可能的影响途径,明确环境敏感目标,给出环境敏感目标区位分布图,列表明确调查对象、属性、相对方位及距离等信息。

三、环境风险潜势初判

(一)环境风险潜势划分

建设项目环境风险潜势划分为Ⅰ、Ⅱ、Ⅲ、Ⅳ/Ⅳ⁺级。根据建设项目涉及的物质和工艺系统的危险性及其所在地的环境敏感程度,结合事故情形下环境影响途径,对建设项目潜在环境危害程度进行概化分析,按照表13-14确定环境风险潜势。

表 13-14   建设项目环境风险潜势划分表

环境敏感程度(E)	危险物质及工艺系统危险性(P)			
	极高危害(P1)	高度危害(P2)	中度危害(P3)	轻度危害(P4)
环境高度敏感区(E1)	Ⅳ⁺	Ⅳ	Ⅲ	Ⅲ
环境中度敏感区(E2)	Ⅳ	Ⅲ	Ⅲ	Ⅱ
环境低度敏感区(E3)	Ⅲ	Ⅲ	Ⅱ	Ⅰ

注:Ⅳ⁺为极高环境风险。

(二)P的分级确定

分析建设项目生产、使用、储存过程中涉及的有毒有害、易燃易爆物质,参见风险导则附录B确定危险物质的临界量。定量分析危险物质数量与临界量的比值(Q)和所属行业及生产工艺特点(M),按危险物质及工艺系统危险性(P)分级要求对危险物质及工艺系统危险性(P)等级进行判断。

(三)E的分级确定

分析危险物质在事故情形下的环境影响途径,如大气、地表水、地下水等,按照环境敏感程度(E)分级要求对建设项目各要素环境敏感程度(E)等级进行判断。

(四)建设项目环境风险潜势判断

建设项目环境风险潜势综合等级取各要素等级的相对高值。

四、环境风险评价等级

环境风险评价工作等级划分为一级、二级、三级三个级别。根据建设项目涉及的物质及工艺系统危险性和所在地的环境敏感性确定环境风险潜势,按照表13-15确定评价

工作等级。风险潜势为Ⅳ及以上,进行一级评价;风险潜势为Ⅲ,进行二级评价;风险潜
势为Ⅱ,进行三级评价;风险潜势为Ⅰ,可开展简单分析,具体见表13-15:

表 13-15　评价工作等级划分表

环境风险潜势	Ⅳ、Ⅳ+	Ⅲ	Ⅱ	Ⅰ
评价工作等级	一	二	三	简单分析[a]

注:a. 是相对于详细评价工作内容而言,在描述危险物质、环境影响途径、环境危害后果、风险防范
措施等方面给出定性的说明。详见风险导则附录 A。

五、环境风险评价范围

(一)大气环境风险评价范围

大气环境风险评价工作等级为一级、二级建设项目,其环境风险评价范围为距建设
项目边界一般不低于 5km 的区域;三级评价为距建设项目边界一般不低于 3km 的区域。
涉及油气、化学品输送管线项目一级、二级评价,评价范围为距管道中心线两侧一般均不
低于 200m 的区域;三级评价距管道中心线两侧一般均不低于 100m 的区域。

当大气毒性终点浓度预测到达距离超出评价范围时,应根据预测到达距离进一步调
整评价范围。

(二)地表水环境风险评价范围

1. 一级、二级及三级 A,其评价范围应符合以下要求

(1)应根据主要污染物迁移转化状况,至少需覆盖建设项目污染影响所及水域;

(2)受纳水体为河流时,应满足覆盖对照断面、控制断面与消减断面等关心断面的
要求;

(3)受纳水体为湖泊、水库时,一级评价,评价范围宜不小于以入湖(库)排放口为中
心、半径为 5km 的扇形区域;二级评价,评价范围宜不小于以入湖(库)排放口为中心、半
径为 3km 的扇形区域;三级 A 评价,评价范围宜不小于以入湖(库)排放口为中心、半径
为 1km 的扇形区域;

(4)受纳水体为入海河口和近岸海域时,评价范围按照 GB/T 19485 执行;

(5)影响范围涉及水环境保护目标的,评价范围至少应扩大到水环境保护目标内受
到影响的水域;

(6)同一建设项目有两个及两个以上废水排放口,或排入不同地表水体时,按各排放
口及所排入地表水体分别确定评价范围;有叠加影响的,叠加影响水域应作为重点评价
范围。

2. 三级 B,其评价范围应符合以下要求

(1)应满足其依托污水处理设施环境可行性分析的要求;

(2)涉及地表水环境风险的,应覆盖环境风险影响范围所及的水环境保护目标水域。
评价范围应以平面图的方式表示,并明确起、止位置等控制点坐标。

(三)地下水环境风险评价范围

建设项目(除线性工程外)地下水环境影响现状调查评价范围可采用公式计算法、查表法和自定义法确定,具体详见 HJ 610。

当建设项目所在地水文地质条件相对简单,且所掌握的资料能够满足公式计算法的要求时,应采用公式计算法确定;当不满足公式计算法的要求时,可采用查表法确定。当计算或查表范围超出所处水文地质单元边界时,应以所处水文地质单元边界为宜。

1. 公式计算法

$$L = \alpha \times K \times I \times T / Ne \qquad (13-2)$$

式中:L——下游迁移距离,m;

α——变化系数,$\alpha \geqslant 1$,一般取 2;

K——渗透系数,m/d;

I——水力坡度,无量纲;

T——质点迁移天数,取值不小于 5000d;

Ne——有效孔隙度,无量纲。

采用该方法时应包含重要的地下水环境保护目标,所得的调查评价范围如图 13-2 所示。

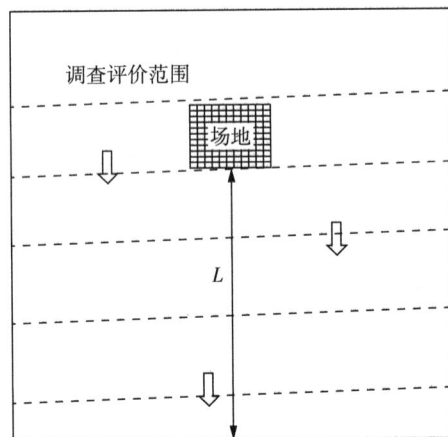

注:虚线表示等水位线;空心箭头表示地下水流向;场地上游距离根据评价需求确定,场地两侧不小于 $L/2$。

图 13-2 调查评价范围示意图

2. 查表法

地下水环境风险评价范围可采用表 13-16 查表确定。

表 13-16 地下水环境现状调查评价范围参照表

评价等级	调查评价面积(km²)	备注
一级	≥20	应包括重要的地下水环境保护目标,必要时适当扩大范围。
二级	6~20	
三级	≤6	

3. 自定义法

可根据建设项目所在地水文地质条件自行确定,需说明理由。

4. 线性工程

应以工程边界两侧向外延伸 200m 作为调查评价范围;穿越饮用水源准保护区时,调查评价范围应至少包含水源保护区;线性工程站场的调查评价范围确定参照建设项目确定。

综上,环境风险评价范围应根据环境敏感目标分布情况、事故后果预测可能对环境产生危害的范围等综合确定。项目周边所在区域,评价范围外存在需要特别关注的环境敏感目标,评价范围需延伸至所关心的目标。

第四节　环境风险预测与评价

一、大气环境风险预测模型

(一)推荐模型清单

1. SLAB 模型

SLAB 模型适用于平坦地形下重质气体排放的扩散模拟。

SLAB 模型处理的排放类型包括地面水平挥发池、抬升水平喷射、烟囱或抬升垂直喷射以及瞬时体源。SLAB 模型可以在一次运行中模拟多组气象条件,但模型不适用于实时气象数据输入。

2. AFTOX 模型

AFTOX 模型适用于平坦地形下中性气体和轻质气体排放以及液池蒸发气体的扩散模拟。

AFTOX 模型可模拟连续排放或瞬时排放,液体或气体,地面源或高架源,点源或面源的指定位置浓度、下风向最大浓度及其位置等。

(二)预测模型主要参数

大气环境风险预测模型主要参数如表 13 - 17 所示:

表 13 - 17　大气风险预测模型主要参数表

参数类型	选项	参数	
基本情况	事故源经度(°)		
	事故源纬度(°)		
	事故源类型		
气象参数	气象条件类型	最不利气象	最常见气象
	风速(m/s)		
	环境温度(℃)		
	相对湿度(%)		
	稳定度		
其他参数	地表粗糙度(m)		
	是否考虑地形		
	地形数据精度(m)		

二、环境风险预测

(一)有毒有害物质在大气中的扩散

1. 预测模型筛选

(1)预测计算时,应区分重质气体与轻质气体排放选择合适的大气风险预测模型。其中重质气体和轻质气体的判断依据可采用 HJ 169 附录 G 中 G.2 推荐的理查德森数进行判定。

(2)采用 HJ 169 附录 G 中的推荐模型进行气体扩散后果预测,模型选择应结合模型的适用范围、参数要求等说明模型选择的依据。

(3)选用推荐模型以外的其他技术成熟的大气风险预测模型时,需说明模型选择理由及适用性。

2. 预测范围与计算点

(1)预测范围即预测物质浓度达到评价标准时的最大影响范围,通常由预测模型计算获取。预测范围一般不超过 10km。

(2)计算点分特殊计算点和一般计算点。特殊计算点指大气环境敏感目标等关心点,一般计算点指下风向不同距离点。一般计算点的设置应具有一定分辨率,距离风险源 500m 范围内可设置 10~50m 间距,大于 500m 范围内可设置 50~100m 间距。

3. 事故源参数

根据大气风险预测模型的需要,调查泄漏设备类型、尺寸、操作参数(压力、温度等),泄漏物质理化特性(摩尔质量、沸点、临界温度、临界压力、比热容比、气体定压比热容、液体定压比热容、液体密度、汽化热等)。

4. 气象参数

(1)一级评价,需选取最不利气象条件及事故发生地的最常见气象条件分别进行后果预测。其中最不利气象条件取 F 类稳定度,1.5m/s 风速,温度 25℃,相对湿度 50%;最常见气象条件由当地近 3 年内的至少连续 1 年气象观测资料统计分析得出,包括出现频率最高的稳定度、该稳定度下的平均风速(非静风)、日最高平均气温、年平均湿度等。

(2)二级评价,需选取最不利气象条件进行后果预测。最不利气象条件取 F 类稳定度,1.5m/s 风速,温度 25℃,相对湿度 50%。

5. 大气毒性终点浓度值选取

大气毒性终点浓度是大气环境风险影响预测的评价标准。大气毒性终点浓度值分为 1 级和 2 级,其中大气毒性终点浓度 1 级是指当大气中危险物质浓度低于该限值时,绝大多数人员暴露 1h 不会对生命造成威胁,而当超过该限值时,有可能对人群造成生命威胁,即人员位于 1 级浓度限值之上的区域内达 1 小时会死亡;大气毒性终点浓度 2 级是指当大气中危险物质浓度低于该限值时,绝大多数人员暴露 1h 一般不会对人体造成不可逆的伤害,或出现的症状一般不会损伤该个体采取有效防护措施的能力,即人员位于 2 级浓度限值之上,而低于 1 级浓度限值之下的区域内达 1 小时会造成人体永久伤害。

重点关注的危险物质大气毒性终点浓度值选取如表 13-18 所示:

表 13 - 18　重点关注的危险物质大气毒性终点浓度值选取一览表

序号	物质名称	CAS 号	毒性终点浓度－1(mg/m³)	毒性终点浓度－2(mg/m³)
1	氨气	7664－41－7	770	110
2	苯	71－43－2	13000	2600
3	甲苯	108－88－3	14000	2100
⋮			⋯	

注:此表为 HJ 169—2018 中的附录 H 表 H.1,该表为其简化,可扫描本章末二维码获知全部表格内容。

6. 预测结果表述

(1)给出下风向不同距离处有毒有害物质的最大浓度,以及预测浓度达到不同毒性终点浓度的最大影响范围。

(2)给出各关心点的有毒有害物质浓度随时间变化情况,以及关心点的预测浓度超过评价标准时对应的时刻和持续时间。

(3)对于存在极高大气环境风险的建设项目,应开展关心点概率分析,即有毒有害气体(物质)剂量负荷对个体的大气伤害概率、关心点处气象条件的频率、事故发生概率的乘积,以反映关心点处人员在无防护措施条件下受到伤害的可能性。有毒有害气体大气伤害概率估算参见 HJ 169 附录 I(资料性附录)有毒有害气体大气伤害概率估算。

(二)有毒有害物质在地表水、地下水环境中的运移扩散

1. 有毒有害物质进入水环境的方式

有毒有害物质进入水环境包括事故直接导致和事故处理处置过程间接导致的情况,一般为瞬时排放源和有限时段内排放的源。

2. 预测模型

(1)地表水

根据风险识别结果,有毒有害物质进入水体的方式、水体类别及特征,以及有毒有害物质的溶解性,选择适用的预测模型。

针对油品类泄漏事故,流场计算按 HJ 2.3 中的相关要求,选取适用的预测模型,溢油漂移扩散过程按 GB/T 19485 中的溢油粒子模型进行溢油轨迹预测。

其他事故,地表水风险预测模型及参数参照 HJ 2.3。

(2)地下水

地下水风险预测模型及参数参照 HJ 610。

(3)终点浓度值选取

终点浓度即预测评价标准。终点浓度值根据水体分类及预测点水体功能要求,按照 GB 3838、GB 5749、GB 3097 或 GB/T 14848 选取。对于未列入上述标准,但确需进行分析预测的物质,其终点浓度值选取可参照 HJ 2.3、HJ 610。

对于难以获取终点浓度值的物质,可按质点运移到达判定。

(4)预测结果表述

针对地表水,可根据风险事故情形对水环境的影响特点,预测结果可采用以下表述

方式：一是给出有毒有害物质进入地表水体最远超标距离及时间；二是给出有毒有害物质经排放通道到达下游（按水流方向）环境敏感目标处的到达时间、超标时间、超标持续时间及最大浓度，对于在水体中漂移类物质，应给出漂移轨迹。

至于地下水，则可给出有毒有害物质进入地下水体到达下游厂区边界和环境敏感目标处的到达时间、超标时间、超标持续时间及最大浓度。

三、环境风险评价

（一）简单分析基本内容

根据环境风险评价工程程序可知，当风险潜势为Ⅰ时，其可开展简单分析，不必开展环境风险预测评价。建设项目的环境风险评价工作等级为一级、二级和三级时，其按 HJ 169 要求开展环境风险评价。

建设项目的环境风险评价为简单分析时，其基本内容包括：①评价依据：风险调查、风险潜势初判、评价等级；②环境敏感目标概况：建设项目周围主要环境敏感目标分布情况；③环境风险识别：主要危险物质及分布情况，可能影响环境的途径；④环境风险分析：按环境要素分别说明危害后果；⑤环境风险防范措施及应急要求：从风险源、环境影响途径、环境敏感目标等方面分析应采取的风险防范措施和应急措施；⑥分析结论：说明建设项目环境风险防范措施的有效性。

简单分析基本内容如表 13-19 所示：

表 13-19　建设项目环境风险简单分析内容表

建设项目名称					
建设地点	（　）省	（　）市	（　）区	（　）县	（　）园区
地理坐标	经度		纬度		
主要危险物质及分布					
环境影响途径及危害后果 （大气、地表水、地下水等）					
风险防范措施要求					
填表说明（列出项目相关信息及评价说明）：					

（二）环境风险评价基本内容

结合各要素风险预测，分析说明建设项目环境风险的危害范围与程度。大气环境风险的影响范围和程度由大气毒性终点浓度确定，明确影响范围内的人口分布情况；地表水、地下水对照功能区质量标准浓度（或参考浓度）进行分析，明确对下游环境敏感目标的影响情况。环境风险可采用后果分析、概率分析等方法开展定性或定量评价,以避免急性损害为重点,确定环境风险防范的基本要求。

环境风险事故情形分析及事故后果预测信息须严格按风险导则要求列表给出。

四、环境风险评价结论与建议

(一)项目危险因素

简要说明主要危险物质、危险单元及其分布,明确项目危险因素,提出优化平面布局、调整危险物质存在量及危险性控制的建议。

(二)环境敏感性及事故环境影响

简要说明项目所在区域环境敏感目标及其特点,根据预测分析结果,明确突发性事故可能造成环境影响的区域和涉及的环境敏感目标,提出保护措施及要求。

(三)环境风险防范措施和应急预案

结合区域环境条件和园区/区域环境风险防控要求,明确建设项目环境风险防控体系,重点说明防止危险物质进入环境及进入环境后的控制、消减、监测等措施,提出优化调整风险防范措施建议及突发环境事件应急预案原则要求。

(四)环境风险评价结论与建议

综合环境风险评价专题的工作过程,明确给出建设项目环境风险是否可防控的结论。根据建设项目环境风险可能影响的范围与程度,提出缓解环境风险的建议措施。

对存在较大环境风险的建设项目,须提出环境影响后评价的要求。

建设项目环境风险评价结论与建议的评价结果,可以通过环境风险评价自查表进行确认和核实,环境风险评价自查表须严格按风险导则要求填报。

五、环境风险评价附图要求

(一)基本附图要求

1. 环境敏感目标位置图:评价范围内大气环境、地表水环境、地下水环境可能受影响的环境敏感目标位置图。

2. 危险单元分布图:建设项目危险单元分布图。

3. 预测结果图:大气环境——危险物质浓度达到评价标准时的最大影响范围图。

4. 风险防范措施平面布置示意图:区域应急疏散通道、安置场所位置图;防止事故水进入外环境的控制、封堵系统图等。

(二)基本附图要求清单

环境风险评价涉及的基本附图要求如表 13-20 所示:

表 13-20　基本附图要求一览表

序号	名称	所属内容	简单分析	一级	二级	三级
1	环境敏感目标位置图(大气、地表水、地下水)	5. 风险调查	√	√	√	√
2	危险单元分布图	7. 风险识别	√	√	√	√

（续表）

序号	名称	所属内容	简单分析	一级	二级	三级
3	预测结果图（大气）	9. 风险预测与评价		√	√	
4	区域应急疏散通道、安置场所位置图	10. 环境风险管理		√	√	
	防止事故水进入外环境的控制、封堵系统图					

第五节　环境风险管理

一、环境风险管理目标

环境风险管理目标是采用最低合理可行原则管控环境风险。采取的环境风险防范措施应与社会经济技术发展水平相适应，运用科学的技术手段和管理方法，对环境风险进行有效的预防、监控、响应。

二、环境风险防范措施

大气环境风险防范应结合风险源状况明确环境风险的防范、减缓措施，提出环境风险监控要求，并结合环境风险预测分析结果、区域交通道路和安置场所位置等，提出事故状态下人员的疏散通道及安置等应急建议。

事故废水环境风险防范应明确"单元—厂区—园区/区域"的环境风险防控体系要求，设置事故废水收集（尽可能以非动力自流方式）和应急储存设施，以满足事故状态下收集泄漏物料、污染消防水和污染雨水的需要，明确并图示防止事故废水进入外环境的控制、封堵系统。应急储存设施应根据发生事故的设备容量、事故时消防用水量及可能进入应急储存设施的雨水量等因素综合确定。应急储存设施内的事故废水，应及时进行有效处置，做到回用或达标排放。结合环境风险预测分析结果，提出实施监控和启动相应的园区/区域突发环境事件应急预案的建议要求。

地下水环境风险防范应重点采取源头控制和分区防渗措施，加强地下水环境的监控、预警，提出事故应急减缓措施。

针对主要风险源，提出设立风险监控及应急监测系统，实现事故预警和快速应急监测、跟踪，提出应急物资、人员等的管理要求。

对于改建、扩建和技术改造项目，应分析依托企业现有环境风险防范措施的有效性，提出完善意见和建议。

环境风险防范措施应纳入环保投资和建设项目竣工环境保护验收内容。

考虑事故触发具有不确定性，厂内环境风险防控系统应纳入园区/区域环境风险防控体系，明确风险防控设施、管理的衔接要求。极端事故风险防控及应急处置应结合所在园区/区域环境风险防控体系筹考虑,按分级响应要求及时启动园区/区域环境风险防范措施,实现厂内与园区/区域环境风险防控设施及管理有效联动,有效防控环境风险。

三、突发环境事件应急预案编制要求

按照国家、地方和相关部门要求,提出企业突发环境事件应急预案编制或完善的原则要求,包括预案适用范围、环境事件分类与分级、组织机构与职责、监控和预警、应急响应、应急保障、善后处置、预案管理与演练等内容。

明确企业、园区/区域、地方政府环境风险应急体系。企业突发环境事件应急预案应体现分级响应、区域联动的原则,与地方政府突发环境事件应急预案相衔接,明确分级响应程序。

思考题

1. 何谓环境风险?何谓环境风险评价?
2. 如何确定环境风险评价工作等级?
3. 建设项目的大气环境风险评价范围如何划分?范围具体为多少?
4. 何谓风险物质?何谓临界量?临界量如何获知?临界量用处何在?
5. 何谓大气毒性终点浓度?如何获知其浓度值?浓度值用处何在?
6. 大气环境风险预测的模型有几种?如何选择预测模型?

参考文献

[1] 环境保护部. 企业事业单位突发环境事件应急预案备案管理办法(试行):环发 [2015]4号[EB/OL].(2015-01-08)[2024-04-15].https://sthjj.sxxz.gov.cn/ xxgk/flfg/hbfg/202304/t20230420_3862802.html.

[2] 环境保护部. 突发环境事件调查处理办法:部令 第32号[EB/OL].(2014-12- 19)[2024-04-15].https://www.mee.gov.cn/gzk/gz/202112/t20211211_ 963792.shtml.

[3] 环境保护部. 企业突发环境事件隐患排查和治理工作指南(试行):公告2016年第74 号[EB/OL].(2016-12-06)[2024-04-15].https://www.mee.gov.cn/gkml/ hbb/bgg/201612/t20161216_369206.htm.

[4] 环境保护部办公厅. 企业事业单位突发环境事件应急预案评审工作指南(试行):环 办应急[2018]8号[EB/OL].(2018-1-31)[2024-04-15].https:// www.mee.gov.cn/gkml/hbb/bgt/201802/t20180206_430930.htm.

[5] 环境保护部. 企业突发环境事件风险分级方法:HJ 941—2018[S]. 北京:中国环境 科学出版社,2018.

[6] 生态环境部办公厅. 环境应急资源调查指南(试行):环办应急[2019]17号[EB/ OL].(2019-03-01)[2024-04-15].https://www.mee.gov.cn/xxgk2018/ xxgk/xxgk05/201903/t20190321_696939.html.

[7] 生态环境部. 突发环境事件应急监测技术规范:HJ 589—2021[S].2022.

[8] 生态环境部. 建设项目环境风险评价技术导则:HJ 169—2018[S]. 北京:中国环境出版社,2018.

拓展阅读

1. 突发环境事件风险物质及临界量一览表
2. 重点关注的危险物质大气毒性终点浓度值选取一览表
3. 厂区初期雨水池及事故池设置原理图
4. 关于液氨储罐泄漏环境风险影响预测评价说明

第十三章拓展阅读

第十四章　建设项目竣工环境保护验收

本章要点：根据环境保护和环境影响评价等法律法规要求，结合《建设项目环境保护管理条例》《建设项目竣工环境保护验收暂行办法》《建设项目竣工环境保护验收技术指南》《建设项目竣工环境保护验收技术规范》《污染影响类建设项目重大变动清单(试行)》及《建设项目重大变动清单的通知》等要求，明确建设项目竣工环境保护验收的验收程序、验收依据、验收规范、验收方法和验收监测，掌握建设项目竣工环境保护验收的相关概念以及主要内容：项目重大变动判定、验收范围确定、验收监测方案设定、验收监测报告获得和验收收报编制等的方式方法。

目前，因建设单位的建设项目所属的国民经济行业和主要建设内容的不同，其竣工环境保护验收涉及的主要工作依据亦不同；其中中华人民共和国中央人民政府国务院原总理李克强于 2017 年 7 月 16 日签发的《建设项目环境保护管理条例》(中华人民共和国国务院令　第 682 号)自 2017 年 10 月 1 日起施行，其明确了所有建设单位建设项目的竣工环境保护验收基本要求；原环境保护部于 2017 年 11 月 20 日发布年《建设项目竣工环境保护验收暂行办法》(国环规环评　〔2017〕4 号)自发布之日施行，其规定了所有建设单位建设项目的竣工环境保护验收的责任、程序、内容、监督检查等内容，用于指导建设单位合法合规开展验收工作；另外，生态环境部配套发布了项目重大变动清单——主要有《污染影响类建设项目重大变动清单(试行)》(环办环评函〔2020〕688 号)、《关于印发淀粉等五个行业建设项目重大变动清单的通知》(环办环评函〔2019〕934 号)等共计 31 个，用于为各行业建设单位提供建设项目重大变动判定依据，同时发布了验收技术指南及规范——主要有《建设项目竣工环境保护验收技术指南　污染影响类》(生态环境部公告公告 2018 年第 9 号)、《建设项目竣工环境保护验收技术规范生态影响类》(HJ/T 394—2007)等共计 23 个，用于指导各行业建设单位开展验收工作开展和验收报告的编制、评审。

第一节　建设项目竣工环境保护验收概述

一、项目竣工环保验收简介

(一)相关基本概念

建设项目竣工环境保护验收是指建设项目竣工后，建设单位根据建设项目竣工环境保护验收管理相关法律法规和技术指南及规范等的规定,结合项目建成情况,开展项目环境保护验收检测或环境保护设施和措施实施情况调查,并通过项目现场踏勘、检查等手段,对建设项目的建设、运营过程是否满足相关环境保护要求作出判定,并据此编制建设项目竣工环境保护验收监测报告或调查报告(以下简称"竣工环保验收")。

建设项目竣工环境保护验收监测是指在建设项目竣工后依据相关管理规定及技术规范对建设项目环境保护设施建设、调试、管理及其效果和污染物排放情况开展的查验、监测等工作,是建设项目竣工环境保护验收的主要技术依据(以下简称"竣工验收监测")。

建设项目竣工环境保护验收检测是指根据污染影响类建设项目的环境影响评价文件、环评批复中确定的项目污染物排放口、厂(场)界内和厂(场)界内排放情况进行现场检测,从而为项目达标排放提供依据的检测过程(以下简称"竣工验收检测")。

建设项目竣工环境保护验收调查是指根据生态影响类建设项目的环境影响评价文件、环评批复中确定的项目施工、运营期生态环境影响恢复设施和措施进行调查,从而核实项目生态保护管理要求的落实情况(以下简称"竣工验收调查")。

建设项目竣工环境保护验收监测报告是指依据相关管理规定和技术要求,对监测数据和检查结果进行分析、评价得出结论的技术文件;按环评报告类别划分,环评报告书项目需编制建设项目竣工环境保护验收监测报告,环评报告表项目需编制建设项目竣工环境保护验收监测报告表(以下简称"验收监测报告")。

建设项目竣工环境保护验收调查报告是指根据对生态影响类建设项目现场踏勘、检查等获知的企业施工、运营过程中的环境保护设施和措施等落实情况,结合项目竣工验收调查报告按要求编制的验收调查报告,按环评报告类别划分,环评报告书项目需编制建设项目竣工环境保护验收调查报告,环评报告表项目需编制建设项目竣工环境保护验收调查报告表(以下简称"验收调查报告")。

建设项目竣工环境保护验收报告是记录建设项目竣工环境保护验收过程和结果的文件,包括建设项目的验收监测(调查)报告、验收意见和其他需要说明的事项等三项内容(以下简称"验收报告")。

污染影响类建设项目是指主要因污染物排放对环境产生污染和危害的建设项目(以下简称"污染类项目")。

生态影响类建设项目是指建设期、运营期对环境的影响以生态影响为主,对环境产生的危害以生态危害为主的建设项目(以下简称"生态类项目")。

环境保护设施是指防治环境污染和生态破坏以及开展环境监测所需的装置、设备和工程设施等(以下简称"环保设施")。

环境保护措施是指预防或减轻对环境产生不良影响的管理或技术等措施(以下简称"环保措施")。

项目重大变动清单是指生态环境部发布的,用于对建设项目实际建设内容与环评报告、环评批复中设计和批复的建设内容进行比对,用以确定项目建设、运营是否属于重大变动的清单,包括1个综合性的《污染影响类建设项目重大变动清单(试行)》和30个行业类的项目重大变动清单。

(二)竣工环保验收基本内容

1. 验收范围

编制环境影响报告书或报告表的建设项目应依法开展竣工环境保护验收;填报环境影响登记表的建设项目,不需要开展竣工环境保护验收。

2. 验收依据

建设项目竣工环境保护验收的主要依据包括:

(一)建设项目环境保护相关法律、法规、规章、标准和规范性文件;

(二)建设项目竣工环境保护验收技术指南和技术规范;

(三)建设项目环境影响报告书(表)及审批部门审批决定。

3. 验收主体

建设单位是建设项目竣工环境保护验收的责任主体,应当按规定程序组织对建设项目配套建设的环境保护设施进行验收,编制验收报告,公开相关信息,接受社会监督。

4. 验收期限

验收期限指建设项目环境保护设施竣工之日起至建设单位向社会公开验收报告之日止的时间。

除需要取得排污许可证的水和大气污染防治设施外,其他环境保护设施的验收期限一般不超过 3 个月;需要对该类环境保护设施进行调试或者整改的,验收期限可以适当延期,但最长不超过 12 个月。

5. 验收报告组成

验收报告包括三个方面的内容:建设项目验收监测(调查)报告、验收意见和其他需要说明的事项;其中验收监测(调查)报告是对项目开展验收监测和现场踏勘、检查后编制的,验收意见是由验收工作组召开验收会议之后形成的,其他需要说明的事项是项目通过验收之后编制的,是关于项目设计、建设和运营过程中相关情况的说明。

建设项目验收监测(调查)报告根据建设项目所属国民经济行业类别,对以排放污染物为主的项目参照《建设项目竣工环境保护验收技术指南　污染影响类》编制;对以生态造成影响为主的项目按照《建设项目竣工环境保护验收技术规范　生态影响类》编制;对火力发电、石油炼制、水利水电、核与辐射等已发布行业验收技术规范的建设项目,按照该行业验收技术规范编制。

根据验收暂行办法第七条的规定,验收意见主要包括工程建设基本情况、工程变动情况、环境保护设施落实情况、环境保护设施调试效果、工程建设对环境的影响、验收结论和后续要求等内容,验收结论应当明确该建设项目环境保护设施是否验收合格。

根据验收暂行办法的第十条的规定,建设单位在"其他需要说明的事项"中应当如实记载环境保护设施设计、施工和验收过程简况、环境影响报告书(表)及其审批部门审批决定中提出的除环境保护设施外的其他环境保护对策措施的实施情况,以及整改工作情况等。

6. 验收公示内容与期限

除按照国家需要保密的情形外,建设单位应当通过其网站或其他便于公众知晓的方式,向社会公开下列信息:

(1)建设项目配套建设的环境保护设施竣工后,公开竣工日期;

(2)对建设项目配套建设的环境保护设施进行调试前,公开调试的起止日期;

(3)验收报告编制完成后5个工作日内,公开验收报告,公示的期限不得少于20个工作日。建设单位公开上述信息的同时,应当向所在地县级以上环境保护主管部门报送相关信息,并接受监督检查。

7. 验收报告备案

验收报告公示期满后5个工作日内,建设单位应当登录全国建设项目竣工环境保护验收信息平台,填报建设项目基本信息、环境保护设施验收情况等相关信息,环境保护主管部门对上述信息予以公开。

建设单位应当将验收报告以及其他档案资料存档备查。

二、项目竣工环保验收程序简介

(一)一般程序简介

建设项目竣工环境保护验收的一般程序为:公开竣工日期→申领排污许可证→公开调试日期→开展验收监测(调查)→召开验收会议→编制验收报告→公示验收报告→录入信息平台→存档资料备查。

建设项目竣工环境保护验收的一般程序步骤如下:

第一步:公开竣工日期

建设项目配套建设的环境保护设施与主体工程同时竣工后,除按照国家要求需要保密的情形外,建设单位应当通过自己的网站或者其他便于公众知晓的方式,公开竣工日期,同时向属地生态环境主管部门报送相关信息,并通过保存公示网址、网站截图、公示张贴照片等形式保留信息公开资料备查。

第二步:申领排污许可证

纳入排污许可管理的建设项目,排污单位应当在项目产生实际污染物排放之前,按照国家排污许可有关管理规定要求,申请排污许可证,不得无证排污或不按证排污。如果属于登记管理的建设项目,需进行排污登记。

第三步:公开调试日期

需要对建设项目配套建设的环境保护设施进行调试的,除按照国家要求需要保密的情形外,建设单位需在调试前通过自己的网站或者其他便于公众知晓的方式,公开调试起止日期,同时向属地生态环境主管部门报送相关信息,并通过保存公示查询网址、网站截图、公示张贴照片等形式保留信息公开资料备查。

调试期间,建设单位应确保污染物排放符合国家和地方有关污染物排放标准和排污许可等相关管理规定。

第四步:开展验收监测(调查)

调试期间,建设单位应当按要求开展验收监测(调查)工作。建设单位可根据自身条件和能力,利用自有人员、场所和设备自行监测(调查),并编制验收监测(调查)报告;如建设单位不具备监测(调查)条件和能力,也可委托其他有能力的第三方技术机构开展相关工作。

1. 监测(调查)程序和内容

对于已发布行业验收技术规范的建设项目,按其行业验收技术规范开展验收监测(调查)工作,行业验收技术规范中未规定的内容和无行业验收技术规范的建设项目,可参照《建设项目竣工环境保护验收技术指南 污染影响类》《建设项目竣工环境保护验收技术规范 生态影响类》执行。

正常情况下,建设单位需严格按相关验收技术指南或验收技术规范开展项目验收自查、验收监测方案和验收监测报告编制。

2. 重大变动判定

根据环评法第二十四条的规定:"建设项目的环境影响评价文件经批准后,建设项目的性质、规模、地点、采用的生产工艺或者防治污染、防止生态破坏的措施发生重大变动的,建设单位应当重新报批建设项目的环境影响评价文件"因此,建设项目在开展项目竣工验收工作时,必须对项目开展建设、运营是否属于重大变动判定:属于重大变动的项目需重新报批环评文件,不属的项目可开展竣工环保验收工作。综上,建设项目是否属于重大变动判定是建设单位开展竣工环保验收的前提。

目前,建设项目是否属于重大变动的判定依据为生态环境部发布的建设项目重大变动清单。

3. 编制验收监测(调查)报告

污染影响类建设项目验收监测报告格式和内容参照《建设项目竣工环境保护验收技术指南 污染影响类》附录2;生态影响类建设项目验收调查报告参照《建设项目竣工环境保护验收技术规范 生态影响类》附录。

第五步:召开验收会议

1. 成立验收工作组

为提高验收的有效性,在提出验收意见过程中,建设单位可以组织成立验收工作组,协助开展验收工作。验收工作组可以由设计、施工、环境影响报告书(表)编制、验收监测(调查)等单位代表组成,根据建设项目实际情况,需要邀请专家参加的,应在环境保护、监测、行业、质控等领域的技术专家中选聘,代表范围和人数由建设单位自定。

2. 组织验收会

验收工作组应严格依照国家有关法律法规、技术规范、建设项目环境影响报告书

(表)和审批部门审批决定等要求,通过资料审查、现场检查、会议讨论等方式提出科学合理的验收意见。

目前,生态环境部已经发布水电、公路、铁路、石油天然气管道、火电等 9 个行业建设项目现场检查及审查要点,验收工作组应按照相关要求进行现场检查,其余行业建设项目可参照对比执行。

若建设项目存在《建设项目环境保护验收暂行办法》第八条中规定的九种验收不合格情形的,建设单位应进行整改、补充监测(调查)、履行相关手续后方可提出验收意见。

3. 形成验收意见

建设项目符合或整改后符合验收要求的,验收工作组应提出验收意见,验收意见格式和内容可参考《建设项目竣工环境保护验收技术指南 污染影响类》附录 4。

第六步:编制验收报告

建设项目通过验收后,建设单位应按要求编写"其他需要说明的事项",并形成验收报告。验收报告包括验收监测(调查)报告、验收意见和其他需要说明的事项三项内容。

"其他需要说明的事项"格式和内容可参考《建设项目竣工环境保护验收技术指南 污染影响类》附录 5。

第七步:公示验收报告

除按照国家需要保密的情形外,验收报告编制完成后 5 个工作日内,建设单位应当通过自己的网站或者其他便于公众知晓的方式,公开验收报告,公示期不得少于 20 个工作日。如采用网站公开的,须保证公众易于获取相关信息,不得使用需要公众注册、付费等方式方可获取信息的网站。在公开信息同时向属地生态环境主管部门报送相关信息,并通过保存公示查询网址、网站截图、公示张贴照片等形式保留信息公开资料备查。

建设项目验收报告公示模板可参考附件 8。

第八步:录入信息平台

验收报告公示期满 5 个工作日内,建设单位应当登录全国建设项目竣工环境保护验收信息平台(http://114.251.10.205/#/pub-message)填报项目相关信息,并对信息的真实性、准确性和完整性负责,同时向项目环评审批部门报送验收资料,其余审批项目验收资料报送方式请咨询属地生态环境主管部门。

成都市竣工环保自主验收咨询电话见附件 9。

第九步:存档资料备查

建设项目完成竣工环境保护验收后,建设单位应将验收报告及其他档案资料存档备查。

(二)竣工环保验收流程图

建设项目竣工环境保护验收的一般程序流程如图 14-1 所示:

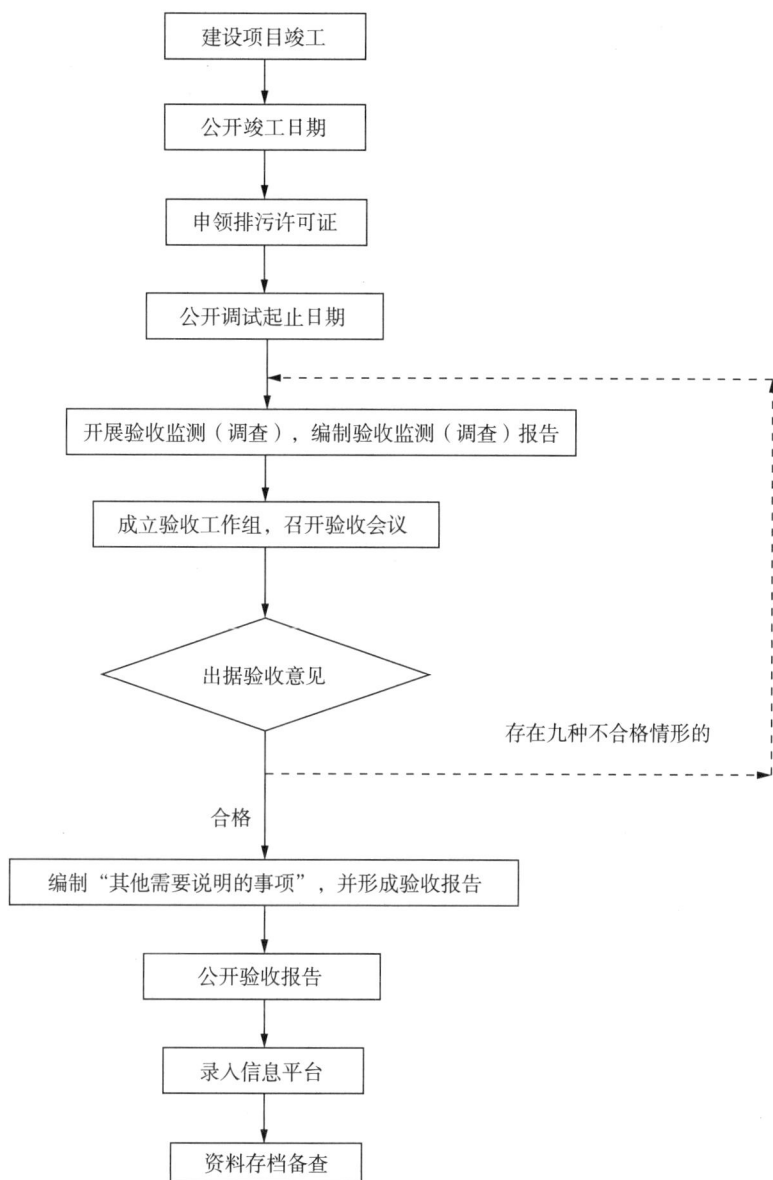

图 14-1 建设项目竣工环境保护验收流程图

第二节 建设项目竣工环境保护验收依据简介

建设项目竣工环境保护验收工作内容较多,并且需开展验收工作的建设项目类别亦较多,故验收工作开展的相关依据也较多,其中包括如下依据:

(1)法律法规依据——主要有《建设项目环境保护管理条例》(国务院令第 682 号)、《建设项目竣工环境保护验收暂行办法》(国环规环评〔2017〕4 号,以下简称《验收暂行办法》)等；

(2)验收技术指南及规范——主要有《建设项目竣工环境保护验收技术指南　污染影响类》(生态环境部公告　公告 2018 年第 9 号)、《建设项目竣工环境保护验收技术规范　生态影响类》(HJ/T 394—2007)和《建设项目竣工环境保护设施验收技术规范　造纸工业》(HJ 408—2021)等共计 23 个；

(3)项目重大变动清单——主要有《污染影响类建设项目重大变动清单(试行)》(环办环评函〔2020〕688 号)、《关于印发淀粉等五个行业建设项目重大变动清单的通知》(环办环评函〔2019〕934 号)和《关于印发制浆造纸等十四个行业建设项目重大变动清单的通知》(环办环评〔2018〕6 号)等共计 31 个；

(4)其他相关资料——建设项目环评和建设、运营必备的相关资料。

一、竣工环保验收法律法规依据简介

目前,建设单位竣工环保验收的法律法规依据较多,其中主要依据《建设项目环境保护管理条例》(以下简称"环保管理条例")规定了竣工环保验收的主要要求,并明确了相关法律责任;《建设项目竣工环境保护验收暂行办法》(以下简称"验收暂行办法")规定了竣工环保验收的工作程序、内容和标准等。

(一)环保管理条例简介

1. 自主验收形式确立

环保管理条例的第十七条规定了建设单位必须依法开展项目竣工环保验收,明确了建设项目的自主验收,同时提出了自主验收基本要求,具体如下:

"第十七条　编制环境影响报告书、环境影响报告表的建设项目竣工后,建设单位应当按照国务院环境保护行政主管部门规定的标准和程序,对配套建设的环境保护设施进行验收,编制验收报告。

建设单位在环境保护设施验收过程中,应当如实查验、监测、记载建设项目环境保护设施的建设和调试情况,不得弄虚作假。

除按照国家规定需要保密的情形外,建设单位应当依法向社会公开验收报告。"

根据上述规定可知:编制环评报告,且经审批过的项目需开展自主验收,且建设单位是验收责任主体。

2. 阶段性验收形式确定

环保管理条例的第十八条规定了建设单位针对项目的分期建设,可以开展分期竣工环保验收,具体如下:

"第十八条　分期建设、分期投入生产或者使用的建设项目,其相应的环境保护设施应当分期验收。"

根据上述规定可知:项目不必完全建成才可以开展验收,只要有生产,且有污染物产生,可以分期、分阶段开展验收。

3. 未验先投违法定性

环保管理条例的第十九条明确了建设项目未开展验收或验收不合格不得投入生产或使用,具体如下:

"第十九条　编制环境影响报告书、环境影响报告表的建设项目,其配套建设的环境保护设施经验收合格,方可投入生产或者使用;未经验收或者验收不合格的,不得投入生产或者使用。"

根据上述规定可知:项目未验收或验收不合格不得投入生产或使用。

4.违法验收行政处罚依据

环保管理条例的第二十三条规定了建设单位违法开展竣工环保验收的法律责任,是行政执法的最主要依据,具体如下:

"第二十三条　违反本条例规定,需要配套建设的环境保护设施未建成、未经验收或者验收不合格,建设项目即投入生产或者使用,或者在环境保护设施验收中弄虚作假的,由县级以上环境保护行政主管部门责令限期改正,处 20 万元以上 100 万元以下的罚款;逾期不改正的,处 100 万元以上 200 万元以下的罚款;对直接负责的主管人员和其他责任人员,处 5 万元以上 20 万元以下的罚款;造成重大环境污染或者生态破坏的,责令停止生产或者使用,或者报经有批准权的人民政府批准,责令关闭。

违反本条例规定,建设单位未依法向社会公开环境保护设施验收报告的,由县级以上环境保护行政主管部门责令公开,处 5 万元以上 20 万元以下的罚款,并予以公告。"

根据上述规定可知:项目未验收或验收不合格即投入生产或使用,或验收过程中弄虚作假,需进行行政处罚,并明确了罚款数额。

综上,建设项目应当按环保管理条例要求开展自主验收,否则必须承担相关法律责任。

(二)验收暂行办法简介

验收暂行办法的第十七条规定了建设单位必须依法开展项目竣工环保验收,明确了建设项目的自主验收,同时提出了自主验收基本要求,具体如下:

1.验收责任主体与内容确定

验收暂行办法的第四条规定了建设单位必须依法开展项目竣工环保验收,明确了建设项目的自主验收责任主体,同时提出了自主验收的基本内容,具体如下:

"第四条　建设单位是建设项目竣工环境保护验收的责任主体,应当按照本办法规定的程序和标准,组织对配套建设的环境保护设施进行验收,编制验收报告,公开相关信息,接受社会监督,确保建设项目需要配套建设的环境保护设施与主体工程同时投产或者使用,并对验收内容、结论和所公开信息的真实性、准确性和完整性负责,不得在验收过程中弄虚作假。

环境保护设施是指防治环境污染和生态破坏以及开展环境监测所需的装置、设备和工程设施等。

验收报告分为验收监测(调查)报告、验收意见和其他需要说明的事项等三项内容。"

根据上述规定可知:建设单位是项目竣工环保验收的责任主体,验收报告包含三项基本内容。

2.验收监测(调查)报告编制依据与责任划分

验收暂行办法的第五条规定了建设单位编制验收监测(调查)报告的技术依据与责任划分,具体如下:

"第五条 建设项目竣工后,建设单位应当如实查验、监测、记载建设项目环境保护设施的建设和调试情况,编制验收监测(调查)报告。

以排放污染物为主的建设项目,参照《建设项目竣工环境保护验收技术指南 污染影响类》编制验收监测报告;主要对生态造成影响的建设项目,按照《建设项目竣工环境保护验收技术规范 生态影响类》编制验收调查报告;火力发电、石油炼制、水利水电、核与辐射等已发布行业验收技术规范的建设项目,按照该行业验收技术规范编制验收监测报告或者验收调查报告。

建设单位不具备编制验收监测(调查)报告能力的,可以委托有能力的技术机构编制。建设单位对受委托的技术机构编制的验收监测(调查)报告结论负责。建设单位与受委托的技术机构之间的权利义务关系,以及受委托的技术机构应当承担的责任,可以通过合同形式约定。"

根据上述规定可知:验收监测(调查)报告的编制依据为项目所属国民经济行业类别对应的技术指南或技术规范,且由建设单位对验收监测(调查)报告的结论负责。

3. 环保设施调试规定

验收暂行办法的第六条和第十四条规定了建设单位开展环保设施调试的要求,且明确了其验收监测的条件,具体如下:

"第六条 需要对建设项目配套建设的环境保护设施进行调试的,建设单位应当确保调试期间污染物排放符合国家和地方有关污染物排放标准和排污许可等相关管理规定。

环境保护设施未与主体工程同时建成的,或者应当取得排污许可证但未取得的,建设单位不得对该建设项目环境保护设施进行调试。

调试期间,建设单位应当对环境保护设施运行情况和建设项目对环境的影响进行监测。验收监测应当在确保主体工程调试工况稳定、环境保护设施运行正常的情况下进行,并如实记录监测时的实际工况。国家和地方有关污染物排放标准或者行业验收技术规范对工况和生产负荷另有规定的,按其规定执行。建设单位开展验收监测活动,可根据自身条件和能力,利用自有人员、场所和设备自行监测;也可以委托其他有能力的监测机构开展监测。"

"第十四条 纳入排污许可管理的建设项目,排污单位应当在项目产生实际污染物排放之前,按照国家排污许可有关管理规定要求,申请排污许可证,不得无证排污或不按证排污。建设项目验收报告中与污染物排放相关的主要内容应当纳入该项目验收完成当年排污许可证执行年报。"

根据上述规定可知:开展环保设施调试的前提条件是:企业必须申领了排污许可证;当主体工程调试工况稳定、环境保护设施运行正常的情况下可开展验收监测。

4. 验收不合格判定依据

验收暂行办法的第八条给出了验收不合格判定的九条依据,具体如下:

"第八条 建设项目环境保护设施存在下列情形之一的,建设单位不得提出验收合格的意见:

(一)未按环境影响报告书(表)及其审批部门审批决定要求建成环境保护设施,或者

环境保护设施不能与主体工程同时投产或者使用的;

(二)污染物排放不符合国家和地方相关标准、环境影响报告书(表)及其审批部门审批决定或者重点污染物排放总量控制指标要求的;

(三)环境影响报告书(表)经批准后,该建设项目的性质、规模、地点、采用的生产工艺或者防治污染、防止生态破坏的措施发生重大变动,建设单位未重新报批环境影响报告书(表)或者环境影响报告书(表)未经批准的;

(四)建设过程中造成重大环境污染未治理完成,或者造成重大生态破坏未恢复的;

(五)纳入排污许可管理的建设项目,无证排污或者不按证排污的;

(六)分期建设、分期投入生产或者使用依法应当分期验收的建设项目,其分期建设、分期投入生产或者使用的环境保护设施防治环境污染和生态破坏的能力不能满足其相应主体工程需要的;

(七)建设单位因该建设项目违反国家和地方环境保护法律法规受到处罚,被责令改正,尚未改正完成的;

(八)验收报告的基础资料数据明显不实,内容存在重大缺项、遗漏,或者验收结论不明确、不合理的;

(九)其他环境保护法律法规规章等规定不得通过环境保护验收的。"

根据上述规定可知:当建设项目存在环保设施不能投产或使用、排放污染物排放不合规、项目发生了重大变动、无排污许可证等情况存在时,一律不得提出验收合格的意见。

二、竣工环保验收技术指南和技术规范简介

(一)验收技术指南和技术规范简介

目前,建设单位竣工环保验收的技术指南和技术规范较多,其中《建设项目竣工环境保护验收技术指南　污染影响类》(以下简称"验收技术指南")规定了污染影响类建设项目竣工环境保护验收的总体要求,提出了验收程序、自查内容、验收执行标准、验收监测技术要求、验收监测报告编制的一般要求,并明确了其适用范围:适用于无行业验收技术规范的污染类项目。《建设项目竣工环境保护验收技术规范　生态影响类》规定了生态影响类建设项目竣工环境保护验收调查总体要求、实施方案和调查报告的编制要求,并明确了其适用范围:适用于无行业验收技术规范的生态类项目。

根据验收暂行办法的第五条规定,目前生态环境部已发布了 21 项行业验收技术规范,涉及电解铝、火力发电厂、水泥制造、城市轨道交通、黑色金属冶炼及压延加工、石油炼制、乙烯工程、汽车制造、造纸工业、港口、水利水电、公路、石油天然气开采、煤炭采选、输变电工程、纺织染整、涤纶、粘胶纤维、制药、医疗机构、广播电视行业,对于已发布行业验收技术规范的建设项目,应按照该行业技术规范开展验收和监测(调查)报告编制工作。

(二)验收技术指南和技术规范汇总

目前,建设项目开展验收监测(调查)报告编制技术指南和技术规范共计有 23 个,其所对应的国民经济行业类别、适用范围等见表 14-1 所列:

表 14-1 建设项目竣工环保验收监测(调查)报告编制技术指南和规范一览表

序号	技术指南或规范名称	适用范围	实施时间	备注
1	验收技术指南 污染影响类 (生态环境部 公告 2018 年第 9 号)	适用于污染影响类建设项目竣工环境保护验收,已发布行业验收技术规范的建设项目从其规定,行业验收技术规范中未规定的内容按照本指南执行。	2018-05-16	
2	验收技术规范 生态影响类 (HJ/T 394—2007)	适用于交通运输(公路,铁路,城市道路和轨道交通,港口和航运,管道运输等)、水利水电、石油和天然气开采、矿山采选、电力生产(风力发电)、农业、林业、牧业、渔业、旅游等行业和海洋、海岸带开发、高压输变电线路等主要对生态造成影响的建设项目,以及区域、流域开发项目竣工环境保护验收调查工作。其他项目涉及生态影响的可参照执行。	2008-02-01	
3	验收技术规范 汽车制造业 (HJ 407—2021)	规定了汽车制造业建设项目竣工环境保护设施验收的工作程序和总体要求。	2021-11-25	
⋮		⋯		

注:上表数据来源于生态环境部的生态环境标准网站中公布的建设项目竣工环保验收监测(调查)报告编制技术指南和规范,该表为其简化,可扫描本章末二维码获知全部表格内容。

建设单位开展竣工环保验收工作时,首先必须按上表核实建设项目验收监测(调查)报告所应依据的技术指南和技术规范,然后严格按技术指南和技术规范的要求开展项目验收自查、验收监测方案和验收监测(调查)报告编制。

三、项目重大变动清单简介

(一)项目重大变动清单简介

根据环评法的第二十四条,建设项目在实施过程中,项目的建设性质、规模、地点、生产工艺和环境保护措施五个因素中的一项或一项以上发生重大变动的,且可能导致环境影响显著变化(特别是不利环境影响加重)的,均可判定为重大变动。针对建设项目,当其属于重大变动的应当重新报批环境影响评价文件,其不属于重大变动的应纳入竣工环境保护验收管理。

目前,生态环境部已发布污染影响类建设项目重大变动清单和 30 个行业重大变动清单,未纳入清单中的建设项目可从地点、规模、生产工艺、环保设施及措施、主要技术指标等方面进行综合判定,并对变动产生的污染物排放及环境影响进行分析。因生产工艺和生产规模调整、污染防治措施改进或强化等变动情况导致污染源减少,污染物排放种类及排放量减少,危废产生种类及产生量减少的一般均判定为不属于重大变动。若无法界定是否属于重大变动,应报原环评审批部门判定。

(一)项目重大变动清单汇总

目前,建设单位开展项目是否属于重大变动的判定清单共计有 31 个,其所对应的国民经济行业类别、适用范围等如表 14-2 所示：

表 14-2　建设项目重大变动清单汇总一览表

序号	标准名称	适用范围	实施时间	备注
1	污染影响类建设项目重大变动清单(试行)(环办环评函〔2020〕688 号)	适用于污染影响类建设项目环境影响评价管理,其中生态环境部已发布行业建设项目重大变动清单的,按行业建设项目重大变动清单执行。	2020-12-13	
2	平板玻璃建设项目重大变动清单(试行)(环办环评〔2018〕6 号)	适用于平板玻璃以及电子工业玻璃太阳能电池玻璃建设项目环境影响评价管理。	2018-01-30	
3	水泥建设项目重大变动清单(试行)(环办环评〔2018〕6 号)	适用于水泥制造(含配套矿山、协同处置)和独立粉磨站建设项目环境影响评价管理。	2018-01-30	
⋮		...		

注:上表数据来源于生态环境部的生态环境标准网站中公布的建设项目重大变动清单,该表为其简化,可扫描本章末二维码获知全部表格内容。

建设单位开展验收监测(调查)工作时,必须重点关注项目重大变化判定,结合项目所属国民经济行业类别,严格按上表确定其判定依据,明确项目建设、运营等是否属于重大变动。

(三)污染影响类建设项目重大变动清单(试行)简介

为进一步规范环境影响评价重大变动管理,根据《中华人民共和国环境影响评价法》和《建设项目环境保护管理条例》有关规定,按照《关于印发环评管理中部分行业建设项目重大变动清单的通知》(环办〔2015〕52 号)、《关于生态环境领域进一步深化"放管服"改革,推动经济高质量发展的指导意见》(环规财〔2018〕86 号)要求,生态环境部制定了《污染影响类建设项目重大变动清单(试行)》。

《污染影响类建设项目重大变动清单(试行)》(环办环评函〔2020〕688 号)于 2020 年12 月 13 日印发,其主要适用于污染影响类建设项目环境影响评价管理,其中生态部已发布行业建设项目重大变动清单的,按行业建设项目重大变动清单执行。

《污染影响类建设项目重大变动清单(试行)》共包括项目建设性质、规模、地点、生产工艺和环境保护措施等方面 13 条重大判定依据,建设项目只需满足其中一条即可判定为属于重大变动,其具体规定如下所示:

"(一)性质:

1. 建设项目开发、使用功能发生变化的。

(二)规模

2. 生产、处置或储存能力增大 30% 及以上的。

3. 生产、处置或储存能力增大,导致废水第一类污染物排放量增加的。

4. 位于环境质量不达标区的建设项目生产、处置或储存能力增大,导致相应污染物排放量增加的(细颗粒物不达标区,相应污染物为二氧化硫、氮氧化物、可吸入颗粒物、挥发性有机物;臭氧不达标区,相应污染物为氮氧化物、挥发性有机物;其他大气、水污染物因子不达标区,相应污染物为超标污染因子);位于达标区的建设项目生产、处置或储存能力增大,导致污染物排放量增加 10%及以上的。

(三)地点:

5.重新选址;在原厂址附近调整(包括总平面布置变化)导致环境防护距离范围变化且新增敏感点的。

(四)生产工艺:

6.新增产品品种或生产工艺(含主要生产装置、设备及配套设施)主要原辅材料、燃料变化,导致以下情形之一:

(1)新增排放污染物种类的(毒性、挥发性降低的除外);

(2)位于环境质量不达标区的建设项目相应污染物排放量增加的;

(3)废水第一类污染物排放量增加的;

(4)其他污染物排放量增加 10%及以上的。

7.物料运输、装卸、贮存方式变化,导致大气污染物无组织排放量增加 10%及以上的。

(五)环境保护措施:

8.废气、废水污染防治措施变化,导致第 6 条中所列情形之一(废气无组织排放改为有组织排放、污染防治措施强化或改进的除外)或大气污染物无组织排放量增加 10%及以上的。

9.新增废水直接排放口;废水由间接排放改为直接排放;废水直接排放口位置变化,导致不利环境影响加重的。

10.新增废气主要排放口(废气无组织排放改为有组织排放的除外);主要排放口排气筒高度降低 10%及以上的。

11.噪声、土壤或地下水污染防治措施变化,导致不利环境影响加重的。

12.固体废物利用处置方式由委托外单位利用处置改为自行利用处置的(自行利用处置设施单独开展环境影响评价的除外);固体废物自行处置方式变化,导致不利环境影响加重的。

13.事故废水暂存能力或拦截设施变化,导致环境风险防范能力弱化或降低的。”

四、项目竣工环保验收其他资料简介

根据环保管理条例的第十七条规定可知,编制环境影响报告书、环境影响报告表的建设项目竣工后,建设单位需开展项目的自主验收,因此,企业开展项目竣工环保验收时必须收集的其他资料包括:经批复的建设项目环境影响报告书(表)、审批部门批复、项目变更或补充环境影响报告、相关环境分析报告及生态环境部门复函等,是竣工环保验收的具体依据,其明确了建设项目需配套建设的环保设施和污染物排放标准,是项目环保验收的最直接、明确的依据,更是项目环保设施与措施是否合法合规判定最主要依据。

另外,建设单位申领的排污许可证、自动监测设备验收与备案资料、突发环境应急预案编制与备案资料、危险废物委托处理协议等,亦是项目开展竣工环保验收必备的前提条件和前置资料。

第三节 污染影响类项目竣工验收技术指南简介

目前,建设项目验收监测(调查)报告生成可参考的建设项目竣工环境保护验收技术指南和技术规范共计有 23 个。建设单位开展竣工环保验收工作时,首先必须确定建设项目验收监测(调查)报告所应依据的技术指南和技术规范,然后严格按确定的技术指南或技术规范的要求开展项目验收自查、验收监测方案和验收监测(调查)报告编制。

为贯彻落实《建设项目环境保护管理条例》和《建设项目竣工环境保护验收暂行办法》,进一步规范和细化建设项目竣工环境保护验收的标准和程序,提高可操作性,生态环境部制定了《建设项目竣工环境保护验收技术指南 污染影响类》(公告 2018 年第 9 号),于 2018 年 5 月 16 日公布。

考虑到《建设项目竣工环境保护验收技术指南 污染影响类》中的相关内容适用于所有建设项目的竣工环保验收工作,因此,本教材以《建设项目竣工环境保护验收技术指南 污染影响类》为例,对验收技术指南和技术规范作一下简介,其他行业验收技术规范中与本验收技术指南相矛盾之处,以行业技术规范为准,亦可以技术指南为准进行优化;未规定之处,以验收技术指南为准。

一、技术指南适用范围

《建设项目竣工环境保护验收技术指南 污染影响类》规定了污染影响类建设项目竣工环境保护验收的总体要求,提出了验收程序、验收自查、验收监测方案和报告编制、验收监测技术的一般要求。

《建设项目竣工环境保护验收技术指南 污染影响类》适用于污染影响类建设项目竣工环境保护验收,已发布行业验收技术规范的建设项目从其规定,行业验收技术规范中未规定的内容按照此技术指南执行。

二、验收工作程序

验收技术指南中规定了建设单位开展项目验收工作的程序,主要包括验收监测工作和后续工作,其中验收监测工作可分为启动、自查、编制验收监测方案、实施监测与检查、编制验收监测报告五个阶段,所有建设项目均可参考此工作程序开展验收工作。

建设单位项目验收工作程序图请扫描本章末二维码获取。

三、竣工环保验收自查

针对污染影响类建设项目,建设单位在开展竣工环保验收自查时,主要自查的内容如下:

(一)环保手续履行情况

主要包括环境影响报告书(表)及其审批部门审批决定,初步设计(环保篇)等文件,国家与地方生态环境部门对项目的督查、整改要求的落实情况,建设过程中的重大变动及相应手续履行情况,是否按排污许可相关管理规定申领了排污许可证,是否按辐射安全许可管理办法申领了辐射安全许可证。

(二)项目建成情况

对照环境影响报告书(表)及其审批部门审批决定等文件,自查项目建设性质、规模、地点,主要生产工艺、产品及产量、原辅材料消耗,项目主体工程、辅助工程、公用工程、储运工程和依托工程内容及规模等情况。

(三)环境保护设施建设情况

1. 建设过程

施工合同中是否涵盖环境保护设施的建设内容和要求,是否有环境保护设施建设进度和资金使用内容,项目实际环保投资总额占项目实际总投资额的百分比。

2. 污染物治理/处置设施

按照废气、废水、噪声、固体废物的顺序,逐项自查环境影响报告书(表)及其审批部门审批决定中的污染物治理/处置设施建成情况,如废水处理设施类别、规模、工艺及主要技术参数,排放口数量及位置;废气处理设施类别、处理能力、工艺及主要技术参数,排气筒数量、位置及高度;主要噪声源的防噪降噪设施;辐射防护设施类别及防护能力;固体废物的储运场所及处置设施等。

3. 其他环境保护设施

按照环境风险防范、在线监测和其他设施的顺序,逐项自查环境影响报告书(表)及其审批部门审批决定中的其他环境保护设施建成情况,如装置区围堰、防渗工程、事故池;规范化排污口及监测设施、在线监测装置;"以新带老"改造工程、关停或拆除现有工程(旧机组或装置)、淘汰落后生产装置;生态恢复工程、绿化工程、边坡防护工程等。

4. 整改情况

自查发现未落实环境影响报告书(表)及其审批部门审批决定要求的环境保护设施的,应及时整改。

(四)重大变动情况

自查发现项目性质、规模、地点、采用的生产工艺或者防治污染、防止生态破坏的措施发生重大变动,且未重新报批环境影响报告书(表)或环境影响报告书(表)未经批准的,建设单位应及时依法依规履行相关手续。

四、竣工环保验收监测方案与验收监测报告编制

针对污染影响类建设项目,建设单位在开展竣工环保验收监测时,需制订竣工环保验收监测方案以便开展项目验收监测,并在验收自查和验收监测的基础上编制验收监测报告。

(一)验收监测方案编制

1. 验收监测方案编制目的及要求

编制验收监测方案是根据验收自查结果,明确工程实际建设情况和环境保护设施落

实情况,在此基础上确定验收工作范围、验收评价标准,明确监测期间工况记录方法,确定验收监测点位、监测因子、监测方法、频次等,确定其他环境保护设施验收检查内容,制定验收监测质量保证和质量控制工作方案。

验收监测方案作为实施验收监测与检查的依据,有助于验收监测与检查工作开展得更加规范、全面和高效。石化、化工、冶炼、印染、造纸、钢铁等重点行业编制环境影响报告书的项目推荐编制验收监测方案。建设单位也可根据建设项目的具体情况,自行决定是否编制验收监测方案。

2. 验收监测方案推荐内容

验收监测方案内容可包括:建设项目概况、验收依据、项目建设情况、环境保护设施、验收执行标准、验收监测内容、现场监测注意事项、其他环保设施检查内容、质量保证和质量控制方案等。

(二)验收监测报告编制

编制验收监测报告是在实施验收监测与检查后,对监测数据和检查结果进行分析、评价得出结论。结论应明确环境保护设施调试、运行效果,包括污染物排放达标情况、环境保护设施处理效率达到设计指标情况、主要污染物排放总量核算结果与总量指标符合情况,建设项目对周边环境质量的影响情况,其他环保设施落实情况等。

1. 报告编制基本要求

验收监测报告编制应规范、全面,必须如实、客观、准确地反映建设项目对环境影响报告书(表)及审批部门审批决定要求的落实情况。

2. 验收监测报告内容

验收监测报告内容应包括但不限于以下内容:

建设项目概况、验收依据、项目建设情况、环境保护设施、环境影响报告书(表)主要结论与建议及审批部门审批决定、验收执行标准、验收监测内容、质量保证和质量控制、验收监测结果、验收监测结论、建设项目环境保护"三同时"竣工验收登记表等。

编制环境影响报告书的建设项目应编制建设项目竣工环境保护验收监测报告,编制环境影响报告表的建设项目可视情况自行决定编制建设项目竣工环境保护验收监测报告书或表。

五、竣工环保验收监测技术要求

针对污染影响类建设项目,建设单位在开展竣工环保验收监测时,需按一定的技术要求开展验收监测,从而确保验收监测报告的结论具有可信性。

(一)工况记录要求

验收监测应当在确保主体工程工况稳定、环境保护设施运行正常的情况下进行,并如实记录监测时的实际工况以及决定或影响工况的关键参数,如实记录能够反映环境保护设施运行状态的主要指标。

(二)验收执行标准

1. 污染物排放标准

建设项目竣工环境保护验收污染物排放标准,原则上执行环境影响报告书(表)及其审批部门审批决定所规定的标准。在环境影响报告书(表)审批之后发布或修订的标准对建设项目执行该标准有明确时限要求的,按新发布或修订的标准执行。特别排放限值的实施地域范围、时间,按国务院生态环境主管部门或省级人民政府规定执行。

建设项目排放环境影响报告书(表)及其审批部门审批决定中未包括的污染物,执行相应的现行标准。

对国家和地方标准以及环境影响报告书(表)审批决定中尚无规定的特征污染因子,可按照环境影响报告书(表)和工程《初步设计》(环保篇)等的设计指标进行参照评价。

2. 环境质量标准

建设项目竣工环境保护验收期间的环境质量评价执行现行有效的环境质量标准。

3. 环境保护设施处理效率

环境保护设施处理效率按照相关标准、规范、环境影响报告书(表)及其审批部门审批决定的相关要求进行评价,也可参照工程《初步设计》(环保篇)中的要求或设计指标进行评价。

上述相关验收执行标准的规定,同样适用于其他行业的建设项目验收。

(三)监测内容

1. 环保设施调试运行效果监测

环保设施调试运行效果的监测主要包括环境保护设施处理效率监测和污染物排放监测两方面。

针对环境保护设施处理效率监测,其用来对污染防治设施的有效性、可行性进行判定,主要的监测内容主要包括:

(1)各种废水处理设施的处理效率;

(2)各种废气处理设施的去除效率;

(3)固(液)体废物处理设备的处理效率和综合利用率等;

(4)用于处理其他污染物的处理设施的处理效率;

(5)辐射防护设施屏蔽能力及效果。

若不具备监测条件,无法进行环保设施处理效率监测的,需在验收监测报告(表)中说明具体情况及原因。

针对污染物排放监测,其用来对污染物的排放是否达标进行判定,主要的监测内容包括:

(1)排放到环境中的废水,以及环境影响报告书(表)及其审批部门审批决定中有回用或间接排放要求的废水;

(2)排放到环境中的各种废气,包括有组织排放和无组织排放;

(3)产生的各种有毒有害固(液)体废物,需要进行危废鉴别的,按照相关危废鉴别技术规范和标准执行;

(4)厂界环境噪声;

(5)环境影响报告书(表)及其审批部门审批决定、排污许可证规定的总量控制污染物的排放总量;

(6)场所辐射水平(涉及有放射性污染物排放的项目)。

2. 环境质量影响监测

环境质量影响监测主要针对环境影响报告书(表)及其审批部门审批决定中关注的环境敏感保护目标的环境质量,包括地表水、地下水和海水、环境空气、声环境、土壤环境、辐射环境质量等的监测。

3. 监测因子确定原则

验收监测因子确定的原则如下:

(1)环境影响报告书(表)及其审批部门审批决定中确定的污染物;

(2)环境影响报告书(表)及其审批部门审批决定中未涉及,但属于实际生产可能产生的污染物;

(3)环境影响报告书(表)及其审批部门审批决定中未涉及,但现行相关国家或地方污染物排放标准中有规定的污染物;

(4)环境影响报告书(表)及其审批部门审批决定中未涉及,但现行国家总量控制规定的污染物;

(5)其他影响环境质量的污染物,如调试过程中已造成环境污染的污染物,国家或地方生态环境部门提出的、可能影响当地环境质量、需要关注的污染物等。

4. 验收监测频次确定原则

为使验收监测结果全面真实地反映建设项目污染物排放和环境保护设施的运行效果,采样频次应能充分反映污染物排放和环境保护设施的运行情况,因此,监测频次一般按以下原则确定:

(1)对有明显生产周期、污染物稳定排放的建设项目,污染物的采样和监测频次一般为2～3个周期,每个周期3～多次(不应少于执行标准中规定的次数);

(2)对无明显生产周期、污染物稳定排放、连续生产的建设项目,废气采样和监测频次一般不少于2天、每天不少于3个样品;废水采样和监测频次一般不少于2天,每天不少于4次;厂界噪声监测一般不少于2天,每天不少于昼夜各1次;场所辐射监测运行和非运行两种状态下每个测点测试数据一般不少于5个;固体废物(液)采样一般不少于2天,每天不少于3个样品,分析每天的混合样,需要进行危废鉴别的,按照相关危废鉴别技术规范和标准执行;

(3)对污染物排放不稳定的建设项目,应适当增加采样频次,以便能够反映污染物排放的实际情况;

(4)对型号、功能相同的多个小型环境保护设施处理效率监测和污染物排放监测,可采用随机抽测方法进行。抽测的原则为:同样设施总数大于5个且小于20个的,随机抽测设施数量比例应不小于同样设施总数量的50%;同样设施总数大于20个的,随机抽测设施数量比例应不小于同样设施总数量的30%;

(5)进行环境质量监测时,地表水和海水环境质量监测一般不少于2天、监测频次按相关监测技术规范并结合项目排放口废水排放规律确定;地下水监测一般不少于2天、每天不少于2次,采样方法按相关技术规范执行;环境空气质量监测一般不少于2天、采样时间按相关标准规范执行;环境噪声监测一般不少于2天、监测量及监测时间按相关标准规范执行;土壤环境质量监测至少布设三个采样点,每个采样点至少采集1个样品,

采样点布设和样品采集方法按相关技术规范执行;

(6)对设施处理效率的监测,可选择主要因子并适当减少监测频次,但应考虑处理周期并合理选择处理前、后的采样时间,对于不稳定排放的,应关注最高浓度排放时段。

(四)质量保证和质量控制要求

验收监测采样方法、监测分析方法、监测质量保证和质量控制要求均按照《排污单位自行监测技术指南 总则》(HJ 819)相关行业的《排污单位自行监测技术指南》中的相关要求执行。

思 考 题

1. 何谓建设项目竣工环境保护验收?验收的责任主体是谁?

2. 何谓建设项目竣工环境保护验收报告?验收报告包含哪些内容?

3. 建设单位开展建设项目验收工作的主要依据有哪些?涉及企业自主验收的相关行政处罚规定有哪些?

4. 建设单位开展验收监测(调查)报告编制的技术指南和技术规范共计有多少个?适用于所有建设项目的是何标准?

5. 何谓项目重大变动清单?常见的项目重大变动包括哪些?

6. 污染影响类建设项目竣工环保验收自查内容包括哪些内容?自查重点是哪些?

7. 污染影响类建设项目开展竣工验收监测时,执行的验收标准有何要求?

8. 污染影响类建设项目开展竣工验收监测时,验收监测因子和监测频次的确定原则有哪些?

参考文献

[1] 环境保护部.建设项目竣工环境保护验收暂行办法:国环规环评〔2017〕4 号[EB/OL].(2017—11—22)[2024—04—15]. https://www. mee. gov. cn/gkml/hbb/bwj/201711/t20171127_427000. htm.

[2] 生态环境部.建设项目竣工环境保护验收技术指南 污染影响类:公告 2018 年 第 9 号[EB/OL].(2018—05—16)[2024—04—15]. https://www. mee. gov. cn/xxgk2018/xxgk/xxgk01/201805/t20180522_629585. html.

[3] 国家环境保护总局.建设项目竣工环境保护验收技术规范 生态影响类:HJ/T 394—2007[S].北京:中国环境科学出版社,2008.

[4] 环境保护部办公厅.污染影响类建设项目重大变动清单(试行):环办环评函〔2020〕688 号[EB/OL].(2020—12—13)[2024—04—15]. https://www. mee. gov. cn/xxgk2018/xxgk/xxgk06/202012/t20201216_813415. html.

[5] 王文英.环境监测在建设项目竣工环境保护验收监测中的重要性探讨[J].黑龙江环境通报,2024,37(4):76-78.

[6] 康成芳.新形势下建设项目竣工环境保护验收突出问题研析[J].皮革制作与环保科技,2024,5(1):187-189.

[7] 冯志高,马丽然,姚杭永.建设项目环境保护竣工验收风险管理分析[J].环境与生

活,2023,(5):90-93.

[8] 王剑波,李贵芝,席英伟,等. 建设项目竣工环境保护自主验收监测报告编制典型问题剖析[J]. 中国沼气,2023,41(02):89-92.

拓展阅读

1. 建设项目竣工环保验收监测(调查)报告编制技术指南和规范一览表
2. 建设项目重大变动清单汇总一览表
3. 建设单位项目竣工环境保护验收工作程序图

第十四章拓展阅读

第十五章　环境影响评价研究与展望

　　为进一步深入贯彻习近平生态文明思想,立足新发展阶段,完整、准确、全面贯彻新发展理念,构建新发展格局,以持续改善生态环境质量为核心,坚持精准治污、科学治污、依法治污,坚持综合治理、系统治理、源头治理,坚持推进减污降碳协同增效,确立并实施生态环境分区管控制度,持续提升重点领域重点行业环评管理效能,全面实行排污许可制,协同推进"放管服"改革,充分发挥环评与排污许可在源头预防和过程监管中的效力,守住底线把好关,为深入打好污染防治攻坚战、推进高质量发展提供有力支撑。

　　环境影响评价通过科学的方法和技术手段,预测分析人为活动对环境质量产生的影响。该项工作主要是在确保经济发展的同时,兼顾环境污染问题,确保环境质量。环境影响评价工作使以往经济发展观念及方式发生了改变,实现了环境与经济的协调发展、统一发展以及高质量发展等,同时,也使地区产业结构、规模、布局等更加科学、合理,为环境保护策略的制定及经济发展奠定了良好的基础。

　　目前,随着国家可持续战略规划的不断践行和优化,相关部门及研究人员应该对环境影响评价问题的可持续性发展问题进行研究与分析,除了要考虑人民群众的基本需求之外,还需要考虑未来环境影响评价问题的发展趋势。

　　一方面,针对环境影响评价问题构建科学、合理的基础理论体系与技术评价方法,满足我国基本环境国情。践行过程中,我们应该按照我国基本国情与环境发展情况,针对环境影响评价问题以及指导原则问题进行研究与分析。开展环境影响评价工程的过程中,除了需要借助于传统方法之外,还需要注重对 GIS、系统动力学仿真技术的实践应用,重点针对环境影响评价问题构建相关的技术支撑体系,进而为今后环境影响评价的真实性与客观性提供内在驱动。

　　另一方面,实现部门间的协调发展,促使环境影响评价工作的顺利贯彻与落实。评价研究人员应针对项目工程的实际情况,科学、合理地针对环境影响评价工作内容进行细化与分析,尤其重点针对初评问题与详评问题进行研究与分析,确保大型建设项目的环境污染问题得以有效解决。

　　除此以外,健全与完善公众参与程度,确保环境影响评价工作效果有所保障。环境影响评价工作应该从多个方面进行统筹规划与合理部署,尤其要明确公众的主体地位,确保公众主体可以积极参与到环境影响评价工作当中。一般来说,部分建设项目具备隐蔽性等特点,难以实现公众的全面参与。因此,在开展环境影响评价工作的过程中,评价研究人员应该依托公众参与,实现调查研究过程中的科学性与实践性目标。需要注意的是,实践过程中应该重点针对建设项目的选址问题与布局问题进行研究与分析,尽量将环境污染程度降低至最低。

为了确保环境影响评价工作内容以顺利贯彻与落实,今后环境影响评价工作重点关注的内容及未来展望如下:

1. 完善战略环境影响评价理论和制度

战略环境影响评价是指国家和地方在制定政策、规划、立法、国民经济发展和资源开发之前对拟议中的人为活动可能造成的环境影响进行分析研究、预测和估计,论证拟议活动的环境可行性,为国家和地方的产业结构调整、工农业布局和环境保护、环境管理提供科学依据。我国的战略环境评价理论和实践刚刚起步,应尽快建立和完善有中国特色的战略环境影响评价理论和制度,我国部分研究者对战略环境评价实施的原则和影响因素、战略环境评价的研究方法和技术等方面取得了富有成效的研究成果。目前,世界上多数国家都在积极探索战略环境评价的方法和应用。

2. 规划环评地位有待提高,政策环评仍有发展空间

规划环境影响评价是战略环境影响评价的重要组成部分,规划环评是指对于一个地区或者城市在进行战略规划、长远发展规划决策所进行的环境影响评价工作,以改善环境质量和保障生态安全为目标,论证规划方案的生态环境合理性和环境效益,提出规划优化调整建议;明确不良生态环境影响的减缓措施,提出生态环境保护建议和管控要求,为规划决策和规划实施过程中的生态环境管理提供依据。对区域发展布局、环境容量整合以及优化资源配置、指导项目环评工作有序开展等具有重要的作用。

近年来,我国不断强化规划环评成果转化,但规划环评的宏观指导作用仍未得到充分体现。规划环境影响评价是对处于高层次的规划和计划的评价,通常具有模糊性、非线性以及复杂动态等特点,比项目环境影响评价面临更大的不确定性,这就使得规划环境影响评价必须能够在很多情况下处理模糊、不确定的决策过程,增加了规划环境影响评价的难度。一方面,我国应着手完善规划环评技术方法,提高规划环评自身质量。在规划环评中发挥"三线一单"的基础性作用,围绕"三线一单"开展规划环评工作可以使规划环评报告逻辑清晰,成果更加具有针对性与可操作性。另一方面,通过修订环评法,对规划环评做出强制要求,提高规划环评法律地位,确保规划环评在决策和规划中更好地发挥作用。此外,政策环评在我国处于初步推广阶段,政策环评经验和技术体系方面仍旧相对薄弱。目前在方法上面主要使用较为快速、简单的定性方法,环境影响分析技术方法创新性不足,造成相关分析、预测结果存在一定局限。下一步我国需要在现有工作成果上积极开展试点研究,根据政策类型和特点细化技术方法体系,为政策环评工作的开展提供更好的技术支撑。

3. 推进生态型建设项目环境影响评价

生态型建设项目的环境影响评价将是我国环境影响评价未来发展的重点之一,尤其是流域开发中的生态问题,既包括移民问题,又存在生态风险问题。推进省级矿产资源、大型煤炭矿区、流域综合规划及水利、水电规划环评,落实生态保护红线和一般生态空间管控要求,强化长期性、累积性、整体性生态影响的预测、评价,提出有针对性的规划优化调整建议,对生态敏感区落实避让、减缓、修复和补偿等保护措施。

推动做好生态现状调查和生物多样性等影响评价,加强珍稀濒危野生动植物、极小种群物种保护。统筹强化有关行业环境准入、施工期环境监理、生态环保措施专项设计、

生态环境跟踪监测、环境影响后评价等环境管理。加强事中事后监管,推进绿色施工,建设绿色工程。

4. 做好新建项目环境社会风险防范化解

近年来,各类危险化学品火灾、爆炸、泄漏等事故时有发生,造成人员伤亡、经济损失和环境污染。对具有潜在风险的建设项目开展环境风险评价是保障人类健康安全的生活和生态系统良性循环的需要。因此,对存在较大环境风险和"邻避"问题的重大项目,需强化选址选线、风险防范等要求,严格环境准入把关。加强对垃圾焚烧发电、对二甲苯(PX)等社会关注度高的新建项目有关舆情及突发性事件的调度和分析研判,指导做好分类分级处置。推进各地建立实施环境社会风险防范化解工作机制。完善全国高风险类建设项目数据库,开展区域性危化品库的登记和管理。开展"一带一路"重点行业环境管理研究,加强对境外项目环境风险和环评管理工作指导服务。

5. 完善环境影响评价制度中的公众参与机制

我国自环评法颁布以来就有在环评工作中开展公众参与(简称公参)的规定,但公参效果一直不尽如人意,距离生态环境保护全民共治仍然存在一定差距。公众参与是环境影响评价的主要组成部分,其目的是使受影响的公众得到补偿,把公众的意见和要求及时反馈给建设单位,以便正确分析建设项目的有利或不利影响,给评价项目的可行性提供依据,使项目得以顺利进行。《中华人民共和国环境影响评价法》中规定的公众参与缺乏可操作性,该法虽然规定了国家鼓励公众参与的条款,但在实际的操作过程中对于诸如公众如何参与、哪些阶段参与以及如何保障公众参与等法律实践中的问题,都是有待于明确规范的内容。另外,对公众参与环境影响评价的权利、途径、程序等内容缺乏具体规定。

公众介入环评工作的时间通常为环评末端,甚至存在为环评补公参的现象,这与环评"源头预防"的制度优势形成鲜明对比。公示时间不足导致公众获取参与信息时间短,公参结果赞成率却异常高,在反映公众真实意愿方面与事实存在出入。有些存在异议的意见难以通过有效渠道及时反馈至政府有关部门,造成信息不对称的现象,严重降低环评在公众心中的地位。为缓解这些情况,我国已于2018年颁布《环境影响评价公众参与办法》(生态环境部令第4号),规范建设项目环评公参。另外,环境影响评价中的公众参与意识淡薄,公众参与的参与水平较低,多数公众完全处于不参与的状态,即难以做到参与环境影响评价以及环境决策等具有更高政治含量的环境保护参与行动。因此,在今后环境影响评价中必须完善环境影响评价制度中的公众参与机制,加强公众参与的力度,了解公众的看法、意见和建议,集思广益,建议在美国、加拿大、日本等国公参工作实践基础上求同存异,根据我国特点制定一套详细公参程序与管理办法,为维护公众的切身利益找到依据,为公参开展提供技术支持,着力提升公参的开展水平与参与力度。同时,加强公参法律保障,通过修订环评法、环保法等相关法律提高弄虚作假的违法成本,最大程度保障公参的有效性和真实性。

6. 探索温室气体排放环境影响评价

为贯彻落实党中央、国务院关于"双碳"的决策部署,充分发挥环境影响评价制度源头防控作用,更好地应对气候变化、推动绿色低碳发展,积极开展产业园区减污降碳协同管控,强化产业园区管理机构开展和组织落实规划环评的主体责任,高质量开展规划环评工作,推动园区绿色低碳发展。在落实协同减碳的过程中,应将"双碳"目标与规划环评这一有力工具结合起来,建立基于低碳发展目标的规划环评技术路线,分析低碳发展目标与生态环境保护目标、循环经济发展目标和节能减排工作目标的协调性。

由于碳排放的研究具有一定的区域性质而非针对单独排放单元(项目),因此,实现碳减排首先需要从宏观角度出发,在规划层面进行统筹,从决策源头预防环境污染,以实现整体区域范围的减排目标。如果将减碳落脚点选在宏观尺度的战略规划上,利用源头预防体系的主体-环境影响评价制度这一工具,对于实现我国碳达峰目标将起到统领引导作用。在此基础上,实施《规划环境影响评价技术导则 产业园区》,在产业园区层面推进温室气体排放环境影响评价试点。加强"两高"行业减污降碳源头防控,深入开展重点行业建设项目温室气体排放环境影响评价试点,推进近零碳排放示范工程建设。由于我国建设项目涉及领域较广,可以优先考虑在火电、化工、钢铁等与碳排放联系较为密切的"两高"行业企业中开展建设项目碳排放评价。通过先行开展试点,逐步推动在各个行业项目环境影响评价中开展碳排放评价工作,实现降碳与环境质量改善的协同效应。利用建设项目环境影响评价工作的优势,了解建设项目的碳排放情况并进行碳核算,根据未来气候变化情景,优化建设项目的设计参数,进而提出适应气候变化的碳减排措施与建议。

7. 环评与排污许可制度衔接仍需进一步深入

环境影响评价制度与排污许可制度都是我国污染源管理的重要制度。环评制度是重在预防的准入管理,排污许可制是侧重事中事后监督的运营管理,环评与排污许可制的衔接意味着实现固定污染源从污染预防到污染管控的全过程监管。如何实现环评制度和排污许可制度的有效衔接是排污许可制改革的重点。一直以来,虽然二者在实际中存在一定的工作重合,但并没有相应的衔接机制与技术规范来明确衔接内容与衔接形式,衔接工作面临诸多阻碍与困难。"十三五"期间,我国已开始通过环评改革实施相关举措,促进与排污许可制度衔接。根据2022年生态环境部发布的《"十四五"环境影响评价与排污许可工作实施方案》,我国将健全以环评制度为主体的源头预防体系和构建以排污许可制为核心的固定污染源监管制度体系,环评与排污许可的管理链条进一步明晰。下阶段,以建设项目环境管理为主线,探索排污许可制和环境影响评价制度从审批发证到事中事后监管全周期的衔接融合,建议通过改革继续深化二者衔接机制,从而形成制度合力,进一步提高建设项目管理效力,提升服务水平。优化营商环境、减轻企业负担,提高行政审批效率、提升生态环境监管效能。

实施环境影响评价与排污许可的衔接,今后的工作重点应放在以下方面:排污许可与环评在污染物排放上进行衔接;在时间节点上,新建污染源必须在产生实际排污行为之前申领排污许可证;在内容要求上,环境影响评价审批文件中与污染物排放相关内容要纳入排污许可证;在环境监管上,对需要开展环境影响后评价的,排污单位排污许可证执行情况应作为环境影响后评价的主要依据。同时做好《建设项目环境影响评价分类管理名录》和《固定污染源排污许可分类管理名录》的衔接,按照建设项目对环境的影响程度、污染物产生量和排放量,实行统一分类管理。

8. 事中事后监管相对较弱

"十三五"期间,环评领域深化简政放权、放管结合,环评制度活力进一步得到激发。在推进"放管服"改革的过程中,事中事后监管在保障环评质量方面发挥了重要作用,但仍存在一些短板,导致环评存在刚性约束不强、效能不高等问题。地方环评事中事后监管机制未充分落地,仍存在"重审批、轻监管"、基层监管能力不足等现象,环评文件造假事件偶有发生。"十四五"期间,我国亟须针对当前环评监管的薄弱环节进行补强,建立建设项目全过程监管链条并与相关制度形成有效衔接联动机制,从而整体提升环评制度的管理效能。发挥建设项目环境影响后评价的作用,对建设项目实际运行过程中产生的环境影响以及减缓措施的有效性进行跟踪监测和评价。

环评制度作为我国环境管理八项制度之一,其源头预防污染的特点使它在我国环境治理体系中发挥着不可替代的作用。"十四五"时期,要进一步完善环评法规体系,采用多学科、多样化方法丰富环评技术体系,为环评在新时期更好地发挥制度优势提供法律保障与技术支持。推动环评在新领域发挥作用,关注国外环评前沿研究与实践经验,鼓励开展将气候变化与生物多样性保护等纳入我国环评的相关研究与试点。切实通过优化环评提高环境保护参与综合决策的能力。将环评作为实现减污降碳协同增效源头管控的重要抓手和有效途径,保障环评制度良性发展,多举措共创环评新局面,协同推进区域高水平保护和经济高质量发展。

9. 大数据技术在环境影响评价中的应用将更受青睐

近年来,随着移动互联网、物联网、云计算等技术的快速发展,半结构化、非结构化数据大量涌现,大数据时代已经到来,并成为新兴的热点问题,受到了日益广泛的关注。环境是天然的大数据载体。环境影响评价的基础数据不仅依赖大量环境信息,还需基于一定环境保护目标制定的一系列法律法规、标准体系,以及社会公众的反馈信息等;另外,随着移动互联网、3S 技术、无人机航拍、自动监测等新技术的应用,环境影响评价数据日益复杂和多源,符合大数据的"4V"特性。这些特性使得大数据区别于传统的数据概念。

(1)环境影响评价数据提取与集成

环境影响评价数据由环保法律法规、环境标准、环境现状数据、建设和规划项目数据、公众参与信息等组成。数据类型复杂多样,数据结构不仅包括传统的结构化数据,还涉及大量半结构化数据和非结构化数据,具有广泛异构特征。如何高效地在诸如法律法规体系、标准体系、环境现状资料、建设和规划项目信息等大量半结构化、非结构化数据中提取出对评价工作最有价值的信息是环境影响评价亟须解决的问题。

目前,环境影响评价数据的提取一般依赖于专业技术人员的判断,并取决于专业技术人员的知识结构、专业水平和技术经验。在面对日益复杂的环境影响评价数据体系时,这种方式的工作难度大大增加,不仅影响评价的效率与质量,也给评价工作引入了不确定性因素。由于环境影响评价基础数据符合大数据特性,对环境影响评价数据的提取和集成时,首先需要对数据进行"降噪"、"清洗"和集成存储,以保证数据质量及可信度。针对环境影响评价数据特征建立专门的数据存储系统是提取和集成评价工作所需数据的基础。环境影响评价数据广泛异构的特征使传统的关系数据库已经不能适应环境影响评价数据存储和管理的需求。目前,可扩展的分布式文件系统的实现,如:Google 开发的 GFS，微软的 Cosmos，Facebook 推出的针对海量小文件的文件系统 Haystack 等一系列数据存储技术与开发模式，为大数据时代环境影响评价数据提取和集成提供了一种方法和模式。

（2）环境影响评价数据分析

环境影响评价数据分析是整个评价工作流程的核心，其技术体系包括环境问题识别技术、环境现状调查技术、环境影响预测技术、环境影响控制技术、利益协调技术等。

经过多年的发展，环境影响评价数据的分析技术已经相对完善，形成了一整套行之有效的分析体系。但是随着大数据时代的到来，环境自动监测网络、3D 扫描、3D 打印等新技术的快速发展，环境影响评价工作上游的数据形式将发生巨大变化；环境影响评价的对象也将从目前通过文字、图片描述和数字概化的现实逐渐向虚拟现实、全息显示、"智慧地球"等方向发展，评价概化的环境越加接近真实世界。这将给传统环境影响分析技术带来巨大的冲击和挑战。大数据技术的战略意义不仅在于获取庞大的数据信息，还在于对这些数据进行专业化处理，使之有效地转化为专业技术人员和管理人员所需的分析和决策功能。"云计算"技术、可视分析技术等一系列大数据分析技术的应用，将为环境影响评价工作中环境问题识别、影响的预测分析、风险评估、污染控制措施等提供更加准确、可行的解决方案。云计算是一种利用互联网实现随时随地、按需、便捷地访问共享资源池（如计算设施、存储设备、应用程序等）的计算模式，是大数据分析应用提供技术支撑与基础平台。通过云计算，用户可以根据其业务负载快速申请或释放资源，并以按需支付的方式对所使用的资源付费，在提高服务质量的同时降低运维成本。目前，Google、IBM、Intel 以及国内"阿里云"等是云计算的忠实开发者、使用者和先行者。大数据时代，环境影响评价中环境问题识别、影响的预测分析、风险评估等一系列分析可由云计算完成，这将大幅提升环境影响评价工作的数据分析效率与准确性，同时降低环境影响评价的成本。可视化分析是一种通过交互式可视化界面来辅助用户对大规模复杂数据集进行分析推理的科学与技术。可视化分析概念提出时拟定的目标之一即是面向大规模、动态、模糊，或者常常不一致的数据集来进行分析。在环境影响评价中，需要面对大量环境保护相关的法律法规体系、标准体系、环境现状资料、建设和规划项目资料、公众反馈信息等文本资料，可视化分析技术能够将这些文本中蕴含的语义特征（例如词频与重要度、逻辑结构、主题聚类、动态演化规律等）直观地展示出来，为环境影响评价的快速执行与有效分析提供支撑。

10. 建立相关制度，加强执法力度

考虑到当前阶段环境影响评价工作中存在的问题，为了发挥出环境影响评价的真正意义，更是为了落实可持续发展的战略要求，就需要改变当前的现状，加强环境影响评价重要作用的宣传力度，制定明确的法律法规，明确每个环节中的职能责任，完善相关的法律责任，规范化、统一化、法制化地进行环境影响评价工作，提高我国环境影响评价的质量。在原有的行政法规体系基础上，根据当前的现状问题加以改善和优化，结合国内外环境影响评价方面的优秀经验，制定符合可持续发展要求的环境影响评价法。要加大执法的力度，明确其中的法律标准，对于违反标准的建设项目，要加以惩戒，发挥环境影响评价在经济建设与环境建设之间的协调作用。在实际的项目建设中，未严格按照相关规定履行建设项目的管理流程,加之环境影响评价的周期比较长,就会造成环境影响评价工作存在滞后的现象,有些管理机构将项目的可行性研究工作进行后补,这就失去了环境影响评价工作的意义。只有确定的、完整的、有效的法律法规才是环保执法的参考依据,才能为环境影响评价工作提供强有力的保障。环境影响评价工作人员在进行建设项目可行性评估的时候要做到"有法可依,有据可查",还可以细化环境影响评价法的技术条例,根据实际的评价工作进行调整,紧跟时代的发展,扩展执法范围,完善新开发区域项目的环境影响评价工作制度。在法律法规具体明责的前提下,才能够及时解决经济发展与环境之间的矛盾。要根据相关的法律法规配套对应的标准体系。法律法规可以从整体上进行框架式的管制和约束,具体的操作规范需要相关的标准体系去一一对应。还要扩大环境影响评价的适用范围,避免不法分子意图通过法律的漏洞去获取不当的利益,不能让这些行为游走在法律的边缘,要对环境影响评价的范围进行扩展,提高法律法规的底线,不仅要考虑到对于环境会造成明显伤害的项目,还需要考虑一些隐藏式的环境污染,对于长久性的、隐性的污染要综合考虑,并进行科学的分析和防治,不能够仅着力于显性的污染情况,要深入了解,以发展的眼光看待问题,通过有效的法律手段完善环境影响评价工作,统筹经济利益与环境保护的双向发展。

在改革的过程中,为解决"慢、难、繁"的问题,我国陆续通过简化工作程序,压缩审批时间,下放审批权力等措施实现简政放权,力图提高环评的工作效率。在实现"放"的同时,为了确保环评质量,维持环评工作秩序,需要严格落实"管"与"服"。全面提升执法"软实力"与"硬实力","管"出水平,"管"出质量,不断加强环境执法队伍和能力建设,综合运用多种监督管理方式开展环保督察。由"重审批,轻监管"向注重"事中事后监管"转变,通过创新监管的方式,采用"互联网+"等模式,加强信息化管理建设,管出公平和秩序,为"放"出活力提供坚实的后盾与保障,在"放"出自信中提高环评效能。在下一步工作中,仍要在积极落实现有条例规章的基础上,根据实地调研与专家讨论结果,推进相关条例修订更新,规范环评市场,确保公平竞争。保障环评报告可信度,坚决杜绝虚假不实信息出现在环评报告中,加强环评报告内容审查,对于违法行为绝不姑息。

总之,环境影响评价制度主要是指从源头上预防、控制环境污染和生态破坏,在社会和经济发展中的积极作用主要表现在三个方面。一是环境影响评价制度是对传统的经济发展方式的重大改革。进行环境影响评价的过程,是认识生态环境与人类经济活动相互依赖和相互制约关系的过程,认识的提高和深化,有助于经济效益与环境效益的统一,实现经济与环境的协调发展。二是环境影响评价为制定区域经济发展规划提供科学依据。通过环境影响评价,掌握区域的环境特征和环境容量,在此基础上制定的社会经济发展规划才能符合客观规律并切实可行。三是环境影响评价是为建设项目制定可行的环境保护对策、按行科学管理的依据。通过环境影响评价,可以获得应将建设项目的污染和破坏限制在什么范围和程度才能符合环境标准要求的信息和资料,据此,提出既符合环境效益又符合经济效益的环境保护对策,并在项目设计中体现。使建设项目的环保措施和设施建立在较科学可靠的基础上,同时也为环境管理提供了依据。总之,环境影响评价制度是正确认识经济、社会和环境之间关系的重要手段,是正确处理经济发展与环境保护关系的有效措施,推行这一制度,对经济建设和环境保护都有着重大意义。

参考文献

[1] 赵玉婷,詹丽雯,李小敏,等.基于 CiteSpace 分析的国内外战略环境影响评价研究进展[J].环境工程技术学报,2022,12(6):1746-1753.

[2] 杨轶婷,徐鹤.我国环境影响评价制度实践与展望——环评法 20 周年回顾[J].环境工程技术学报,2022,12(6):1719-1726.

[3] 刘志全.《环境影响评价法》实施成效与展望[J].环境影响评价,2022,44(4):1-5.

[4] 谭民强.环境影响评价、排污许可、生态环境执法制度衔接进展及展望[J].环境影响评价,2022,44(4):12-16.

[5] 姚嫚.国内碳排放环境影响评价研究综述[J].皮革制作与环保科技,2022,3(19):72-74+86.

[6] 王鹜.碳排放与环境影响评价制度研究综述[J].皮革制作与环保科技,2021,2(20):157-158.

[7] 苏艺.2020 年环境影响评价行业发展评述及展望[J].中国环保产业,2021(02):28-29.

[8] 李元实,郭倩倩,王占朝."三线一单"生态环境分区管控体系建设回顾与展望[J].环境影响评价,2020,42(05):1-4.

[9] 潘鹏,赵晓宏,梁鹏,等.环境影响评价大数据建设进展与展望[J].环境影响评价,2017,39(06):19-22+30.

[10] 李朝阳.环境影响评价制度探析[J].环境与发展,2019,31(2):8-10.

[11] 陈海滨,李吉春.浅议新形势下环境影响评价发展研究[J].环境科学与管理,2015,40(10):192-194.

第十五章补充材料

图书在版编目(CIP)数据

环境影响评价原理与技术/徐圣友,徐殿木主编 . --合肥:合肥工业大学出版社,
2024.4

ISBN 978 - 7 - 5650 - 6761 - 7

Ⅰ.①环⋯　Ⅱ.①徐⋯　②徐⋯　Ⅲ.①环境影响-评价　Ⅳ.①X820.3

中国国家版本馆 CIP 数据核字(2024)第 079747 号

环境影响评价原理与技术

主编　徐圣友　徐殿木

责任编辑	张择瑞	
出版发行	合肥工业大学出版社	
地　址	(230009)合肥市屯溪路 193 号	
网　址	press. hfut. edu. cn	
电　话	理工图书出版中心:0551 - 62903204	
	营销与储运管理中心:0551 - 62903198	
开　本	787 毫米×1092 毫米　1/16	
印　张	24.25	
字　数	546 千字	
版　次	2024 年 4 月第 1 版	
印　次	2024 年 4 月第 1 次印刷	
印　刷	安徽联众印刷有限公司	
书　号	ISBN 978 - 7 - 5650 - 6761 - 7	
定　价	58.00 元	